OPERAÇÕES AEROPORTUÁRIAS

O61　Operações aeroportuárias : as melhores práticas / Norman J.
　　　　Ashford ... [et al.] ; tradução : Christiane de Brito Andrei,
　　　　Patrícia Helena Freitag ; revisão técnica: Kétnes Ermelinda
　　　　de Guimarães Lopes Costa. – 3. ed. – Porto Alegre :
　　　　Bookman, 2015.
　　　　xxi, 426 p. il. ; 25 cm.

　　　　ISBN 978-85-8260-330-7

　　　　1. Aeronáutica. I. Ashford, Norman J.

　　　　　　　　　　　　　　　　　　　　　　　　　CDU 629.7

Catalogação na publicação: Poliana Sanchez de Araujo – CRB 10/2094

NORMAN J. ASHFORD
H. P. MARTIN STANTON
CLIFTON A. MOORE
PIERRE COUTU
JOHN R. BEASLEY

OPERAÇÕES AEROPÓRTUÁRIAS

→ As Melhores Práticas

3ª edição

Tradução
Christiane de Brito Andrei
Patrícia Helena Freitag

Revisão técnica
Kétnes Ermelinda de Guimarães Lopes Costa
Engenheira Civil pela Universidade Federal de Minas Gerais (UFMG)
Mestre em Ciências na área de Engenharia de Infraestrutura Aeronáutica pelo Instituto Tecnológico de Aeronáutica (ITA)
Professora do curso de Ciências Aeronáuticas da Universidade FUMEC

2015

Obra originalmente publicada sob o título *Airport Operations*, 3rd Edition
ISBN 0071775846 / 9780071775847

Original edition copyright ©2013, The McGraw-Hill Global Education Holdings, LLC, New York, New York 10121. All rights reserved.

Portuguese language translation copyright ©2015, Bookman Companhia Editora Ltda., a Grupo A Educação S.A. company. All rights reserved.

Gerente editorial: *Arysinha Jacques Affonso*

Colaboraram nesta edição:

Editora: *Maria Eduarda Fett Tabajara*

Capa: *Paola Manica*

Imagens da capa: *Passenger in the Malaysia airport. 06photo/iStock/Thinkstock*
Airport Departure Board. Fesus Robert/iStock/Thinkstock

Imagem do verso da capa: *Planes background. Hollygraphic/iStock/Thinkstock*

Leitura final: *Augusto Nemitz Quenard*

Editoração: *Techbooks*

Reservados todos os direitos de publicação, em língua portuguesa, à
BOOKMAN EDITORA LTDA., uma empresa do GRUPO A EDUCAÇÃO S.A.
Av. Jerônimo de Ornelas, 670 – Santana
90040-340 – Porto Alegre – RS
Fone: (51) 3027-7000 Fax: (51) 3027-7070

É proibida a duplicação ou reprodução deste volume, no todo ou em parte, sob quaisquer formas ou por quaisquer meios (eletrônico, mecânico, gravação, fotocópia, distribuição na Web e outros), sem permissão expressa da Editora.

Unidade São Paulo
Av. Embaixador Macedo Soares, 10.735 – Pavilhão 5 – Cond. Espace Center
Vila Anastácio – 05095-035 – São Paulo – SP
Fone: (11) 3665-1100 Fax: (11) 3667-1333

SAC 0800 703-3444 – www.grupoa.com.br

IMPRESSO NO BRASIL
PRINTED IN BRAZIL

Sobre os Autores

Norman J. Ashford foi professor de Planejamento de Transporte na Loughborough University of Technology, Inglaterra, de 1972 a 1997. É graduado, mestre e doutor em engenharia civil. Trabalhou como engenheiro civil no Canadá e lecionou no Georgia Institute of Technology e na Florida State University. Trabalhou como diretor do Transportation Institute for the State of Florida. Hoje, dirige uma empresa de consultoria em aviação e tem trabalhado ativamente com planejamento, projeto, operações e privatização de aeroportos em mais de 40 países.

H. P. Martin Stanton (*in memorian*) era especialista em operações aeroportuárias, com renome internacional. Trabalhou para a International Civil Airports Association em Paris, para a Frankfurt Airport Authority e para o Ministério da Aviação Civil da Grã-Bretanha, entre outras organizações. Foi um grande piloto e controlador de tráfego aéreo.

Clifton A. Moore (*in memorian*) foi presidente da Llanoconsult Inc., um serviço de consultoria aeroportuária. Seu currículo inclui quase 40 anos de experiências amplamente diversas, incluindo CEO da Southern California Regional Airport Authority. Desempenhou um papel fundamental no desenvolvimento do terminal do Aeroporto Internacional de Los Angeles e na modernização do LAX no início da década de 1980. Foi, ainda, presidente mundial da International Civil Airports Association por oito anos.

Pierre Coutu, A.A.E., Ed.D., é fundador e presidente da Aviation Strategies International (ASI), uma empresa de consultoria internacional baseada em redes que trabalha com estratégia de negócios na aviação e *coaching* de executivos. É diretor executivo do Programa Global da ACI-ICAO de Acreditação Profissional de Gestão Aeroportuária (AMPAP), uma iniciativa de treinamento de desenvolvimento de executivos da qual a ASI é administradora designada, responsável por seu projeto, desenvolvimento e sua implementação internacional desde 2007. É também copresidente do World Aviation Governance Forum (WAGF), um empreendimento conjunto da UNITAR-CIFAL e da ASI, das Nações Unidas. Com mais de 40 anos de experiência em administração da aviação, já trabalhou com o Ministério do Transporte do Canadá em várias capacidades em gestão e desenvolvimento aeroportuário e como vice-presidente executivo e COO do International Aviation Management Training Institute (IAMTI) de 1987 a 1998, período em que o Instituto formou aproximadamente 5.000 executivos da aviação de 150 diferentes países. Hoje, leciona gestão aeroportuária em programas de MBA em aviação em diversas universidades na América do Norte, na Europa e no Sudeste Asiático.

John R. Beasley se formou pela University of Oxford com distinção em Ciências Naturais (Física). É físico, membro do Institute of Directors e membro da Associação Alemã de Engenheiros (Verein Deutscher Ingenieure). Já trabalhou para inúmeros escritórios de consultoria técnica no setor de defesa, especializando-se em sistemas de transportes aéreos. Em 2001, fundou a Analytical Decisions Ltd., uma empresa que oferece serviços de análise operacional, suporte a aquisições e gestão de projetos para o setor de aviação civil, prestando consultoria para importantes aeroportos e empresas aéreas. Desde 2010, trabalha para a BAA plc, focando sistemas e processos futuros de manuseio de bagagem.

Agradecimentos

Somos sinceramente gratos aos seguintes indivíduos, que dedicaram seu tempo para nos auxiliar com o levantamento e a verificação de dados. Sem sua ajuda, não teria sido possível concluir este livro.

Peter Adams, Aviation Strategies International, Austrália

Paulo Barradas, CONSULSADO, Portugal

Paul Behnke, Aviation Strategies International, Estados Unidos

Monica Tai Chew, Aviation Strategies International, Canadá

Gabriela Cunha, AEROSERVICE, Brasil

Allan Dollie, Aeroasset Systems, Ltd., Reino Unido

Hilary Doyle, American Airlines, Reino Unido

Frank Elder, Feather Aviation, Reino Unido

Marcello Ferreira, AEROSERVICE, Brasil

Paul Luijten, Schiphol Amsterdam Airport, Holanda

Maria K. R. Luk, Hong Kong International Airport, China

Stan Maiden, ex-BAA plc, Reino Unido

Carol McQueen, American Airlines, Reino Unido

Stanislav Pavlin, University of Zagreb, Croácia

Inna Ratieva, ResultsR, Holanda

Antonio Gomes Ribeiro, Architectos Associados, Portugal

Norman Richard, Edmonton Airports, Canadá

Mario Luiz F. De M. Santos, AEROSERVICE, Brasil

Ian Stockman, Cranfield University, Reino Unido

Vojin Tosic, University of Belgrade, Sérvia

Peter Trautmann, Bavarian Airports, Alemanha

Jaap de Wit, University of Amsterdam, Holanda

Stefan Wunder, FRAPORT, Alemanha

Wasim Zaidi, Aviation Strategies International, Canadá

As organizações internacionais Airports Council International, Montreal, International Air Transport Association, Montreal, e International Civil Aviation Organization, Montreal, forneceram grande suporte para que este livro fosse reescrito, assim como organizações nacionais como a Federal Aviation Administration (Estados Unidos) e a Civil Aviation Authority (Reino Unido). Gostaríamos também de agradecer a generosa assistência prestada por nossos colegas da BAA plc, que contribuíram com a produção deste trabalho.

Os seguintes aeroportos e outras organizações gentilmente participaram respondendo a pesquisas que foram usadas na compilação de várias tabelas de dados ou fornecendo outros tipos de informações citadas por todo o livro:

Abha Regional Airport, Arábia Saudita

Adelaide International Airport, Austrália

Aéroport de Bamako Senou, Mali

Aéroports de Paris, França

AT&T, Estados Unidos

Austin-Bergstrom International Airport, Estados Unidos

Banjul International Airport

Beijing Capital International Airport, China

Belgrade Nikola Tesla International Airport, Sérvia

Brazzaville Maya International Airport, Congo

Brussels Zaventem National Airport, Bélgica

Cape Town International Airport, África do Sul

Capital Airports Holding Company, China

Cheddi Jagan International Airport, Guiana

Christchurch International Airport, Nova Zelândia

Comox Valley Airport, Canadá

Conakry Airport, Guiné

Dakar Leopold Sedar Senghor International Airport, Senegal

Damman King Fahd International Airport, Arábia Saudita

Detroit Metropolitan Wayne County Airport, Estados Unidos

Dubai International Airport, EAU

Dublin International Airport, Irlanda

Edmonton International Airport, Canadá

Faro Airport, Portugal

Flughafen Graz Betriebs GmbH, Áustria

Fort Lauderdale–Hollywood International Airport, Estados Unidos

Fraport AG, Alemanha

Gan International Airport, Maldivas

Greenville-Spartanburg International Airport, Estados Unidos

Harry Mwaanga Nkumbula International Airport, Zâmbia

Hartsfield-Jackson Atlanta International Airport, Estados Unidos

Ibrahim Nasir International Airport, Maldivas

Jomo Quêniatta International Airport, Quênia

Kabul International Airport, Afeganistão

Kaunas International Airport, Lituânia

Khartoum International Airport, Sudão

Kinshasa N'djili International Airport, DR Congo

Kuala Lumpur International Airport, Malásia

L. F. Wade International Airport, Bermuda

Langkawi International Airport, Malásia

Liege Airport, Bélgica

Lisbon International Airport, Portugal

Los Angeles World Airports, Estados Unidos

Lucknow Choudhary Charan Singh Airport, Índia

Lynden Pindling International Airport, Bahamas

Madrid Barajas International Airport, Espanha

Malásia Airports Holdings Berhad, Malásia

Ilhas Marshall International Airport, Ilhas Marshall

Metropolitan Washington Airports Authority, Estados Unidos

Mostar International Airport, Croácia

Munich Airport, Alemanha

Murtala Muhammed International Airport, Nigéria

Nashville International Airport, Estados Unidos

New Plymouth Airport, Nova Zelândia

Newark Liberty International Airport, Estados Unidos

Niamey Diori Hamani International Airport, Níger

Norman Manley International Airport, Jamaica

North Las Vegas Airport, Estados Unidos

Paris Charles de Gaulle International Airport, França

Paris Orly International Airport, França

Piarco International Airport, Trinidad

Porto Airport, Portugal Pula Airport, Croácia

Queen Alia International Airport, Jordânia

Rajiv Gandhi International Airport, Índia

San Antonio Airport, Estados Unidos

Sanandaj Airport, Irã

Sarajevo International Airport, Bósnia e Herzegovina

SITA, Suíça

Shanghai International Airport Ltd., China

Sunshine Coast Airport, Austrália

Taoyuan International Airport, Taiwan

Tocumen International Airport, Panamá

Vancouver International Airport, Canadá

Windsted Corporation, Estados Unidos

Yerevan Zvartnots International Airport, Armênia

Zagreb Airport, Croácia

Estamos também agradecidos a muitas outras organizações e indivíduos associados à indústria da aviação, numerosos demais para serem mencionados.

Prefácio

Desde a desregulamentação da indústria de transportes aéreos, há mais de 35 anos, o mundo da aviação civil mudou radicalmente. A privatização e a liberalização do transporte aéreo ocorreram em escala mundial, e hoje há uma privatização generalizada de aeroportos de médio e grande porte. Paralelamente, houve um afastamento significativo dos governos da operação e até mesmo da propriedade dos aeroportos. Em todo o mundo, os governos introduziram exigências de concorrência nas áreas de passageiros, frete e manuseio de aeronaves. Na maioria das regiões, a desregulamentação também resultou no desenvolvimento de empresas aéreas de baixo custo, com exigências especiais tanto nas instalações quanto nos procedimentos. Nos últimos 20 anos, também houve um rápido crescimento no tráfego de passageiros e carga em muitos aeroportos asiáticos associado ao crescimento econômico de diversas das grandes economias da região.

Outras mudanças substanciais desde a década de 1980 incluem a introdução de alianças de empresas aéreas. Essas alianças influenciaram muito a utilização dos aeroportos, em busca do máximo benefício comercial. Os equipamentos das empresas aéreas também mudaram com a introdução de aeronaves de longa distância e alta capacidade. Com o apoio e a exigência da Associação Internacional de Transportes Aéreos (IATA), a facilitação eletrônica foi resultado da difusão da Internet. Reservas, emissão de bilhetes, *check-in*, acompanhamento de voo e assistência a passageiros no que diz respeito a atrasos e cancelamentos de voos passaram a ser feitos *on-line*. A "e-documentação" foi introduzida no transporte de frete para reduzir a documentação impressa.

Outra mudança importante desde a desregulamentação foi aumento das exigências de segurança decorrente dos atentados de Lockerbie e de Setembro de 2001, e os subsequentes ataques terroristas a aeronaves e aeroportos. Os aeroportos, alguns dos quais tinham inspeções de segurança negligentes, hoje são monitorados de perto tanto pelo governo quanto por reguladores internacionais a fim de garantir que as medidas de segurança em vigor desencorajem a atividade terrorista e estejam em conformidade com as exigências internacionais.

Na área de impactos ambientais, a introdução de aeronaves Fase 4 (ICAO Capítulo 4) e a proibição de aeronaves Fase 2 e 3 (ICAO Capítulos 2 e 3) pela FAA geraram um alívio geral no impacto causado por ruídos nas redondezas dos aeroportos. A preocupação, no início do século XXI, voltou-se para as emissões de carbono, o aquecimento global e o aumento do nível dos oceanos, poluição da água e do ar, e desenvolvimento sutentável.

Em geral, esta edição, que é uma atualização significativa das edições anteriores, procura descrever a situação do transporte aéreo civil nos aeroportos do ponto de vista da situação encontrada no momento da publicação.

Norman J. Ashford
Pierre Coutu
John R. Beasley

Nota sobre a edição brasileira

Este livro é uma versão condensada do original, com capítulos selecionados especialmente para o público brasileiro. Os capítulos que não foram traduzidos, *Airport Noise Control, Operational Readiness, Aerodrome Technical Services, Aiport Aircraft Emergencies* e *The Airport Operations Manual*, estão disponíveis para *download* no site do Grupo A: **www.grupoa.com.br**. Para acessá-los, buscar pela página do livro, clicar em "Conteúdo online" e cadastrar-se.

Sumário

1 O aeroporto como um sistema operacional 1
    O aeroporto como um sistema 1
    Sistemas nacionais de aeroportos 3
    A função do aeroporto 7
    Sistemas centralizado e descentralizado de terminais
    de passageiros 10
    A complexidade das operações aeroportuárias 15
    Estruturas operacionais e de gestão 16
  Referências 28

2 Horas-pico do aeroporto e *scheduling* das empresas aéreas **30**
    O problema 30
    Métodos para descrição dos picos 32
        Standard busy rate 32
        Busy-hour rate 35
        Typical peak-hour passengers 36
        Busiest timetable hour 36
        Peak profile hour 36
        Outros métodos 37
        Diferenças nos aeroportos 37
        O perfil dos picos 38
    Implicações das variações de volume 42
    Fatores e restrições nas políticas de *scheduling*
    da empresa aérea 43
        Utilização e fatores de carga 43
        Confiabilidade 43
        Intervalos no *schedule* de voos de longa distância 44
        Slots (de pista) do aeroporto 46
        Restrições dos terminais 46
        Restrições na tripulação de voos de longa distância 46
        A conveniência dos voos de curta distância 46
        Disponibilidade geral da tripulação 47
        Disponibilidade de aeronaves 47
        Comercialização 48
        Variações inverno-verão 48
        Políticas de preço de tarifas de pouso 48

Scheduling interno das empresas aéreas.................................. 51
Utilização da frota 54
A IATA e sua política sobre o planejamento de *scheduling* 56
O ponto de vista do aeroporto sobre os *schedules*...................... 57
Hubs.. 58
Referências 59

3 Influência dos aeroportos na performance das aeronaves 60
Introdução... 60
Aeronave 61
Performance de decolagem 71
Performance de aproximação e pouso 75
Considerações sobre segurança... 78
Pouso automático 81
Operações em condições de mau tempo
(intempéries climáticas).. 84
Implicações específicas do Airbus A380
(nova aeronave de grande porte) 87
Referências 88

4 Serviços de assistência em terra 89
Introdução... 89
Assistência a passageiros 89
Assistência de rampa 94
Manutenção da aeronave em rampa.. 98
    Manutenção para reparos de falhas................................. 98
    Abastecimento 98
    Rodas e pneus.. 99
    Fornecimento de energia.. 99
    Degelo (*deicing*) e lavagem 100
    Resfriamento/aquecimento 100
    Outros serviços de manutenção 102
    Manutenção de bordo... 102
    Catering.. 102
Configuração de rampa 102
Controle de partida 105
Divisão das responsabilidades pelos serviços de
assistência em terra 107
Controle da eficiência dos serviços de assistência em terra 110
Comentários gerais 111
Referências 115

5 Manuseio de bagagem 116

Introdução.. 116
Contexto, história e tendências 116
Processos de manuseio de bagagens 118
    Panorama 118
    Despacho de bagagem (*bag drop*) 119
    Inspeção de bagagem despachada 123
    Armazenamento de bagagem 124
    Composição de voo e carregamento da aeronave 124
    Coleta de bagagem na chegada 126
    Alimentação de bagagem de conexão 128
    Conexões interterminais 128
Equipamentos, sistemas e tecnologias 129
    Configurações do sistema de manuseio de bagagem 129
    Check-in e despacho de bagagem (*bag drop*) 129
    Classificação de bagagem 131
    Inspeção de bagagem despachada 132
    Armazenamento de bagagem 133
    Composição de voo 135
    Coleta de bagagem 138
Determinantes do projeto de processos e sistemas 139
    Perfis de aparecimento 139
    Bagagens por passageiro 139
    Índice de conexão 140
    Tempos de processamento 140
Organização 141
    Pessoal 141
Medidas de gestão e desempenho 142
    Medidas gerais 143
    Sistema de bagagem 144
    Desempenho de entrega da bagagem na chegada 144
Referências 146

6 Operações do terminal de passageiros 147

Funções do terminal de passageiros 147
Funções do terminal 153
Filosofias da gestão de terminais 155
Serviços diretos aos passageiros 156
Serviços aos passageiros relacionados à empresa aérea 162
Funções operacionais relacionadas à empresa aérea 164
    Despacho de voo 164
    Planejamento de voo 165

Peso e balanceamento da aeronave 166
Decolagem 166
Durante o voo 166
Aterrissagem 168
Balanceamento/compensação (*trim*) 169
Carregamento 169
Briefing da tripulação de voo 169
Controle de voo (*flight watch*) 173
Exigências governamentais 173
Funções da autoridade aeroportuária não relacionadas
aos passageiros 174
Processando pessoas muito importantes 175
Sistemas de informação aos passageiros 175
Componentes de espaço e adjacências 180
Auxílios à circulação 182
Considerações relacionadas a *hubbing* 187
Referências 188

7 Segurança aeroportuária 190

Introdução 190
Estrutura de regulamentações internacionais
da International Civil Aviation Organization (ICAO) 191
Normas do Anexo 17 192
A estrutura de planejamento da segurança 193
Programa de segurança aeroportuária 194
Envolvimento federal dos Estados Unidos
na segurança da aviação 195
Programa de segurança aeroportuária: estrutura
dos Estados Unidos 195
Planejamento de segurança aeroportuária fora
dos Estados Unidos 197
Revista e inspeção de passageiros e de bagagem de mão 197
Inspeções centralizada e descentralizada 199
Ponto de inspeção de segurança 199
Inspeção e revista de bagagem 207
Inspeção e revista de frete e carga 208
Controle de acesso dentro e em todos os edifícios
do aeroporto 208
Acesso de veículos e identificação veicular 211
Controle de perímetros de áreas operacionais 212
Cercamento 212
Portões de acesso controlado 212

	Posição e área de estacionamento isoladas para aeronaves	214
	Exemplo de um programa de segurança para um aeroporto típico	214
	Programa de segurança para (*nome oficial do aeroporto*)	214
	Conclusão	220
	Referências	220
8	**Operações de carga 222**	
	O mercado de cargas	222
	Produto interno bruto	222
	Custo	223
	Avanços tecnológicos	223
	Miniaturização	223
	Logística *just-in-time*	224
	Aumento da riqueza do consumidor	224
	Globalização do comércio e desenvolvimento asiático	224
	Afrouxamento da regulamentação	224
	Tipos de cargas	225
	Padrões de fluxo	226
	Acelerando a movimentação	228
	Fluxo pelo terminal	231
	Dispositivos unitários de cargas (IATA 1992, 2010)	234
	Manuseio dentro do terminal	237
	Baixa mecanização/alto emprego de mão de obra	237
	Mecanização aberta	237
	Mecanização fixa	239
	Operação de cargas no pátio de aeronaves	240
	Facilitação (ICAO 2005)	247
	Exemplos de projetos e operação de um terminal de cargas moderno	250
	Operações de carga por transportadoras integradas	253
	Referências	255
9	**Acesso ao aeroporto 257**	
	Acesso como parte do sistema aeroportuário	257
	Usuários do acesso e escolha do modal	260
	Interação do acesso com as operações do terminal de passageiros	264
	Tempo de acesso	265
	Confiabilidade do tempo de acesso	265
	Procedimentos de *check-in*	267
	Consequências de perder um voo	267

xviii Sumário

        Modos de acesso 270
            Automóvel 270
            Táxi 273
            Limusine 275
            Trem 276
            Ônibus 280
            Sistemas ferroviários dedicados 282
        Terminais na cidade e outros tipos de terminais
        fora do aeroporto 283
        Fatores que afetam a escolha do modo de acesso 284
        Conclusão 285
    Referências 286

10 Administração e desempenho operacionais 287
    Contexto estratégico 287
    Abordagem tática da administração de operações
    aeroportuárias 293
    Considerações organizacionais 295
    Gestão do desempenho operacional 298
        Planejamento do desempenho 298
        Execução do programa operacional 301
        Controle do programa operacional 302
        Avaliação interna 304
        Avaliação externa 305
            Impacto da comercialização da indústria aeroportuária 305
        Panorama econômico regulatório dos aeroportos 307
        Benchmarking da indústria 309
    Fatores essenciais para o sucesso das operações
    aeroportuárias de alto desempenho 309

11 Sistemas de gestão de segurança dos aeroportos 311
    Estrutura do sistema de gestão de segurança 311
        Estrutura regulatória 312
        Normas e práticas recomendadas da ICAO 313
        Anexo 14 da ICAO – Aeródromos
        (Volume 1: *Projeto e Operações do Aeródromo*) 313
        Posição da ICAO sobre a implementação de um
        programa de segurança em um Estado-membro 314
    Sistemas de gestão de segurança e aeródromos 315
        Introdução de sistemas de gestão de segurança em aeródromos 315
        Avaliação do nível de segurança atual 318
        Nível de segurança aceitável 319

Manual de SMS 321
   Panorama 321
   Os elementos-chave de um manual de SMS 321
      Política, organização, estratégia e planejamento 321
      Gestão de riscos 322
      Garantia de segurança 322
      Promoção da segurança 323
   Política, organização, estratégia e planejamento 323
      Política de segurança 323
      Organização da segurança 324
      Planejamento de segurança 324
      Normas de segurança 324
      Metas e indicadores 325
      Informações e documentação de segurança 326
   Gestão de riscos 327
      Definição 327
      Identificação de perigos 327
      Mitigação de riscos 328
      Quando se aplica a gestão de riscos? 329
   Garantia de segurança 329
   Implementação 330
      Problemas 330
      Complexidade 330
         Promoção de cultura da segurança 331
         Comunicação 334
         Treinamento e competência do pessoal 334
      Orientação e recursos 335
   Fatores essenciais para o sucesso da implementação do SMS em aeroportos 340
      Integração 340
      Tecnologia de comunicação 341
   Referências 341

12 Centros de controle de operações aeroportuárias 342
   O conceito de centros de controle de operações aeroportuárias 342
      Introdução 342
      Das origens ao presente 344
      Filosofia da gestão 347
      Importância estratégica 348
      Exigências regulatórias para os AOCCs 349

Sistema de controle das operações aeroportuárias 350
   A dinâmica do AOCS 350
   Usuários do AOCS 353
A função de coordenação das operações aeroportuárias 354
   Finalidade 354
   Aplicações 356
      Exemplo de função de coordenação: previsão
      de problemas no processamento de passageiros 356
      Exemplo da função de coordenação: controle
      de operações de remoção de neve 357
Função de monitoramento do desempenho aeroportuário 358
   Finalidade 358
   Aplicação 360
      Exemplo da função de monitoramento do desempenho:
      busca automatizada de dados, histórico de operações 360
Considerações de projeto e equipamentos 361
   Configuração física 361
   Sistemas e equipamentos do AOCC 362
   Ergonomia 363
Considerações organizacionais e de recursos humanos 365
   A estrutura de gestão do AOCC e relações hierárquicas 365
   Seleção da equipe e competências essenciais 366
      Gerência sênior em serviço 367
      Gerente do aeroporto em serviço 368
      Controlador do AOCC 368
      Analista de operações 368
AOCCs líderes 369
   Aeroporto de Auckland: foco no serviço de atendimento
   ao cliente 370
   Aeroporto Internacional de Beijing: alinhado às
   melhores práticas 371
   Aeroporto de Dublin: mensuração automatizada e em
   tempo real do nível de serviço 372
   Aeroporto Internacional de Fort Lauderdale –
   Hollywood: auto-auditoria e plano de melhorias 373
   Aeroporto Internacional de Kuala Lumpur: monitorando
   uma rede de aeroportos 375
   Aeroporto Internacional de Los Angeles: o mais recente
   e abrangente 375

Aeroporto de Munique: impacto direto nos tempos mínimos de conexão 377

Aeroporto de Zagreb: exemplo de conceito para aeroportos de pequeno e médio porte 378

Melhores práticas na implementação de centros de controle de operações aeroportuárias (principais fatores de sucesso) 379

13 Desenvolvimento sustentável e capacidade ambiental dos aeroportos 381

Introdução 381

O desafio do desenvolvimento sustentável 382

Os problemas 383

Impactos de ruídos 383

Qualidade do ar local 385

Gestão de carbono do aeroporto 386

Energia 390

Uso de água 391

A gestão de resíduos sólidos 393

Poluição de água superficial e de água subterrânea 395

Adaptação a mudanças climáticas 397

Biodiversidade 400

Sistemas de gestão ambiental 400

Conclusão 403

Referências 403

Índice 407

CAPÍTULO 1

O aeroporto como um sistema operacional

O aeroporto como um sistema

O aeroporto é parte essencial do sistema de transporte aéreo, pois é o local físico onde é realizada uma transferência de modo, do aéreo para o terrestre ou vice-versa. Portanto, é o ponto de interação entre os três principais componentes do sistema de transporte aéreo:

- O aeroporto, incluindo seus concessionários operacionais, arrendatários, parceiros e, para os propósitos desta discussão, o sistema de controle de tráfego aéreo
- A empresa aérea
- O usuário

Para serem bem-sucedidos, o planejamento e a operação dos aeroportos devem levar em consideração as interações entre esses três componentes ou agentes principais do sistema. Para que o sistema opere bem, cada um desses agentes deve buscar alcançar alguma forma de equilíbrio com os outros dois. Caso isso não ocorra, o resultado será condições abaixo das ideais, que se manifestarão por meio de diversos fenômenos indesejáveis, indicadores de operação inadequada. Cada um dos fenômenos pode, em um estado de competição irrestrita, levar a um declínio na escala de operação nas instalações de um aeroporto ou, pelo menos, a uma perda da porcentagem total de tráfego. Na ausência de competitividade, os níveis totais de demanda serão menores que os alcançáveis no estado ideal. A condição abaixo do ideal pode se tornar clara por meio de diversos acontecimentos:

- Operações deficitárias no aeroporto
- Operações deficitárias das empresas aéreas no aeroporto
- Condições de trabalho insatisfatórias para os funcionários das empresas aéreas e do aeroporto
- Acomodação inadequada de passageiros (*low levels of service* – LOS, níveis baixos de serviço)
- Quantidade insuficiente de voos
- Operações perigosas

- Custo operacional alto para os usuários
- Instalações de apoio inadequadas para as empresas aéreas
- Níveis altos de atraso para as empresas aéreas e para os passageiros
- Acessibilidade inadequada
- Baixa demanda de passageiros

A Figura 1.1 exibe um diagrama simplificado ilustrando o sistema hierárquico das principais interações entre o aeroporto, a empresa aérea e o usuário.

A figura visa expor como essas interações produzem os parâmetros básicos de escala de operação, demanda de passageiros, capacidade aeroportuária e capacidade de voo. Embora o diagrama simplificado ajude na conceituação dos principais fatores da operação aeroportuária, os aeroportos grandes são, na verdade, estruturas organizacionais muito complexas. Isso não é de admirar, uma vez que um aeroporto de grande porte pode ser um dos maiores geradores de empregos em uma região metropolitana. Os aeroportos *hub* verdadeiramente grandes, como o Chicago O'Hare, o Los Angeles e o Londres Heathrow, podem muito bem empregar 100.000 funcionários (TRB 2008). Para contextualizar isso em uma escala urbana, o número de

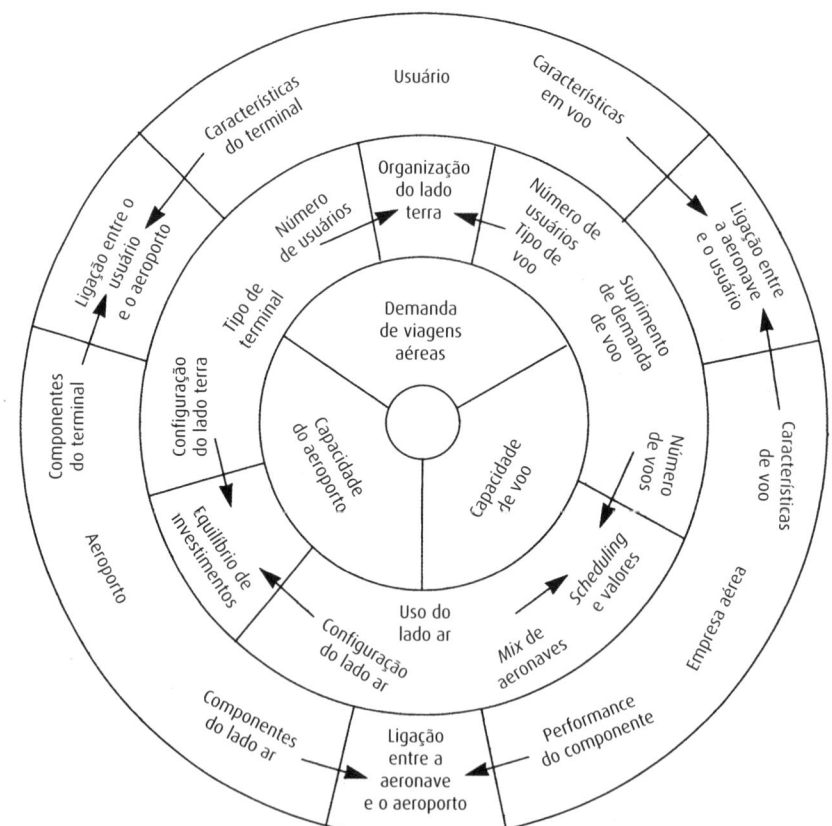

FIGURA 1.1 Um sistema hierárquico das relações aeroportuárias.

TABELA 1.1 Organizações afetadas pela operação de um aeroporto de grande porte

Agente principal	Organizações associadas
Operador do aeroporto	Autoridades locais e municipalidade
	Governo central
	Concessionárias
	Fornecedores
	Serviços públicos
	Polícia
	Serviço de combate a incêndios
	Ambulância e serviços médicos
	Controle de tráfego aéreo
	Meteorologia
Empresa aérea	Fornecimento de combustível
	Engenharia
	Catering/duty-free
	Serviços de saneamento
	Outras empresas aéreas e operadores
Usuários	Visitantes
	Quem recebe os usuários e quem se despede dos usuários
Não usuários	Organizações próximas ao aeroporto
	Grupos da comunidade local
	Câmaras de comércio local
	Grupos de ativistas ambientais
	Grupos de combate à poluição sonora
	Moradores próximo ao aeroporto

funcionários de um aeroporto de grande porte pode ser igual ou superior ao de funcionários em uma cidade cuja população excede meio milhão de pessoas. Sistemas grandes como esse são necessariamente mais complexos do que a simples tricotomia expressa na Figura 1.1. Uma lista mais completa dos papéis em um aeroporto de grande porte encontra-se na Tabela 1.1. Essa tabela inclui um quarto agente importante, o não usuário, que pode ter um impacto importante na operação aeroportuária e é bastante afetado por operações de larga escala.

Sistemas nacionais de aeroportos

Aeroportos modernos, com suas longas pistas de decolagem e aterrissagem e de taxiamento, suas extensas área de tráfego e áreas terminais, e seus equipamentos caros de manuseio no solo e de navegação de voo, constituem investimentos substanciais em infraestrutura. Em todo o mundo, os aeroportos são vistos como instalações que requerem investimento público e, por isso, costumam ser parte de um sistema nacional de aeroportos, projetado e financiado a fim de obter o maior benefício a partir do financiamento público. Cada país, com sua própria geografia, estrutura econômica e filosofia política, desenvolveu um sistema nacional de aeroportos específico para suas próprias necessidades. Esse sistema nacional geral é importante para cada aeroporto, porque a estrutura nacional determina a natureza dos tráfegos atual e futuro nas instalações no que diz respeito a volume, divisão entre voos domésticos e internacionais, número de empresas aéreas atendidas e taxas de crescimento. Desde 1987, fora dos Estados Unidos, muitos aeroportos de grande porte foram privatizados e se tornaram bastante desregulamentados no que diz respeito à concorrência e aos serviços oferecidos. Os que eram controlados rigorosamente dentro de uma estrutura de administração central passaram a ser mais abertos à adaptação a uma indústria de aviação desregulamentada. Dois sistemas nacionais diferentes serão discutidos aqui de forma breve: o dos Estados Unidos e o do Reino Unido.

Os Estados Unidos são uma nação altamente industrializada, com mais de 19.800 aeroportos (incluindo heliportos, aeroportos STOL, bases de hidroaviões e aeroportos de uso comum civil e militar), dos quais aproximadamente 14.600 estão fechados para o público ou oferecem uso público limitado (Figura 1.2). Do restante, mais de 550 fornecem serviços primários ou outros serviços comerciais para aeronaves de transporte de passageiros (Tabela 1.2). Dos mais de 2.800 aeroportos *reliever* e de aviação geral que não são atendidos por empresas aéreas, alguns têm mais operações de voo do que muitos aeroportos atendidos por grandes empresas aéreas ou por empresas aéreas regionais, como o Phoenix Deer Valley, por exemplo, que realiza mais de 480.000 operações por ano, e o Los Angeles Van Nuys, mais de 400.000. Aeroportos públicos pertencentes ao National Plan of Integrated Airport Systems (NPIAS) estão qualificados a receber verba federal para a construção da maioria das instalações necessárias para um aeroporto, exceto as relacionadas a

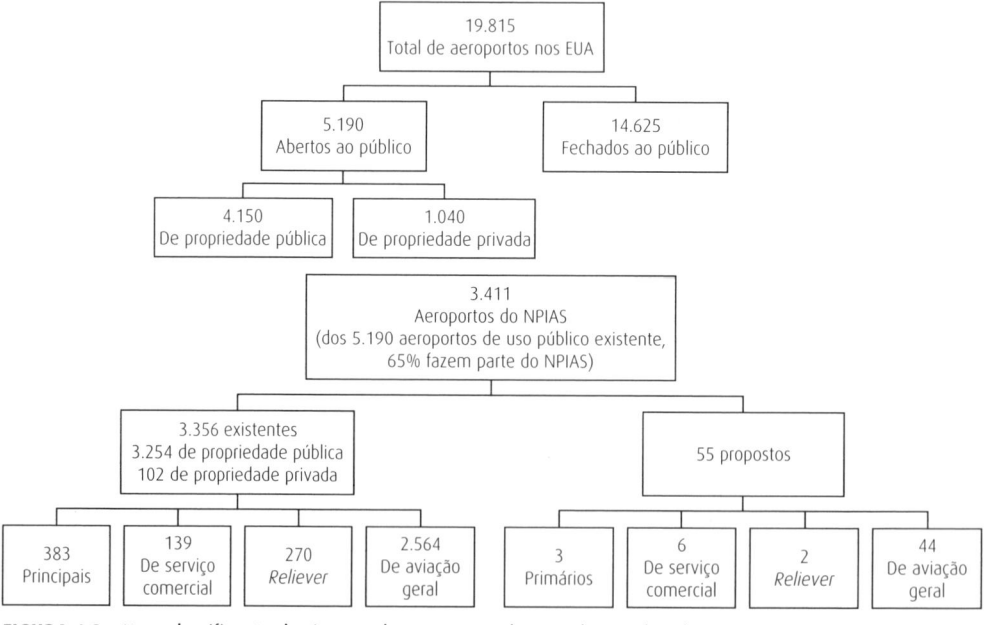

FIGURA 1.2 Uma classificação do sistema de aeroportos dos Estados Unidos. (Fonte: FAA, NPIAS)

TABELA 1.2 Definições das categorias de aeroportos dos Estados Unidos

Aeroporto	Classificação de tipos de *hub*	Percentual de embarque anual de passageiros	Nome comum
De serviço comercial Aeroportos de propriedade pública com pelo menos 2.500 embarques de passageiros a cada ano e que recebem serviços regulares para passageiros	**Principal** Possuem mais de 10.000 embarques de passageiros por ano	**Grande** 1% ou mais	*Hub* grande
		Médio Pelo menos 0,25%, mas menos que 1%	*Hub* médio
		Pequeno Pelo menos 0,05%, mas menos que 0,25%	*Hub* pequeno
		Não *hub* Mais de 10.000, mas menos de 0,05%*	Principal não *hub*
	Não principal	**Não *hub*** Pelo menos 2.500 e não mais de 10.000	Não principal de serviço comercial
Não principal (exceto de serviço comercial)			*Reliever*
			De aviação geral
Outra classificação que não a de passageiros			Serviço de carga

*Aeroportos não *hub*: locais com menos de 0,05% do total de passageiros dos Estados Unidos, incluindo aeroportos não principais comerciais, são legalmente definidos como aeroportos não *hub*. Para fins de classificação, locais principais são classificados nesse tipo, embora mais de 100 aeroportos não *hub* estejam atualmente classificados como aeroportos não principais de serviço comercial.
Fonte: FAA, NPIAS, 2009.

atividades comerciais. A posse dos aeroportos de médio e grande porte está quase que inteiramente nas mãos das comunidades locais. Os dois grandes aeroportos na área de Washington, D.C., eram operados diretamente pelo governo federal, mas desde junho de 1987 têm sido operados pela Metropolitan Washington Airports Authority. No sistema dos Estados Unidos, existem poucos aeroportos de serviço comercial de propriedade privada, e eles não constituem uma parte significativa do sistema nacional. Em 2013, ainda havia pressão para que algumas das instalações de maior porte fossem privatizadas; porém, há pouco apoio político para isso. As importâncias pagas para cada aeroporto público pelo Airport and Airway Trust Fund estão relacionadas à função da instalação. O sistema consiste em aeroportos municipais, regionais e *hubs* geograficamente separados e que, por isso, têm a oportunidade de expandir-se com o aumento do tráfego aéreo. Como consequência, o sistema de classificação por função do National Airport Plan dos Estados Unidos é uma estrutura relativamente livre, que leva em conta a atividade de processamento de passageiros e de voo. Os aeroportos podem modificar sua classificação, pois ela é baseada em demanda.

O Reino Unido apresenta um sistema completamente diferente, que se desenvolveu para atender um país relativamente pequeno e que possui, além de alguns aeroportos de grande porte, um número alto de instalações locais. No início dos anos 1970, os aeroportos menores, que haviam readquirido o uso civil após a guerra, pertenciam a governos municipais locais. Análises econômicas do desempenho do sistema aeroportuário britânico mostraram que a maior parte desses aeroportos eram instalações que causavam prejuízo e serviam unicamente para reaver investimentos feitos anteriormente na esperança de atrair tráfego (Doganis e Thompson 1973; Doganis e Pearson 1977). Para promover o desenvolvimento de um sistema nacional de aeroportos no qual um pequeno número de *hubs* atendesse o tráfego internacional enquanto o restante dos aeroportos assumisse um papel secundário, o governo britânico desenvolveu uma política de aeroportos para dirigir investimentos do governo central no sistema aeroportuário (HMSO 1978). Essa política reconhecia quatro categorias distintas de aeroportos e informava que a aprovação governamental para o financiamento e o planejamento das instalações seria baseada nessa categorização. Essas categorias são as seguintes: *aeroportos internacionais de entrada* (que davam suporte a uma ampla gama de serviços internacionais e intercontinentais), *aeroportos regionais* (que oferecim voos domésticos e internacionais de curta distância), *aeroportos locais* (que oferecim serviços de terceiro nível; por exemplo, serviços regulares a passageiros nos quais a aeronave contava com menos de 25 assentos) e *aeroportos de aviação geral* (Tabela 1.3). Esse sistema composto de quatro níveis foi eficaz durante alguns anos, até receber pressão crescente devido ao aumento de passageiros que desejavam voar diretamente para seus destinos na Europa e no norte da África em aeronaves bimotoras sem ter que parar em aeroportos *hub*.

TABELA 1.3 O sistema nacional de aeroportos da Grã-Bretanha (a partir de 1978)

Aeroportos internacionais de entrada
Aeroportos que oferecem uma gama ampla de serviços internacionais com grande frequência, incluindo serviços intercontinentais e domésticos.

Aeroportos regionais
Aeroportos que atendem à demanda principal de tráfego aéreo em regiões individuais. Ocupam-se com o fornecimento de uma rede de serviços internacionais de curta distância (principalmente para a Escandinávia e outras partes da Europa) e com uma gama de serviços domésticos e de fretamento, inclusive as articulações com os aeroportos de entrada.

Aeroportos locais
Aeroportos que oferecem serviços de terceiro nível (por exemplo, serviços regulares para passageiros operados por aeronaves com menos de 25 assentos), atendem de forma privada as necessidades locais e concentram-se na aviação geral com alguns serviços de alimentação e alguns voos de fretamento.

Aeroportos de aviação geral
Aeroportos que se ocupam principalmente em atender as instalações de aviação geral.

Fonte: Civil Aeronautics Administration (CAA).

Além disso, o desenvolvimento da tecnologia das aeronaves no início dos anos 1980 tornou possível os destinos norte-americanos às aeronaves bimotoras de longo alcance, como as então disponibilizadas pela Airbus e pela Boeing. Após a desregulamentação da indústria de aviação nos Estados Unidos e da abolição do Civil Aeronautics Board (CAB), em 1987 a Grã-Bretanha avançou um passo e privatizou todos os aeroportos públicos com receita anual superior a um milhão de libras. Isso significava que a British Airports Authority (BAA), que possuía mais de 3/4 de todo o tráfego aéreo britânico e cujos sete aeroportos incluíam o Heathrow e o Gatwick, foi posta à venda no mercado de ações naquele ano como BAA plc. Todos os outros aeroportos se tornaram empresas privadas naquela época, mas suas ações permaneceram propriedade de autoridades locais. Um a um, os aeroportos foram vendidos ao setor privado e, a partir da privatização geral, a maioria dos aeroportos foi transferida para esse setor. Em 2013, apenas alguns, inclusive o Manchester, ainda pertencia ao setor público. 51% do aeroporto Newcastle pertencia a 7 autoridades locais e 49% ao aeroporto Copenhague. A BAA plc, que carregava ainda aproximadamente 70% de todos os passageiros da Grã-Bretanha, foi comprada pela empresa espanhola Grupo Ferrovial em julho de 2006, teve seu nome alterado para BAA Airports Ltd. e parou de ser negociada na Bolsa de Valores de Londres, na qual fazia parte da lista FTSE 100. Em 2013, aeroportos que eram nominalmente regionais, como o de Birmingham, o de Bristol e o de Newcastle, estavam oferecendo voos regulares para destinos tão variados quanto o Paquistão, os Estados Unidos, o Caribe, Dubai e México. As classificações bem-definidas de 1978 tornaram-se turvas em um sistema com a política de não intervenção no qual a capacidade de um aeroporto e seu potencial para gerar tráfego eram os determinantes principais de sua função. Além disso, nesse momento, o aumento geral no tráfego aéreo de passageiros havia reduzido muito o número de aeroportos regionais britânicos que causava prejuízo. A abordagem pragmática do plano nacional para aeroportos foi reconhecida em 2003 em um Livro Branco do Department of Transport que analisava o potencial para crescimento e desenvolvimento individual dos aeroportos mais importantes da Grã-Bretanha. É evidente que a política de desenvolvimento regulamentado dos serviços aéreos por meio da declaração e da promoção de aeroportos de entrada teria um efeito duradouro na maneira como a capacidade se distribuiria pelo sistema aeroportuário britânico e a demanda que ela criaria. Embora não seja tão forte quanto a política de privatização, que promovia a rentabilidade dos aeroportos, a estrutura da BAA ainda é muito influenciada pela política definida em 1978.

A função do aeroporto

Os aeroportos são pontos intermediários ou finais da porção aérea das viagens das aeronaves. Em termos funcionais simples, a instalação deve ser projetada a fim de permitir o pouso e a decolagem de aeronaves. Entre essas duas operações, a aeronave pode, se necessário, carregar e descarregar a *payload* e a tripulação e receber

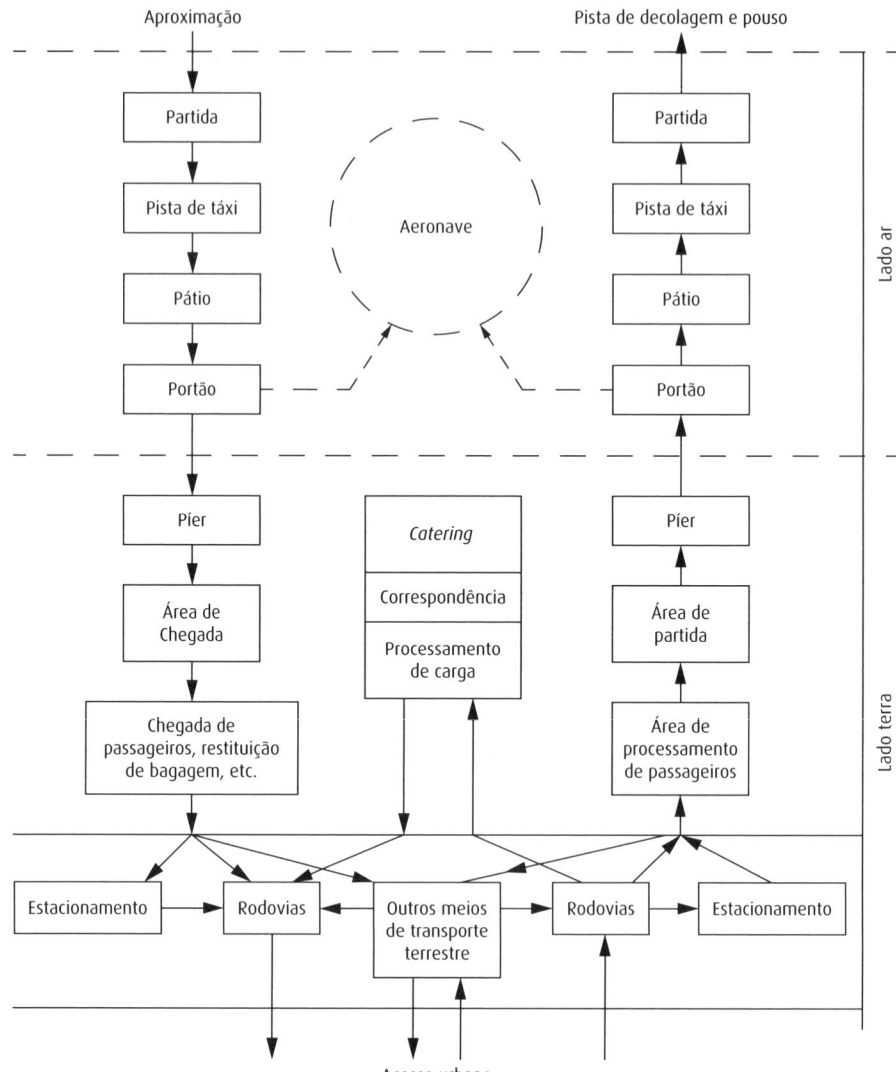

FIGURA 1.3 O sistema aeroportuário.

serviços de manutenção. Costuma-se dividir as operações de um aeroporto entre funções no lado ar e funções no lado terra, ilustradas no diagrama simplificado do sistema na Figura 1.3. Diagramas mais detalhados do sistema são fornecidos para o processamento de passageiros e de carga nas Figuras 6.1 e 8.7. O diagrama do sistema geral mostra que, após a aproximação e o pouso, a aeronave utiliza a pista de pouso, a pista de táxi e o pátio antes de estacionar, assumindo a posição na qual sua *payload* é processada pelo terminal até o sistema de acesso/egresso. Os passageiros de partida utilizam a operação no lado terra rumo ao portão de embarque.

Os terminais de passageiros e de carga dos aeroportos são, por si só, instalações que têm três funções distintas (Ashford, Mumayiz e Wright, 2011):

Mudança de modo. Fornecer uma conexão física entre o veículo aéreo e o de superfície, projetados para acomodar as características de operação dos veículos no lado ar e no lado terra, respectivamente.

Processamento. Fornecer as instalações necessária para a emissão de passagens, documentação e controle de passageiros e carga.

Mudança do tipo de movimento. Realizar embarques contínuos de carga por meio de caminhões e de passageiros de partida por meio de carro, táxi e trem em lotes adequados às aeronaves que geralmente têm saídas pré-programadas; realizar o processo contrário para as aeronaves de chegada.

Muitos aeroportos pequenos que oferecem apenas um pouco mais que um simples terminal de passageiros para operações com volumes baixos de passageiros não disponibilizam qualquer outra instalação além dessa. A operação de um aeroporto como esse não é muito mais complexa do que a de uma estação ferroviária ou a de uma rodoviária interurbana. Os aeroportos de médio e grande porte são muito mais complexos e exigem uma organização capaz de lidar com essa complexidade. Os aeroportos de tamanho significativo devem contar com uma organização que consiga alimentar ou administrar as seguintes instalações:

- Processamento de passageiros
- Manutenção, reparo e engenharia de aeronave
- Operações de uma empresa aérea, inclusive tripulação de voo, comissários de bordo, tripulação de solo e equipe de funcionários do terminal e do escritório
- Estabelecimentos que prestam serviços aos passageiros e que são necessários para a estabilidade econômica do aeroporto, como concessionárias, empresas arrendatárias, etc.
- Instalações de apoio à aviação, como de controle de tráfego aéreo, de meteorologia, etc.
- Funções governamentais, como inspeção agrícola, aduana, imigração, saúde

Hubs internacionais de grande porte são estruturas complexas e possuem todos os problemas de qualquer grande organização com muitos funcionários. Em alguns casos, o próprio aeroporto é um grande empregador. Em outros casos, a autoridade age como um intermediário de serviços, resultando em um nível baixo de geração direta de empregos. Independentemente do modo de operação, os níveis gerais de funcionários nos aeroportos são altos, e há interações complexas entre as diversas empresas empregadoras. Operações ineficientes e com falha nesses grandes sistemas, seja devido a incompetência, desorganização ou protestos, resultam em gastos enormes em termos de salários adicionais, tempo gasto do passageiro e custos de carga atrasada.

Sistemas centralizado e descentralizado de terminais de passageiros

A maneira como o sistema de terminais de um aeroporto é operado e a estrutura administrativa da empresa operadora podem ser influenciados pela distribuição física do aeroporto. É útil classificar os aeroportos em dois tipos operacionais amplos e bastante diferentes entre si, o *centralizado* e o *descentralizado*. A maior parte dos terminais mais antigos foi projetada usando o conceito centralizado, no qual o processamento é realizado no prédio do terminal principal e o acesso às portas das aeronaves é feito por terminais píer, satélite ou transportador (remoto). Muitos aeroportos ainda operam de maneira satisfatória usando instalações centralizadas, como o de Tampa e o Amsterdã Schiphol. Outros aeroportos foram criados com instalações centralizadas mas tornaram-se descentralizados quando novos terminais foram adicionados devido ao aumento do tráfego; por exemplo, Londres Heathrow, Paris Orly e Madrid Barajas. Alguns aeroportos foram projetados como instalações descentralizadas desde seu início, contando com uma variedade de terminais unitários, cada um com um conjunto completo de instalações, como o Fort Worth, em Dallas, o Charles de Gaulle, em Paris, o Kansas City e o JFK, em Nova York. Um formato híbrido que mescla o centralizado e o descentralizado ocorre no desenvolvimento de diversos terminais píer remotos (Atlanta e Hong Kong) e terminais satélite remotos (Pittsburgh e Kuala Lumpur). A Figura 1.4 mostra exemplos de *layout* centralizado e descentralizado, respectivamente.

Até o início dos anos 1960, mesmo nos maiores aeroportos do mundo, o tráfego de passageiros era tão pequeno que a operação centralizada era a norma. Com esse tipo de operação, pode haver economia no uso de equipamentos fixos, como sistemas de bagagem, balcão de *check-in* e transportadores. Também há economia para o aeroporto, para as empresas aéreas e para a equipe de arrendatários do aeroporto. Além disso, foi observado que é necessário um menor número de funcionários de segurança em *layouts* centralizados. Quando um aeroporto escolhe a operação centralizada, a tendência é que a administração esteja intimamente envolvida nas operações diárias da área do terminal.

Com o crescimento dos maiores *hubs*, o tamanho físico de algumas instalações também aumentou e foram construídas adições aos terminais. Algumas instalações se tornaram extraordinariamente grandes. Por exemplo, antes da remodelagem do Chicago O'Hare, a distância entre os portões das extremidades no único terminal era de 1,6 km (1 milha). O tamanho das áreas de estacionamento também aumentou. Os passageiros enfrentavam longas caminhadas quando em conexão ou ao chegar ou sair do aeroporto.

Para contornar o problema das longas caminhadas, foram projetados *layouts* descentralizados a fim de manter as distâncias em até 300 m (984 pés), conforme recomendado pela International Air Transport Association (IATA, Associação Internacional de Transportes Aéreos), sendo a maior distância entre a calçada e o balcão de *check-in* de 100 m (328 pés). A descentralização foi tão longe quanto o conceito de portão de chegada do Dallas/Fort Worth (DFW) e do Kansas City, nos quais as distâncias totais do carro até a aeronave eram originalmente de 100 m (328 pés). As vantagens da descentralização são significativas. Os terminais permanecem em uma

Capítulo 1 O aeroporto como um sistema operacional 11

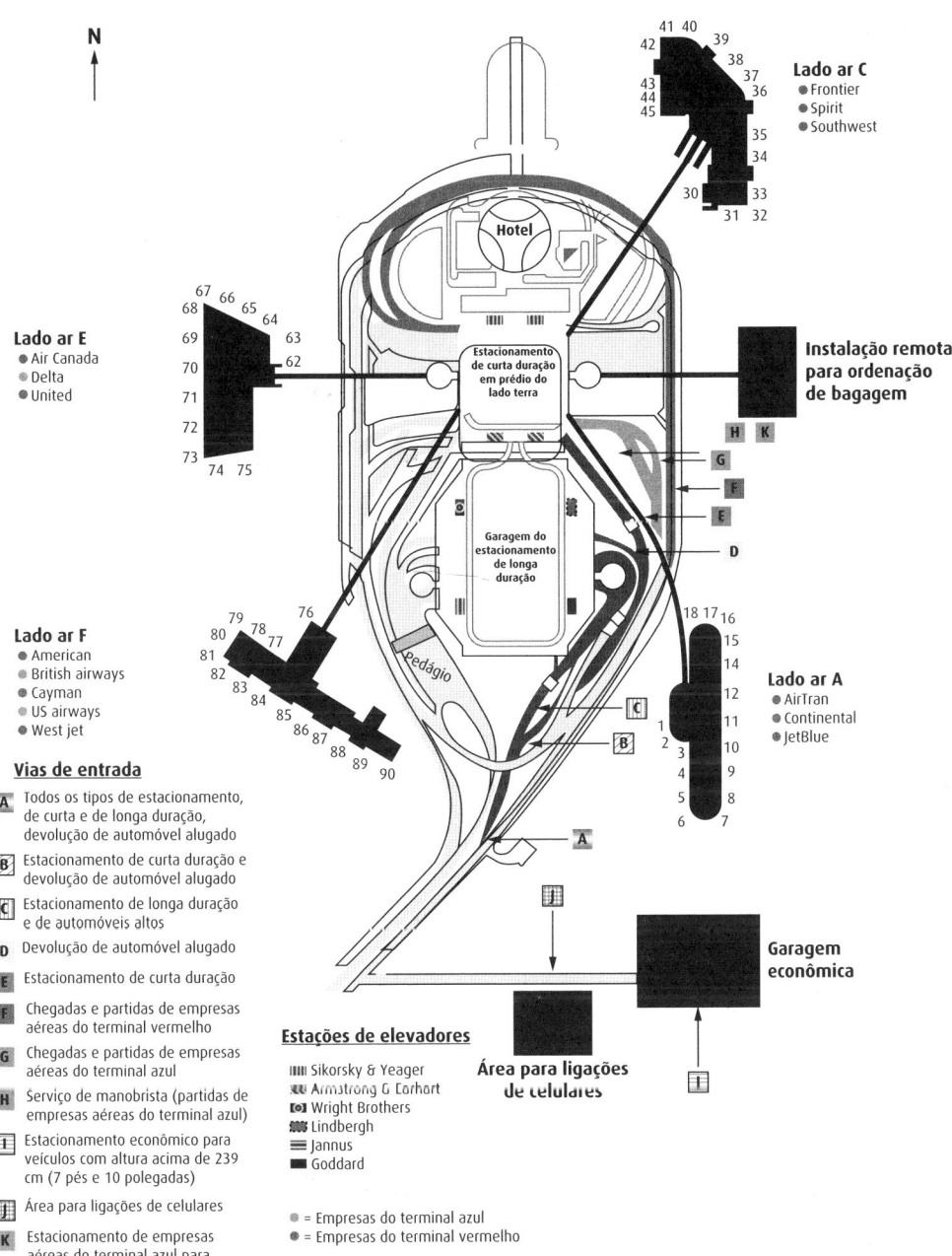

(a)

FIGURA 1.4 (a) Esquema do Tampa International Airport: *layout* de um terminal centralizado. (Cortesia da Hillsborough County Airport Authority) (b) Esquema do Xangai International Airport: *layout* de um terminal descentralizado. (Adaptado do Xangai Pudong International Airport) (*continua*)

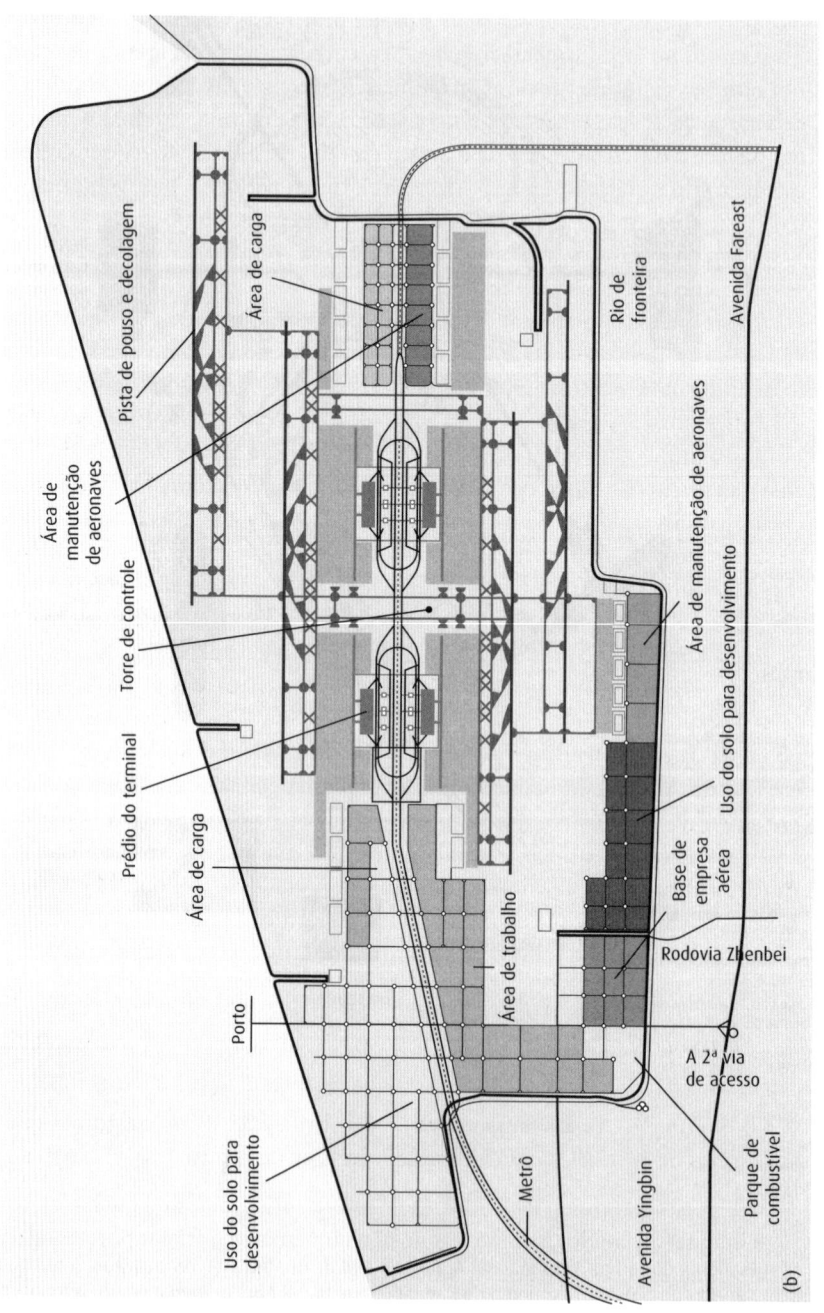

FIGURA 1.4 *Continuação*

escala humana, o volume de passageiros nunca se torna desconfortavelmente alto e as distâncias se mantêm curtas. Os estacionamentos são pequenos e as distâncias de caminhada são moderadas. Essas áreas são mais fáceis de supervisionar e, por isso, são mais seguras, além de ser mais simples projetar as calçadas para desembarque. Entretanto, no âmbito operacional, a descentralização pode levar à necessidade de um número maior de funcionários, uma vez que algumas funções administrativas e de segurança devem ser realizadas separadamente em cada terminal. Como a escala das instalações descentralizadas é muito grande, cada unidade requer um conjunto completo de instalações para passageiros e funcionários. É possível, portanto, que haja pouca economia em termos de instalações fixas, como áreas de depósito de bagagem, de restituição de bagagem e de *check-in*. Ainda os equipamentos de manuseio de pátio devem ser duplicados.

Em um aeroporto grande, a escala de separação entre as unidades pode ser vasta. Por exemplo, se o terminal com 14 unidades no DFW tivesse sido construído de acordo com a planta mestre original, a distância entre os dois terminais unitários das extremidades seria de 5 km (3 milhas). Usar *layouts* completamente descentralizados significa que será necessário oferecer alguma forma de meio de transporte aos passageiros *interline* a fim de proporcionar a eles uma movimentação satisfatória entre terminais. No DFW, Frankfurt e Cingapura Changi, isso é realizado por meio de um veículo de transporte automático; em terminais mais antigos, como o Londres Heathrow e o Paris Charles de Gaulle (CDG), isso é realizado por meio de um simples serviço de ônibus. Nenhum dos métodos é conveniente quando o número de terminais é alto, como no CDG. Em aeroportos descentralizados, os escritórios administrativos geralmente são bem separados das operações diárias dos terminais.

Um problema resultante da descentralização que costuma passar despercebido é a perda da capacidade diária quando a área de um determinado terminal é dividida em diversas subáreas que operam de forma independente. A capacidade é definida por meio de operações em hora-pico, e os picos de demanda são mais facilmente amenizados em um único terminal grande do que em quatro terminais menores. Antes da abertura do Terminal 5 de Heathrow, em 2008, o Londres Heathrow operava quatro terminais que eram diferentes em termos de função. Com algumas exceções, a distribuição de tráfego entre os quatro terminais era a seguinte:

Terminal 1: Rotas domésticas e europeias de curta distância (British Airways)

Terminal 2: Rotas europeias de curta distância (empresas aéreas estrangeiras)

Terminal 3: Rotas de longa distância (empresas aéreas estrangeiras)

Terminal 4: Rotas de longa distância (British Airways) e algumas rotas europeias de curta distância (empresas aéreas estrangeiras)

Um estudo interno da British Airports Authority constatou que, se todos os voos pudessem ser atribuídos a um só terminal, o número necessário de portões de terminais para aeronaves seria reduzido significativamente (Ashford, Stanton, e Moore, 1997). Devido às diferentes características de pico observadas nos quatro terminais, quando o aeroporto era dividido em quatro unidades independentes, as demandas de espaço de pátio e de equipamento de pátio eram maiores do que as demandas de um só terminal.

Com o desenvolvimento das alianças entre empresas aéreas, que iniciou nos anos 1980, a distribuição das empresas aéreas em terminais com diversas unidades tornou-se ainda mais complicada em aeroportos grandes. No Madrid Barajas, por exemplo, antes de o novo terminal ser posto em uso em 2006, a gestão aeroportuária analisou a melhor forma de utilizar a nova instalação gigantesca em conjunto com os três terminais existentes no local. Foi necessário levar em consideração o fato de que a grande empresa aérea Iberia fazia parte da aliança Oneworld, que contava com 12 membros, inclusive a American Airlines, a British Airways e a Qantas. Como a taxa anual de transferência de passageiros em hora-pico em Madrid era de 45%, sendo 41% de transferências entre a mesma aliança, a decisão tomada foi posicionar a Oneworld no novo terminal e as outras alianças, a Star Alliance e a SkyTeam, nos três terminais existentes. A área do terminal novo e a do antigo eram separadas por mais de 3 km (2 milhas). Então, foi introduzido um serviço de ônibus no lado terra para a transferência de passageiros *interline*. Essa alocação de empresas aéreas nos vários terminais foi calculada com o intuito de minimizar a inconveniência aos passageiros em transferência e foi a lógica principal por trás da decisão final quanto à alocação dos terminais. A complexidade do tráfego misto com o qual é preciso lidar é ilustrada na Tabela 1.4.

TABELA 1.4 Análise do tráfego a ser atribuído ao novo terminal e aos terminais existentes no aeroporto de Madrid-Barajas, 2000

Tipo de tráfego	Passageiros
Doméstico	19,6 milhões
Europeu (Schengen)	14,7 milhões
Internacional	12,3 milhões
Total	**46,6 milhões**
Aliança	**Passageiros**
Oneworld	31,2 milhões
Star	5,1 milhões
Wing	4 milhões
SkyTeam	3,8 milhões
Outras	2,5 milhões
Total	**46,6 milhões**
Aliança Oneworld	12 empresas aéreas
Star Alliance	27 empresas aéreas
SkyTeam	13 empresas aéreas
Transferência anual	21 milhões 45%
Transferência dentro da mesma aliança	19 milhões 41%

A complexidade das operações aeroportuárias

Até a desregulamentação e a privatização da indústria de transporte aéreo no final dos anos 1970 e durante os anos 1980, ela era vista por muitos países quase como uma indústria de serviço público que necessitava do apoio erário. Subsídios eram fornecidos à aviação de diversas maneiras em diferentes países. Os aeroportos criados logo após a Segunda Guerra Mundial tinham pouca atividade comercial, e os serviços prestados por eles eram básicos. Aeroportos como o Shannon, na República Irlandesa, e o Amsterdã Schiphol, na Holanda, estiveram entre os primeiros a obter renda a partir de atividades comerciais. Nos anos 1970, a renda advinda do comércio havia se tornado muito importante em termos de renda total e, no caso de muitos dos grandes aeroportos da Europa, constituía praticamente todo o lucro, sendo que a renda obtida com os voos apenas cobria os gastos destes.

Os aeroportos maiores se tornaram negócios complexos, com outras funções além daquelas do aeródromo e de tráfego aéreo. Conforme aumenta a capacidade de passageiros dos aeroportos, também aumenta a importância das rendas não relacionadas à aviação (Ashford e Moore, 1999). Também é evidente que, na maioria dos países, os aeroportos mantêm a viabilidade econômica por meio do desenvolvimento da capacidade de obter renda a partir de diversas bases. Em geral, a estrutura organizacional do aeroporto muda para refletir a importância crescente das rendas comerciais que seguem o aumento da capacidade de passageiros. Conforme os tamanhos relativos e absolutos de elementos não relacionados ao tráfego aéreo da renda de um aeroporto aumentam, é preciso dar mais atenção ao aperfeiçoamento da perícia comercial; alguns dos maiores aeroportos desenvolveram uma perícia interna considerável a fim de maximizar a renda comercial.

Dentre as atividades não aeronáuticas de um aeroporto, estão as seguintes (ICAO, 2006; Ashford e Moore, 1999):

- Fornecimento de combustível de aviação
- Venda de alimentos e bebidas, isto é, restaurantes, bares, cafeterias, máquinas de venda automática, etc.
- Lojas *duty-paid*
- Bancos/casas de câmbio
- Serviço de bordo
- Serviços de táxi
- Aluguéis de automóveis
- Estacionamento para automóveis
- Propagandas
- Serviços de transporte do aeroporto/cidade, isto é, linhas de ônibus, limusines, etc.
- Lojas *duty-free* (p. ex. bebidas alcoólicas, tabaco, perfumes, relógios, produtos óticos e equipamentos eletrônicos)
- Postos de gasolina e de serviços para automóveis

- Salões de beleza e barbearias
- Serviços de Internet
- Cassinos e máquinas de jogos
- Cinema
- Máquinas de venda automática para artigos não relacionados a alimentos
- Hotéis
- Consolidadores/expedidores/agentes de cargas
- Exposições de arte
- Concertos musicais
- Lojas de *souvenirs*

A quantidade de atividades não aeronáuticas de um aeroporto dependerá do destino da renda gerada por elas. Na maioria dos aeroportos, ela é revertida para o aeroporto e auxilia em sua rentabilidade. Assim, o aeroporto possui um ótimo incentivo para gerar o máximo desse tipo de renda quanto possível. Existe, no entanto, uma variedade de situações que podem desencorajar o aeroporto:

- Quando a renda de fontes não aeronáuticas é encaminhada diretamente ao Tesouro nacional
- Quando o governo confere a loja *duty-free* à empresa aérea de posse do governo
- Quando o aeroporto norte-americano é operado usando uma base de custo residual e a renda das fontes não aeronáuticas são utilizadas para reduzir as taxas de pouso das empresas aéreas em vez de serem revertidas para o aeroporto

Nessas circunstâncias, há pouco incentivo para que a gestão do aeroporto tente aumentar a renda não aeronáutica e, na ausência de esforços externos, esse âmbito dos negócios provavelmente ficará estagnado.

Estruturas operacionais e de gestão

Antes da desregulamentação das empresas aéreas, que iniciou em 1979 nos Estados Unidos, o modelo de operação mais difundido de transporte aéreo sugeria que ele fosse dirigido como um departamento do governo central ou local. Após a desregulamentação, a maioria dos governos centrais renunciou à operação de aeroportos. Em 2013, muitos governos centrais ainda estavam envolvidos na direção de aeroportos, mas isso havia se tornado mais incomum nas economias dos países desenvolvidos. A maior parte das instalações de países como a Holanda, a Espanha e a Alemanha ainda estavam em posse do governo.

Não há uma estrutura administrativa que seja ideal para todos os aeroportos. Os aeroportos diferem em tipo e escala de capacidade e em relações com outros órgãos governamentais e paragovernamentais, e se encaixam em diferentes matrizes de organizações aliadas e associadas nos níveis de governo local, regional e central. As estruturas organizacionais também devem ter sua natureza evolutiva reconhecida, dependem da estrutura preexistente e da pressão por mudanças, que depende das personalidades e competências dos diretores da empresa gestora do aeroporto. Invariavelmente, sua estrutura organizacional passará por uma reforma radical caso ele seja privatizado. Após a privatização, há muitos modelos de administração aeroportuária dentre os quais escolher, sendo os mais comuns resumidos nos exemplos a seguir:

Aeroportos sob posse do governo
- Dentro de um departamento governamental: *Aeroporto de Sacramento, Estado Unidos*
- Autoridade aeroportuária autônoma: *Infraero, Brasil; Dublin Airport Authority, Irlanda*
- Dentro de uma autoridade de transporte multimodal: *Port Authority of New York and New Jersey, Estados Unidos*
- Dentro de um departamento de aviação civil: *Abu Dhabi*
- Empresa privatizada com ações detidas pela autoridade local: *Aeroporto de Manchester, Reino Unido*

Aeroportos privatizados
- Um único aeroporto privado: *Aeroporto de Knock, Irlanda; Aeroporto de Punta Cana, República Dominicana*
- Aeroportos parcialmente estatais: *Aeroporto de Newcastle, Reino Unido (51% detidos por autoridades locais, 49% pelo Aeroporto de Copenhague)*
- Ações parciais detidas por um operador de vários aeródromos: *Aeroporto de Cardiff, Aeroporto de Londres Luton, Reino Unido*[1]
- Empresa subsidiária a um conglomerado: *Londres Heathrow, parte da BAA Airports Ltd. (integralmente detida por Ferrovial, Espanha)*

Concessões
- Estatal mas arrendado em concessão: *Lima, Peru (concessão a Fraport e dois parceiros menores)*
- Consórcio público/privado utilizando o sistema BOOT (*Build Own Operate and Transfer*, Construir, Possuir, Operar e Transferir): *Aeroporto Atenas Spata (55% detidos pelo governo grego, 45% dirigido por Hochtief)*

A estrutura organizacional de um aeroporto depende da função que a empresa gestora do aeroporto assume na operação da instalação. Ela pode variar, indo de uma função vastamente voltada para uma posição de intermediário com o mínimo de envolvimento operacional em muitas das atividades no aeroporto (modelo dos

---

[1] A posse e a operação dos aeroportos internacionais de Cardiff, Luton e Belfast são complicadas. Em 2013, eles pertenciam a Abertas Infrastructuras, Espanha (90%), e a AENA, a autoridade aeroportuária espanhola (10%). O consórcio espanhol havia adquirido anteriormente o operador de aeródromo TBI, que havia comprado esses três aeroportos. Em 2013, a Abertas também possuía três aeroportos na Bolívia, além do Skavsta, Suécia, e do Orlando Sanford, Estados Unidos. Além desses, a empresa ainda gerenciava outros três aeroportos dos Estados Unidos: Atlanta, GA, Macon, GA, e Burbank, CA.

EUA) até uma postura de envolvimento direto em muitas das funções de linha do aeroporto (modelo europeu). Também é preciso considerar que, assim como outras organizações comerciais e governamentais, a estrutura de gestão pode ser dividida entre funções de linha e *staff*. A forma como essas funções são acomodadas também varia entre os aeroportos. Departamentos *staff* são aqueles que prestam apoio de gestão direto ao diretor do aeroporto ou ao gerente geral. Muitas vezes com poucos funcionários, estão envolvidos em tomadas de decisão que impactam a organização como um todo. Departamentos de linha, por outro lado, são as porções da organização envolvidas nas operações do dia a dia da instalação. Em comparação com os departamentos *staff*, geralmente requerem mais funcionários. A maneira como os departamentos *staff* e os de linha respondem ao diretor do aeroporto difere muito entre os aeroportos. A Figura 1.5 mostra três estruturas formalizadas diferentes que abrangem as possíveis variações em qualquer aeroporto.

A Opção A corresponde à estrutura na qual ambos os departamentos, *staff* e de linha, respondem diretamente ao diretor do aeroporto. Esse é o caso em aeroportos pequenos nos quais as funções *staff* não são excessivas e no qual o diretor do aeroporto normalmente está envolvido nas operações do dia a dia. A Opção B é mais provável de ocorrer em aeroportos maiores. Os departamentos de linha, cada vez mais atarefados, respondem a um vice-diretor, enquanto os departamentos *staff* desempenham um papel de apoio ao diretor. Em aeroportos ainda maiores, é provável que a Opção C ocorra, na qual os departamentos de linha e *staff* respondem a dois vice-diretores diferentes. Exemplos com variações pequenas são descritos adiante neste capítulo.

As Figuras 1.6 e 1.7 exibem as estruturas organizacionais de dois aeroportos autônomos da Europa Ocidental. Ambas as estruturas refletem os fatos de que a organização está envolvida com a operação de um único aeroporto no modelo europeu e de que parte do manuseio no solo é realizado por funcionários da autoridade aeroportuária. Até a década de 1990, praticamente todo o manuseio no solo desses aeroportos era feito somente por funcionários da autoridade aeroportuária.

Existe uma forma de disposição funcional muito diferente nos aeroportos dos Estados Unidos, na qual a autoridade aeroportuária exige que todos os aspectos operacionais de movimentação de bagagens e passageiros sejam realizados pelas empresas aéreas e de manuseio de bagagens. A organização da empresa Los Angeles World Airports é exibida na Figura 1.8, e as dos aeroportos de Sacramento e de São Francisco são exibidas nas Figuras 1.9 e 1.10.

Em muitos países, autoridades governamentais ou paragovernamentais são responsáveis pela operação de vários aeroportos (p. ex. a Port Authority of New York and New Jersey [PANYNJ], a Aéroports de Paris [AdP], na França, e a Aeroportos e Navegação Aérea [ANA], em Portugal). A estrutura organizacional dessas autoridades geralmente é projetada para alcançar objetivos que abrangem todo o sistema. Portanto, as políticas são dirigidas por um diretor geral, a quem as funções regulares da equipe fornecem suporte. Aeroportos individuais se tornam elementos operacionais na estrutura global. Wiley desenvolveu uma estrutura organizacional modelo típica para uma autoridade responsável por três aeroportos dentro de uma autoridade

Opção A

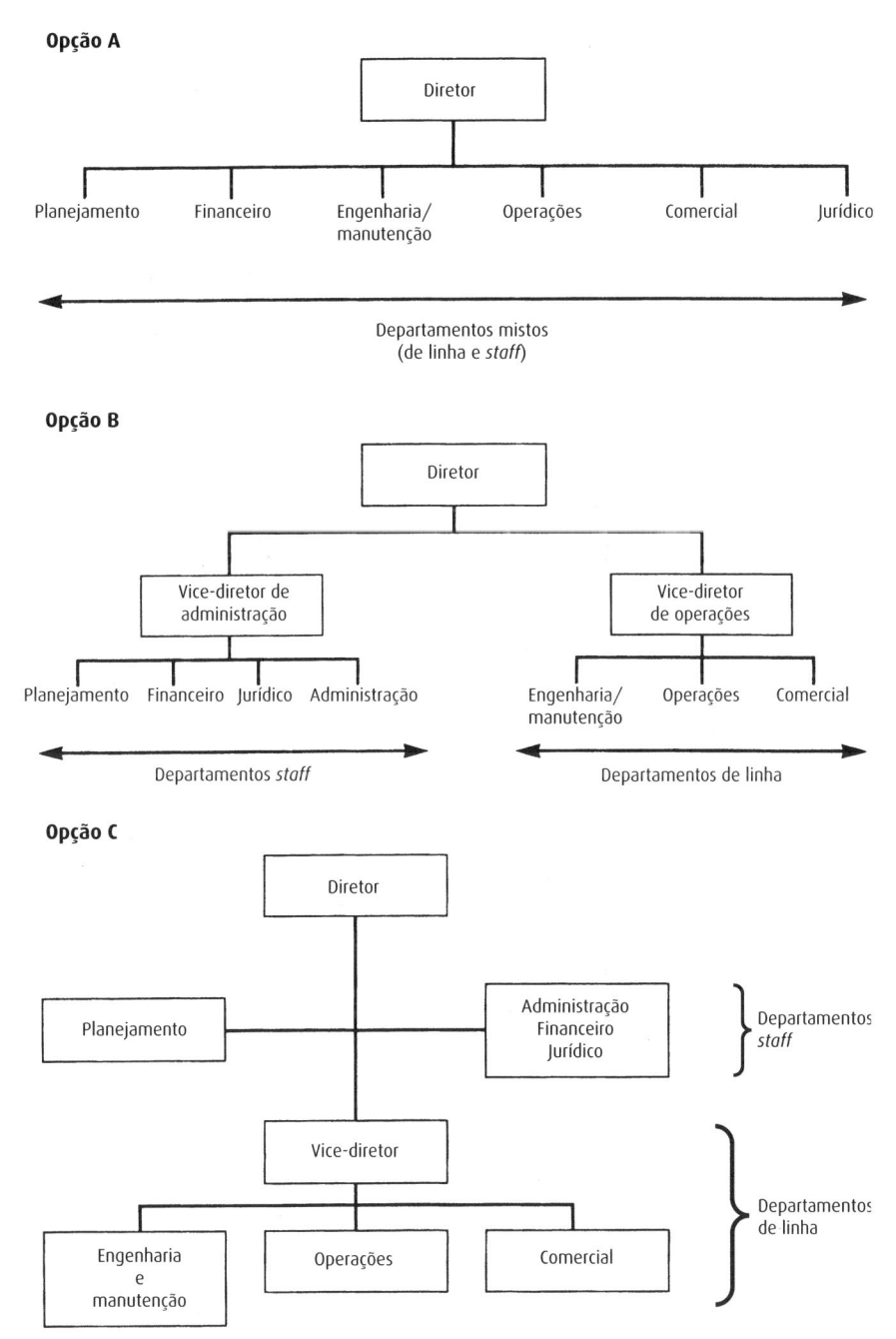

```
                    Diretor
    ┌─────┬─────────┬────┴─────┬─────────┬─────┐
Planejamento  Financeiro  Engenharia/  Operações  Comercial  Jurídico
                         manutenção
```
⟵──⟶
Departamentos mistos
(de linha e *staff*)

Opção B

```
                         Diretor
            ┌───────────────┴───────────────┐
      Vice-diretor de               Vice-diretor
      administração                 de operações
   ┌────┬────┬────┬────┐           ┌────┬────┬────┐
Planejamento Financeiro Jurídico Administração  Engenharia/ Operações Comercial
                                                manutenção
```
⟵─────────────────────⟶   ⟵────────────────⟶
Departamentos *staff*   Departamentos de linha

Opção C

```
            Diretor
               │
   ┌───────────┼───────────┐
Planejamento          Administração      ⎫
                      Financeiro         ⎬ Departamentos
                      Jurídico           ⎭ *staff*
               │
           Vice-diretor                   ⎫
   ┌───────────┼───────────┐              ⎬ Departamentos
Engenharia  Operações  Comercial          ⎭ de linha
e
manutenção
```

FIGURA 1.5 Posições esquemáticas dos departamentos de linha e *staff* na estrutura administrativa dos aeroportos.

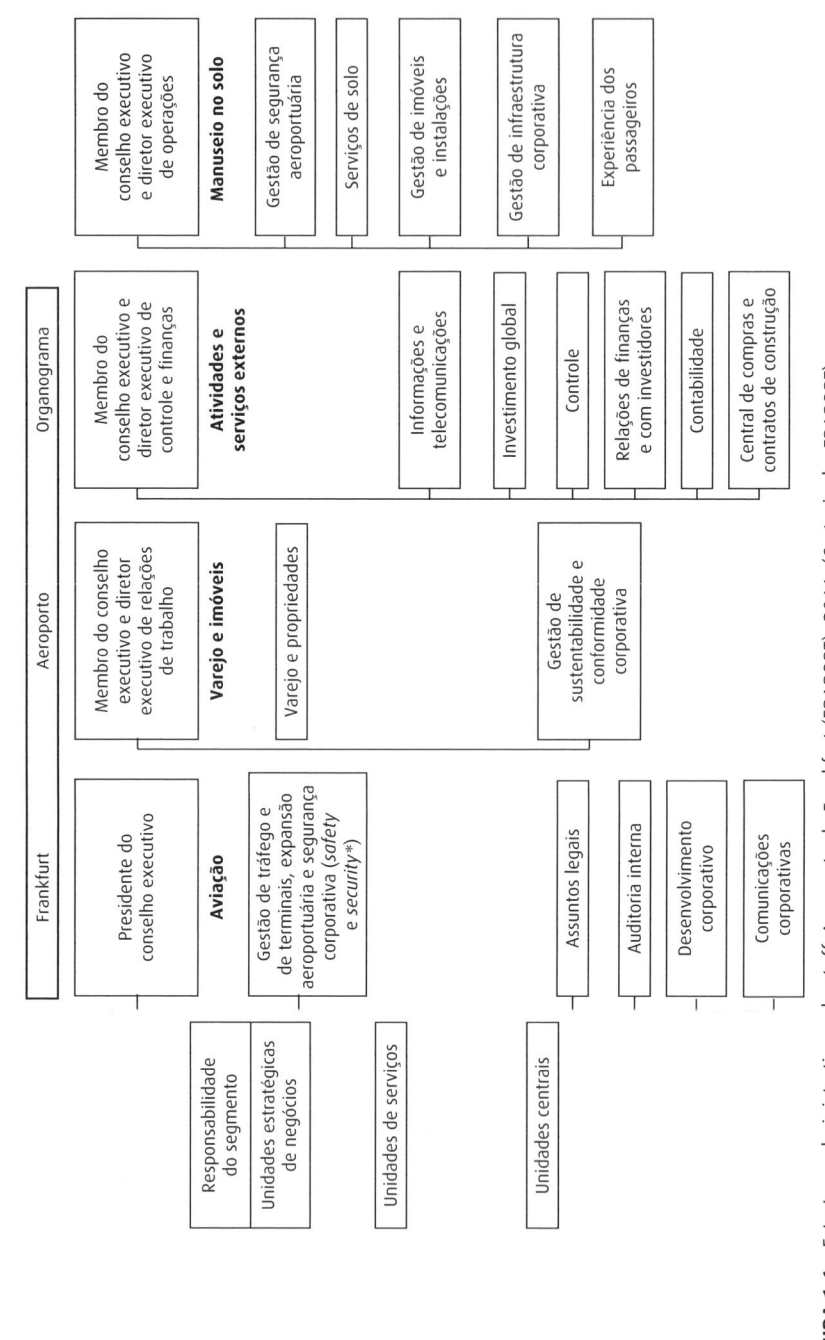

FIGURA 1.6 Estrutura administrativa e de *staff*, Aeroporto de Frankfurt (FRAPORT), 2011. (Cortesia de: FRAPORT)

* N. de R.T.: *Security* se refere aos riscos que vêm de fora da aviação, como o terrorismo, por exemplo, enquanto *safety* se refere aos riscos de origem interna.

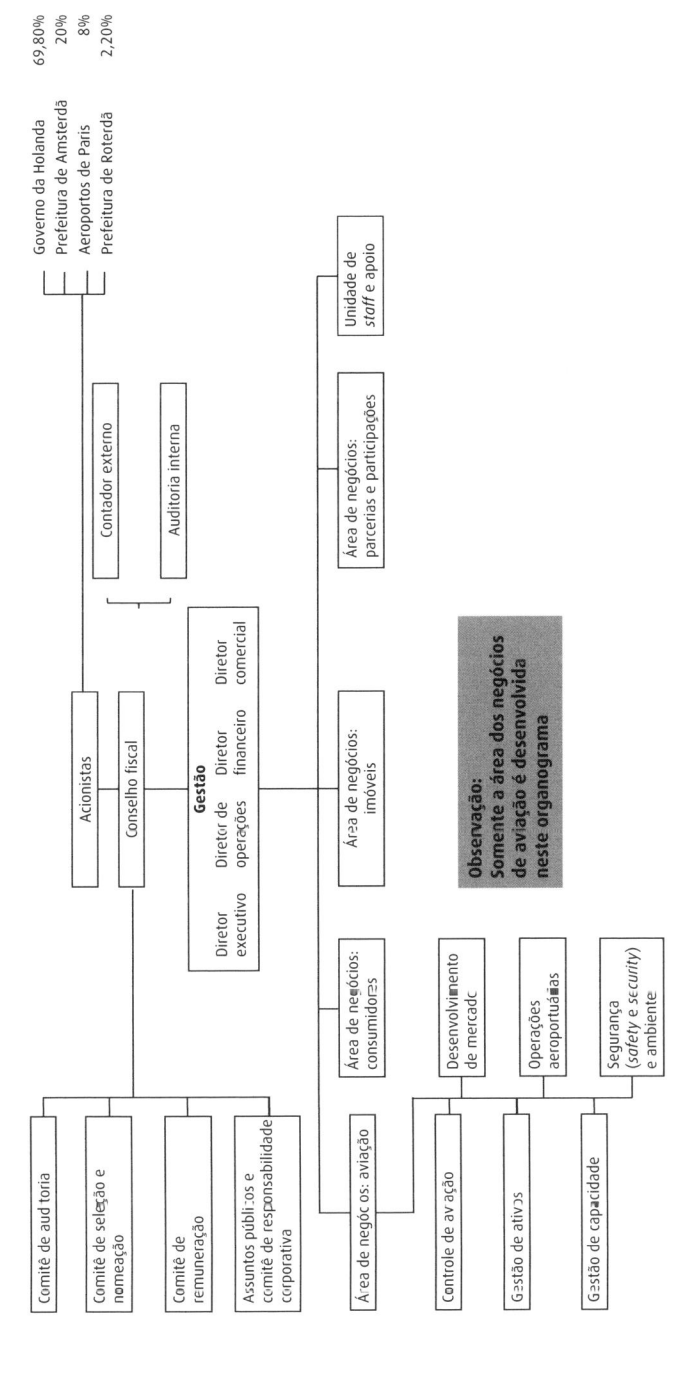

FIGURA 1.7 Estrutura administrativa e de *staff*, Aeroporto de Amsterdã Schiphol, 2011. (Cortesia de: Aeroporto de Amsterdã Schiphol)

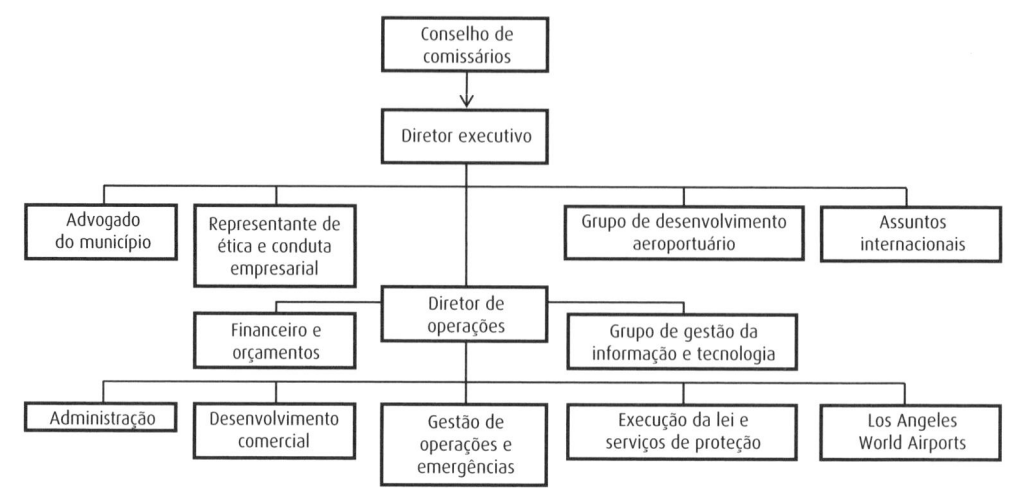

FIGURA 1.8 Estrutura organizacional da Los Angeles World Airports (LAWA), 2011. (Cortesia de: Los Angeles World Airports)

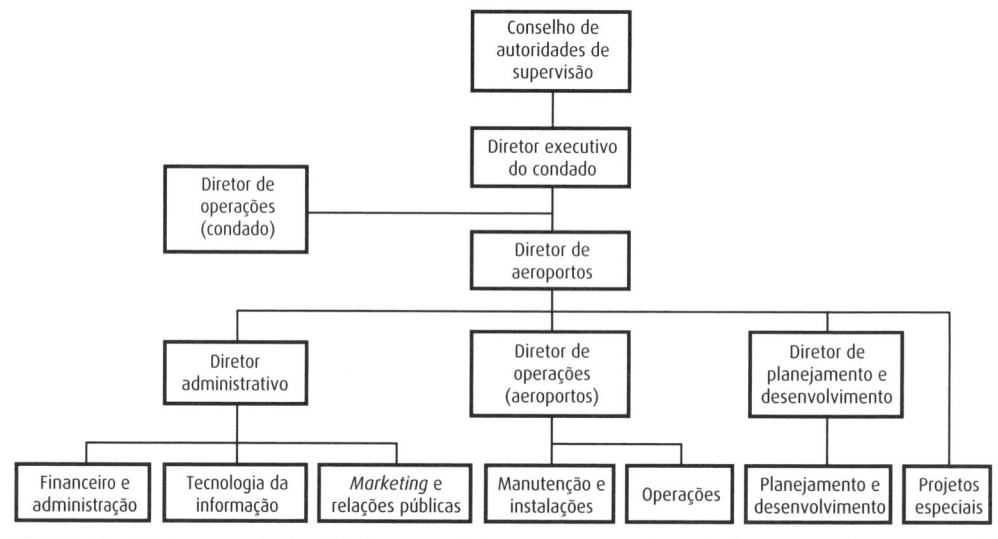

FIGURA 1.9 Estrutura organizacional do Aeroporto de Sacramento, 2011. (Cortesia de: Aeroporto de Sacramento)

multimodal (Figura 1.11). O modelo tem como base sua experiência administrativa na PANYNJ (Wiley, 1981)

Exemplos de estruturas dessa natureza são exibidos nas Figuras 1.12 e 1.13, que mostram as estruturas organizacionais reais da PANYNJ e a equivalente da Aeroportos de Portugal (ANA). Em cada caso, a estrutura da organização permite o desenvolvimento de políticas que abrangem o sistema global e são aplicáveis a uma variedade de aeroportos; esse é um requisito claramente não obrigatório no caso de um único aeroporto operado de forma autônoma. A estrutura da PANYNJ é especialmente interessante devido aos interesses multimodais da autoridade. A

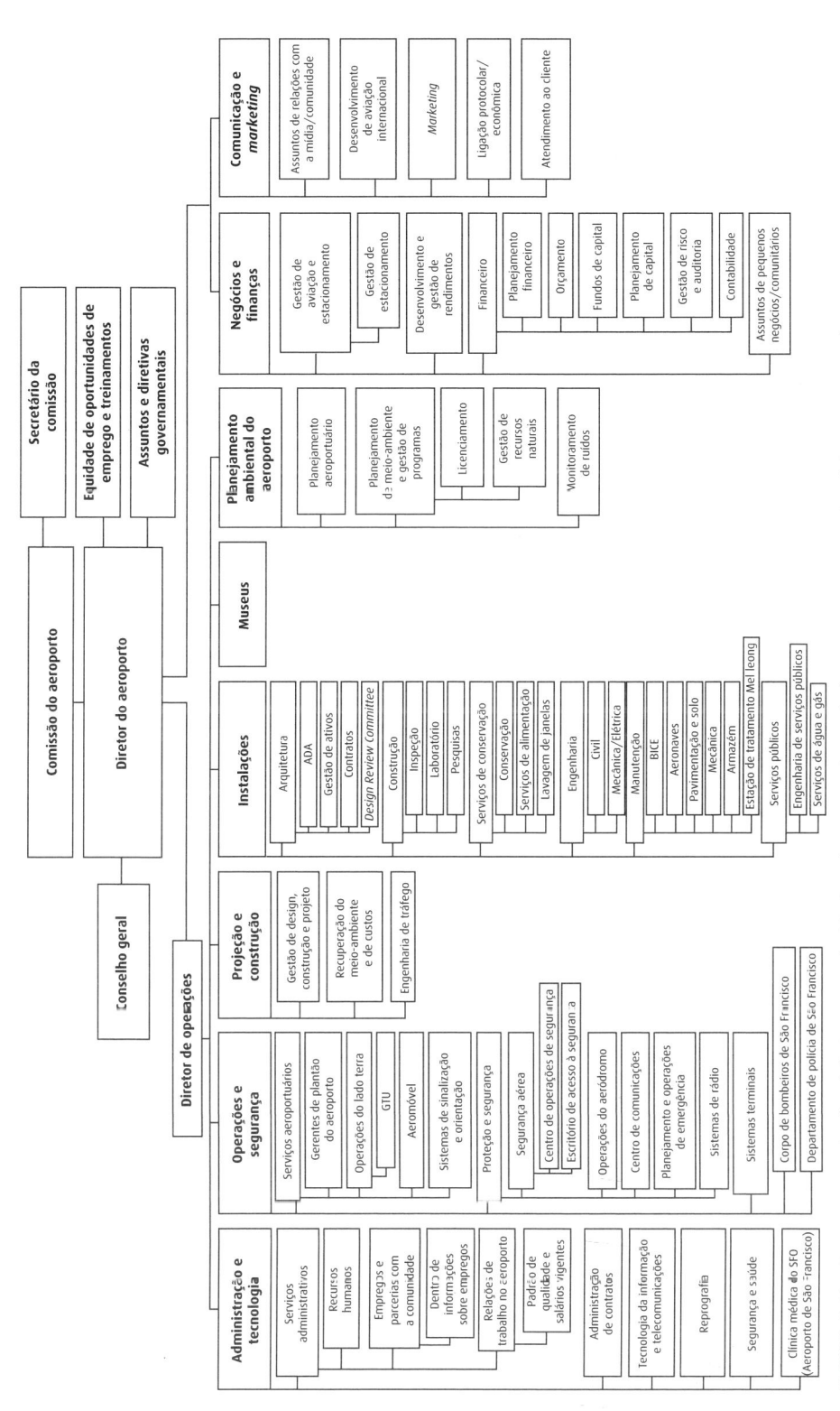

Capítulo 1 O aeroporto como um sistema operacional 23

FIGURA 1.10 Estrutura organizacional do Aeroporto de São Francisco, 2011. (Cortesia de: Aeroporto Internacional de São Francisco)

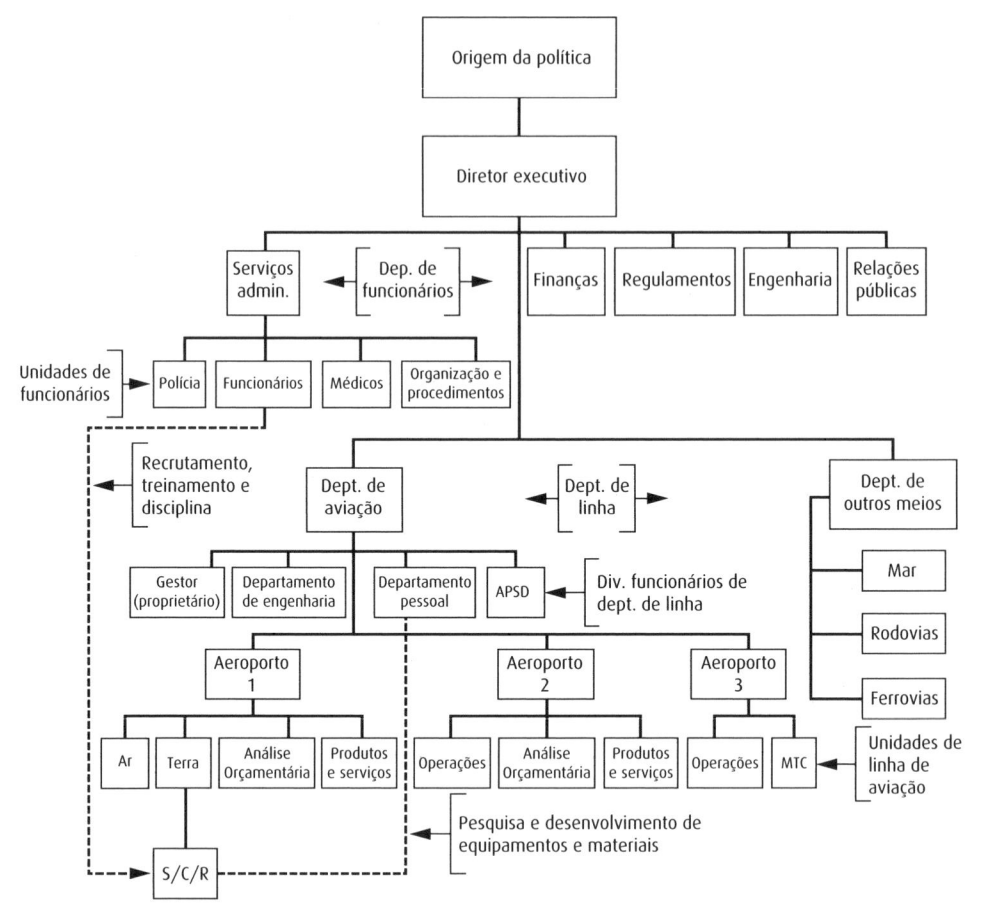

FIGURA 1.11 Organograma modelo de uma autoridade de planejamento e operação multimodal responsável por três aeroportos. (Wiley 1981)

aviação constitui apenas um dos departamentos dentro da complexa estrutura, mesmo que esse departamento opere os três grandes aeroportos da região metropolitana de Nova York.

Com a privatização de muitos dos aeroportos maiores desde 1987, várias empresas privadas agora são donas de aeroportos multinacionais. Os organogramas dessas organizações tornam-se bastante complexos, como pode ser observado na Figura 1.14. Ela indica a estrutura de uma organização envolvida na posse, gestão ou operação de aproximadamente 30 aeroportos nas Américas do Sul e do Norte e na Europa em 2011.

A variedade de estruturas exibida neste capítulo, quando levada em consideração junto com as imensas diferenças de função assumidas pelas diversas empresas aeroportuárias, significa que não é possível determinar nem mesmo imputar qualquer relação forte entre a capacidade de passageiros do terminal e o tamanho da equipe de funcionários da empresa gestora do aeroporto. Quando a empresa gestora do

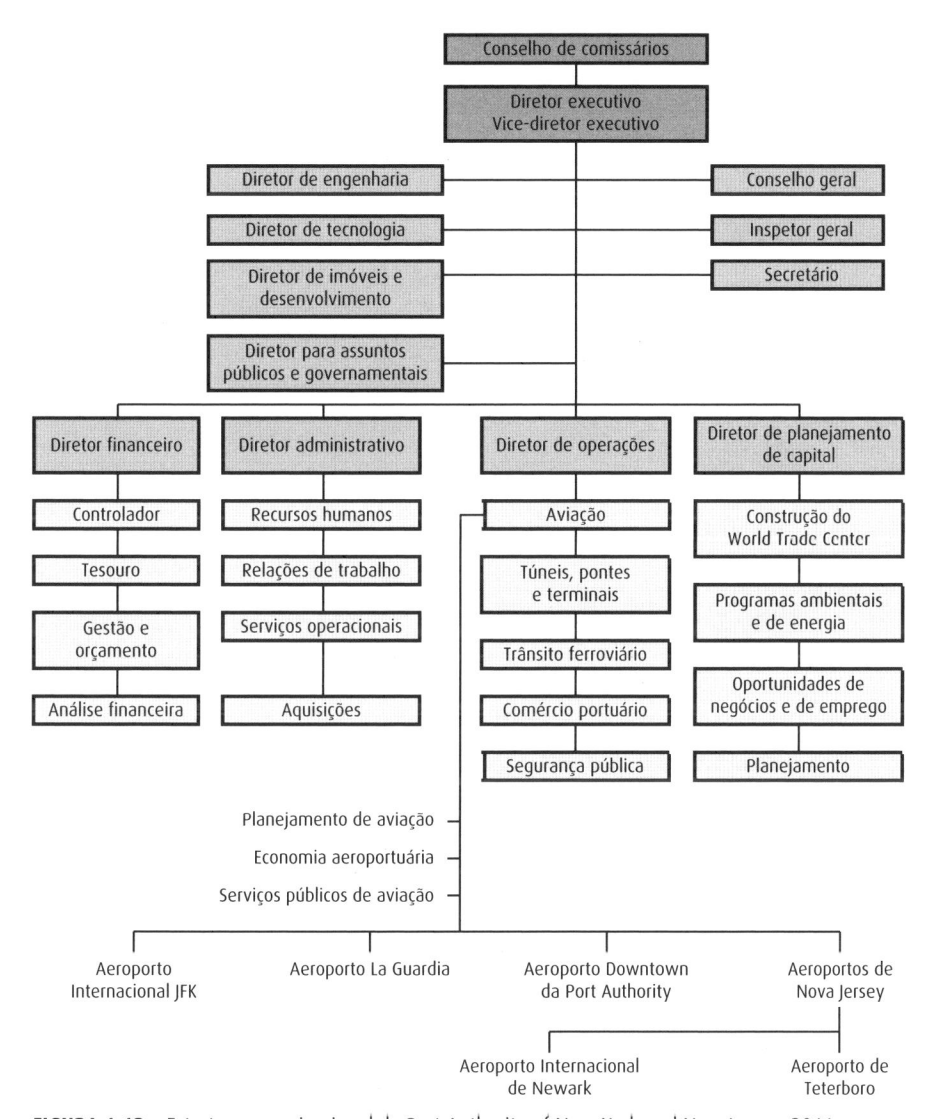

Capítulo 1 O aeroporto como um sistema operacional

FIGURA 1.12 Estrutura organizacional da Port Authority of New York and New Jersey, 2011.

aeroporto fica responsável pela maior parte das atividades, exige-se menos da equipe de funcionários do aeroporto. Conforme mais atividades são realizadas pelo próprio aeroporto, as exigências em relação à equipe naturalmente aumentam. A Figura 1.15 mostra a capacidade de passageiros anual de alguns aeroportos na década de 1990, representados graficamente em relação à equipe dos aeroportos na época. Como era esperado, linhas variam muito, indicando que há uma relação bastante fraca entre as duas variáveis. Entretanto, se os pontos de dados forem divididos em duas categorias (aeroportos norte-americanos e outros aeroportos), uma correlação relativamente forte torna-se aparente a cada registro. Cada ponto do gráfico representa uma situação operacional diferente com responsabilidades diversas. Entretanto, o

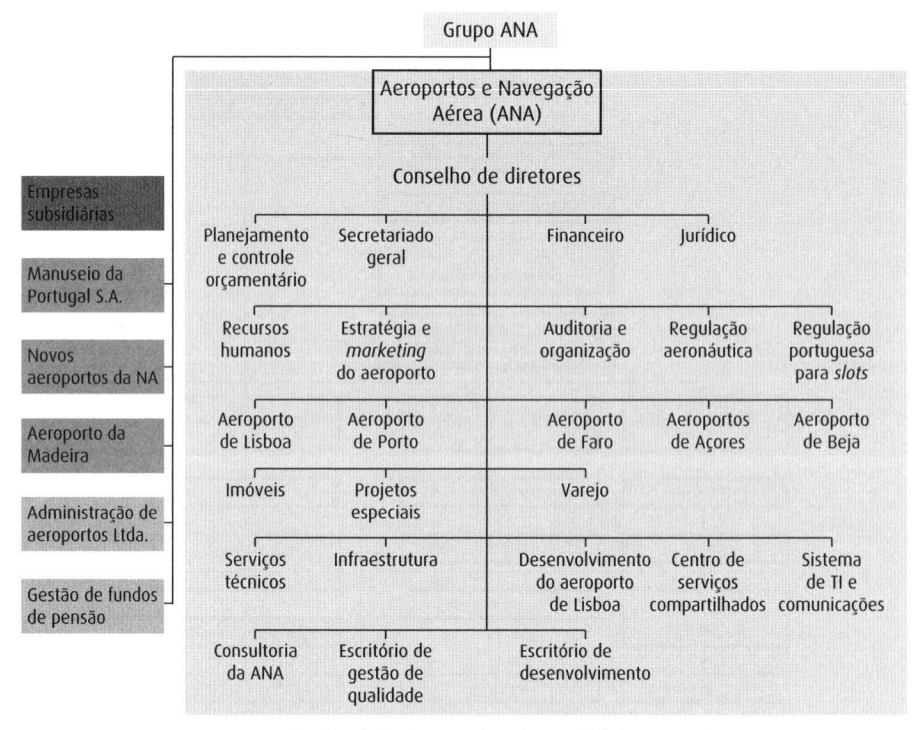

FIGURA 1.13 Estrutura organizacional do sistema de aviação civil de Portugal, 2011.

gráfico demonstra o aumento considerável de exigências de trabalho das empresas gestoras de aeroportos que retêm uma porção das atividades de manuseio em vez de delegá-las. Na União Europeia, no início da década de 1990, a legislação exigia que os aeroportos maiores apresentassem competição para o processamento de passageiros e operações de carga. Como resultado, as operações de processamento muito grandes em aeroportos europeus foram divididas, e grande parte do processamento passou de empresas gestoras de aeroportos para empresas especializadas no manuseio aeroportuário.

Um estudo realizado para a Airports Council International analisou uma variedade de aeroportos europeus em 2003 (York Aviation, 2004). Ele analisou a quantidade de empregos em uma variedade de aeroportos e agrupou-os em quatro categorias:

- Baixa densidade
- Média densidade
- Alta densidade
- Muito alta densidade

A Figura 1.16 exibe as quatro categorias junto com os tipos de atividades que provavelmente ocorrem em cada classe e a faixa de quantidade de empregos observada em cada categoria. Os aeroportos de densidade baixa, média e alta apresentam aumentos no número de empregos em relação ao crescimento do tráfego de passa-

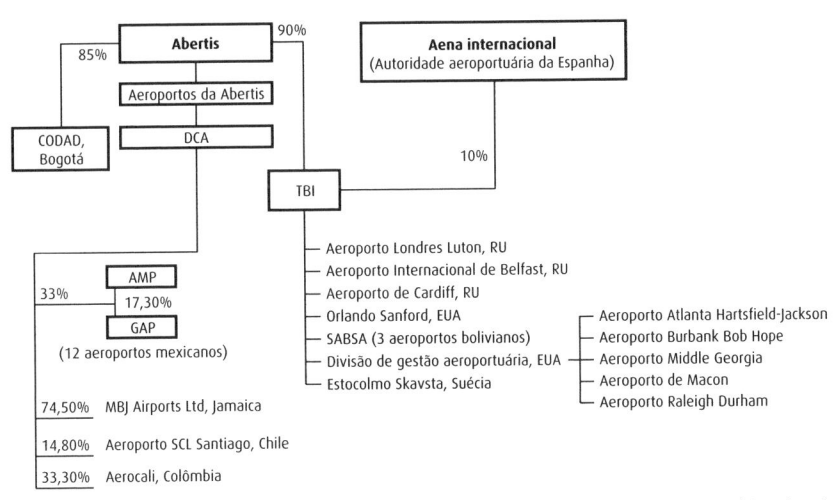

Capítulo 1   O aeroporto como um sistema operacional   27

FIGURA 1.14   A estrutura de uma empresa privada com interesses aeroportuários multinacionais, 2011.

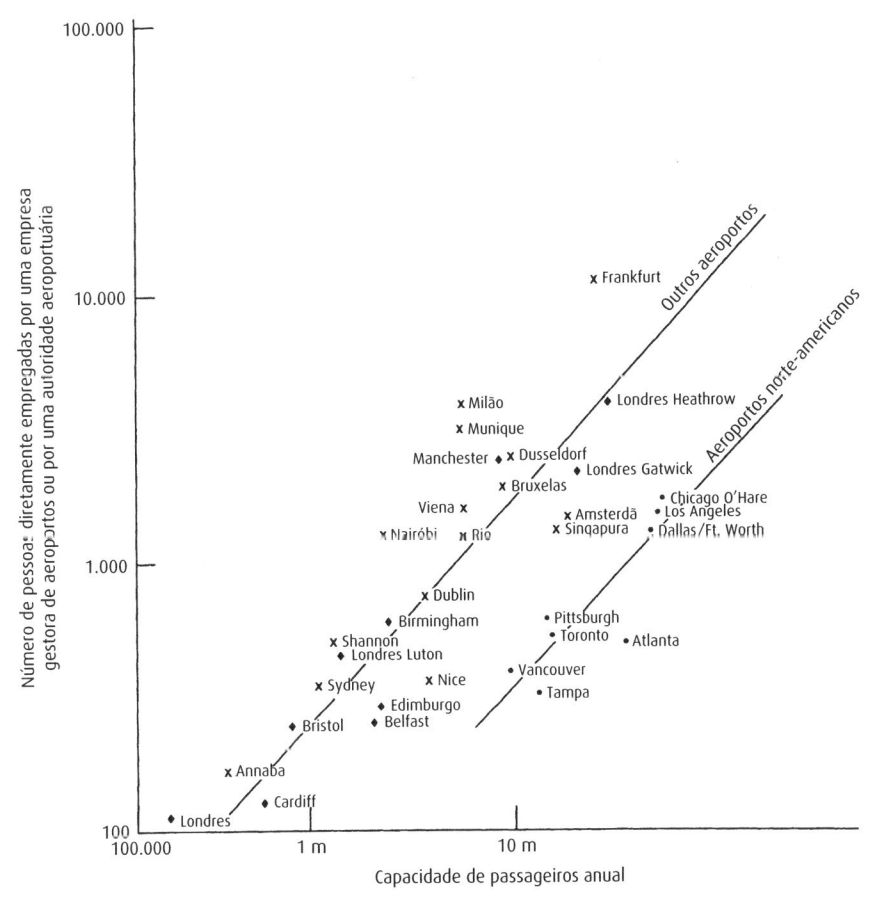

FIGURA 1.15   Capacidade de passageiros anual em relação à equipe de funcionários das empresas gestoras dos aeroportos.

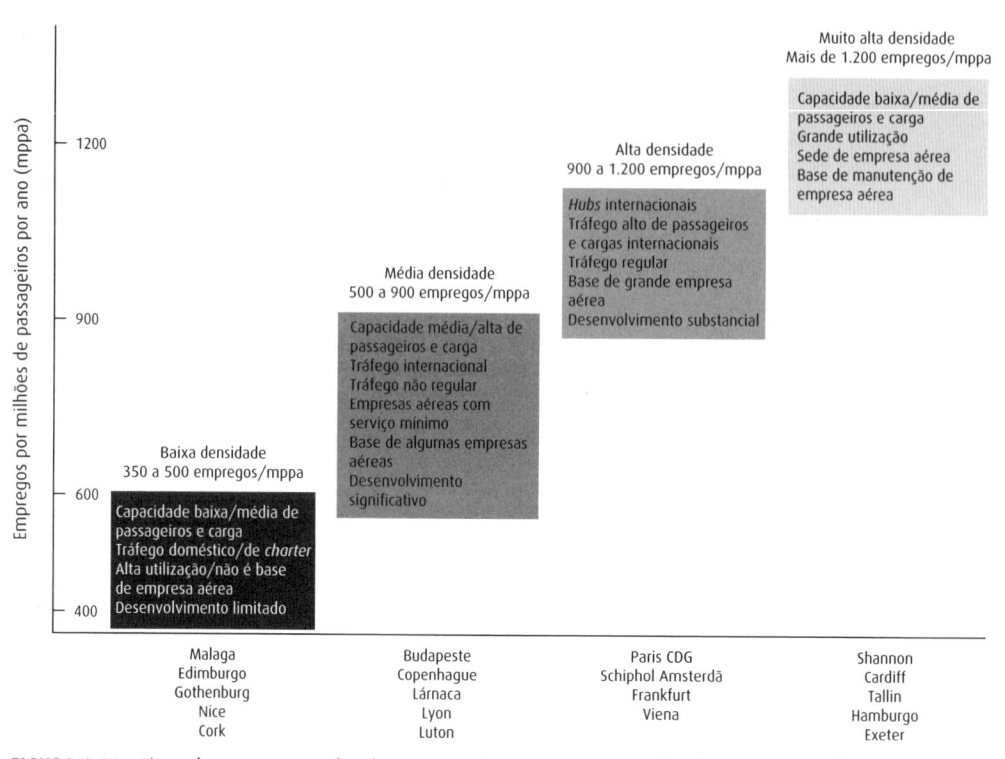

FIGURA 1.16 Tipos de empregos no local em aeroportos europeus, 2003. (York Aviation, 2004)

geiros e cargas. O número de empregos em aeroportos de muito alta densidade não está relacionado às unidades com alta carga de trabalho (WLUs)[2] de tráfego, mas aos grandes centros de emprego especializados, como as bases de manutenção das empresas aéreas e as sedes dessas empresas.

Referências

Ashford, N., and C. E. Moore. 1999. *Airport Finance*, 2nd ed. Bournemouth, UK: Loughborough Airport Consultancy.

Ashford, N., S. A. Mumayiz, and P. H. Wright. 2011. *Airport Engineering: Planning, Design, and Development of 21st Century Airports.* Hoboken, NJ: Wiley.

Ashford, N., H. P. M. Stanton, and C. E. Moore. 1997. *Airport Operations*, 2nd ed. New York: McGraw-Hill.

Department of Transport. 2003. *The Future of Air Transport.* London: Her Majesty's Stationer's Office.

---

[2] *Workload unit* (WLU, unidade de carga de trabalho): 1 WLU equivale a um passageiro de chegada ou de partida ou a 100 kg de carga.

Doganis, R., and R. Pearson. 1977. *The Financial and Economic Characteristics of the UK Airport Industry.* London: Polytechnic of Central London.

Doganis, R., and G. Thompson. 1973. *Economics of British Airports.* London: Polytechnic of Central London.

HMSO. 1978. *Airports Policy.* Command Paper 7084. London: Her Majesty's Stationery Office.

ICAO. 2006. *Airport Economics Manual*, 2nd ed. Document 9562. Geneva: International Civil Aviation Organization.

TRB. 2008. *ACRP Synthesis 7, Airport Economic Impact Methods and Model: A Synthesis of Airport Practice.* Washington, DC: Transportation Research Board.

Wiley, John R. 1981. *Airport Administration.* Westport, CT: Eno Foundation.

York Aviation. 2004. *The Social and Economic Impacts of Airports in Europe.* Geneva: Airports Council International.

CAPÍTULO 2

Horas-pico do aeroporto e *scheduling* das empresas aéreas

O problema

Operadores de aeroportos geralmente se orgulham da capacidade do terminal, representada pelo número anual de passageiros atendidos ou pelo movimento anual de toneladas de carga aérea. Isso é completamente compreensível, porque grande parte do lucro anual é determinada por esses parâmetros. Além disso, os números são assustadoramente grandes. Contudo, quando consideramos estimativas anuais, é importante lembrar que, mesmo que os fluxos sejam o principal determinante de rendimento, são os fluxos de hora-pico que determinam em grande parte os custos físicos e operacionais envolvidos na administração de um estabelecimento. Naturalmente, o quadro de funcionários e as instalações físicas são determinados muito mais em relação às exigências de cada horário e às exigências diárias do que a números anuais.

Assim como outras instalações de transporte, os aeroportos apresentam variações muito grandes nos níveis de demanda ao logo do tempo. Essas variações podem ser descritas em relação a:

- Variação anual ao longo do tempo
- Picos mensais dentro de um ano específico
- Picos diários dentro de uma semana ou mês específicos
- Picos de hora em hora dentro de um dia específico

O primeiro é extremamente importante do ponto de vista do planejamento e do abastecimento das instalações. O transporte aéreo ainda é considerado o tipo de transporte que mais cresce, e é pouco provável que essa situação mude. Consequentemente, os operadores de instalações aéreas geralmente se deparam com volumes crescentes que se aproximam ou excedem sua capacidade. Entre 1970 e 2010, a média mundial de passageiros cresceu quase 7%. Mesmo durante o difícil período entre 2000 e 2010, que incluiu a alta do preço do petróleo de 2005 a 2008 e a consequente recessão, a média mundial de passageiros aéreos também cresceu aproximadamente 5%. Estima-se que as viagens de passageiros por transporte aéreo continuem a crescer 5,1% entre 2010 e 2030, e que o transporte aéreo de carga cresça 5,6% durante o mesmo período (Boeing 2011). Embora o operador tenha o dever de estar intimamente envolvido com o planejamento do aeroporto no longo prazo, não cabe a este texto abordar aspectos de planejamento citados em outras fontes (Ashford, Mumayiz, e Wright 2011; Horonjeff et al. 2010). A ênfase aqui serão as considerações no curto prazo de operações do dia a dia. Assim, a discussão focará as variações de fluxo mensais, diárias e por hora. No contexto operacional, isso é natural, porque muitos dos custos marginais associados ao recrutamento diário de funcionários e a um equipamento rapidamente amortizado não estão relacionados a variações no trânsito no longo prazo, mas a variações em um período de 12 meses.

Na maioria dos aeroportos, se não em todos, a principal consideração deve ser o fluxo de passageiros. Em muitos dos aeroportos maiores, as operações de carga vêm se tornando cada vez mais importantes, em parte porque o transporte de carga continua a ultrapassar o tráfego de passageiros em relação a taxas de crescimento. Contudo, no planejamento e na operação de instalações de carga aérea, deve-se levar em conta que os picos para as operações de carga não coincidem com os de transporte de passageiros. Esses dois submodos geralmente podem ser fisicamente separados até o nível desejado, embora a proximidade do pátio de aeronaves de carga e de passageiros seja interessante, já que boa parte da carga é transportada na parte inferior das aeronaves de transporte de passageiros. O problema específico das operações de carga será discutido no Capítulo 8.

Quando consideramos as características dos picos de fluxo de passageiro, é sempre importante lembrar que o tráfego de passageiros é construído a partir das demandas individuais de viagem de diversos passageiros. Cada um está viajando por um motivo diferente, tem necessidades diferentes e cria, por consequência, diferentes demandas no sistema. Não surpreende que isso se reflita em diferentes características de pico, dependendo, por exemplo, se o passageiro é doméstico ou internacional, de voo regular ou *charter*, se está viajando a lazer ou a negócios, se é pagante de tarifa normal ou com desconto.

Para complicar um pouco mais, ao contrário do que acontece em outros meios de transporte em que o passageiro lida com somente um operador, no transporte aéreo há a complexa inter-relação entre o passageiro, o aeroporto e diversas empresas aéreas. Quando se trata de picos, os objetivos da empresa aérea e do operador de aeroportos não necessariamente coincidem. O operador do aeroporto gostaria de espalhar a demanda mais uniformemente ao longo do dia de operações para diminuir a necessidade de abastecimento das instalações governadas pela hora-pico. A empresa aérea, por outro lado, quer maximizar a utilização da frota e melhorar os fatores de carga oferecendo serviços nos horários mais atrativos. Há, portanto, um conflito entre o desejo da empresa aérea de satisfazer seu consumidor, o passageiro, e o do aeroporto de influenciar as demandas de seu principal consumidor, a empresa aérea.

Métodos para descrição dos picos

Mesmo o aeroporto mais movimentado opera com uma ampla extensão de fluxo de tráfego. Muitos dos maiores terminais de transporte aéreo do mundo se encontram quase desertos durante muitas horas do ano; esses mesmos lugares podem operar, poucas horas depois, com fluxos que alcançam ou ultrapassam sua capacidade. Poucas instalações são projetadas para suportar o altíssimo volume de fluxo que ocorre durante o ano de operação. A maior parte é projetada considerando que durante algumas horas do ano haverá um nível aceitável de sobrecarga de capacidade. As autoridades de aviação e aeroportuárias encaram esse problema de diferentes maneiras. A Figura 2.1 mostra uma das características dos picos de tráfego de um aeroporto normal, ou seja, a curva dos volumes de tráfego de passageiros em ordem de magnitude. Pode-se ver que durante poucas horas por ano há altíssimos volumes de tráfego. A prática operacional tende a aceitar que, durante algumas horas de cada ano, as instalações devam ser operadas sob algum nível de sobrecarga (por exemplo, volumes que excedem a capacidade físico-operacional) com consequentes atrasos e inconveniências. Fazer o contrário e tentar fornecer capacidade para todos os volumes resultaria em uma operação custosa e não proveitosa.

Standard busy rate

A *standard busy rate*, SBR (medida de hora-pico) ou sua variação é uma medida padrão que tem sido utilizada no Reino Unido e em outros lugares da Europa, principalmente pela antiga British Airports Authority (BAA).

A SBR é geralmente definida como a trigésima hora de maior fluxo de passageiros, ou aquela taxa de fluxo que é ultrapassada por apenas 29 horas de operação com fluxos mais altos. O conceito da trigésima hora mais alta está muito bem enraizado na prática de engenharia civil, pois essa forma de critérios de distribuição tem sido utilizada há muitos anos para determinar a distribuição do volume de estradas. Modelos de distribuição da SBR garantem que as instalações não operarão alcan-

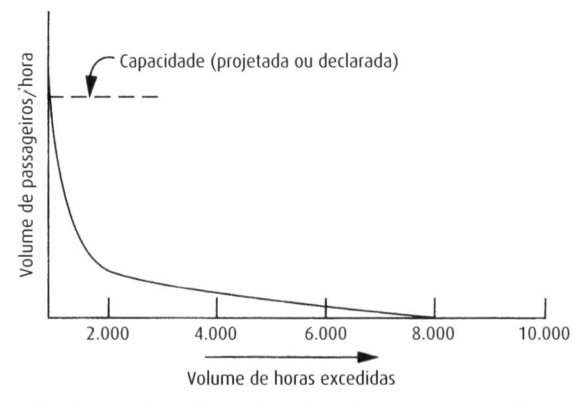

FIGURA 2.1 Típica distribuição dos volumes de tráfego de passageiros por hora em um aeroporto ao longo do ano.

çando ou ultrapassando sua capacidade por mais de 30 horas ao ano, o que é tido como um número razoável de horas de sobrecarga. Contudo, o método não mostra explicitamente a relação da SBR com o volume de pico anual observado. Na prática, essa relação provavelmente será

$$\text{Volume de hora-pico absoluto} = 1{,}2 \times \text{SBR} \qquad (2.1)$$

mas não há garantia de que será assim de fato.

A Tabela 2.1 mostra que, em relação à movimentação de aeronaves, a proporção entre a SBR e o pico absoluto cresce com o aumento do volume anual. Isso reflete o fato de que, enquanto o tráfego de um aeroporto se desenvolve, picos extremos de fluxo tendem a desaparecer.

TABELA 2.1 Relação entre movimento anual, de hora-pico, de SBR e de dia-pico

Movimento anual	Dia-pico		Hora-pico		SBR	
	Índice de um dia típico	Número	Índice de dia-pico	Número	Índice de hora-pico	Número
10.000	2,666	73	0,1125	8	0,688	6
20.000	2,255	124	0,1051	13	0,732	10
30.000	2,045	168	0,1011	17	0,759	13
40.000	1,907	209	0,0983	21	0,779	16
50.000	1,807	248	0,0961	24	0,794	19
60.000	1,729	284	0,0944	27	0,807	22
70.000	1,666	320	0,0930	30	0,819	24
80.000	1,613	354	0,0918	32	0,828	27
90.000	1,568	387	0,0908	35	0,837	29
100.000	1,529	419	0,0898	38	0,845	32
110.000	1,494	450	0,0890	40	0,852	34
120.000	1,463	481	0,0883	42	0,859	36
130.000	1,435	511	0,0876	45	0,865	39
140.000	1,409	541	0,0869	47	0,871	41
150.000	1,386	570	0,0863	49	0,876	43
160.000	1,365	598	0,0858	51	0,881	45
170.000	1,345	626	0,0853	53	0,886	47
180.000	1,326	654	0,0848	55	0,891	49
190.000	1,309	681	0,0844	57	0,895	51
200.000	1,293	708	0,0840	59	0,899	53

(continua)

TABELA 2.1 *Continuação*

Movimento anual	Dia-pico		Hora-pico		SBR	
	Índice de um dia típico	Número	Índice de dia-pico	Número	Índice de hora-pico	Número
210.000	1,278	735	0,0836	61	0,903	55
220.000	1,264	762	0,0832	63	0,907	57
230.000	1,250	788	0,0828	65	0,910	59
240.000	1,237	814	0,0825	67	0,914	61
250.000	1,225	839	0,0821	69	0,917	63
260.000	1,214	864	0,0818	71	0,920	65
270.000	1,203	890	0,0815	73	0,924	67
280.000	1,192	914	0,0812	74	0,927	69
290.000	1,182	939	0,0810	76	0,929	71
300.000	1,172	964	0,0807	78	0,932	72
310.000	1,163	988	0,0804	79	0,935	74
320.000	1,154	1012	0,0802	81	0,938	76
330.000	1,146	1036	0,0799	83	0,940	78
340.000	1,137	1060	0,0797	84	0,943	80
350.000	1,130	1083	0,0795	86	0,945	81
360.000	1,122	1106	0,0793	88	0,948	83
370.000	1,114	1130	0,0791	89	0,950	85
380.000	1,107	1153	0,0788	91	0,952	87
390.000	1,100	1176	0,0786	92	0,954	88
400.000	1,094	1199	0,0785	94	0,957	90
410.000	1,087	1221	0,0783	96	0,959	92
420.000	1,081	1244	0,0781	97	0,961	93
430.000	1,075	1266	0,0779	99	0,963	95
440.000	1,069	1288	0,0777	100	0,965	97
450.000	1,063	1311	0,0776	102	0,967	98
460.000	1,057	1333	0,0774	103	0,969	100
470.000	1,052	1354	0,0772	105	0,971	102
480.000	1,047	1376	0,0771	106	0,972	103
490.000	1,041	1398	0,0769	108	0,974	105
500.000	1,036	1420	0,0768	109	0,976	106

Fonte: UK Civil Aviation Authority.

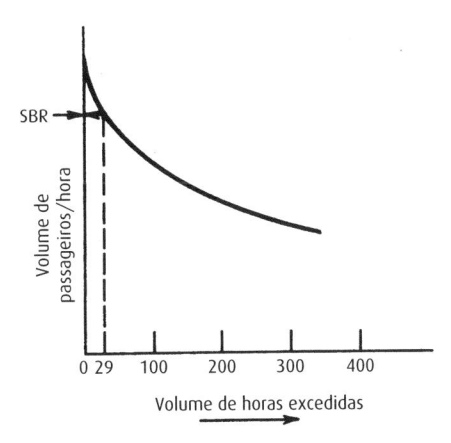

FIGURA 2.2 Posição da SBR.

A tabela mostra que o uso do método SBR em aeroportos que lidam com pequenos volumes poderia resultar em altas proporções (pico/SBR) que, de sua parte, poderiam levar à séria superlotação durante algumas horas ao ano. A posição da SBR aparece na Figura 2.2.

Busy-hour rate

Uma variação da SBR que também tem sido usada já há algum tempo é a *busy-hour rate* (BHR), a hora-pico a 5%. Essa é a taxa horária acima da qual se lida com 5% do tráfego no aeroporto. Essa medida foi introduzida para resolver alguns dos problemas envolvidos no uso da SBR, onde o nível de congestionamento causado na hora-pico não era o mesmo em todos os aeroportos. A BHR é computada facilmente ordenando os volumes operacionais em ordem de magnitude e computando a soma cumulativa de volumes que chega a 5% do volume anual. O próximo volume na ordenação é a BHR. Isso é demonstrado graficamente na Figura 2.3.

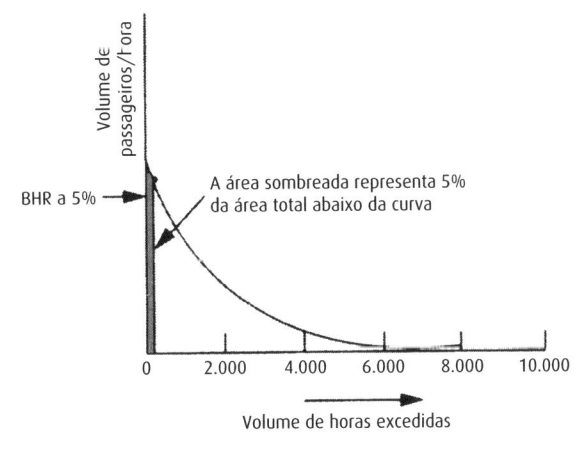

FIGURA 2.3 A BHR a 5%.

Typical peak-hour passengers

A Federal Aviation Administration (FAA) utiliza uma medida de pico chamada de *typical peak-hour passengers* (TPHP), definida como a hora-pico de um dia-pico comum do mês de pico. Em termos absolutos, ele é bem parecido com a SBR. Para computar o TPHP a partir dos fluxos anuais, a FAA recomenda as relações demonstradas na Tabela 2.2. Representado dessa forma, parece que o pico relacionado a fluxos anuais é mais citado em aeroportos de pequeno porte. Conforme os aeroportos aumentam de tamanho, os picos se tornam menores, e as curvas entre os picos ficam menos evidentes.

Busiest timetable hour

Esse método simples é aplicável a aeroportos de pequeno porte com um banco de dados limitado. Utilizando os fatores de carga comuns e os quadros de horários existentes ou suas projeções, pode-se calcular a *busiest timetable hour* (BTH). O método está sujeito a erros na previsão, a remarcações de horário e reaparelhamento de imprevistos e a variações nos fatores de carga comuns.

Peak profile hour

Chamada algumas vezes de (*average daily peak*) média do pico diário, o método *peak-profile-hour* (PPH) é relativamente fácil de entender. Primeiro, seleciona-se o mês de pico. Depois, para cada hora, computa-se o volume médio por hora ao longo de um mês usando a duração exata do mês (por exemplo, 28, 30, 31 dias conforme o mês). Isso resulta num volume médio por hora para um "dia-pico comum". A PPH é o maior valor por hora num dia-pico comum. A experiência demonstra que, para muitos aeroportos, a PPH também se aproxima da SBR.

TABELA 2.2 Relações recomendadas pela FAA para a computação do TPHP em estimativas anuais

Total anual de passageiros	TPHP como uma porcentagem dos fluxos anuais
A partir de 30 milhões	0,035
20.000.000–29.999.999	0,040
10.000.000–19.999.999	0,045
1.000.000-9.999.999	0,050
500.000-999.999	0,080
100.000-499.999	0,130
Menos de 100.000	0,200

Fonte: FAA.

Outros métodos

Apesar de muitos aeroportos fora dos Estados Unidos utilizarem alguma variação do método SBR para definir os picos, há pouca uniformidade de método. Na Alemanha Oriental, por exemplo, a maioria das autoridades aeroportuárias utilizava a 30ª hora mais alta. Antes da introdução da BHR, a BAA utilizava a 30ª hora mais alta ou a PPH, enquanto a maior parte dos outros aeroportos britânicos utilizava a 30ª hora mais alta. Na França, a Aéroports de Paris baseou o seu *layout* num padrão de 3% de sobrecarga (Estudos mostram que, em Paris, a 30ª hora-pico tende a ocorrer no 15º dia de maior tráfego.) Os aeroportos holandeses utilizam a 6ª hora de maior tráfego, que é uma aproximação da média das vinte horas mais altas.

Diferenças nos aeroportos

O formato da curva de volume demonstrado na Figura 2.1 muda de aeroporto para aeroporto. Pode-se ver a natureza dessas diferenças examinando o formato das curvas de três aeroportos com funções amplamente divergentes, como mostra a Figura 2.4.

Aeroporto A   Aeroporto de grande porte com uma grande quantidade de tráfego doméstico de curta duração (típico *hub* dos Estados Unidos e da Europa).

Aeroporto B   Aeroporto de médio porte com tráfego doméstico/internacional equilibrado e operações de curta/longa duração equilibradas (típico aeroporto metropolitano do norte europeu).

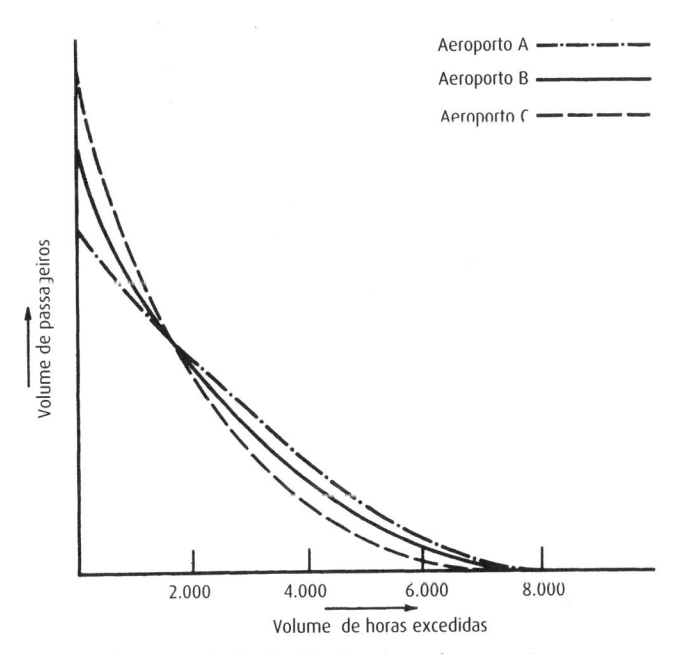

FIGURA 2.4 Variação das curvas de distribuição do volume de passageiros para aeroportos com diferentes características de tráfego.

Aeroporto C   Aeroporto de médio porte com alta proporção de tráfego internacional concentrado na temporada de férias (típico aeroporto do Mediterrâneo atendendo a áreas de *resorts*).

O aeroporto C suporta uma proporção mais alta de seu tráfego durante os períodos de pico e, portanto, há uma inclinação para a esquerda no gráfico em comparação ao aeroporto B. Por outro lado, um típico *hub* dos Estados Unidos ou da Europa, com maior quantidade de tráfego doméstico de curta duração, suporta volumes mais uniformes de passageiros no período entre as 7h e as 19h, diminuindo a inclinação à esquerda do gráfico.

O perfil dos picos

O tráfego nos aeroportos apresenta características de pico dependendo do mês, do dia e da hora. A forma e o horário dos picos dependem muito do perfil do tráfego do aeroporto e de ele atender a áreas mais afastadas dos grandes centros metropolitanos.

Veja a seguir os fatores que mais influenciam as características de pico:

1. *Índice doméstico/internacional.* Voos domésticos tendem a operar de uma forma que reflete os padrões da jornada de trabalho devido às altas proporções de viajantes a negócios utilizando voos domésticos.

2. *Índice de voos charter/voos de baixo custo/voos regulares.* Os voos *charter* são alocados na tabela de horários otimizando ao máximo a utilização da aeronave e não são necessariamente operados nas horas-pico tidas pelas companhias aéreas regulares como mais competitivas comercialmente. As transportadoras de baixo custo (*low-cost carrier*) também se esforçam para otimizar a utilização da aeronave e costumam agendar os voos em horários que não são comercialmente atrativos para os passageiros da tarifa completa.

3. *Voos de longa/curta duração.* Voos de curta duração são normalmente agendados para otimizar a utilidade do dia anterior ou posterior ao voo. Assim, sua hora-pico é no início da manhã (das 7h às 9h) e no final da tarde (das 16h30 às 18h30). Os voos de longa duração são agendados principalmente visando a um horário conveniente de chegada, permitindo períodos razoáveis de descanso aos passageiros e tripulação e evitando restrições noturnas.

4. *Posição geográfica.* Os horários são disponibilizados de forma que os passageiros desembarquem enquanto o transporte e os hotéis estejam operando e possam ser utilizados. Por exemplo, a travessia transatlântica com duração de seis a oito horas é convenientemente agendada para que o desembarque nos aeroportos europeus ocorra nas primeiras horas da manhã, evitando restrições noturnas. Considerando as diferenças de fuso horário entre a América do Norte e a Europa, os embarques na costa leste acontecem à noite.

5. *Perfil da área de captura.* O perfil da área atendida possui grande influência no perfil dos picos de tráfego ao longo do ano. As áreas que atendem a locais heterogêneos metropolitanos comerciais e industriais como Chicago, Los Angeles, Londres e Paris apresentam fluxos constantes ao longo do ano, com maior

movimento nos feriados de Natal, Páscoa e no verão, refletindo o aumento de viagens a lazer. Os aeroportos nos arredores de locais de férias de alta temporada, como o Mediterrâneo e o Caribe, apresentam picos bastante significativos nos meses de férias.

A Figura 2.5 mostra variações mensais no tráfego em diversos aeroportos que atendem a áreas geográficas amplamente diferentes, no hemisfério norte e no sul. As variações diárias na semana de pico aparecem na Figura 2.6. A análise se aprofunda na Figura 2.7, que mostra movimentos horários de passageiros para dois aeroportos congestionados. As pistas do Londres Heathrow estão operando durante a maior parte do dia em capacidade máxima, enquanto o limite de capacidade no Aeroporto Internacional de Guarulhos está nos terminais. Os picos extremos nos fluxos de São Paulo estão associados a um acúmulo máximo de passageiros e a uma queda no padrão de serviço (LOS, *level of service*).

Apesar da diferença entre os picos causada pelos muitos fatores que os afetam, há de fato, em alguns aspectos, uma grande semelhança entre os aeroportos. Assim, é possível deduzir as relações gerais entre os fluxos de pico e os anuais nos aeroportos, em grande parte porque nenhum aeroporto é inteiramente unifuncional, assim como nenhuma cidade é estruturada em sua construção como inteiramente industrial, governamental, educacional ou para o lazer.

A Figura 2.8 mostra a relação entre os fluxos de pico, como os representados pela SBR, e os fluxos anuais, para um número de aeroportos selecionados de forma aleatória. Também são mostrados nesse gráfico os índices de picos FAA/anuais recomendados, como os incorporados no conceito do TPHP. A grande semelhança entre as duas perspectivas se torna clara quando elas são apresentadas graficamente.

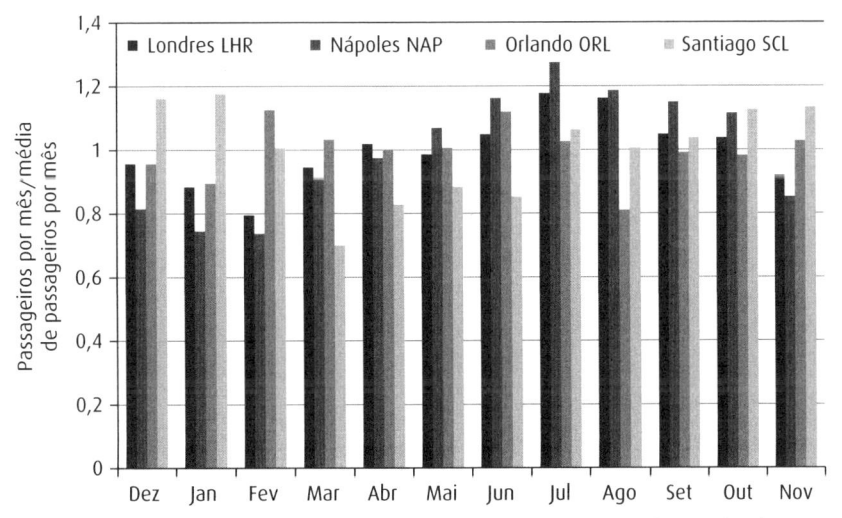

FIGURA 2.5 Variações mensais no tráfego de passageiros em aeroportos selecionados. (Fonte: próprios aeroportos)

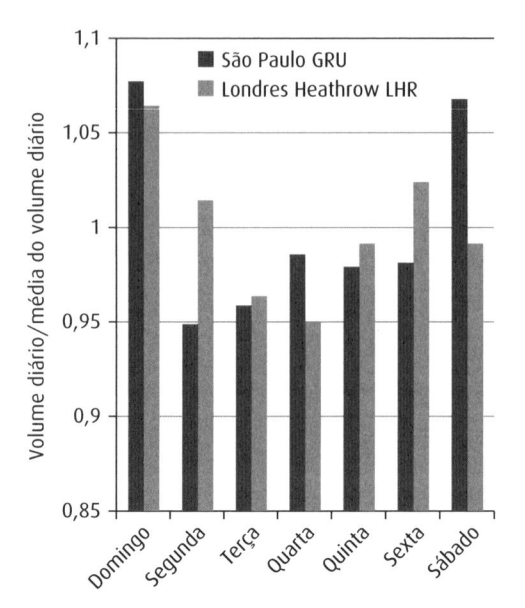

FIGURA 2.6 Variações no fluxo de passageiros em uma semana de pico. (Fonte: BAA e INFRAERO)

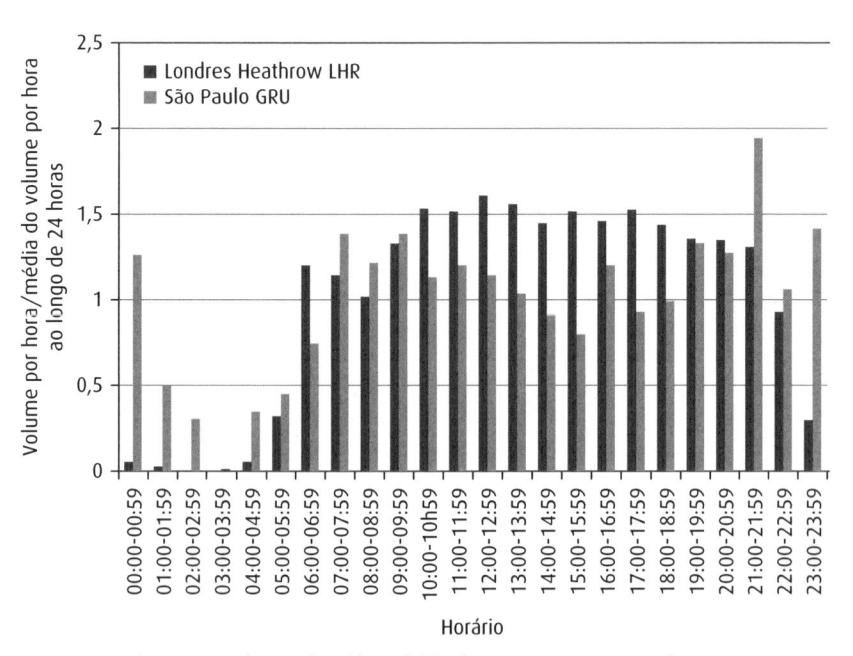

FIGURA 2.7 Variação nos volumes de tráfego diário. (Fonte: BAA e INFRAERO)

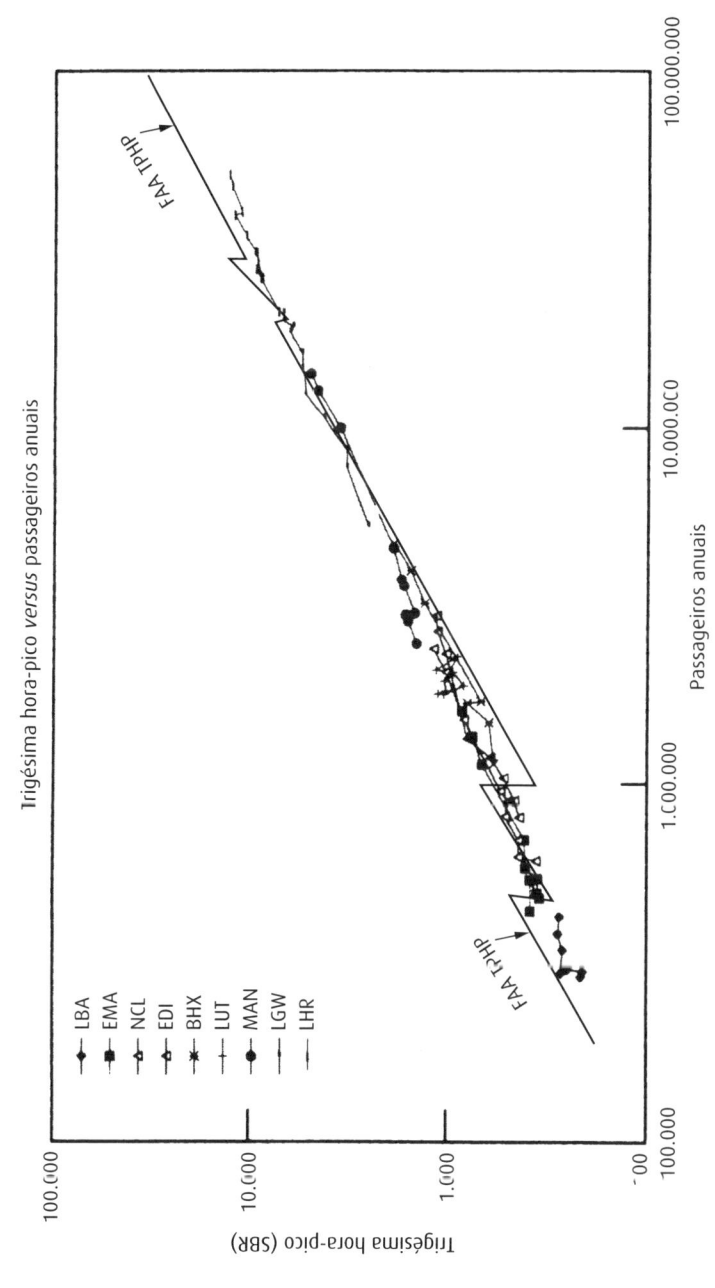

FIGURA 2.8 Relações entre a SBR, o volume de passageiros típico nas horas-pico e o volume anual de passageiros.

Implicações das variações de volume

Pode-se demonstrar facilmente que a demanda por horários de hora-pico afeta a adequada infraestrutura que deve ser fornecida pelo aeroporto. Enquanto a necessidade de implementar o serviço em um período entre picos não necessariamente envolve o aeroporto em relação a custos marginais significativos, em um aeroporto lotado, por sua vez, a decisão por estabelecer outro serviço na hora-pico pode muito bem acrescentar custos marginais significativos. Contudo, há uma economia de escala que resulta das operações na hora-pico.

A Figura 2.9 mostra a relação entre o fluxo de passageiros e as operações das aeronaves da empresa aérea. É possível ver que, enquanto o volume de passageiros varia significativamente entre as horas-pico e os horários comuns, não se observa a mesma escala de variação nos volumes de movimentação das aeronaves. Isso reflete

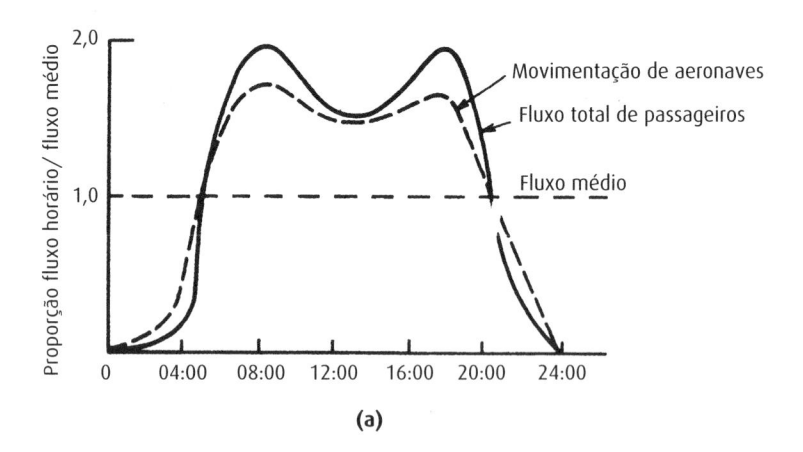

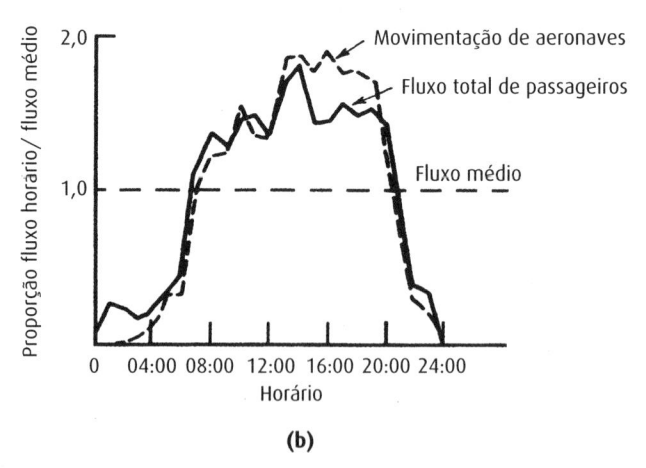

FIGURA 2.9 (a) Relação ideal entre a movimentação da empresa aérea e o fluxo de passageiros. (b) Relação observada entre a movimentação do tráfego aéreo e o fluxo de passageiros no Chicago O'Hare. (Fonte: FAA)

o fato de que, durante os períodos fora das horas-pico, as aeronaves operam com menores fatores de carga do que durante as horas-pico. As implicações em termos de custos e rendimentos precisam ser consideradas. Serviços como os de manuseio de rampa, emergência, controle de tráfego aéreo, pista de pouso e pista de táxi, e mesmo alguns serviços nos terminais (por exemplo, anúncios e controle de bagagem) são baseados na unidade da aeronave e não na quantidade de passageiros que ela carrega. Nos horários comuns, esses serviços são fornecidos a uma taxa por passageiro menos econômica do que durante as horas-pico devido a baixos fatores de carga nos períodos entre picos. Portanto, o aeroporto se depara com um dilema. Apesar das operações de pico aparentemente envolverem altos custos marginais em termos de infraestrutura, as operações próximas aos volumes de pico são altamente econômicas, uma vez que essa infraestrutura é fornecida. Há até mesmo um ímpeto do aeroporto de operar a níveis de fluxo acima da taxa de projeto. Isso inevitavelmente leva a padrões de serviço reduzidos em termos de processamento de atrasos e de superlotação de passageiros.

Fatores e restrições nas políticas de *scheduling* da empresa aérea

O desenvolvimento de um *schedule*, especialmente de um grande *hub* com problemas de capacidade, é um transtorno complexo para a empresa aérea. O processo envolve uma técnica considerável e um claro entendimento das políticas da companhia e dos procedimentos de operação. Entre os fatores a serem considerados, os que constam a seguir são os mais importantes.

Utilização e fatores de carga

As aeronaves são unidades de equipamento caras, que conseguem gerar rendimentos somente quando estão voando. Obviamente, se todos os outros fatores permanecerem os mesmos, a alta utilização é algo desejável. Porém, apenas a utilização não pode ser critério para o desenvolvimento dos *schedules*; devem-se somar também os altos fatores de carga. Sem esse segundo elemento, as aeronaves seriam designadas para voar por menos do que faria valer a *payload* de passageiros, o que geralmente é perto de 70% em operações de longa distância de uma aeronave *wide-bodied* moderna.

Confiabilidade

Nenhuma empresa aérea se arriscaria a montar seu *schedule* apenas maximizando a utilização da aeronave. Todavia, a utilização pode ser maximizada se sujeita à dupla restrição dos fatores de carga e da pontualidade. Com o aumento das tentativas de utilização, a confiabilidade do serviço sofrerá em relação à pontualidade. A aderência ao *schedule* é uma função que conta com duas variáveis aleatórias: a utilidade dos equipamentos e os embarques e desembarques atrasados por causa de fatores durante o percurso do voo.

Modelos de computador costumam prever os efeitos do *schedule* na pontualidade, e o resultado é comparado com os níveis almejados de pontualidade designados no início de cada temporada.

Intervalos no *schedule* de voos de longa distância

Um *schedule* deve levar em consideração os horários de partida e de chegada nos diversos aeroportos de origem, de destino e durante a rota. Em 2012, a Qantas disponibilizou um serviço entre Londres e Sidney com escalas em Frankfurt, Singapura e Melbourne. Partindo de Londres às 18h30, o voo parava primeiro em Frankfurt 21h15/23h50, horário local, evitando a proibição de pouso em Frankfurt que existe entre 1h/4h. A próxima parada ocorria em Singapura, 18h/19h45, na noite do segundo dia, seguida por uma escala em Melbourne, 5h/6h45, na manhã do dia seguinte. O trecho final do voo pousava em Sidney às 8h10, bem depois do fim da restrição noturna existente das 23h às 6h. Se o mesmo serviço fosse agendado para pousar em Sidney pelo menos uma hora e vinte minutos antes do início da restrição, o voo teria de sair de Londres às 8h, dois dias antes. Essa não é uma boa hora para iniciar um voo de longa distância por causa dos problemas no acesso ao aeroporto de Londres de manhã. Os horários de partida devem ser disponibilizados tendo em vista que muitos passageiros precisam viajar de outros centros metropolitanos até o aeroporto e precisam chegar ao aeroporto em um tempo razoável antes do horário marcado para o embarque. O tempo de pouso em Sidney também dá pouca margem para erro.

A Figura 2.10 apresenta exemplos de intervalos de *schedule* para voos a partir de e com destino a Londres. Os voos transatlânticos sentido leste, do Nova York JFK para o Londres Heathrow, duram aproximadamente sete horas, e há uma diferença de cinco horas entre as duas cidades. O *night jet ban* (ou proibição de operações noturnas) do Heathrow, que permite poucas exceções, começa às 0h e termina às 6h. Portanto, os voos sentido leste são programados para decolar antes das 12h e após as 18h. Zurique possui uma proibição de operações noturnas que não admite exceções, entre as 23h e as 06h. Voos sentido leste do Nova York JFK precisam partir antes das 09h ou depois das 16h.

Os voos sentido oeste em direção ao Londres Heathrow também precisam ser programados para chegar fora dos horários de restrição. Os voos do Cairo, duas horas adiantadas no horário em relação a Londres, devem partir antes das 20h50 e chegar antes das 0h, ou depois das 2h50 para chegar depois das 6h. Para voos entre Cairo e Zurique, as saídas estão restringidas a horários fora das horas entre as 19h50 e as 2h50.

Em 2008, 53 estados africanos reclamaram que as restrições noturnas europeias discriminavam seus serviços para a Europa, que eram excluídos pelas proibições noturnas de pouso. Alegavam que as restrições noturnas como essas de Zurique restringiam severamente seus serviços, tornando possíveis as conexões matutinas na Europa somente com horários de saída bastante insatisfatórios dos aeroportos africanos (ICAO 2008; MPD 2005).

Capítulo 2   Horas-pico do aeroporto e *scheduling* das empresas aéreas   **45**

Londres Heathrow
GMT (*Greenwich Mean Time* **ou Hora Média de Greenwich)**

17:00 18:00 19:00 20:00 21:00 22:00 23:00 00:00 01:00 02:00 03:00 04:00 05:00 06:00 07:00

Nenhum pouso no Heathrow durante este período

Nenhuma decolagem com destino ao Londres Heathrow durante este período

12:00 13:00 14:00 15:00 16:00 17:00 18:00 19:00 20:00 21:00 22:00 23:00 00:00 01:00 02:00

EST (*Eastern Standard Time* **ou Horário Padrão Ocidental)**
Nova York JFK

(a)

Londres Heathrow
GMT (*Greenwch Mean Time* **ou Hora Média de Greenwich)**

17:00 18:00 19:00 20:00 21:00 22:00 23:00 00:00 01:00 02:00 03:00 04:00 05:00 06:00 07:00

Nenhum pouso no Heathrow durante este período

Nenhuma decolagem com destino a Londres Heathrow durante este período

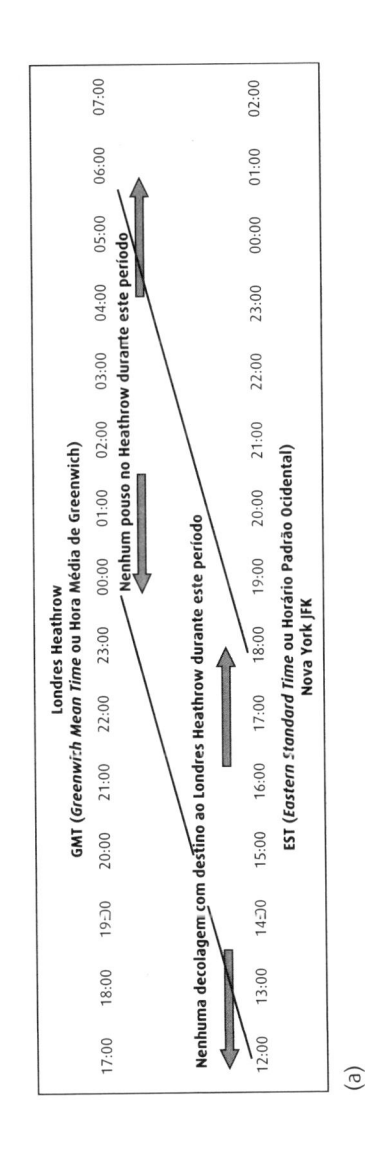

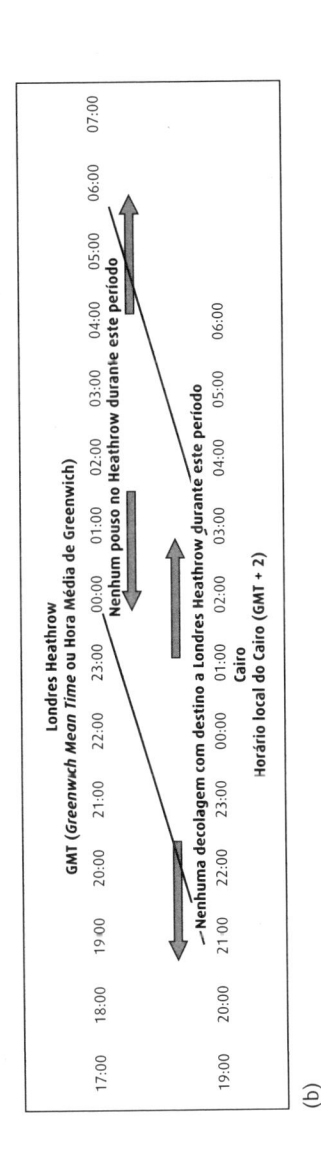

19:00 20:00 21:00 22:00 23:00 00:00 01:00 02:00 03:00 04:00 05:00 06:00

Cairo
Horário local do Cairo (GMT + 2)

(b)

FIGURA 2.10 Intervalos de *schedule* para vcos sentido leste e oeste com destino ao Aeroporto Londres Heathrow.

Slots (de pista) do aeroporto

Os *slots* de pouso e decolagem também precisam ser considerados. Em muitos aeroportos, especialmente na Europa, América do Norte e Ásia, as pistas existentes funcionam próximas a sua capacidade total durante as horas-pico do dia. Essa capacidade é limitada devido às margens de segurança necessárias e exigidas na separação das aeronaves de pouso e de decolagem. Muitos aeroportos próximos a sua capacidade total de *slots* são regulados. Isso significa que uma autoridade regulatória como a FAA ou a Civil Aviation Authority (CAA) precisa determinar e alocar um número de *slots* com disponibilidade para voos de saída ou de chegada. A coordenação de fato acontece duas vezes ao ano nas conferências sobre *slots* da International Air Transport Association (IATA). Uma empresa aérea normalmente terá direito somente aos *slots* de seu histórico, desde que sejam utilizados. Consequentemente, em um aeroporto regulado, a empresa aérea não sabe com certeza se será possível mudar para *slots* fora do histórico ou ganhar mais *slots*. Essa situação traz problemas aos *schedulers*, que precisam fazer suposições em relação aos *slots* que estarão disponíveis.

Restrições dos terminais

Outra restrição encontrada pelos *schedulers* é o pátio de aeronaves de passageiros e a capacidade do terminal. Muitos aeroportos operam apenas um pouco abaixo da capacidade máxima dessas instalações, a maioria construída há 20 anos ou mais. No caso dos terminais, as autoridades geralmente limitam o número de passageiros que podem passar por um terminal durante um período de meia hora, alegando que esse fluxo é a "capacidade declarada". Obviamente, isso estabelece um limite no número de chegadas, partidas ou de combinações nos movimentos do pátio de aeronaves que conseguem ser programadas nos períodos com restrições de capacidade, trazendo aos *schedulers* mais uma dificuldade.

Restrições na tripulação de voos de longa distância

Nos voos de longa distância, a tripulação não pode ser utilizada continuamente. Normalmente, o máximo de uma jornada de trabalho poderia ser de 14 horas, o que incluiria 1h30min antes e depois do voo; há também um tempo mínimo exigido de descanso (geralmente de 12 horas). Dessa forma, as tripulações mudam nos aeroportos de escala, e os horários precisam ser arranjados de forma que novas tripulações estejam disponíveis nesses aeroportos para aliviar os voos que chegam e seguem viagem.

A conveniência dos voos de curta distância

Os voos de curta distância frequentemente carregam um grande número de passageiros a negócios. Por isso, os horários de saída e chegada desses voos são críticos para seu *marketing*. Os voos de curta distância que não conseguem oferecer, num horário devidamente conveniente, uma viagem com retorno no mesmo dia, são difíceis de vender.

Disponibilidade geral da tripulação

Além dos problemas especiais associados às paradas dos voos de longa distância e à tripulação de cabine nos aeroportos de escala, todos os *schedules* precisam ser planejados de acordo com a disponibilidade da tripulação de manutenção, de solo, de voo e de cabine. Há certamente uma fortíssima inter-relação entre os números de funcionários das diversas tripulações e as operações a serem programadas, especialmente quanto a misturar voos de curta e de longa distância.

Disponibilidade de aeronaves

As companhias aéreas devem programar o uso das aeronaves de uma forma que contemple a necessidade das inspeções de manutenção rotineiras. Os fabricantes individuais fornecem conselhos quanto ao programa de manutenção das aeronaves, mas cada operador necessita da aprovação de seu programa de inspeção contínuo pela autoridade regulatória de aviação, como a FAA, a Transport Canada ou a European Aviation Safety Agency (EASA). A maioria das organizações de manutenção de aeronave utiliza uma perspectiva baseada nas recomendações do Maintenance Steering Group 3 da Boeing (MSG - 3), que exigem quatro tipos diferentes de inspeção (Kinnison 2004):

Inspeção A. Leve inspeção efetuada a cada 500 a 800 horas, geralmente no turno da noite em uma aeronave em descanso.

Inspeção B. Novamente uma leve inspeção, geralmente feita no turno da noite na aeronave parada, com frequência de 3 a 5 meses.

Inspeção C. Inspeção de manutenção pesada efetuada em um hangar a cada 15 a 21 meses.

Inspeção D. Também conhecida como *heavy maintenance visit* (HMV, ou visita de manutenção pesada), é feita a cada 6 a 8 anos e exige a permanência do avião durante meses em um hangar. Em uma aeronave grande, até 100 técnicos podem estar envolvidos.

Indisponibilidade irregular também pode ocorrer quando manutenções fora de rotina forem exigidas, como os *upgrades* de cabine, quando há uma mudança no *layout* da empresa ou quando ela muda de donos. Dependendo do tipo de frota da aeronave, de sua idade e do propósito para o qual ela está sendo utilizada, a disponibilidade de tipos específicos de aeronave será diferente. Outros fatores que influenciam a disponibilidade podem incluir

Posição geográfica. Operações nas zonas temperadas do norte europeu, norte dos Estados Unidos ou no Canadá, ou ainda em condições quentes e desérticas exigem regimes de rotina de manutenção diferentes.

Número de ciclos operacionais ou horas operacionais. Operações de curta distância terão em média um pouso a cada 2 horas; muitas operações de longa distância fazem apenas um pouso a cada 12 a 15 horas. Contudo, a aeronave não pode ser sempre considerada como um veículo de curta ou longa distância somente por seu tipo; por exemplo, empresas de frete operam B757s da Europa para o Oriente Médio, e a British Airlines (BA) opera A318s da Grã-Bretanha para a América do Norte. Algumas empresas, como a BA, operam a mesma aeronave nas rotas de curta e nas de longa distância: a frota B767 da BA possui dois cronogramas de manutenção, um para as aeronaves que operam dentro da Europa e um para aquelas que operam voos de longa distância.

Estilo de operação. Há uma tendência cada vez maior de utilizar cronogramas de manutenção complexos, em que algumas das inspeções A e algumas das inspeções B acontecem simultaneamente, e todas as inspeções B são finalizadas dentro da estrutura de horários das inspeções A-1 até A-10. Da mesma forma, a inspeção C pode ser segmentada de modo que parte da inspeção consiga ser realizada dentro do quadro de horários destinado às inspeções A e B. Essa prática diminui o tempo que a aeronave precisa permanecer separada da frota ativa para fins de manutenção. Portanto, geralmente não é possível, de uma forma geral, ditar diretrizes firmes e rápidas para uma duração real das inspeções de manutenção. Em uma empresa aérea, o papel do departamento de planejamento de *schedule* e do de manutenção de aeronave é desenvolver em conjunto um horário que sirva às necessidades de abastecimento das operações e das exigências de manutenção.

Comercialização

Os horários de saída e chegada dos voos da empresa aérea precisam ser comercializáveis. As conexões são especialmente importantes em pontos de transferência, como Atlanta, Londres e Singapura. Sempre que possível, os passageiros evitam longas paradas nos aeroportos. Outro fator que a companhia aérea considera é que as saídas e chegadas nos grandes *hubs* precisam ser em horários em que o transporte público esteja funcionando e podem ter que coincidir com os horários de *check-in* e *check-out* dos hotéis e disponibilidade de quartos. Também é importante haver uma continuidade nos horários de voos ao longo da semana se eles operam várias vezes na mesma semana.

Variações inverno-verão

Onde há uma grande quantidade de tráfego sazonal, geralmente relacionado a épocas de férias, pode haver diferenças substanciais nas políticas de *scheduling* entre as operações de inverno e verão. A enorme variação de demanda que pode ocorrer em aeroportos atendendo a áreas como a Flórida e as Bahamas, o Caribe e as áreas de *resort* do Mediterrâneo é considerável, e isso afetará também os *schedules* dos aeroportos aos quais seus serviços estão ligados. Essas variações sazonais também são grandes em aeroportos como os de Munique, que atendem a *resorts* de *ski*.

Políticas de preço de tarifas de pouso

Em alguns aeroportos, tentou-se variar tarifas de pouso e tarifas relacionadas a aeronaves usando uma política de preço que distribuísse os picos ou recuperasse capital extra para as operações efetuadas nas horas noturnas não lucrativas. Um exemplo desse tipo de política é a que foi utilizada pela antiga BAA, que adotou tarifas punitivas de hora-pico no Londres Heathrow para estimular as empresas aéreas a transferir as operações do Heathrow para o Gatwick e a realizar as operações fora do período de pico. De acordo com essa política, uma típica manobra de rotação de um B747 de longo curso no Heathrow durante o período de pico era 2,8 vezes mais cara do que se tivesse sido realizada fora do período de pico e 183% do custo da mesma operação, na mesma hora-pico, realizada no aeroporto Gatwick, menos popular. O efeito dessa tarifa de pico não foi grande, como se vê na Tabela 2.3, que mostra o impacto operacional dessa tarifa diferencial.

Em geral, há poucas provas que indicam que as companhias aéreas de fato modificam seus *schedules* para evitar essas tarifas. Os operadores de empresas aéreas alegam haver muitas outras restrições impedindo uma remarcação em massa de horários para fora dos períodos de pico de demanda e que, portanto, tais tarifas são quase completamente ineficazes em alcançar seu devido propósito.

A verdade parece estar em algum lugar entre essas duas posições. Onde não há preço com diferencial de pico, as companhias aéreas não têm qualquer incentivo para remover as operações do período de pico, a não ser os custos de atrasos causados por congestionamento. Por outro lado, a viabilidade comercial de um voo e sua capacidade para estar em conformidade com as proibições e restrições podem exigir operações em períodos de pico. Altos diferenciais para operações de pico parecem ser, inicialmente, um passo razoável que o operador deva dar para diluir a congestão. Contudo, qualquer uma dessas ações deve ser avaliada à luz do impacto nas empresas aéreas que ali existem e cujas operações representam uma enorme proporção da movimentação total do aeroporto. O ganho econômico do aeroporto a curto prazo poderia causar um estresse econômico a longo prazo para as finanças e a competitividade das empresas aéreas. A queda nos serviços, a mudança de base da empresa aérea ou até mesmo sua falência causariam um sério impacto financeiro ao aeroporto.

O segundo tipo de tarifa que foi instituída para sustentar operações não lucrativas durante os horários noturnos de baixa atividade é exemplificado por uma cobrança extra nas tarifas de manuseio feita antigamente no aeroporto de Roma para chegadas e saídas entre 19h e 7h. Essa cobrança chegava a ser 30% acima da tarifa normal se as operações ocorressem dentro desse período. Uma tarifa desse tipo possui um estranho efeito, no qual uma aeronave chegando e saindo nas horas que estão parcialmente dentro do período da tarifa extra podem conseguir reduzir a ta-

TABELA 2.3 Efeito das tarifas de pico no tráfego

	Aeroporto Londres Heathrow: pico de passageiros como uma percentagem do total de passageiros			
	Julho	Agosto	Setembro	Outubro
1976 (tarifas pré-pico)	30,7	30,8	30,4	30,5
1977 (tarifas pós-pico)	29,7	26,3	24,5	24,3

Fonte: BAA.

rifa extra pela metade se permanecerem nos *stands* por mais cinco minutos, ou seja, utilizando mais recursos do aeroporto.

Há, de fato, uma variação muito ampla na forma como os aeroportos estruturam as tarifas de pouso. A Tabela 2.4 mostra que, para os aeroportos maiores, as tarifas de pouso são computadas geralmente a partir de alguma combinação dos seguintes itens:

- Peso da aeronave
- Exigências do pátio de estacionamento
- Carga de passageiros
- Nível de ruído gerado
- Taxa sobre emissões
- Exigências de segurança
- Tarifa extra de pico

Há uma grande variação entre os aeroportos quando se trata do custo de tempo de solo. A Tabela 2.5 demonstra, para um número selecionado de aeroportos, a numerosa quantidade de tarifas envolvidas no tempo de solo de um Boeing 737, sob

TABELA 2.4 Estruturas de tarifas aeronáuticas em aeroportos internacionais selecionados, 2010

Aeroporto	País	Tarifa de pouso		Tarifa de permanência		Tarifa de embarque	
		Fixa	Variável	Fixa	Variável	Chegada	Saída
Düsseldorf	Alemanha		X		X		X
Faro	Portugal		X		X		X
Miami	EUA		X		X		X
Baía de Montego	Jamaica		X		X		X
Orlando	EUA		X		X		X
Bridgetown	Barbados		X		X	X	X
Atenas	Grécia		X		X		X
Manchester	Reino Unido		X		X		X
Londres Gatwick	Reino Unido		X		X		X
Madrid	Espanha		X		X		X
Amsterdã	Holanda		X		X		X
Bruxelas	Bélgica		X		X		X
Frankfurt	Alemanha		X		X		X

Fonte: IATA (Associação Internacional de Transporte Aéreo).

condições idênticas. Esses dados são ilustrados mais adiante, na Figura 2.11, que mostra graficamente a variação entre os mesmos aeroportos (Stockman 2010). Fica claro que a maior parte da variação é causada pela inclusão de tarifas relacionadas a passageiros e impostos governamentais.

Scheduling interno das empresas aéreas

Como um elemento fundamental na parte de fornecimento no transporte aéreo, a questão dos *schedulings* envolve um alto número de pessoas e departamentos dentro da estrutura da própria empresa aérea. A Figura 2.12 mostra uma típica tabela de interação funcional. O economista comercial segue os conselhos das pesquisas de mercado e interage com as diversas divisões de rota, que controlam as operações dos vários agrupamentos de rota das empresas aéreas. Em algumas delas, não há divisões de rota. Neste caso, ambos, o economista comercial e as divisões de rota, fazem parte do departamento comercial. Na hora de orientar o planejamento de *schedules*, que está diretamente relacionado ao planejamento geral dos *schedules* da empresa aérea, o economista comercial levará em conta uma porção de fatores que afetam a decisão

Controle de ruído	Tarifa de segurança	Tarifa de pouso	Tarifa extra de pico	Taxa sobre emissões	Tarifa extra de iluminação	Tarifa de bagagem	Outras tarifas de terminal
X	Incluído na passagem			X			X
	Incluído na passagem					X	X
	X						X
	X						X
	X						X
	Incluído na passagem						X
	Incluído na passagem					X	X
X	X	X				X	X
X	Incluído na tarifa do passageiro	X	X				X
X	Incluído na passagem						X
X	Incluído na passagem						X
X	Incluído na passagem						X
X	Incluído na passagem						X

TABELA 2.5 Tarifas aeroportuárias internacionais para aeroportos selecionados, 2010 (USD, dólares norte-americanos)

a. Tarifas de tempo de solo classificadas por área de ocorrência

	USD KUL	USD MEX	USD DXB	USD MAD	USD WAW	USD AKL	USD SVO	USD DEL	USD LHR	USD JNB	USD ORD	USD NRT
Pouso	$80	$217	$414	$824	$1.361	$1.126	$1.390	$508	$1.076	$2.579	$963	$3.991
Permanência	$0	$0	$0	$0	$0	$0	$0	$0	$101	$0	$0	$203
Infraestrutura/ serviços	$27	$276	$106	$489	$238	$0	$0	$172	$86	$0	$0	$1.267
Passageiro	$2.369	$2.474	$2.693	$2.323	$2.350	$3.011	$3.072	$3.867	$6.222	$5.102	$6.879	$4.174
IMPOSTO	$0	$0	$0	$0	$0	$0	$0	$0	$11.117	$0	$4.336	$0

b. Descrição classificada dos métodos de cobrança das tarifas de tempo de solo

	USD KUL	USD MEX	USD DXB	USD MAD	USD WAW	USD AKL	USD SVO	USD DEL	USD LHR	USD JNB	USD ORD	USD NRT
Pouso	$80	$217	$295	$790	$976	$784	$830	$374	$758	$2.579	$963	$1.676
Emissão de ruído									$75			
Permanência									$101			$203
Infraestrutura/ serviços		$175		$331	$111			$172	$86			$1.100
Ponte de embarque	$27	$102	$106	$158	$127							$167
Auxílios à navegação			$120	$34	$384	$342	$561	$134	$242			$2.315
Passageiro	$2.120	$2.306	$2.448	$1.933	$2.350	$2.210	$2.234	$3.867	$6.222	$4.637	$6.879	$3.319
Segurança	$249	$167	$245	$389		$801	$838			$465		$855
IMPOSTO									$11.117		$4.336	
Total sem impostos	$2.475	$2.967	$3.213	$3.635	$3.949	$4.137	$4.463	$4.547	$7.486	$7.681	$7.842	$9.635
Total com impostos	$2.475	$2.967	$3.213	$3.635	$3.949	$4.137	$4.463	$4.547	$18.603	$7.681	$12.178	$9.635

Cortesia: Ian Stockman.

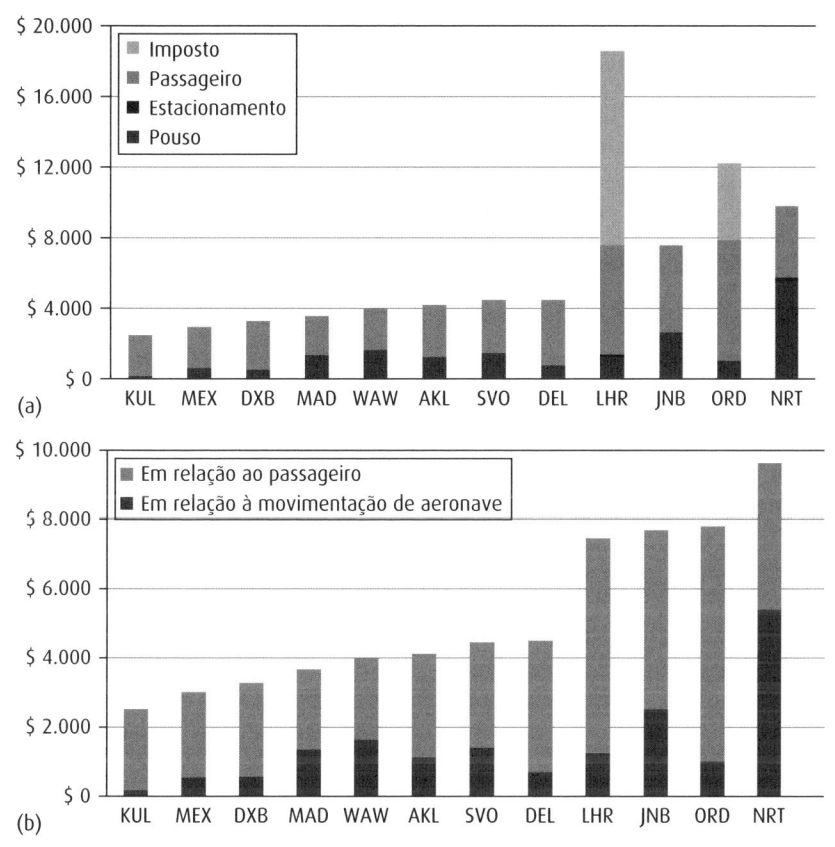

FIGURA 2.11 (a) Tarifas de manobra por tipo. (b) Tarifas de manobra, em relação ao passageiro/em relação à aeronave. (Cortesia: Ian Stockman)

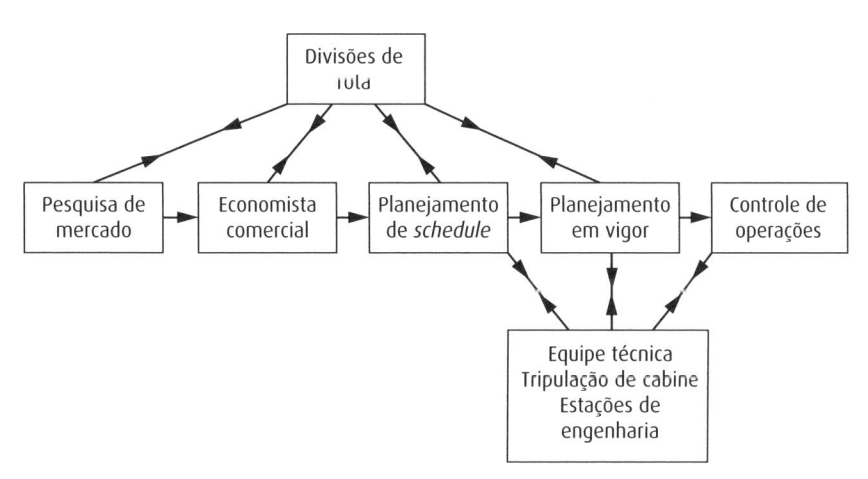

FIGURA 2.12 Organização do *scheduling* em uma empresa aérea típica.

quanto a incorporar, ou não, um serviço dentro de um determinado *schedule*. Esses fatores poderiam incluir alguns dos seguintes:

- Perfil histórico da rota
- Capacidade da rota disponível no momento
- Tipo de aeronave
- Estrutura tarifária (i.e., *standby*, pico, noite, etc.)
- Necessidade social da rota e subsídios
- Considerações políticas (no caso de uma empresa aérea estatal)
- Competição
- Requisições para eventos especiais

Uma vez que se decida incorporar um serviço ao *schedule*, a seção de planejamento de *schedules* da companhia, que geralmente é dividida entre as funções de curta e longa distância, examinará as implicações da preparação do serviço no *schedule*. Nesse estágio, os fatores que afetam o planejamento incluem

- Duração do voo – curta ou longa distância
- Disponibilidade da aeronave de permitir gastos extras em aeronaves em manutenção e em *standby*
- Aceitação do *schedule* de serviços pelo aeroporto
- Disponibilidade de equipes técnicas, tripulações de voo, de cabine e equipes de engenharia
- Permissões de países interessados onde não há acordos bilaterais para sobrevoar ou utilizar os aeroportos para paradas técnicas

Quando o planejamento de *schedule* consegue que todas as considerações do planejamento geral sejam resolvidas satisfatoriamente, o serviço passa para o planejamento corrente, que é encarregado da implementação do horário do devido serviço. Isso é feito em conjunto com as informações fornecidas pelas equipes técnicas, de cabine, de engenharia e de estação. A implementação final do serviço é feita sob o controle de operações, que lida com as operações diárias e a necessidade de fornecer serviços quanto a dificuldades com tripulação que adoece, neblina, gelo, atrasos, *status* de prontidão de aeronave e assim por diante.

Utilização da frota

A Figura 2.13 mostra dois diagramas de utilização de frota para uma empresa aérea que utiliza uma frota menor, de aeronaves relativamente novas, e outra frota maior de aeronaves mais antigas. Diversos aspectos merecem ser mencionados. Em primeiro lugar, as aeronaves em serviço são demasiadamente utilizadas entre 7h e 22h; há pouca utilização dessas aeronaves fora desses horários, porque elas fazem parte da frota de voos de curta e média distância da empresa aérea. Em segundo lugar, onde há uma frota pequena nova, não há aeronaves em *standby*, e

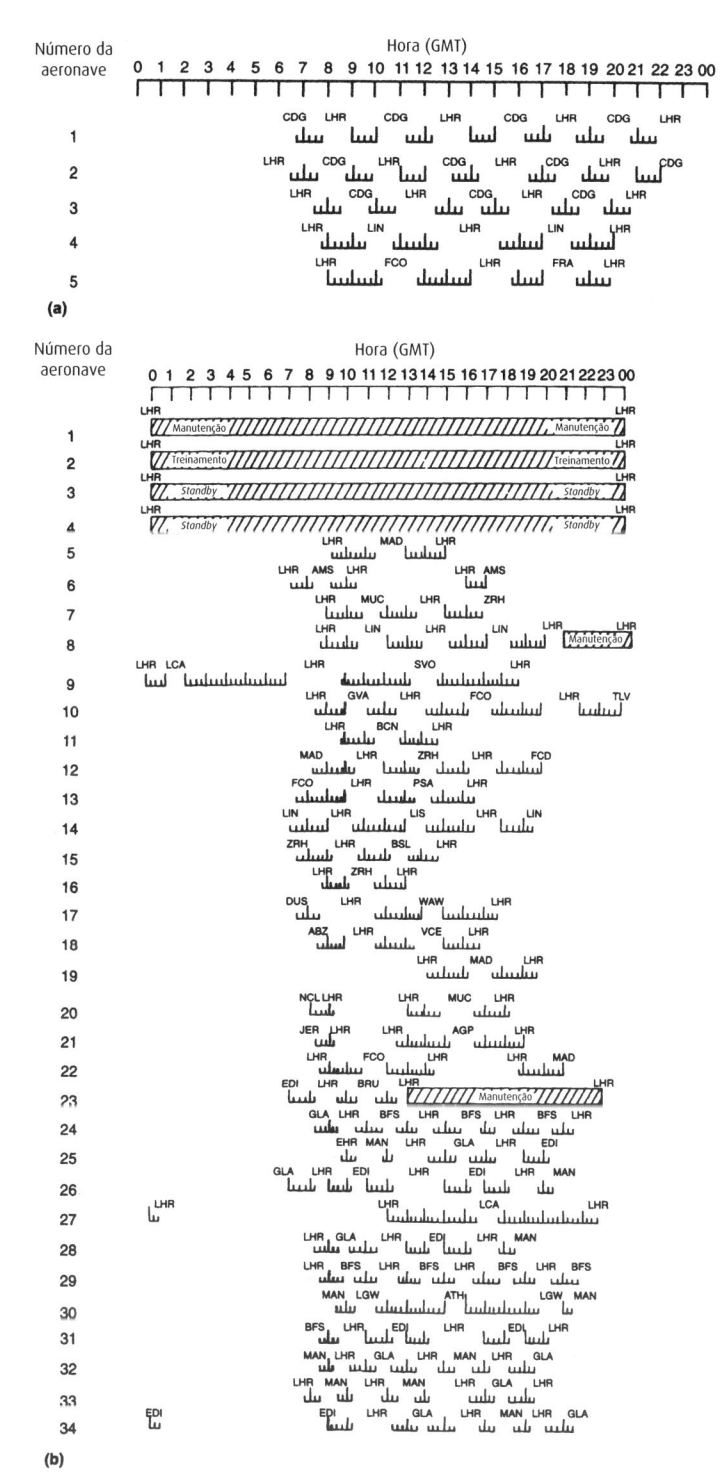

Capítulo 2   Horas-pico do aeroporto e *scheduling* das empresas aéreas

FIGURA 2.13 (a) Utilização de uma pequena frota nova para operações de curta distância. (b) Utilização de uma frota maior e mais antiga para operações de curta e média distâncias.

a manutenção ocorre durante a noite. Para frotas mais antigas e maiores, as aeronaves são afastadas do serviço para manutenção, e muitas aeronaves são mantidas em *standby* para uso caso uma aeronave tenha de ser afastada para manutenção ou reparo. Empresas aéreas de baixo custo costumam ter menos aeronaves em *standby*, consentindo que a falha nos equipamentos resultará no cancelamento de serviços.

A IATA e sua política sobre o planejamento de *scheduling*

A International Air Transport Association desenvolveu uma política geral que está exposta na *Worldwide Scheduling Guidelines* (IATA 2010). Em alguns aeroportos, há limitações oficiais, e é provável que a coordenação seja feita por autoridades governamentais gerais. Muito mais comum é a situação em que as próprias empresas aéreas estabelecem um *schedule* combinado por meio do mecanismo do coordenador de aeroportos. Recomenda-se que o coordenador de aeroportos seja a empresa aérea nacional, a maior empresa ou um agente coordenador do acordo de todos. A coordenação reúne um conjunto de prioridades reconhecidas que normalmente produzem um *schedule* combinado com o mínimo de conflitos sérios. Essas prioridades incluem

1. *Precedência histórica.* As empresas aéreas possuem "direitos herdados" em relação aos *slots* da próxima temporada equivalente.
2. *Período de movimentação efetivo.* Quando duas ou mais empresas aéreas estiverem competindo pelo mesmo *slot* de movimentação, aquela que pretende operar pelo maior período de tempo tem prioridade.
3. *Emergências.* As emergências de curta duração são tratadas como atrasos; apenas as de longa-duração envolvem remarcação.
4. *Mudanças no equipamento, roteamento e assim por diante.* As solicitações de um horário para um novo equipamento com velocidades diferenciadas ou ajustes para arranjar os horários dos voos a fim de torná-los mais realistas têm prioridade sobre solicitações pelo mesmo *slot* completamente novas (Ashford et al. 2011)

A aviação é uma mistura de uma série de segmentos que podem ser classificados como *schedules* regulares, *voos charter* programados, aviação irregular em geral e operações militares. É função do aeroporto conseguir fornecer acesso apropriado a qualquer instalação limitada, após consultar os representantes das categorias. A política da IATA afirma que os objetivos da coordenação são

- Resolver problemas sem precisar recorrer à intervenção do governo
- Assegurar que todos os operadores possuam oportunidades iguais para satisfazer as exigências de seus *schedules* dentro das restrições existentes
- Procurar por um *schedule* de comum acordo que minimize as penalidades econômicas aos operadores envolvidos

- Minimizar as inconveniências ao público viajante e à comunidade de negócios
- Providenciar estimativas regulares dos limites aplicados declarados

Os *schedules* são formulados em nível mundial nas conferências semestrais de *scheduling* da IATA para as temporadas de inverno e verão. Mais de cem empresas aéreas associadas e não associadas a IATA se reúnem nessas enormes conferências, em que, por meio de um processo de apresentação reiterada das propostas de *schedules*, os coordenadores finalmente conseguem fixar um *schedule* de comum acordo para os aeroportos que eles representam.

O ponto de vista do aeroporto sobre os *schedules*

A maioria dos grandes aeroportos com problemas de capacidade nos períodos de pico tem políticas fortes e declaradas que afetam a forma como são formulados os *schedules*. O ponto de vista dos operadores de aeroporto é aquele que representa não somente as necessidades do aeroporto, mas também os interesses dos passageiros, das empresas aéreas como um grupo industrial e, em alguns casos, até mesmo do público não viajante. Esses interesses são protegidos pela obtenção de um horário que disponibilize uma movimentação de tráfego segura e ordenada, que vá ao encontro das necessidades dos passageiros e esteja dentro das restrições econômicas e ambientais do aeroporto. Os pontos de vista das diversas partes interessadas diferem substancialmente. O operador do aeroporto procura uma operação econômica e eficiente dentro dos limites das instalações disponíveis. Os passageiros aéreos querem viajar sem grandes atrasos e contam com uma alta frequência de serviços nos horários desejados sem que a confiabilidade seja afetada. Como um grupo industrial, as empresas aéreas também estão em busca de eficácia nas operações e de alta frequência e confiabilidade nos serviços. Contudo, cada empresa desejará, naturalmente, otimizar sua própria posição e buscará conseguir a situação competitiva que seja melhor para si. No caso das empresas aéreas, os objetivos da companhia não são necessariamente os mesmos interesses que os do grupo industrial. Em alguns aeroportos, o público não viajante também se envolve quando se determinam limites, por razões ambientais, para o número de serviços de transporte aéreo que pode ser agendado, como no Londres Heathrow, onde houve um limite de 275.000 movimentações de transporte aéreo por ano. Esse controle foi suspenso na metade da década de 1980 e, em 2010, o número de movimentações anuais havia aumentado para mais de 466.000, com apenas um pequeno aumento nas movimentações noturnas. O aumento da capacidade foi alcançado quase que exclusivamente por meio da diluição dos picos ou do preenchimento dos períodos fora do período de pico. Controles de movimentação de aeronave semelhantes existem também no Ronald Reagan Washington National Airport. É do costume de muitos aeroportos declarar suas capacidades operacionais em intervalos semestrais ou anuais. Essa capacidade operacional é observada pelo comitê de planejamento de *schedules*, que consiste nos representantes das empresas aéreas servindo o aeroporto. Normalmente, o operador de aeroporto não é representado diretamente nesse comitê. Como já foi citado, os interesses do aeroporto são representados pela maior empresa aérea que ali serve. Em Los Angeles, é a United Airlines; em Frankfurt, a Lufthansa; e em Londres, a British Airways. Portanto, o aeroporto que possui limitações de capacidade geralmente tem uma relação um tanto fria com cada empresa aérea que procura serviços adicionais.

Hubs

Há uma certa ambiguidade no termo *hub* quando usado no contexto do transporte aéreo. Antes da desregulamentação das empresas aéreas, a FAA usava o termo para designar grandes aeroportos que serviam como o principal gerador de serviços, tanto internacionais como domésticos, dentro dos Estados Unidos. Com a chegada da desregulamentação, as empresas aéreas passaram a controlar os níveis de serviço em termos de rotas e frequência. Isso possibilitou instituir o que as companhias aéreas chamaram de *hubs,* que forneciam serviços tanto para outros grandes aeroportos, também chamados de *hubs*, como para aeroportos menores trabalhando com escalas (aeroportos *spoke*). O sistema de *hub* das empresas aéreas foi associado a uma frequência de serviços bem maior entre os *hubs* e a partir dos aeroportos *spoke*, supostamente acompanhados de maiores fatores de carga da aeronave. Serviços diretos entre aeroportos menores não *hubs* em geral foram abandonados. Alguns aeroportos operam como *hubs* para apenas uma empresa aérea (por exemplo, Newark em Nova Jersey para a Continental, e o Rome Fiumicino para a Alitalia). Outros, como o Nova York JFK, Londres Heathrow e Changi Singapura são *hubs* para duas ou mais companhias. O sistema de *hubs* dá às companhias aéreas a oportunidade de organizar melhor suas aeronaves e passageiros com muito mais combinações de voo, embora essas combinações quase sempre exijam transferência no *hub*. Com frequência, os voos a partir dos *hubs* não fazem paradas, e aqueles em direção a outros *hubs* na maioria das vezes são em aeronaves maiores e mais confortáveis do que antes. Os voos para aeroportos *spoke* geralmente são em aeronaves menores com capacidade para menos do que 50 passageiros. A eficácia de um aeroporto *hub* depende

- Da sua localização geográfica
- Da disponibilidade de voos para destinos múltiplos
- Da capacidade do sistema do aeroporto para lidar com as movimentações de aeronave e o volume de passageiros
- Da habilidade do *layout* do terminal para acomodar os *transfers* de passageiros

Os aeroportos *hub* têm padrões bastante diferentes daqueles que sustentam voos de longa distância nos setores predominantes. Enquanto operava como um aeroporto com o serviço *hub* de duas empresas aéreas, o Dallas-Forth Worth registrou doze picos ao longo do dia, durante o qual as aeronaves estão no solo servindo para transferências. Assim, as aeronaves chegam e saem em doze ondas de fluxo de chegada e saída, que na terminologia da FAA são descritas como *bancos*. Os terminais *hub* nos Estados Unidos em geral possuem alta utilização do terminal, com picos acontecendo com intervalos de mais ou menos duas horas, entre 7h e 22h. Sucessões de bancos semelhantes foram analisadas nos *hubs* da U.S Airways na Filadélfia, onde foram registrados onze bancos, e em Pittsburgh, na Pensilvânia, e Charlotte, na Carolina do Norte (Gumireddy e Ince 2004).

Referências

Ashford, N. J, S. A. Mumayiz, and P. H. Wright. 2011. *Airport Engineering: Planning, Design, and Development of 21st Century Airports*, 4th ed. Hoboken, NJ: Wiley.

Boeing. 2011. *Current Market Outlook, 2010–2030.* Seattle: Boeing Airplane Company.

Gumireddy, L., and I. Ince. 2004. *Optimal Hub Sequencing at U.S. Airways.* Washington: Airline Group of the International Federation of Operational Research Societies (AGIFORS).

Horonjeff, R., F. X. McKelvey, W. J. Sproule, and S. B. Young. 2010. *Planning and Design of Airports*, 5th ed. New York: McGraw-Hill.

IATA. 2011. *Worldwide Scheduling Guidelines.* Geneva: International Air Transport Association.

ICAO. 2008. *Airport Constraints: Slot Allocation and Night Curfew.* Presentation of 53 African States, Conference on the Economics of Airports and Air Navigation Services. Montreal: International Civil Aviation Organization.

Kinnison, H. A. 2004. *Aviation Maintenance Management.* New York: McGraw-Hill.

MPD Group Ltd. 2005. *Assessing the Economic Cost of Night Flight Restrictions.* Final Report TREN/F3/10-2003, MPD Group for the European Commission, Directorate of Air Transport. Brussels: European Union.

Stockman, I. 2010. Unpublished research paper, Cranfield University, Cranfield, UK.

CAPÍTULO 3

Influência dos aeroportos na performance das aeronaves[1]

Introdução

As operações aeroportuárias estão diretamente relacionadas às aeronaves atendidas pelos aeroportos. A relação entre os dois tem, em última análise, uma natureza econômica baseada na premissa de que as normas de segurança de transportes públicos jamais podem ser degradadas. Portanto, a função do projeto e da operação de pistas de pouso e decolagem e suas abordagens têm que permitir uma transição segura entre o voo e as manobras no solo, em todo o escopo das operações de transporte aéreo.

Este capítulo trata da aeronave em termos de sua performance intrínseca, bem como do impacto das instalações, cercanias e condições do tempo de um aeroporto na performance e na operação das aeronaves. O capítulo considera também as exigências legislativas que determinam o que um aeroporto tem que oferecer ao se comprometer com certos níveis de serviço.

A tripulação das aeronaves e o pessoal de operações aeroportuárias (pessoal em terra) lidam com as mesmas circunstâncias – a provisão de operações seguras de chegada e partida das pistas de pouso e decolagem –, embora usem metodologias diferentes.

- A abordagem do pessoal de operações aeroportuárias deverá determinar e publicar as *distâncias declaradas*, e a especificação e o cálculo desses dados por meio dos critérios de superfícies limitadoras de obstáculos (OLS, *obstacle-limitation-surface*) são detalhadamente abordados no livro *Airport Engineering*, de Ashford, Mumayiz e Wright (2011). Este capítulo abordará as distâncias declaradas para pistas de pouso e decolagem apresentadas para aeroportos específicos nas *Publicações de Informações Aeronáuticas* (AIP, *Aeronautical Information Publications*) ou armazenadas nos bancos de dados da *Publicação Eletrônica sobre Aviação* (EAP, *Electronic Aeronautical Publication*).

- A tripulação de uma aeronave, durante a decolagem, aproximação e aterrissagem, faz referência à velocidade (sempre indicada como velocidade aerodinâmica) e a informações espaciais. Eles têm um conhecimento muito menos preciso de sua posição em uma pista de pouso e decolagem, ou em relação a ela,

---

[1] O autor deste capítulo nas duas primeiras edições deste livro foi Robert Caves. Nesta edição, este capítulo foi reescrito por Mike Hirst.

do que normalmente se estima. Neste capítulo, serão introduzidas definições de velocidade relevantes que influenciam os procedimentos de pouso e decolagem. É pouco provável que a maioria da equipe de operações aeroportuárias esteja familiarizada com esses parâmetros.

Aeronave

Esta seção traça um panorama da operação de aviões comerciais, mas os princípios são similares para todos os tipos de aeronaves. Uma *aeronave* é uma máquina mais pesada do que o ar que depende do movimento dele, seja por meio de motor(es) ou da influência do formato da célula (ou fuselagem), e, principalmente, da asa para atingir e sustentar um voo normal. Um parâmetro prioritário para o operador de uma aeronave é que esta tem que ser capaz de realizar serviços com bom custo-benefício, de modo que as operadoras mantenham condições viáveis de funcionamento.

A principal consideração é o carregamento de uma carga útil (a *payload*) por uma rota declarada. A *payload* pode compreender muitos elementos – principalmente passageiros, bagagem, carga ou frete e produtos consumíveis (i.e., alimentos e água/fluidos para os banheiros, etc.). Operações envolvendo exclusivamente frete também são afetadas pelas mesmas considerações.

A massa nominal da tripulação (tripulantes de voo e tripulantes de cabine) normalmente é incluída no *peso operacional vazio* (OEW, *operational empty weight*), que é o peso da própria aeronave (com uma configuração nominal de cabine) sem combustível ou *payload*. Os produtos consumíveis, passageiros e sua bagagem (e/ou, no caso, frete ou carga) são classificados como *payload*. Embora grande parte deles possa ser pesada antes de um voo, os passageiros são avaliados usando valores nominais de massa. Os dados em uso variam de país para país, mas habitualmente se usa o valor de 200 libras (90 kg) para cada tripulante (incluindo uma margem de aproximadamente 20 libras [9 kg] para sua bagagem) e de 220 libras (100 kg) para cada passageiro, incluindo geralmente uma margem de 40 libras (18 kg) para sua bagagem. Nos Estados Unidos e na Europa, há avaliações periódicas dos valores de massa dos passageiros (em torno de uma vez a cada 20 a 25 anos), e a autoridade de certificação pode decidir revisar os valores nominais que as operadoras certificadas têm que usar nas folhas de carga. Invariavelmente, eles aumentam com o passar do tempo. Para aeronaves muito pequenas, são usados os valores de massa de passageiros individuais, enquanto que para aeronaves grandes há categorias de massa – adulto, criança e bebê. Embora tais categorias tendam a ter um impacto mínimo sobre a maioria das avaliações de *payload*, elas podem ser significativas para certas operações.

Muitos fabricantes informam, além do OEW, a massa da *aeronave preparada para serviço* (APS, *aircraft-prepared-for-service*). Esse valor é mais alto do que o OEW porque soma (ou subtrai – mas isso é raro) margens de variações da cabine e de produtos consumíveis. Pode-se esperar que a massa APS de aeronaves certificadas inclua margens específicas da companhia aérea e até mesmo da configuração específica dos assentos da aeronave.

Existe um *limite máximo estrutural de payload*, determinado por critérios de carregamento como resistência do pavimento e *payload* máxima admissível em cada seção da fuselagem. Esses critérios também afetam o centro de gravidade (CG) da aeronave, e embora a localização do CG seja uma questão de segurança de voo muito importante, ela não tem consequências diretas para um operador aeroportuário além de sua contribuição com o suporte pertinente ao carregamento da aeronave. É o despachante de voo da empresa aérea que tem a responsabilidade de garantir que a carga de uma aeronave esteja dentro do limite de massa correto e que seja distribuída de maneira adequada dentro dela. A operadora aérea considera a equipe de solo do aeroporto como confiável em termos de sua observação de uma operadora de carregamento, no sentido de que a equipe de solo se encontra em posição de perceber quando qualquer coisa fora do comum e que possa ter passado despercebido pela operadora aérea estiver ocorrendo.

O combustível é abastecido por solicitação de uma operadora aérea. A operadora deverá ter conhecimento do conteúdo dos tanques de combustível da aeronave antes do abastecimento, além da carga de combustível designada para uma operação. A carga real de combustível para uma operação específica é determinada no momento da operação, uma vez que terá que levar em conta a distância do setor, a rota a ser percorrida durante o voo e as condições meteorológicas do momento. A operadora aérea pode ser capaz de abastecer uma aeronave com combustível extra, digamos, para realizar um voo de ida e um voo de volta, ou para minimizar o volume a ser abastecido em algum outro aeroporto em que o combustível seja caro – uma prática normalmente conhecida por *tankering*. Pode ser que haja requerimentos quanto à distribuição da massa do combustível entre os tanques e à sequência na qual os tanques são abastecidos, mas essas questões ou são controladas por pessoal especializado ou realizadas automaticamente por sistemas da aeronave. Os critérios mais importantes que devem ser observados ao determinar a carga de combustível são que a carga solicitada não faça a aeronave exceder nem seu *peso[2] máximo de decolagem* (MTOW, *maximum takeoff weight*) – com sua *payload* estimada – nem a capacidade declarada de combustível para o tipo específico de aeronave em questão. A maior parte dos abastecimentos de combustível é realizado em termos de volume (litros ou galões), mas o atributo crucial é a massa de combustível a bordo. Isso depende da temperatura e é uma questão tratada pela companhia aérea e pelo agente de abastecimento.

Como indicado anteriormente, o peso máximo de decolagem (MTOW) não pode ser excedido, embora uma aeronave possa deixar a rampa com uma carga de combustível de taxiamento designada que permita um pequeno (em termos relativos) margem adicional ao seu peso. A Tabela 3.1 apresenta os dados gerais de massa

---

[2] *Peso* (*weight*) é um termo amplamente utilizado em operações de aviação e que aparece implícito nas abreviações, mas quando se utilizam o sistema métrico ou as unidades do SI (Sistema Internacional de Unidades), dá-se preferência ao uso da palavra *massa*, cuja adoção tem sido defendida por muitas autoridades regulatórias. Em geral, o peso é expresso em libras (lb), e a massa, em quilogramas (kg). Em alguns casos, os manuais de voo chamam o MTOW de MTOM para enfatizar que o valor indicado é um valor de massa (M), e não de peso (W). Neste capítulo, adotou-se a convenção amplamente utilizada de, nas abreviações, chamar todos os valores de peso (W).

TABELA 3.1 Dados fundamentais de massa para a variante de maior peso bruto do Boeing 777-300ER

	Libras (lb)	Quilogramas (kg)
Peso máximo projetado de taxiamento	777.000	352.441
Peso máximo projetado de decolagem (MTOW)	775.000	351.533
Peso máximo projetado de pouso (MLW)	554.000	251.290
Peso máximo projetado zero combustível (MZFW)	524.000	237.562
Peso operacional vazio (OEW)	370.000	167.529
Limite máximo estrutural de *payload*	154.000	69.853
Capacidade típica de lugares sentados		
Duas classes	339,56 na primeira classe e 283 na classe econômica	
Três classes	370,12 na primeira classe, 42 na classe executiva e 316 na classe econômica	
Carga máxima – andar inferior	7.562 pés^2	231,9 m^3
Combustível usável		
Galões (EUA)	47.890	
Litros	181.254	
Libras	320.853	
Quilogramas	145.541	

relativos ao Boeing 777-300ER, que foram extraídos da publicação de uma empresa que apresenta as características de aeronaves para o planejamento de aeroportos (ACAP, *Aircraft Characteristics for Airport Planning*).

É raro que o somatório do peso operacional vazio (OEW), *payload* máxima e combustível máximo seja igual ao peso máximo de decolagem (MTOW). Esse somatório normalmente é muito maior. Como o MTOW se torna o atributo limitador, se a aeronave carregar sua *payload* máxima, não poderá carregar sua carga máxima de combustível e, assim, atingir seu alcance máximo. Ao reduzir o peso da *payload*, pode-se adicionar um peso equivalente de combustível, mantendo o MTOW. Assim, ao carregar combustível suficiente para atingir seu alcance máximo, uma aeronave pode carregar somente uma parte de sua *payload* máxima. Finalmente, não se poderá mais adicionar combustível, e, à medida que se diminui a *payload*, obtém-se um benefício adicional de alcance relativamente pequeno.

Isso pode ser representado como um diagrama de *payload*-alcance, como mostra a Figura 3.1. Esse exemplo se refere novamente ao Boeing 777-300ER. O gráfico representa a carga no eixo vertical e o alcance no eixo horizontal. A forma geral, com uma linha reta de *payload* partindo do peso máximo zero combustível (MZFW)

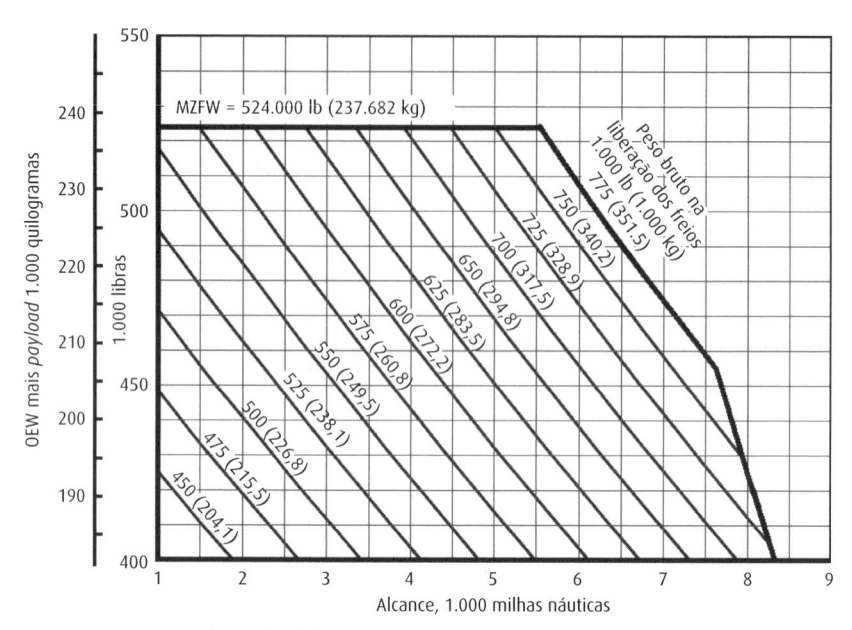

FIGURA 3.1 Diagrama de *payload*-alcance do Boeing 777-300ER.

no eixo vertical chega ao peso máximo de decolagem (MTOW) no ponto em que começa, então, a apresentar uma inclinação descendente. Ao longo dessa seção, os pesos de *payload* e de combustível sofrem alterações nos seus valores para atingir o MTOW. Na próxima mudança de inclinação, a carga máxima de combustível foi alcançada e, portanto, há, a partir dali, uma queda mais brusca até chegarmos ao alcance sem *payload*, geralmente chamado de alcance de travessia (*ferry range*).

Há muitas ramificações associadas ao ponto em que a *payload* e o alcance se interceptam nesse gráfico. As únicas combinações que são admissíveis são aquelas que se encontram dentro do "envelope" (delimitada pelas linhas em negrito e os eixos). Em geral, quanto mais para a direita desse gráfico se encontra uma operação, menor será o custo operacional da aeronave por assento. Essa é uma questão crucial para as operadoras aéreas.

O que é importante para o aeroporto é compreender que qualquer aspecto de sua pista de pouso e decolagem que limite o peso de decolagem da aeronave fará com que a relação *payload*-alcance seja reduzida, e que qualquer redução no peso de decolagem admissível (às vezes chamado de peso de decolagem regulamentado ou restrito – RTOW, *regulated* [*restricted*] *takeoff weight*) fará com que a seção do gráfico de maior inclinação se inicie em um ponto com menor alcance e mantenha um gradiente similar às linhas traçadas para os diferentes pesos de aeronave exibidos na Figura 3.1. Na verdade, essas linhas não são retas, e sim levemente côncavas, mas essa diferença não é significativa para as aplicações que faremos neste livro. Observe, também, que a linha de peso de decolagem que corresponde ao MZFW é um valor mais alto: aproximadamente 30.000 libras (13.600 kg) a mais no exemplo. Essa diferença se atribui a margens de reserva e é uma variável que não necessariamente será constante em todas as operadoras do tipo.

A Figura 3.2 mostra um diagrama de *payload*-alcance e mostra os principais pontos relacionados aos valores de peso da aeronave citados na Tabela 3.1. Pelo fato de o gráfico mostrar a relação *payload*-alcance atribuível a valores mais baixos de peso de aeronaves, ele fornece, adicionalmente, uma ilustração do efeito do RTOW, normalmente causado pela distância limitada de decolagem sobre as combinações atingíveis de *payload*-alcance que podem ser acomodadas.

As publicações *Aircraft Characteristics for Airport Planning* (ACAP), anteriormente mencionadas, são produzidas segundo um formato acordado por muitos fabricantes. Elas são especificamente criadas para o planejamento e não substituem um manual de operações da tripulação de voo (FCOM, *flight crew operations manual*). Em circunstâncias específicas, o FCOM é a melhor fonte de dados reais.

A equipe de operações aeroportuárias deve ser capaz de acessar dados originados do FCOM por meio da equipe de operações da aeronave e é necessário que eles o façam se uma operação for considerada crucial, por exemplo, ao avaliar a capacidade de um tipo específico de aeronave de operar em seus limites de performance, ou próximo deles. (Isso normalmente consta no planejamento, mas é uma tarefa deixada para a equipe de operações.)

As publicações ACAP são disponibilizadas pela maioria dos fabricantes de aeronaves no seu site. Fabricantes menores geralmente oferecem as informações mediante solicitação. As empresas geralmente não divulgam dados de performance além daqueles que tenham sido solicitados por um aeroporto. Todas as informações contidas nesses documentos são genéricas no sentido de pertencerem a uma espe-

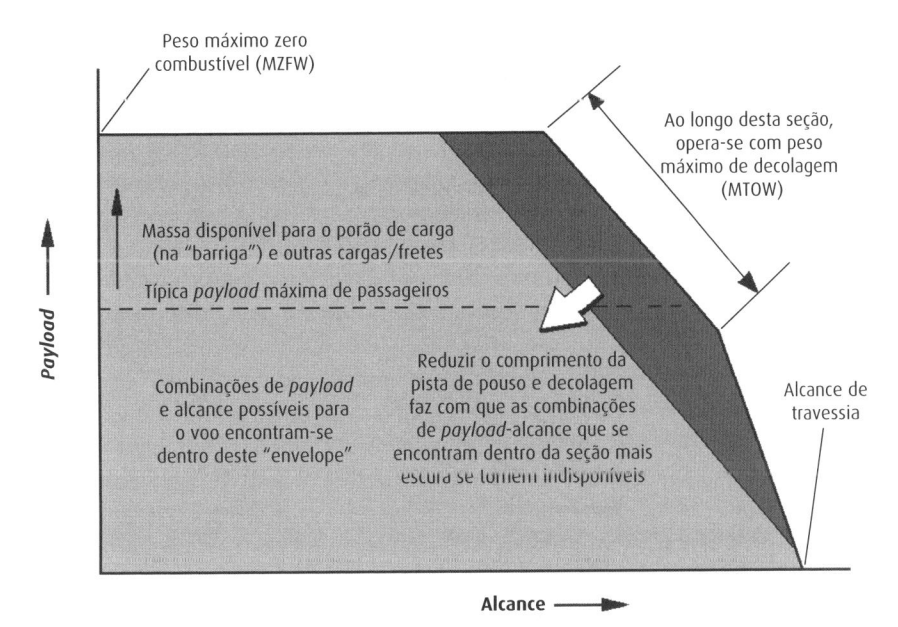

FIGURA 3.2 Ilustração de um típico diagrama de *payload*-alcance.

cificação de modelo que será modificada pelas escolhas feitas por uma operadora aérea no que diz respeito às instalações e acessórios da cabine (p. ex.: número de toaletes e cozinhas no avião e até mesmo especificações individuais dos assentos), e o usuário tem que compreender quão significativo ou não isso pode ser. Esses dados podem ser usados por uma equipe de planejamento de aeroportos se seus membros se contentarem a se referir a um tipo geral de aeronave ao planejar suas futuras operações.

De modo geral, ao se considerar as operações cotidianas, recomenda-se que equipe de operações aeroportuárias discuta requerimentos com a equipe de operações de voo das operadoras aéreas encarregadas ou as operadoras-alvo. Os fabricantes da aeronave fornecerão dados específicos a um aeroporto quando as circunstâncias forem cruciais para a segurança e eles forem consultados em confidencialidade.

As Figuras 3.3 e 3.4 mostram os gráficos de decolagem para um tipo de aeronave, que novamente são diagramas extraídos do manual ACAP.

Esses gráficos fornecem uma indicação da suma importância do valor do comprimento da pista de pouso e decolagem para uma operadora aérea e a importância dos efeitos da temperatura do ar e da altitude sobre a performance da aeronave.

Ao entrar nos gráficos pelo comprimento da pista de decolagem (as definições das ACAP não são específicas a esse respeito, mas geralmente usam a distância disponível para a decolagem [TODA, *takeoff distance available*]), o usuário pode cruzá-los até interceptar uma linha (geralmente ela tem que ser interpolada) de elevação do aeródromo (i.e., altitude pressão) e, então, traçar uma linha reta verticalmente até a escala horizontal, que revelará o RTOW. Voltando ao gráfico da *payload*-alcance, podem-se obter as melhores combinações possíveis de *payload* e alcance. Os gráficos geralmente mostram a performance da Atmosfera Padrão Internacional (ISA, *Inter-*

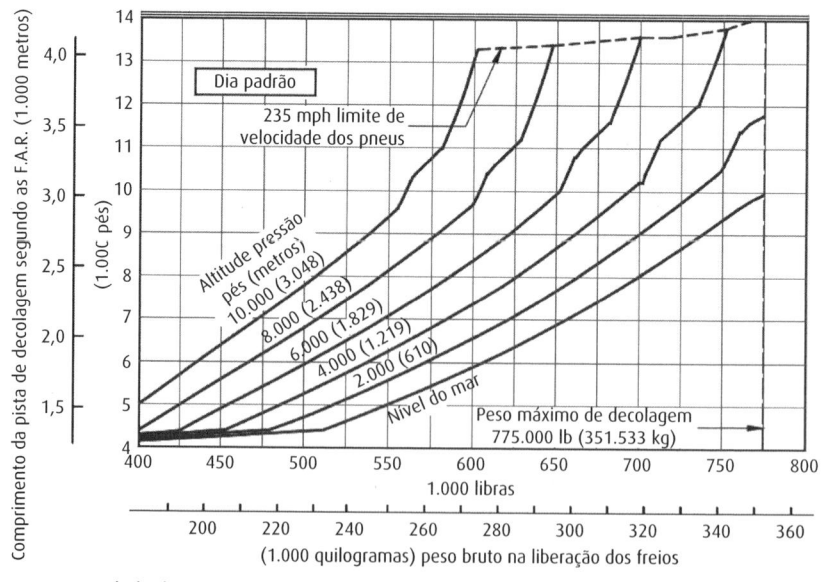

FIGURA 3.3 Tabela de comprimento da pista de decolagem para um Boeing 777-300ER, dia padrão.

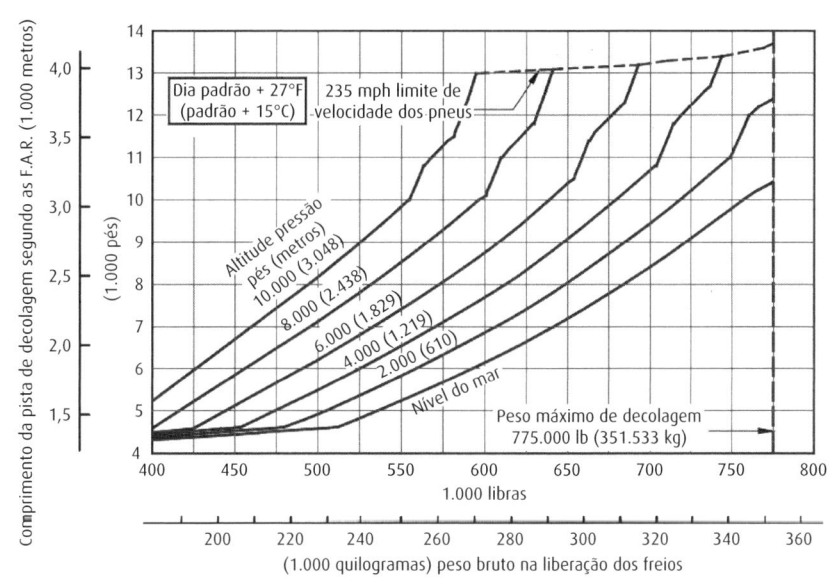

FIGURA 3.4 Tabela de comprimento da pista de decolagem para um Boeing 777-300ER, dia padrão + 27°F (15°C).

national Standard Atmosphere) (com uma temperatura ambiente de 15°C [27°F] no nível do mar) e a performance quando ISA + 15°C (ou ISA + 27°F). Eles podem ser interpolados para avaliar a performance provável, mas não se deve extrapolar para valores mais baixos ou mais altos, pois a relação entre performance da decolagem e temperatura do ar não é linear. As relações de performance geral que devemos observar é que, mantendo-se todos os outros parâmetros fixos,

- À medida que a temperatura do ar aumenta, o peso de decolagem diminui
- À medida que a elevação do aeroporto aumenta, o peso de decolagem diminui

A Tabela 3.2 exibe uma amostra de dados de aeronaves que indicam os requerimentos de projeto do aeródromo para cada categoria de operação e fornece alguns dados pertinentes para um conjunto representativo de aeronaves. Os pesos e dimensões são retirados de dados publicados, mas deve-se tomar cuidado ao se usar valores específicos.

Determinar as aeronaves adequadas para cada infraestrutura envolve vários princípios, que refletem:

- A performance demonstrada da aeronave
- A aplicação da probabilidade aceitável avaliada de qualquer falha relevante
- As regulamentações de segurança das operações

A performance, como demonstra a certificação das aeronaves, é chamada de *performance bruta*. Com a finalidade de dimensionamento da geometria do ambiente dentro da qual as operações são consideradas seguras, à performance bruta aplica-se um fator de ajuste, de modo a levar em consideração as variáveis "em servi-

TABELA 3.2 Dados de aeronaves

	Peso (lb 1000)				Limites de comprimentos (m)			
	Máx. peso decol.	Peso vazio	Peso máx. combus.	Peso assentos	Envergadura (m)	Compr. da aeronave (m)	Compr. de pista[3], sl	Dist. eixos trem de pouso (m)
Longo alcance								
A380-800	1.235	619	248	650	79,8	70,4	2.750	12,5
747-400	850	396	174	421	64,5	70,7	3.050	11
A340-600	811	386	153	375	63,4	74,7	3.050	10,7
777-300ER	775	370	146	370	63	73,4	3.000	10,7
MD-11	620	266	250	360	52	61,6	3.200	10,7
A340-300	559	302	118	315	60,4	63,6	3.050	10,7
DC10-30	555	238	235	255	50,4	55,6	3.500	10,7
787-9	484	253	102	300	60,1	55,9	2.270	8,7
IL-96-300	476	262	253	235	60,1	55,4	2.600	10,4
Médio alcance								
A330-300	459	264	170	315	60,4	63,7	3.050	10,7
B767-300ER	412	198	162	218	47,6	54,9	2.620	9,3
A310-300	346	175	108	218	43,9	46,7	1.675	9,6
757-200	250	137	34	201	38	47,3	2.350	7,3
Tu-204-200	244	130	72	180	41,8	46,1	2.250	7,3
Tu-154M	220	130	73	180	37,6	47,9	2.250	11,5
Curto/médio alcance								
A321	183	105	18,7	186	34,1	44,5	1.750?	7,6
737-800	174	91,3	20,9	170	34,3	39,5	2.290	5,7
A320-200	170	89,3	18,5	164	34,1	37,6	2.134	7,6
737-400	155	74,2	19,1	150	28,8	35,2	2.560	5,2
MD82	149,5	78	29,2	146	28,9	36,5	2.300	5,1
C-series	128	73,5	N/D	130	35,1	34,9	1.509	N/D
ERJ-195	112	63,9	12,7	118	28,7	38,7	1.309	5,9
Fokker 100	103,6	54,1	8,6	80	29	37,1	1.500	5,1
146-200	97,5	54,4	9,1	103	26,4	31,6	1.050	4,7
CRJ-1000	91,8	50,7	6,8	102	26,2	39,1	2.079	4,1
ERJ-170	79	46,9	5,4	70	26	29,9	1.309	5,2
CRJ-200	51	30,5	6,5	50	21,2	26,8	1.918	3,4
ERJ-145	48,3	26,7	5,2	50	20	29,9	1.930	4,1

Fontes: Em grande parte, dados dos fabricantes.
[3] Em situação ideal de operação (temperatura padrão de 15 °C, gradiente de pista nulo e ao nível do mar).

ço", transformando-a em *performance líquida*. Essa variação se baseia em influências como as habilidades do piloto, imprecisões de instrumentos, ganho de peso da aeronave e redução do empuxo do motor entre uma revisão geral e outra.

Assim, por exemplo, a distância de pouso demonstrada é multiplicada por 1,67 em algumas regulamentações, inclusive a dos Estados Unidos, para deduzir a relação pouso-comprimento de campo, e a performance bruta de subida é reduzida em 0,9% a fim de deduzir a performance que pode ser garantida. Essas informações são publicadas no manual de voo da aeronave (e nos dados genéricos das publicações ACAP).

As regulamentações exigem que cada novo tipo de aeronave demonstre a distância requerida para pouso e decolagem sob condições estritamente controladas, com definições das limitações das reações do piloto e salvaguardas cuidadosamente construídas para prevenir qualquer ação que possa ser inerentemente insegura. Da mesma forma, todas as outras medidas de performance certificatórias têm que ser demonstradas para todas as configurações aplicáveis de potência e geometria, com todos os motores em operação, e com o motor crítico inoperante.

Essas regulamentações resultam na apresentação dos requerimentos de performance de aeronaves como:

- Corrida de decolagem requerida (TORR, *takeoff run required*)
- Distância de decolagem requerida (TODR, *takeoff distance required*)
- Distância requerida para aceleração e parada (ASDR, *accelerate-stop distance required*)
- Distância de pouso requerida (LDR, *landing distance required*)

A *corrida de decolagem requerida* (TORR) é a distância avaliada na performance líquida que a aeronave pode precisar percorrer enquanto ainda está em contato com o solo. Essa distância claramente determina um comprimento mínimo para a pista de pouso e decolagem, mas usar somente esse valor não é adequado, e para que as operações aeroportuárias sejam seguras, exige-se muito mais do que isso.

A *distância de decolagem requerida* (TODR) é a medida, na performance líquida, necessária para a aeronave atingir a *screen height*, distância que é medida a partir do ponto em que se inicia a corrida de decolagem. As *screen heights* usadas nos requerimentos de certificação das Federal Aviation Regulations (FAR; Estados Unidos) e nas Joint Aviation Regulations (JAR; Europa) são similares, mas variam de um tipo de aeronave para outro e podem introduzir circunstâncias diferentes dependendo da suscetibilidade da aeronave a eventos críticos. Para a maior parte dos aviões a jato comerciais multimotores, usa-se uma *screen height* de 35 pés (10 m).

A *distância requerida para aceleração e parada* (ASDR) é a distância necessária para acelerar até V_1[4] com todos os motores em potência de decolagem, sofrer uma falha de motor em V_1, abortar a decolagem e fazer o avião parar usando apenas a

---

[4] V_1 é a *velocidade de reconhecimento de falha no motor* (instante em que o piloto reconhece e reage à falha) ou *velocidade de decisão de decolagem*. É a velocidade de decolagem designada pelo piloto que satisfaz todas as regras de segurança e acima da qual a decolagem continuará mesmo que um motor falhe. Ela varia muito de acordo com as condições locais e temporais.

ação dos freios, sem o empuxo reverso. Essa distância não deve exceder o comprimento de pista pavimentada disponível em um aeroporto.

A *distância de pouso requerida* (LDR) é medida a partir da cabeceira da pista de pouso em uso e inclui a distância até o ponto de toque na superfície de pouso e a corrida de pouso propriamente dita. Supõe-se que a aproximação será conduzida na velocidade de aproximação normal, mas que somente os freios estarão disponíveis após o toque. Como observado, a performance líquida certificada normalmente será a performance bruta demonstrada multiplicada por um fator de ajuste igual a 1,67. Outros fatores de ajuste são aplicados, geralmente um fator de 1,15, no caso de pista molhada.

Para que as operadoras possam "casar" os requerimentos de comprimento de campo com as distâncias disponíveis, o aeródromo tem que publicar, para cada pista de pouso e decolagem, as seguintes chamadas distâncias declaradas, que foram estabelecidas com base no comprimento da pista pavimentada, categoria da pista e obstáculos locais:

- Corrida de decolagem disponível (TORA, *takeoff run available*)
- Distância disponível para a decolagem (TODA, *takeoff distance available*)
- Distância disponível para aceleração e parada (ASDA, *accelerate-stop distance available*)
- Distância de pouso disponível (LDA, *landing distance available*)

Quando a operadora tiver determinado que a performance programada da aeronave (apropriadamente ajustada de acordo com a elevação, temperatura do ar, grau de inclinação da pista e condições de vento e de superfície da pista do aeródromo em questão no peso de decolagem requerido) resulta em uma distância requerida para a corrida de decolagem que é menor do que as distâncias declaradas disponíveis, a operação é considerada aceitável.

A operadora também tem que conduzir análises de requerimentos de performance e relacioná-los às distâncias declaradas disponíveis em qualquer aeródromo alternativo.

As distâncias declaradas são promulgadas na Aeronautical Information Publication (AIP) do país ou nos bancos de dados da Electronic Aeronautical Publication (EAP), que são mais comuns atualmente. Elas precisam ser acompanhadas pelas medidas de referência do aeródromo, como temperatura, elevação da pista e gradiente da pista. É de responsabilidade do aeroporto informar, por meio dos *Avisos aos Aviadores* (NOTAMs, *Notices to Airmen*), mudanças nesses dados que tenham sido causadas, por exemplo, por obras em andamento ou acidentes.

As distâncias declaradas levam em consideração cabeceiras deslocadas, zonas de parada (*stopways*), zonas desimpedidas (*clearways*) e *starter strips*, como mostra a Figura 3.5.

Um excesso de TORA e TODA pode permitir uma decolagem com empuxo reduzido, para preservar a vida do motor, ou uma velocidade maior na *screen height*, para melhorar a performance de subida. Um excesso de LDA pode permitir maior flexibilidade ao planejar para más condições meteorológicas no destino ou pode permitir *tankering* de combustível. Uma discussão mais detalhada sobre os requerimentos de comprimento de campo é feita na Seção 3.2 de Ashford, Mumayiz e Wright 2011.

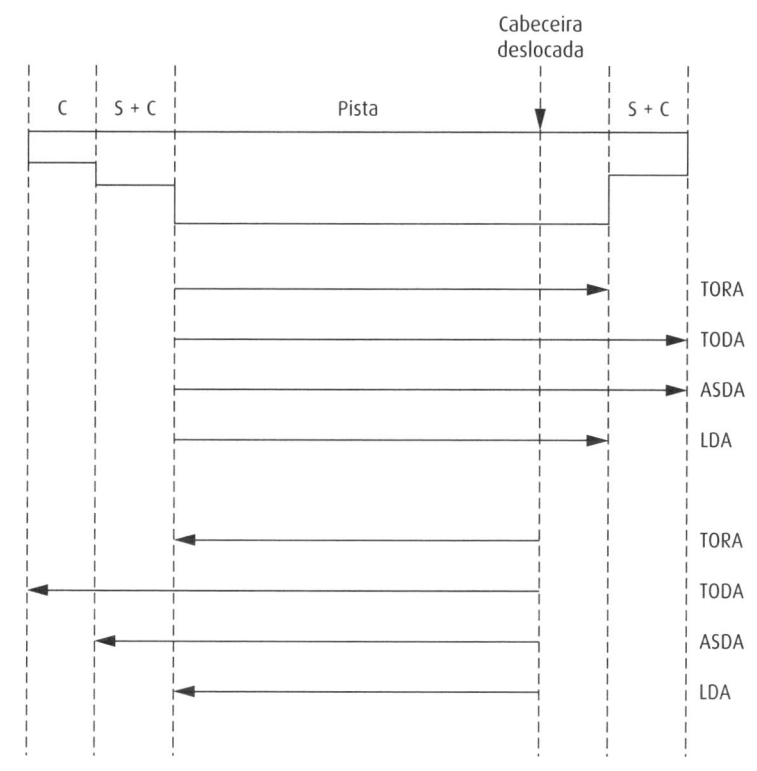

FIGURA 3.5 Distâncias declaradas de uma pista de pouso e decolagem.

Performance de decolagem

A parte de decolagem do procedimento de partida até ser alcançada a *screen height* é abordada detalhadamente na Seção 3.2 de Ashford, Mumayiz e Moore 2011. O básico será rediscutido aqui a fim de introduzir as escolhas operacionais.

O manual de voo da aeronave contém as seguintes distâncias requeridas:

- A 35 pés (10 m) com todos os motores
- A 35 pés (10 m) com a perda de um motor na velocidade crítica (V_1)
- Até parar depois da perda de um motor na velocidade crítica

Essas distâncias são demonstradas em conformidade com restrições sobre velocidades mínimas de rotação e de cruzamento da *screen height* (a velocidade segura de decolagem) e dentro dos critérios para reagir a uma falha nos motores. O caso de funcionamento de todos os motores é multiplicado, então, por 1,5 com o intuito de levar a probabilidade de exceder a distância resultante para a categoria de *risco remoto*.

A TODR é determinada diretamente adotando o maior valor dentre a distância ajustada até a *screen height* com todos os motores ou a distância não ajustada com um motor inoperante. A TORR é determinada como o ponto equidistante entre a saída do solo e a *screen height*, ou ajustada para todos os motores ou não ajustada com um motor inoperante. A distância requerida para aceleração e parada (ASDR) é a distância não ajustada de decolagem rejeitada. Essas distâncias podem, então, ser ajustadas para condições específicas e comparadas à TORA, TODA e ASDA.

Ainda há certo grau de discordância sobre a adequação das regulamentações para o caso da decolagem rejeitada, proveniente do número de acidentes em que a aeronave excede a pista de decolagem depois de abortá-la ou em que a decolagem continuada não foi bem sucedida. Frequentemente, esses acidentes foram causados por uma aceleração abaixo do padrão, e não por uma falha grave e imperceptível no motor. O ônus recai sobre o gestor aeroportuário para a provisão de áreas de segurança da extremidade da pista (RESAs, *runway-end safety areas;* ver Seção "Considerações de segurança", neste capítulo) além da faixa de pouso e da *stopway* preparada, mas isso, de forma alguma, é o único ou o melhor paliativo.

Uma solução técnica apropriada parece ser uma indicação da velocidade na terra dentro do *cockpit*, mas a certificação de decolagens imediatas dificulta que isso seja usado com precisão, como ocorre com a tendência a usar decolagens com empuxo reduzido para conservar a vida do motor. Uma fusão da mensuração da posição e velocidade pelo Sistema de Posicionamento Global (GPS) com o levantamento de localizações de distâncias críticas no aeródromo poderia ser usada para monitorar se estão sendo experimentadas condições críticas de decolagem, mas até o momento não se descreveu nenhuma aplicação prática desse método.

A situação é potencialmente muito pior para uma aeronave com menos de 12.500 libras (6.700 kg) de peso bruto, porque em aplicações de aviação geral não há considerações quanto a falhas de motores para essas aeronaves abaixo de 200 pés (61 m). Isso é compensado, até certo ponto, pelos requerimentos de, com todos os motores funcionando, que se alcance uma *screen height* de 50 pés (15 m) em vez de 35 pés (10 m), que se multiplique a distância demonstrada por um fator de ajuste de 1,25 e que a TODR não seja maior do que a ASDR. No entanto, esses requerimentos nem sempre garantem uma solução operacional aceitável.

Aeronaves usadas para fins comerciais (multimotores) e todas as aeronaves com um MTOW acima de 12.500 libras (6.700 kg) são certificadas de acordo com um processo de certificação em diversas etapas, no qual tem que demonstrar performance maior ou igual a um gradiente bruto de subida mínimo em todos os quatro segmentos de decolagem. Os requerimentos (FAR 25 nos Estados Unidos) são resumidos na Tabela 3.3.

TABELA 3.3 Requerimento de gradiente bruto de subida (%)

Segmento de subida	1	2	4
Bimotores	0	2,4	1,2
Trimotores	0,3	2,7	1,5
Tetramotores	0,5	3	1,7

Capítulo 3   Influência dos aeroportos na performance das aeronaves   **73**

Os segmentos começam ou terminam em pontos que são definidos por procedimentos (i.e., relacionados à velocidade) e à configuração da aeronave. Eles são ilustrados na Figura 3.6 e podem ser descritos da seguinte maneira:

Primeiro segmento. Motor crítico inoperante, motor(es) restante(s) em empuxo de decolagem, trem de pouso estendido, *flaps* em posição de decolagem e aeronave na velocidade segura mínima, $V_{2,\,min}$.[5]

Segundo segmento. O mesmo que no primeiro segmento, mas com o trem de pouso recolhido, velocidade aumentada em 20% e prosseguindo a uma altitude de 400 pés (122 m).

Terceiro segmento. Mantendo uma altitude constante, recolhendo os *flaps* e aerofólios auxiliares (totalmente ou até configurações apropriadas), aumentando a velocidade em mais 5% e reduzindo a configuração da potência do motor para o empuxo máximo contínuo.

Segmento final (quarto). Mantendo a configuração do fim do terceiro segmento, subir a uma altitude de 1.500 pés (457 m).

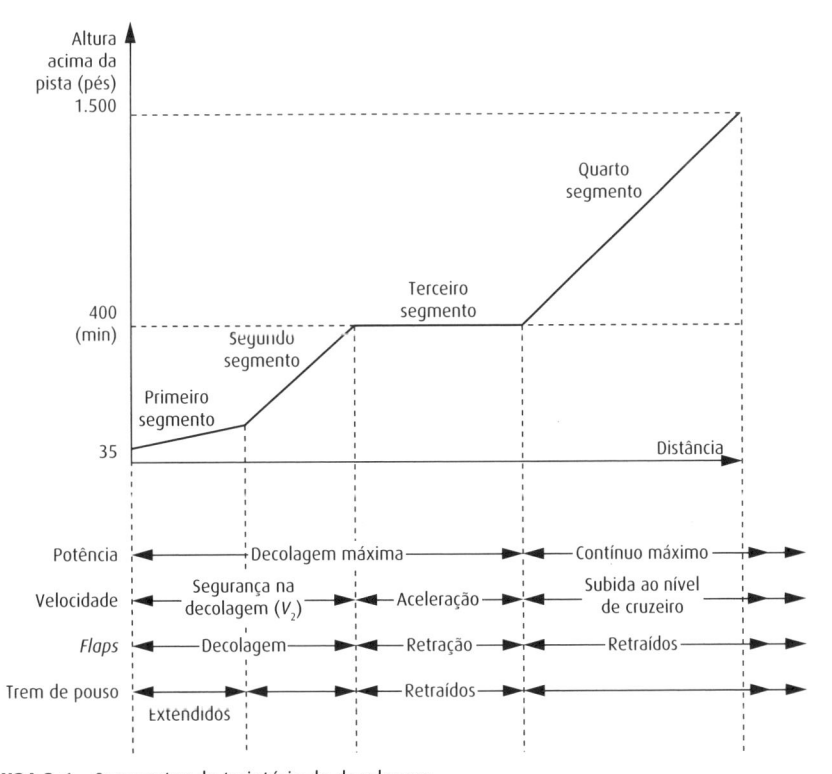

FIGURA 3.6   Segmentos de trajetória de decolagem.

---

[5] V_2 é uma velocidade aerodinâmica de referência obtida depois da saída do solo na qual a performance requerida de subida com um motor inoperante (ver Tabela 3.3) pode ser atingida.

A capacidade do segmento é medida em testes de voo, mas, na realidade, uma tripulação comercial voa até os pontos específicos mantendo, ao mesmo tempo, as condições de voo mais favoráveis para alcançar a melhor subida possível e voar dando a devida atenção às condições de velocidade mínima. Por exemplo, seria raro uma tripulação manter uma trajetória de voo constante no terceiro segmento. Esse critério é aplicado no caso de a certificação reproduzir o "pior cenário" possível. A garantia que é crucial nas operações é que se as superfícies de limitação de obstáculo aplicadas às pistas de pouso e decolagem forem aplicadas com rigor, elas devem ser adequadas para garantir que haja uma proteção aceitável.

Em operações normais, a técnica de decolagem também é frequentemente modificada por considerações de redução de ruído ou economia de combustível. Esforços para reduzir o impacto dos ruídos da aeronave em partida incluem:

- Voar com o maior gradiente possível (uma técnica usada menos desde que jatos deram lugar a motores turbofan com alta taxa de contorno)
- Usar combinações específicas de empuxo e proa (*heading*) para evitar áreas sensíveis a ruídos
- Usar técnicas de diminuição do empuxo que equilibrarão a taxa de subida reduzida com um ruído percebido menor no solo e sem perdas operacionais indevidas

Esses requerimentos de performance mostram como o peso máximo admissível de decolagem pode ser limitado pelo comprimento do campo ou pela performance da subida de modo a atender ou a limites de peso e temperatura (WAT, *weight and temperature*) ou a superações de obstáculos dominantes. É claro que muitas vezes há uma margem disponível até no peso máximo estrutural acima de todos esses requerimentos. Há, na verdade, outros requerimentos que um despachante tem que verificar associados à performance de subida ao nível de cruzeiro, à performance de aterrissagem e a limites dos pneus e freios, mas eles raramente são críticos. Fica a critério do piloto, portanto, se ele irá ou não realizar a decolagem com menos do que o empuxo de decolagem, contanto que não menos de 90% da potência disponível seja selecionada. A quantidade de empuxo necessária para permanecer dentro dos requerimentos de comprimento de campo e de subida normalmente pode ser selecionada com precisão para as condições específicas do aeródromo por meio de um computador de bordo, com consequentes vantagens para a vida do motor e para o consumo de combustível. Por outro lado, deve-se considerar não somente um maior desgaste dos pneus, mas também o possível aumento geral do risco em comparação à base estatística histórica de acidentes por decolagem, segundo a qual aquelas com uma margem significativa entre o peso de decolagem real e o admissível representam, predominantemente, um percentual mais alto de decolagens seguras.

Como o peso de decolagem requerido é uma função dos requerimentos de *payload* e combustível, em última análise a *payload* será ajustada de acordo com o peso de decolagem disponível descarregando-se a parte da *payload* que produzirá a menor receita possível. O requerimento preliminar de combustível pode ser reduzido através de técnicas de abastecimento, mas uma proporção considerável do abastecimento de combustível visa permitir reservas para turbulências durante o cruzeiro, procedimentos de espera e desvio da rota para campos de aterrissagem alternativos. Assim, em voos curtos, as reservas podem exceder o requerimento preliminar de combustível, e isso leva a um aumento nos requerimentos de peso de decolagem, que são particularmente significativos quando se percebe que em um caso extremo de desvio de rota, um jato de longo curso pode queimar uma quantidade de gasolina igual a um quarto do combustível de reserva simplesmente para carregar as reservas. Fica aberto ao questionamento se uma aeronave realmente precisa carregar as reservas tradicionalmente exigidas diante das modernizações do gerenciamento do fluxo de combustível, precisão navegacional e previsão meteorológica. Em voos curtos, com essas melhorias e com excelentes condições meteorológicas no destino no horário de partida, a necessidade de carregar reservas para um destino alternativo é particularmente questionável se o destino possuir duas pistas de pouso independentes. As operadoras podem minimizar o uso de combustível e/ou maximizar a *payload* registrando um plano de voo para destinos mais próximos e, então, fazer um novo registro durante o voo para o destino original (tecnicamente isso pode ser chamado de desvio de rota durante voo ou *en-route diversion*), mas à medida que as restrições de gestão de tráfego aéreo (ATM, *air-traffic-management*) aumentam, essa opção passa a ser menos utilizável.

Em resumo, a performance de decolagem é dominada pelo peso de decolagem admissível, que é determinado como o menor valor entre:

- Peso máximo estrutural de decolagem
- Performance da subida limitada pela curva de WAT
- Comprimentos da pista de decolagem: TORA, TODA e ASDA
- Superação de obstáculos
- Requerimentos de subida ao nível de cruzeiro
- Peso máximo estrutural de aterrissagem
- Comprimento da pista de pouso, WAT e requerimentos de desvio de rota
- Limites dos pneus e freios

Qualquer margem resultante entre esses limites e o peso de decolagem requerido pode, então, ser usada para realizar *tankering*, para atenuar outros limites ou para aliviar considerações econômicas ou ambientais.

Performance de aproximação e pouso

A performance da aproximação não está necessariamente dentro do escopo de influência do gestor aeroportuário. Na maioria dos aeroportos, as aeronaves realizam uma aproximação em linha reta a um ângulo de descida constante. Esse é o ângulo da trajetória de planeio e 3 graus é um valor amplamente aplicado. Isso se aproxima de uma perda de altura de 300 pés por milha náutica, o que significa que uma aeronave manobrada a 1.500 pés acima da elevação do aeródromo precisará conduzir uma aproximação em linha reta de cerca de 5 milhas náuticas. A uma velocidade de 120 a 150 nós em relação ao solo, a aproximação de 3 graus faz com que uma aeronave mantenha uma taxa de descida constante de entre 600 e 750 pés/minuto.

Onde o terreno ou o ruído for uma influência significativa, pode-se usar um ângulo da trajetória de planeio mais alto, e 4,5 graus é possível para a maioria de tipos de aeronaves. A limitação é que, nesse caso, a aeronave desce mais rapidamente, e quando seu design é muito *clean*, a fuselagem com baixo arrasto faz o atingimento de uma velocidade estabilizada levar mais tempo na aproximação. Voa-se a ângulos de trajetória de planeio de 7 graus em alguns aeroportos congestionados, mas isso exige uma aeronave com "alto arrasto" que possa manter a estabilidade a uma baixa velocidade aerodinâmica. Normalmente, isso significa uma aeronave de propulsão a hélice com *flaps* grandes. A uma velocidade de 90 nós em relação ao solo, a taxa de descida é em torno de 1.000 a 1.100 pés/minuto.

A aeronave se dirige para o ponto de toque e ele será em torno de 1.000 pés (330 m) além das marcações de cabeceira em uma típica pista de operações comerciais. Espera-se que a aeronave se encontre a aproximadamente 50 pés (15 m) do solo na cabeceira em uma aproximação a 3 graus e faça o arredondamento, perdendo velocidade e reduzindo a taxa de descida, para que pouse no ponto de toque pretendido ou além dele. Depois de tocar o solo, a aeronave será desacelerada com freios e qualquer outro meio mecânico (empuxo reverso em um jato ou passo reverso ou marcha lenta de voo em um avião com propulsão a hélice). Há um escopo considerável de variações na performance da aterrissagem, e elas podem incluir as condições meteorológicas ou da superfície da pista de pouso, como, por exemplo, inclinações na pista, que podem fazer com que a distância entre a referência de aterrissagem – a cabeceira – e o fim da pista de pouso seja muito diferente na mesma pista e com o mesmo tipo de aeronave. É por esse motivo que os requerimentos de LDR (distância de pouso requerida) usados em um manual de voo indicam a aplicação de fatores de ajuste onerosos às distâncias calculadas e demonstradas.

A maioria das regulamentações permite que o fabricante escolha como demonstrar a performance de aterrissagem. Uma opção é usar o método de maior distância para se pousar em uma pista rígida e seca com pressupostos conservadores quanto à altura da aeronave na cabeceira, um grande fator de ajuste de segurança, e nenhum crédito ao empuxo reverso. A segunda opção é demonstrar a aterrissagem em uma superfície rígida e molhada a partir de uma altura mais baixa e com uma velocidade mais alta na cabeceira e usando todas as formas de retardamento para as quais um procedimento prático tenha evoluído. Esse último caso usa um fator de ajuste de segurança muito menor.

Os cálculos específicos de plano de voo têm que levar em consideração as previsões do tempo e do vento na pista, sendo o limite do comprimento de pista o valor mais baixo dentre o caso de ausência de ventos e o caso de ventos previstos. O aeroporto alternativo também tem que ser considerado, mas, nesse caso, permite-se que o fator de ajuste para pista molhada seja igual a 0,95. Embora as regulamentações sejam fáceis de declarar, não se deve inferir que a operação seja igualmente fácil de ser realizada. Há todos os problemas de alinhamento preciso e controle da velocidade durante a aproximação; o ajuste da velocidade e da proa para compensar ventos laterais, rajadas de vento súbitas e cisalhamento do vento; e a manutenção da direção sobre a pista, além do grande problema de finalizar a descida sem induzir uma flutuação prolongada. O design da aeronave é severamente testado nessa fase do voo, contudo, raramente o piloto pode comprometer o voo a favor de poupar a estrutura da aeronave. De fato, as últimas especificações de aeronaves de curto curso demonstram grande preocupação de que o esfriamento dos freios não afete seu tempo de abastecimento e recarga, que ventos laterais não afetem a regularidade e que o piloto automático seja capaz de lidar com aproximações não lineares e em desaceleração.

A performance e o manejo na aproximação são tão importantes quanto a fase da aterrissagem que se dá no solo para produzir uma conclusão segura de um voo. A consideração mais vital é alcançar com precisão as condições corretas na cabeceira (i.e., altura, velocidade, taxa de descida, curso e potência). A fim de atingir essas condições consistentemente, as orientações visuais de solo têm que ser satisfatórias e a aeronave tem que ter uma performance adequada na aproximação para corrigir discrepâncias na trajetória de voo e responder a emergências.

O alto momento vertical dos jatos modernos combinado a gradientes, rajadas e cisalhamento do vento, torna essencial que se ofereça uma orientação quanto ao grau de inclinação da pista na forma de indicadores de ângulo de aproximação (VASIs, *visual approach slope indicators*) ou os indicadores de trajetória de aproximação de precisão (PAPIs, *precision approach path indicators*), que são mais comuns. Uma aproximação por precisão total, é claro, é a melhor orientação para um voo preciso. No limite, a aproximação pode ser feita de maneira completamente automática, sendo as várias categorias descritas na Tabela 3.5. A finalidade original de se desenvolver aterrissagens automáticas era aumentar a regularidade e economizar os custos de desvios de rotas.

Uma das aeronaves mais populares em produção é o Boeing 737-800, que possui uma boa economia operacional, mas um projeto que ilustra a massa final que a tecnologia atual permite acomodar em um *single-axle main gear* que cabe no espaço disponível nessa aeronave específica. Portanto, trata-se de uma aeronave incomum, no sentido de que, durante aplicações de curto curso, ela pode exigir uma LDA mais longa do que a TORA. Esse exemplo é citado como um lembrete de que generalizações podem ser perigosas e que aceitar, de modo geral, que a aeronave precisa de uma distância de decolagem maior do que a distância de pouso requerida nem sempre é verdade. Tenha em mente, também, o fato de a Boeing ter remediado a suscetibilidade do tipo oferecendo avanços que reduziram a LDR de modelos adequadamente equipados da mesma marca. A Figura 3.7 mostra a declaração da ACAP (para projeto de aeroportos) do requerimento de distância de pouso do Boeing 737-800. Detalhes no gráfico mostram a influência da elevação do aeroporto e a margem calculada para uma pista molhada. Essa última é uma orientação, e as tripulações de voo terão que fazer julgamentos sobre as condições da superfície de pouso. Eles dependem dos serviços de tráfego aéreo fornecerem informações relevantes, como a eficiência medida dos freios ou a profundidade da água sobre uma pista.

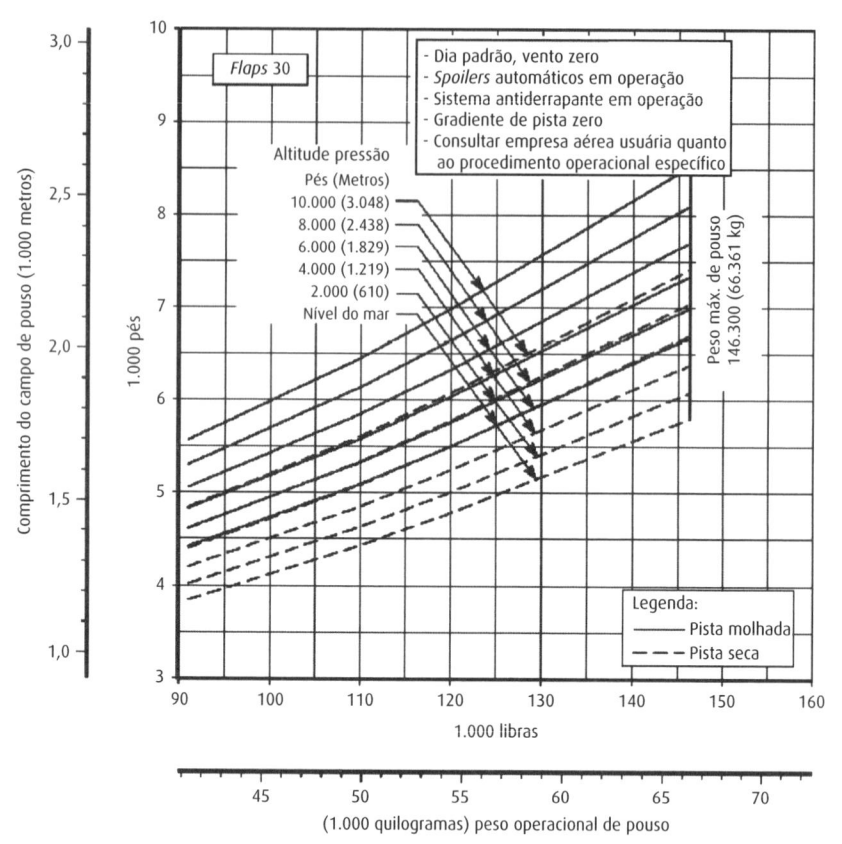

FIGURA 3.7 Performance de distância de pouso de um Boeing 737-800.

Considerações sobre segurança

A descrição anterior ressaltou por que distância necessária para pousar uma aeronave pode ser tão maior do que a distância necessária para decolar. Dadas essas tendências, não surpreende que o pouso ainda seja responsável pela maior parte dos acidentes.

A Tabela 3.4 foi retirada da análise estatística produzida regularmente pela Boeing sobre as operações de aviões a jato comerciais e mostra que 17% de todos os acidentes ocorrem na decolagem e na subida inicial (aproximadamente até o fim do terceiro segmento em termos de certificação) e 36% na aproximação final e pouso. Observe que 15% dos acidentes (a análise original considerou acidentes que resultaram em fatalidades) ocorreram na fase de taxiamento ou dentro do aeroporto entre a pista de pouso e decolagem e o portão de embarque e desembarque. Esses últimos não estão relacionados à performance das aeronaves, mas os acidentes de pouso e decolagem estão, e totalizam mais de 50% de todos os acidentes nos dados registrados. As estatísticas foram ponderadas por duração de tempo de voo para gerar um valor de *exposição relativa* a um acidente relacionado ao tempo, e é uma informação como essa, mostrando uma enorme exposição relativa nas fases do voo ligadas à pista de

TABELA 3.4 Fase dos dados de voo

Fase do voo	Duração(%)	Acidentes (%)	Exposição relativa
Taxiamento	N/D	15	–
Decolagem	1	10	10
Subida inicial	1	7	7
Subida (*flaps* abertos)	14	5	0,357
Cruzeiro	57	11	0,193
Descida	11	3	0,273
Aproximação inicial	12	13	1,083
Aproximação final	3	14	4,667
Pouso	1	22	22

Fonte: Boeing, Jet Fleet Statistical Summary (2001–2010)

pouso e decolagem, que leva a esforços consideráveis para todas as operadoras aeroportuárias obrigar a considerarem as áreas ao redor da pista e reduzirem o máximo possível os acidentes nelas ocorridos.

Há muito tempo os requerimentos são manter uma pista de pouso e decolagem relativamente plana e protegida, com áreas protegidas em ambas as extremidades, ou RESAs. Isso é exigido, em grande parte, para acomodar pousos curtos (*undershoot*) e pousos além da pista (*overshoot*) dentro de áreas adjacentes às extremidades da pista que estejam livres de obstáculo. A provisão de RESAs recomendada pela ICAO para uma pista de operação comercial é uma área que tenha pelo menos o dobro da largura da pista e 240m de comprimento (ICAO Anexo 14). São feitas algumas exigências menores para pistas pequenas (Código 1 e 2) e pistas de não precisão ou de uso exclusivamente visual. A RESA deve ser relativamente plana, livre de obstáculos significativos e ter uma superfície de força adequada para acomodar veículos de emergência e resgate. Como a RESA se encontra além da faixa da pista, esse requerimento exige um rígido controle de terrenos com até 970 pés (300 m) além do final da área pavimentada, e nem sempre é fácil para todos os aeroportos acomodar tal exigência.

O terreno local (onde ele se inclina abaixo da cabeceira), a presença de infraestrutura de transporte, especialmente em terrenos com aterros ou cortes, entre outros, talvez não permita que alguns aeroportos atendam a essas exigências sem uma redução significativa nas distâncias declaradas que promulgam. Portanto, é essencial para todos os aeródromos justificar as provisões que utilizam apresentando avaliações de segurança que mostrem que se atinge um nível de risco aceitável nas operações esperadas. Isso está sendo mandatado anualmente por algumas autoridades nacionais. Por exemplo: a Nota de Segurança SN-2012/004 (de 30 de março de 2012) do CAA, U.K. Civil Aviation Authority, declara: "A exigência anual para os Detentores de Licenças de Aeródromos revisarem e determinarem a distância da RESA, mesmo que não tenham ocorrido mudanças reais nas operações do aeródromo, agora foi suspensa. Em vez disso, o risco de uma saída da pista agora deve ser avaliado regularmente mediante a mudança das circunstâncias, como é determinado pelo aeródromo como parte de seu processo normal de Sistema de Gestão de Segurança (SMS, *Safety Management System*)."

Uma agência reguladora pode emitir uma dispensa consentida se o nível de movimentação do tráfego for baixo, se o *mix* de tráfego tender a aeronaves menores e/ou a LDR típica das operações for muito menor do que a LDA. A agência reguladora ainda pode exigir a mitigação, por exemplo, exigindo que o aeródromo instale um sistema de frenagem de emergência com materiais de engenharia (EMAS) dentro da RESA disponível.

O procedimento mandatado pela CAA é típico do que é considerado como melhores práticas em gestão de segurança, e na última década tem se tornado mais comum a exigência de que se comprove que ele foi levado em consideração. A busca por uma performance econômica é levada em consideração pela agência reguladora, mas não se deve supor que a mitigação será permitida automaticamente por esse motivo.

Um bom exemplo é a exigência de subida após uma falha no motor, especialmente em um aeroporto com uma montanha na extremidade da pista de decolagem. Em tal situação, o risco de categoria exigido é alcançado invocando progressivamente limitações operacionais severas à medida que o risco intrínseco aumenta. Esse conceito de proteção é ilustrado na Figura 3.8. No caso de as montanhas serem próximas, as regulamentações restringiriam as condições em que decolagem e pouso podem ser conduzidas em segurança e podem exigir que a decolagem seja realizada em uma direção específica da pista, sujeita a critérios de vento de cauda. Um exemplo dessa limitação é Salzburg, na Áustria, onde a pista 16 é a direção de pouso preferida (e a única em condições de pouso por instrumentos), e a pista 34 é a direção de decolagem obrigatória para operações comerciais, sendo as operações restringidas

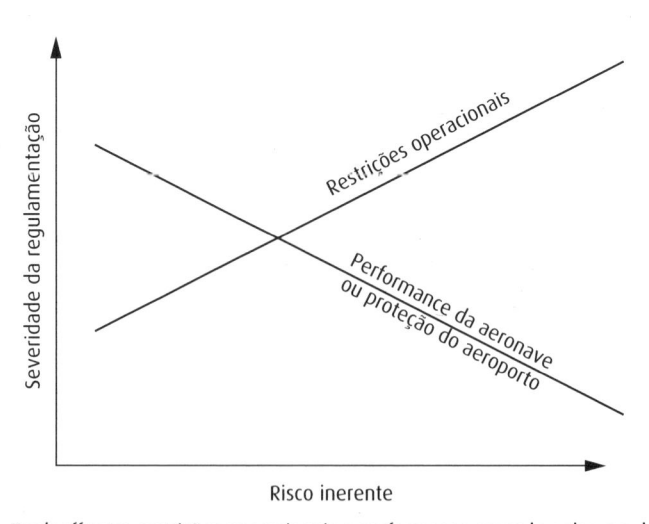

FIGURA 3.8 *Tradeoff* entre restrições operacionais e performance causado pelas regulamentações.

pelas operadoras se os valores de vento de cauda excederem os limites acordados com a agência reguladora.

Nesta seção, analisamos a filosofia geral do "casamento" entre a operação segura de aeronaves e de aeroportos.

Pouso automático

O propósito original ao desenvolver pousos automáticos era aumentar a regularidade e economizar o custo de desvios de rota. No entanto, o pouso automático apresenta muitas outras vantagens na forma de carga de trabalho do piloto, controle da dispersão do ponto de toque da aeronave no solo, aterrissagens mais suaves e a manutenção da trajetória de voo mesmo em condições difíceis de cisalhamento do vento. Experiências com o equipamento têm mostrado uma crescente confiabilidade e maior harmonia entre pilotos e pilotos automáticos. Aparentemente, as funções de monitoramento e retomada de comando exercidas pelo piloto exigem suficientemente pouco dele para que equipamentos de sistema de falha passiva sejam usados até mesmo para a Categoria IIIA. A maioria dos benefícios, portanto, são colhidos pela empresa aérea, mas somente o pleno uso do sistema pode justificar a despesa dos equipamentos de solo, particularmente para a Categoria III. Além disso, diferentes regulamentações têm que ser colocadas em vigor; a aeronave equipada tem que ter permissão para ultrapassar outras aeronaves que estejam na espera para executar o procedimento de descida, e tem que receber controle positivo do solo em condições de visibilidade mínima.

A segurança das operações de pouso automático dependem dos mesmos fatores que têm sido considerados para pousos visuais, mas com muito mais ênfase no conceito de altura de decisão (DH, *decision height*). Ela depende do método de operação, das especificações do equipamento e do alcance visual da pista de pouso (RVR, *runway visual range*), como mostra a Tabela 3.5, bem como dos critérios de superação de obstáculos, os quais têm que levar em consideração a perda de altitude demonstrada durante uma aproximação perdida.

O RVR exigido é uma função do corte do ângulo de visão do piloto, da intensidade e dispersão dos feixes de luz do sistema de iluminação, da estrutura vertical e horizontal da neblina e da localização dos olhos do piloto em relação aos auxílios

TABELA 3.5 Alturas de decisão (DHs) e alcances visuais de pista de pouso (RVRs) para pistas de aproximação por precisão

Categoria	DH (pés)	RVR (m)
I	200	800
II	100	400
IIIA	—*	200
IIIB	—*	50

*Altura de decisão não aplicável.

visuais e suas necessidades intrínsecas de referência visual. Esse valor precisa ser medido pelo menos em três posições ao longo da pista. A leitura de área de toque tem que ser passada ao piloto dentro de 15 segundos após ter sido feita, seguida por outras leituras, se elas forem menores do que a primeira e a menos de 2.625 pés (800 m).

Qualquer proposta de operação de pousos automáticos tem que mostrar a viabilidade dos valores mínimos propostos para cada pista, incluindo a adequação das instalações e a capacidade de superação de obstáculos. Um aeroporto que deseje declarar uma pista como adequada para receber pousos automáticos terá que considerar:

- Superação de obstáculos
- Ângulos da trajetória de planeio
- Terreno na aproximação (Ele deve ser essencialmente plano por 1.000 pés [300 m] antes da cabeceira em uma faixa de 200 pés [60 m] de largura.)
- Comprimento, largura e perfil da pista
- Conformidade e integridade do sistema de pouso por instrumentos (ILS, *instrument landing system*)
- As orientações visuais e sua integridade
- O nível dos equipamentos de controle de tráfego aéreo (ATC, *air traffic control*) e suas exigências de monitoramento meteorológico

O aspecto mais crucial da performance é a capacidade de voltar a subir após uma aproximação perdida ter sido declarada. Deve ser possível demonstrar uma performance de subida adequada em cada uma das três condições de voo:

1. Um gradiente líquido positivo a 1.500 pés (457 m) acima do aeródromo na configuração de cruzeiro com um motor inoperante
2. Um gradiente bruto não menor do que 3,2% na altitude do aeródromo com todos os motores na potência máxima de decolagem na configuração de pouso final (Isso serve para garantir a segurança em caso de um pouso além da pista [*balked landing*].)
3. Um gradiente de subida bruto mínimo na altitude do aeródromo com o motor crítico inoperante e todos os outros em potência máxima de decolagem na configuração de pouso final, mas com o trem de pouso recolhido (os gradientes não devem ser menores do que 2,1% para aeronaves bimotores, 2,4% para aeronaves trimotores e 2,7% para aeronaves tetramotores.)

Gráficos de WAT de pouso indicam os pesos máximos de aterrissagem para os quais esses gradientes podem ser alcançados em função da altitude e temperatura. Esses critérios de performance permitem a operação segura nas imediações de aeródromos somente se usados junto com as altitudes mínimas de descida e levando-se em consideração o manejo de cada tipo de aeronave, os auxílios de solo disponíveis e as condições do terreno local. Ao estabelecer as altitudes mínimas de descida e as alturas de decisão associadas, é importante perceber que há uma perda de altitude inevitável entre a decisão de declarar uma aproximação perdida e o estabelecimento de um gradiente de subida positivo, mesmo com a performance demonstrada citada anteriormente. Isso se deve à demora em responder a mudanças de altitude e potência, e ao momento descendente inicial da aeronave.

O funil de superfície protegida exibido na Figura 3.9 inclui superfícies a serem protegidas na situação de uma aproximação perdida. Essas superfícies são projetadas para dar um resguardo abaixo das trajetórias de subida garantido pelos limites WAT de pouso de modo a alcançar um nível remoto de risco.

A trajetória de aproximação é governada pela necessidade de manter um resguardo acima de obstáculos tanto na trajetória esperada de voo quanto nas imediações do aeródromo. Os obstáculos da trajetória esperada de voo são protegidos pelas superfícies da Figura 3.9, e os obstáculos das imediações do aeródromo (e quaisquer obstáculos que "invadam" as superfícies protegidas) são superados pela imposição de margens acima das altitudes declaradas de superação de obstáculos (OCAs, *declared obstacle-clearance altitudes*) ou alturas de superação de obstáculos (OCHs, *obstacle-clearance heights*). O cálculo desses valores é explicado detalhadamente no ICAO PAN-OPS (ICAO 2006)*, e pode haver variações na legislação nacional.

Em essência, obtêm-se reduções de ruído e uso de combustível evitando até o último momento o arrasto e, consequentemente, o empuxo que ocorrem com a seleção de pouso *full flaps*; o momento em que a velocidade se estabiliza, assim, também é postergada de modo a manter uma margem segura sobre a velocidade de estol. A Lufthansa foi a primeira a desenvolver uma técnica para diminuir o ruído em uma área sensível de 8 milhas (13 km) de distância na aproximação a Frankfurt. Uma versão mais geral do procedimento foi posteriormente adotada e hoje

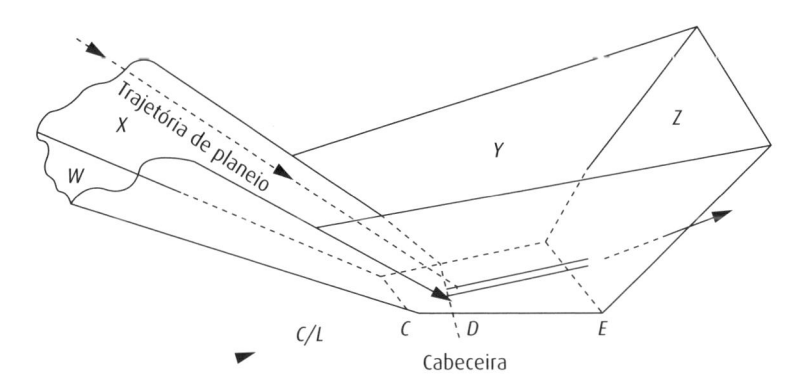

FIGURA 3.9 Superfície de avaliação de obstáculos. *W* e *X* são superfícies de aproximação, *CDE* é a área de cobertura, *Y* é uma superfície de transição e *Z* é a superfície de aproximação perdida.

---

* N. de T.: PAN-OPS é o acrônimo da área de controle de tráfego aéreo que significa "procedimentos de serviços de navegação aérea – operações de aeronaves" (*procedures for air navigation services – aircraft operations*) e compreende regras para o projeto de aproximações por instrumentos e procedimentos de decolagem.

é amplamente utilizada no procedimento de aproximação em descida contínua (CDA, *continuous-descent approach*), preferido nos procedimentos de gestão de tráfego aéreo (ATM) por minimizar o uso de combustível e a produção de ruído.

Estudos realizados na Europa e nos Estados Unidos na década de 1990 usando aeronaves de pesquisa com aviônica avançada mostraram que trajetórias de voo tetradimensionais (posição em 3D e tempo) precisas eram viáveis usando parâmetros de controle compatíveis com os processos de controle de tráfego aéreo (ATC). Isso levou ao desenvolvimento de procedimentos de CDA para muitos dos principais aeroportos. Em termos de ATM, a taxa de chegada na área de controle terminal (TMA) tem que corresponder à taxa de aceitação do aeroporto, minimizando, dessa maneira, a vetoração radar e alongamentos de trajetória. Isso deve permitir o uso de uma descida da altitude de cruzeiro em marcha quase lenta e a minimização do tempo de manobra em baixas altitudes.

Há algumas desvantagens; por exemplo, não é possível operar dessa forma sem afetar as alturas de decisão. O controle de tráfego aéreo também tem que restringir a faixa de velocidade aceitável nas etapas iniciais da aproximação, e todas as operações têm que adotar a técnica ou as separações na aproximação têm que aumentar. Isso pode limitar a proporção ou mesmo a aceitação de todas as aeronaves a turbopropulsor em aeroportos movimentados. Os programas atuais de pesquisa em ATM estão considerando o impacto dessas limitações e a possibilidade de ter fluxos de tráfego segregados de acordo com as categorias das aeronaves. Isso não se baseia na performance da aeronave, mas é influenciado por ela, e a motivação dos estudos é a preservação da capacidade de movimentação da pista.

Uma consideração final quanto à performance da aproximação é o problema da esteira de turbulência. É necessário prestar atenção à ordem em que as aeronaves de diferentes pesos são autorizadas a iniciar a aproximação ou a decolagem, de modo que aeronaves menores não venham após aeronaves maiores quando capacidade da pista tiver que ser maximizada. No aeroporto de Heathrow, observou-se que a capacidade da pista de chegada passava de 34,7 para 31,8 movimentos por hora quando o percentual de aeronaves pesadas passava de 10 para 50%. Isso não melhorou com o advento de novas aeronaves de grande porte, como o Airbus A380. O assunto será abordado na Seção "Implicações específicas do Airbus A380 (nova aeronave de grande porte), neste capítulo.

Operações em condições de mau tempo (intempéries climáticas)

Assim como ocorre com os vórtices gerados pelas aeronaves anteriores e com o uso de pousos automáticos, uma das principais consequências das operações em condições de mau tempo (intempéries climáticas) é a redução da capacidade da pista, nesse caso devido ao aumento no tempo de ocupação da pista. Não é somente a média do tempo de ocupação da pista que aumenta, mas também seu desvio padrão. Isso ocorre em função do valor decrescente de saídas de alta velocidade e também do aumento das distâncias de frenagem, caso em que um raio de viragem de 1.000 pés (305 m), que seria aceitável para 50 milhas por hora (88 km/h) em boas condições de tempo, será utilizável apenas para 20 milhas por hora (32 km/h) com a pista escorregadia. Por outro lado, o ponto-alvo para o toque na pista varia em função da distância da cabeceira para a saída mais provável, mas não varia significativamente com as condições do tempo. Pelo fato de a ocupação da pista provavelmente ser o parâmetro crucial de capacidade quando forças de intempéries climáticas forçam o tempo de ocupação a aumentar em direção a 90 segundos, pode-se defender o projeto de localizações e ângulos de saída em relação à performance de uma aeronave em más condições de tempo.

Pistas molhadas na verdade não se classificam como condições de mau tempo, pois, como descrito anteriormente, há regulamentações que cobrem essa situação (bastante comum), e a condição normalmente pode ser controlada por uma pista com um bom sistema de ranhuras (*grooving*) e drenagem. A verdadeira dificuldade ocorre quando a pista está contaminada com água empoçada, lama de neve derretida, neve ou gelo. Há algumas regulamentaçoes que cobrem esses casos. Os JARs exigem que se estabeleçam dados para abortar ou continuar a decolagem em pistas com muito baixa fricção e com precipitação significativa, além de para condições simples de pista molhada. Eles também exigem que se use 150% da média da profundidade da precipitação (índice pluviométrico) em cálculos subsequentes baseados nesses dados.

Os manuais de voo ou de operação contêm dados sobre a performance em lama de neve derretida e gelo e sobre aquaplanagem. Lama de neve derretida talvez seja o pior vilão, uma vez que afeta tanto a aceleração quanto a frenagem. Assim, pode aumentar em 50% a distância de emergência exigida na decolagem e pode ser particularmente perigosa em um procedimento exploratório de toque e arremetida. Quando o coeficiente de fricção é menor do que 0,05, os manuais de voo têm que aconselhar um V_{parada}. Essa velocidade é similar à velocidade de decisão normal para abandonar (ou abortar) a decolagem, mas refere-se somente à velocidade a partir da qual uma aeronave com determinado peso pode ser parada dentro do comprimento de pista disponível. Ela pode ser menor do que a velocidade mínima de controle e não implica qualquer capacidade de continuar a decolagem se um motor falhar.

A aquaplanagem é calculada em função da velocidade e da profundidade da água empoçada, sendo que a fricção é reduzida a níveis equivalentes a uma pista com gelo quando a água não consegue se dispersar debaixo do pneu. Essas condições de pista contaminada geram dois problemas específicos. Primeiro, existe a dificuldade, já discutida, de se avaliar de modo consistente como a contaminação afeta a performance da aeronave. A variação não se restringe a variações na contaminação, mas inclui fatores como desgaste e pressão dos pneus, a técnica do piloto e até que ponto a aquaplanagem dinâmica leva a uma aquaplanagem sustentada, e a índices pluviométricos muito baixos.

O segundo problema é como informar corretamente o piloto sobre as condições prevalentes da pista. Por alguns anos, os dois métodos em uso foram o *feedback* de pilotos que acabaram de usar a pista e a mensuração da profundidade de precipitação (sendo a profundidade e o tipo de precipitação calibrados de modo a gerar um aumento percentual na distância requerida para decolagem e pouso). É preferível medir a fricção da pista diretamente rebocando um instrumento pela pista, e isso essencialmente irá simular o pneu de uma aeronave carregada. Qualquer que seja a técnica empregada (cada fabricante possui suas próprias listas de prós e contras), ainda há que se ter em mente muitas variáveis envolvendo os pneus e a superfície da pista ao se ler medidas de fricção para gerar a distância de rolagem prevista.

Certamente há dúvidas quanto aos informes a respeito da contaminação e da performance em níveis de contaminação conhecidos. Quando considerados junto com outros problemas, como falhas "leves" (p. ex.: o estouro de um pneu e perda parcial de potência) em contraste com falhas completas dos motores em torno das quais as regulamentações são criadas, sempre haverá ocasiões em que o piloto ficará em dúvida quanto à velocidade segura de decolagem. Nessas circunstâncias, sempre é mais seguro rejeitar a decolagem do que arriscar uma decolagem perigosa. É mais seguro sair da pista em uma linha reta do que arriscar perder controle direcional, porque o trem de pouso é mais forte no sentido longitudinal. Isso aponta para uma verdadeira necessidade de RESA, porque a segurança implicada nessas decisões do piloto é falsa se o terreno no final da pista for difícil ou inexistente.

Um último item de intempéries climáticas é o cisalhamento do vento. Antes de sua interpretação ser implementada, esse fenômeno foi a causa de diversos acidentes que eram provisoriamente atribuídos a erro do piloto. A forma mais séria de cisalhamento do vento ocorre quando o ar frio cria uma frente de rajadas de vento precedentes a uma tempestade. Ela envolve cisalhamentos horizontais produzidos por turbulência na subcamada fria e a inversão da direção do influxo quente que se move para cima e por cima da subcamada fria, causando os piores problemas. As mudanças associadas à velocidade do ar (muitas dezenas de nós em um período de menos de 5 segundos) podem produzir ventos de cauda muito fortes imediatamente depois de o piloto ter tomado medidas corretivas para uma rajada de vento frontal, o que pode fazer uma aeronave entrar em estol. Desenvolveram-se sistemas de anemômetros de baixo nível que comparam a força horizontal do vento e sua direção em torno da periferia de um aeroporto à leitura central normal. São dados avisos de cisalhamento do vento quando a discrepância excede uma tolerância predeterminada. Esses sistemas foram substituídos por dispositivos de radar a laser em instalações experimentais e têm tido um bom desempenho. Parece melhor detectar circunstâncias, por elas serem de curto prazo, e suspender as operações por um período limitado, aceitando que incorram custos residuais, de atraso e de congestionamento, mas que seja preservada a segurança. Conscientes das implicações do negócio da aviação comercial e com maior fidelidade disponível em sistemas modernos de controle de voos, os sistemas de alívio de cisalhamento dos ventos baseado nas aeronaves ainda estão sendo estudados.

Implicações específicas do Airbus A380 (nova aeronave de grande porte)

Na última década, o Airbus A380 evoluiu de modo a corresponder à definição da ICAO de aeronave de Categoria F (envergadura máxima de 262 pés [80 m], comprimento máximo de 262 pés [80 m] e altura máxima de 80 pés [24,4 m]). A aeronave entrou em serviço em 2007 e é a única aeronave da categoria que está em serviço ou planejada para entrar em serviço em um futuro previsível. Enquanto isso, os aeroportos ocasionalmente têm que acomodar a aeronave de transporte cargueiro Antonov An-225, com envergadura ainda maior, mas ela é tratada como uma aeronave única e é operada sob autorização.

Os problemas de compatibilidade do aeroporto em relação a aeronaves da categoria F incluem:

Plataformas de estacionamento. Largura de 262 pés (80 m) e comprimento de 262 pés (80 m), com 23 pés (7 m) de afastamento mínimo entre a plataforma adjacente e com uma faixa perpendicular atrás da plataforma (da plataforma de estacionamento da aeronave até a linha central da pista de taxiamento) de 165 pés (50,5 m)

Pistas de taxiamento. Largura de 82 pés (25 m) (rastro da trilha máximo do trem de pouso da aeronave é 52,5 pés [16 m]); separação mínima entre pistas de taxiamento paralelas é de 320 pés (97,5 m)

Pistas de pouso e decolagem. Nova pista a ser construída deverá ter 197 pés (60 m) de largura e 21,3 pés (6,5 m) de acostamento, mas uma pista com 148 pés (45 m) de largura e 25 pés (7,5 m) de acostamento tem mostrado ser aceitável (especialmente porque o A380 somente possui empuxo reverso nos motores interiores)

Pista de pouso e decolagem – taxiamento. Separação mínima de 624 pés (190 m) (pista de pouso e decolagem por instrumentos)

A aeronave está em conformidade com as exigências existentes de performance de aeronaves e não apresenta qualquer ônus adicional em termos de exigências de distâncias de decolagem e pouso. De fato, ela foi projetada para precisar de pistas mais curtas do que o Boeing 747, operando em serviços de alcance similar. É importante observar que o Boeing 787 Dreamliner e o equivalente Airbus A350 XWB (embora sejam aeronaves menores) também estão tentando atingir exigências de performance de campos menores.

Em termos de compatibilidade ambiental, a tecnologia do motor aliviou qualquer problema significativo de ruído e, embora estudos de pré-fabricação tenham mostrado que esteiras de turbulência não devem ser um problema, tem-se aplicado maior espaçamento na separação entre as aproximações, tratando a aeronave como uma "super" categoria e permitindo que uma aeronave "super" seguinte esteja separada por 4 milhas náuticas, uma "pesada" esteja separada por 6 milhas náuticas, e jatos e turbopropulsores estejam separados por 8 milhas náuticas. Isso não influencia muito a capacidade do aeroporto se os movimentos de A380 forem poucos, mas o impacto da aeronave na capacidade de aeroportos com um *mix* de tráfego considerável torna-se mais significativo à medida que a população de aeronaves aumenta. Isso parece inevitável porque a frota era de aproximadamente 70 aeronaves no início de 2012, mas uma produção na ordem de 30 a 36 aeronaves está sendo rodada anualmente, com um compromisso de outras 180 aeronaves (em meados de 2012).

O problema mais grave é o impacto da esteira de turbulência de vórtices criada quando a aeronave está em configuração de cruzeiro. Embora a intensidade do vórtice seja muito menor em cruzeiro do que na configuração de pouso ou decolagem, a aplicação da separação vertical mínima reduzida (RVSM, *reduced vertical separation minima*), reduzindo a separação entre movimentos de cruzamento ou passagem para 1.000 pés (305 m) de 2000 pés (610 m) em cruzeiro, levou ao registro de alguns incidentes. Pesquisas sugerem que não deve haver qualquer problema, porque, fundamentalmente, a viscosidade do ar absorve a energia do vórtice, dissolvendo-o, em um período que não deve exceder 2 minutos. Existe a preocupação de que seções de vórtices possam formar *loops*, quase como se estivessem criando o anel de fumaça que um fumante pode produzir ao exalar fumaça posicionando sua língua no centro da boca. Esses *loops* poderiam ser suficientemente estáveis para ir descendo pela trajetória de uma aeronave por períodos de tempo mais longos, mas é elusivo encontrar incidências desse fenômeno. Acredita-se que não deva haver riscos inerentes em termos de carga estrutural ou de distúrbios na trajetória de voo, mas a aeronave em cruzeiro possui margens de performance relativamente pequenas, e essa é uma fase do voo em que a atividade na cabine pode ser considerável. Portanto, isso potencialmente envolve grandes riscos. É uma limitação registrada que não influencia a performance do aeroporto, e condições de alívio parecem ter sido compreendidas e aplicadas com sucesso.

Referências

Ashford N.J., S. Mumayiz e P.H. Wright. 2011. *Airport Engineering*, 4th ed. Hoboken, NJ: Wiley.

Boeing. 2004. B777-200LR/-300ER: *Airplane Characteristics for Airport Planning* (D6-583292, October 2004). Seattle: Boeing Airplane Company. Disponível no website da empresa. http://www.boeing.com/

International Civil Aviation Organization (ICAO). 2006. *Procedures for Air Navigation Services: Aircraft Operations*, Vol. II (Document 8168 Ops/611), 1st ed. Montreal, Canada: ICAO.

CAPÍTULO 4
Serviços de assistência em terra

Introdução

Os terminais de passageiros e cargas foram descritos como pontos de interface entre o lado ar e o lado terra (Ashford et al. 2011). A posição dos terminais dentro do sistema geral foi exibida conceitualmente na Figura 1.3, e os fluxos reais dentro dos terminais nos diagramas sistêmicos mais detalhados de terminais de passageiros e cargas podem ser vistos nas Figuras 6.1 e 8.7, respectivamente. Nesses diagramas, o movimento de passageiros, bagagens e cargas pelos terminais e o *turnaround* (tempo de permanência da aeronave no solo) no pátio são alcançados com o auxílio daqueles envolvidos nas atividades dos serviços de assistência em terra (*ground handling*) do aeroporto (IATA 2012). Essas atividades são realizadas por um *mix* de autoridades do aeroporto, pelas empresas aéreas e agências especiais de assistência em terra, dependendo do tamanho do aeroporto e da filosofia operacional adotada por sua autoridade operacional. Para a conveniência de nossa discussão, os procedimentos de assistência em terra podem ser classificados como operações de terminal ou do lado ar. Tal divisão, porém, é apenas uma convenção, visto que a equipe e as atividades envolvidas não são necessariamente restritas a essas áreas funcionais específicas. A Tabela 4.1 lista as atividades do aeroporto normalmente classificadas como operações de assistência em terra. O restante deste capítulo abordará essas atividades, mas, por uma questão de conveniência, os conteúdos de manuseio de bagagens, cargas, segurança e controle de cargas foram deixados para outros capítulos de modo a permitir uma discussão mais extensa desses assuntos.

Assistência a passageiros

A assistência a passageiros (*passenger handling*) no terminal geralmente é uma função desempenhada pela empresa aérea ou por um agente de *handling* operando em nome da empresa aérea. Na maioria dos países, certamente nos maiores *hubs* de transporte aéreo, as empresas aéreas estão em concorrência mútua. Especialmente na área do terminal, as empresas aéreas desejam projetar uma imagem corporativa, e o contato com os passageiros é realizado por elas, com as óbvias exceções dos controles governamentais de saúde, alfândega e imigração. A influência das empresas aéreas talvez chegue ao extremo nos Estados Unidos, onde empresas aéreas individuais podem ocasionalmente construir instalações (p. ex.: o antigo terminal da United e os novos terminais da Jet Blue no aeroporto JFK, de Nova York). Nessas circunstâncias,

TABELA 4.1 O escopo das operações de assistência em terra

Terminal
    Despacho de bagagem
    Manuseio de bagagem
    Coleta de bagagem
    Bilhetagem e *check-in*
    Embarque/desembarque de passageiros
    Assistência a passageiros em trânsito
    Idosos e deficientes
    Sistemas de informação
    Controles governamentais
    Controle de cargas
    Segurança
    Cargas

Lado ar
    Serviços de rampa
        Supervisão
        Balizamento de aeronaves (*marshaling*)
        Acionamento (*startup*)
        Movimentação/reboque da aeronave
        Medidas de segurança
    Manutenção da aeronave na rampa
        Reparos de falhas
        Abastecimento
        Verificação de rodas e pneus
        Fornecimento de energia
        Degelo (*deicing*)
        Resfriamento/aquecimento
        Manutenção dos banheiros
        Água potável
        Água desmineralizada
        Manutenção de rotina
        Manutenção não de rotina
        Limpeza das janelas da cabine de pilotagem, asas, naceles e janelas da cabine
    Limpeza de manutenção de bordo
        Catering
        Entretenimento a bordo
        Manutenção de pequenos problemas nos acessórios das cabines
        Alteração da configuração dos assentos
    Equipamentos externos de rampa
    Carros escada de passageiros
    Abastecedores de alimentos e bebidas
    Abastecedores de carga
    Carregamento de correspondências e equipamentos
    Escadas para a tripulação em todas as aeronaves de carga

as empresas aéreas desempenham um papel significativo no planejamento e projeto das instalações físicas em que irão operar. Mesmo quando não há qualquer propriedade direta das instalações, a prática da indústria envolve a designação de várias instalações do aeroporto que são alugadas pelas empresas aéreas que nelas operam. A designação de longo prazo de áreas específicas a uma empresa aérea individual resulta em uma forte projeção da imagem corporativa da empresa, particularmente nas áreas de bilhetagem e de *check-in*, e mesmo nas salas de embarque individuais (Figura 4.1).

FIGURA 4.1 Área de *check-in* designada a uma empresa aérea.

Um arranjo mais comum em todo o mundo é que as empresas aéreas aluguem áreas designadas no terminal, mas tenham uma grande parte das atividades de serviço de assistência em terra na rampa realizada pela autoridade aeroportuária, por uma agência especial de *handling* ou por outra empresa aérea. Em diversos aeroportos internacionais, a imagem da empresa aérea é consideravelmente reduzida na área de *check-in* quando os equipamentos de terminal de uso comum (CUTE, *common-user terminal equipment*) são usados para conectar o funcionário do *check-in* aos computadores da empresa aérea. O uso do sistema CUTE pode reduzir substancialmente o número necessário de balcões de *check-in*, especialmente quando há um grande número de empresas aéreas e algumas delas têm horários de atendimento curtos ou sua presença não é necessária ao longo de todo o dia. Balcões são atribuídos às empresas aéreas por gerentes de acordo com a necessidade. Áreas de *check-in* são desocupadas por uma empresa aérea e ocupadas por outra de acordo com a demanda de partidas. A presença da empresa aérea nos balcões de *check-in* é exibida em painéis com o logo da empresa que são ativados quando ela se conecta ao sistema CUTE (Figura 4.2). O quiosque de uso comum para autoatendimento ou CUSS (*common use self service*) é um quiosque compartilhado que oferece pontos de *check-in* aos passageiros sem a necessidade de uma equipe de solo. Os quiosques CUSS podem ser usados por várias empresas aéreas participantes em um único terminal.

As escadas de passageiro do lado ar (Figura 4.3) e pontes (*fingers*) (Figura 4.4) podem ser operadas pela própria empresa aérea sob um contrato de aluguel de longo prazo ou pela autoridade aeroportuária ou agência de *handling* por uma taxa de contratação definida para as empresas aéreas. Com o advento de aeronaves de muito grande porte (p. ex.: a A380), são necessárias múltiplas pontes para dar conta do

FIGURA 4.2 Balcões de *check-in* CUTE via computador no aeroporto de Munique.

FIGURA 4.3 Carro escada de passageiros da empresa aérea.

FIGURA 4.4 Ponte para embarque e desembarque de passageiros.

FIGURA 4.5 Configuração com três pontes atendendo um A380.

fluxo de passageiros que entram e saem de uma única aeronave (Figura 4.5). Eles exigem uma assistência experiente, mas mesmo esses são normalmente operados pelas empresas aéreas.

Os veículos de transferência de passageiros no pátio de aeronaves normalmente são do tipo ônibus convencional. É comum que a propriedade e a operação desses veículos sejam das empresas aéreas ou dos aeroportos, mas a operação pela empresa aérea só é economicamente viável quando a demanda é grande. A Figura 4.6 mostra um típico ônibus de pátio de aeronaves de propriedade do aeroporto. Quando são utilizados veículos de transferência mais sofisticados, como a sala de embarque móvel exibida na Figura 4.7, normalmente a operação fica sob responsabilidade da autoridade aeroportuária.

Assistência de rampa

Durante o período em que uma aeronave permanece no solo, seja em trânsito ou durante o *turnaround*, o pátio de aeronaves é um centro de considerável atividade (IATA 2004). Exige-se alguma supervisão geral das atividades (ICAO 2010) para garantir que haja uma coordenação suficiente das operações para evitar atrasos desnecessários na rampa. Isso normalmente é realizado por um coordenador ou despachante de rampa, que monitora o controle de partidas. Oferece-se balizamento de aeronaves para guiar o piloto nas manobras iniciais e finais nas proximidades de sua posição de estacionamento. No delicado processo de posicionamento da aeronave, o piloto é guiado por sinais manuais internacionalmente reconhecidos feitos por um

FIGURA 4.6 Ônibus de transporte de passageiros no pátio de aeronaves.

FIGURA 4.7 Sala de embarque móvel para transporte pelo pátio de aeronaves.

sinaleiro posicionado no pátio (Figura 4.8). Quando se usa a docagem com nariz para dentro próximo a um edifício, guias de autodocagem como o *Aircraft Parking and Information System* (APIS, Sistema de Estacionamento e Informação de Aeronaves), usando tecnologia ótica de Moiré, ou o *Docking Guidance System* (DGS, Sistema de Guiamento de Docagem), que usa circuitos de sensores no pavimento do pátio de aeronaves, permitem que o piloto leve o avião até um local exato em que possam ser usadas as pontes (Ashford et al. 2011). O balizamento inclui o posicionamento e a remoção de escoras das rodas, de travas do trem de pouso, de tampas de vedação do motor, de tampas de *pitot*, de travas das superfícies de controle, de escadas para a cabine de pilotagem e de estabilizadores da cauda. São fornecidos fones de ouvido para permitir a comunicação entre o solo e a cabine de pilotagem, e toda a energia elétrica necessária para os sistemas da aeronave é fornecida a partir de

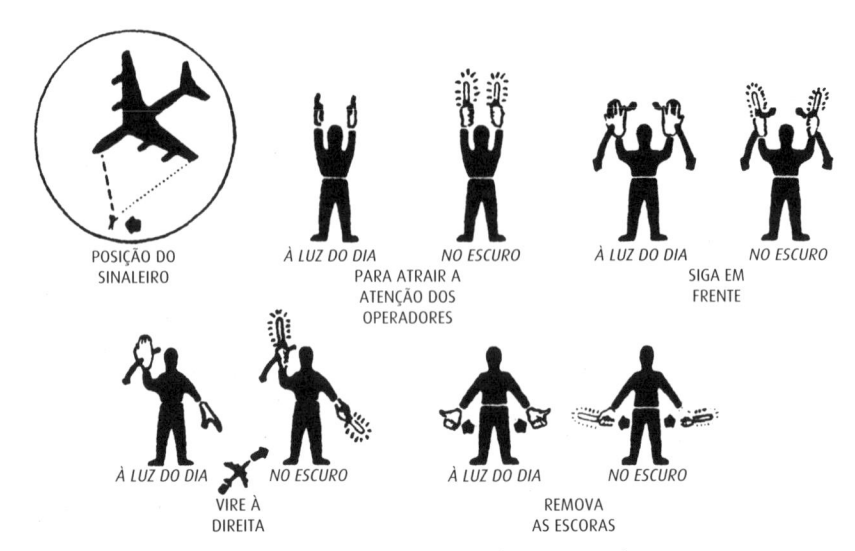

FIGURA 4.8 Sinaleiro de solo balizando uma aeronave. (Cortesia: IATA)

uma unidade de fornecimento de energia em solo. Quando a aeronave vai passar um período prolongado no solo, o procedimento de balizamento inclui os arranjos para um estacionamento remoto ou espaço em um hangar.

O processo de assistência de rampa também inclui a provisão, o posicionamento e a remoção dos equipamentos apropriados para fins de acionamento dos motores. A Figura 4.9 mostra uma unidade de fornecimento de energia elétrica e arranque pneumático dos motores adequada para atender uma aeronave de passageiros de grande porte.

As medidas de segurança no pátio de aeronaves incluem a provisão de equipamentos adequados de combate a incêndios e outros equipamentos de proteção necessários, a provisão de pessoal de segurança quando necessário e a notificação da empresa aérea sobre quaisquer danos sofridos pela aeronave que sejam percebidos durante o período em que ela se encontra no pátio.

Frequentemente há a necessidade de movimentar uma aeronave, exigindo a provisão e a operação de equipamentos de reboque adequados. Tratores de reboque podem ser necessários simplesmente para empurrar uma aeronave que esteja estacionada em uma posição com o nariz para dentro ou para reboques mais longos até plataformas de estacionamento ou áreas de manutenção remotas. A Figura 4.10 mostra um trator adequado para movimentar uma aeronave de passageiros de grande porte. É uma prática comum no projeto de aeronaves garantir que os trens de pouso sejam suficientemente fortes para sustentar forças de reboque sem que ocorram danos estruturais. Os tratores de reboque têm que ser capazes de movimentar aeronaves a uma velocidade razoável (12 mi/h [20 km/h] aproximadamente) ao longo de distâncias consideráveis da pista de taxiamento. À medida que os aeroportos vão se tornando maiores e mais descentralizados em sua configuração, veículos de reboque de alta velocidade capazes de operar a mais de 30 mi/h (48 km/h) foram sendo desenvolvidos, embora velocidades de 20 mi/h (32 km/h) sejam mais comuns. Normalmente

FIGURA 4.9 Veículo móvel de arranque pneumático de motores no pátio de aeronaves.

FIGURA 4.10 Trator de reboque de aeronaves.

a aeronave que está sendo rebocada possui prioridade de taxiamento uma vez que o reboque tenha sido iniciado. Portanto, são necessárias velocidades de reboque razoáveis para evitar atrasos gerais na pista de taxiamento.

Manutenção da aeronave em rampa

A maioria das aeronaves que chega ou parte precisa de alguns seviços de rampa, vários dos quais são de responsabilidade do engenheiro da empresa aérea. Quando são necessários serviços mais extensos, muitas das atividades têm que ser realizadas simultaneamente.

Manutenção para reparos de falhas

Pequenas falhas que tenham sido informadas na caderneta técnica pelo comandante da aeronave e que não exijam a retirada da aeronave de serviço são reparadas durante a supervisão do engenheiro.

Abastecimento

O engenheiro, que é responsável pela disponibilidade e provisão do abastecimento adequado de combustível, supervisiona o abastecimento da aeronave, garantindo que a quantidade correta de combustível não contaminado seja suprida de maneira segura. O suprimento é abastecido a partir de um caminhão tanque (*bowser*; Figura 4.11) ou do sistema de hidrantes do pátio de aeronaves (Figura 4.12). Muitos aero-

FIGURA 4.11 Caminhão tanque abastecedor no pátio de aeronaves (*bowser*).

FIGURA 4.12 Carregador móvel de combustível em aeronaves para abastecimento a partir do sistema de hidrante do pátio de aeronaves.

portos usam ambos os sistemas para garantir preços competitivos dos fornecedores e para oferecer máxima flexibilidade de operação no pátio de aeronaves. Óleos e outros fluidos necessários para os equipamentos são repostos durante o processo de abastecimento.

Rodas e pneus

Faz-se uma verificação física visual das rodas e pneus da aeronave para garantir que nenhum dano tenha sido causado durante o último ciclo de decolagem/pouso e que os pneus ainda sejam utilizáveis.

Fornecimento de energia

Embora muitas aeronaves tenham unidades auxiliares de energia (APUs, *auxiliary power units*) que possam fornecer energia enquanto a aeronave se encontra em solo, as empresas aéreas tendem a preferir usar suprimentos de energia do solo para reduzir os custos de combustível e os ruídos no pátio de aeronaves. Em alguns aeroportos, o uso das APUs é severamente restrito por motivos ambientais. Normalmente, o fornecimento de energia de solo é feito com uma unidade móvel, durante a supervisão realizada pelo engenheiro. Muitos aeroportos também podem fornecer energia a partir de suprimentos centrais que se conectam à aeronave por um cabo do pátio (Figura 4.13) ou por cabos da estrutura da ponte telescópica.

FIGURA 4.13 Suprimento de energia elétrica a partir de um cabo do pátio de aeronaves.

Degelo (*deicing*) e lavagem

A Figura 4.14 mostra um típico veículo multiuso adequado para borrifar a fuselagem e as asas com fluido de degelo e para lavar a aeronave, especialmente as janelas da cabine de pilotagem, asas, naceles e janelas da cabine. Essa unidade-tanque autopropelida possui uma plataforma levadiça estável para borrifamento ou para várias tarefas de manutenção em aeronaves convencionais e *wide-bodied*. As instalações de drenagem do pátio de aeronaves têm que permitir que o fluido de degelo seja recuperado e reciclado (ICAO 2000).

Resfriamento/aquecimento

Em muitos climas nos quais uma aeronave permanece no pátio por algum tempo sem a operação de unidades auxiliares de energia, são necessárias unidades de aquecimento ou resfriamento para manter uma temperatura adequada em seu interior. O engenheiro da empresa aérea é responsável por garantir a disponibilidade de tais unidades.

Com o aumento do custo de combustível e das preocupações ambientais, cresceu o interesse por unidades centralizadas de ar comprimido que levem ar até as posições de estacionamento das aeronaves no pátio (normalmente chamadas de *suprimento fixo de ar* ou *ar pré-condicionado,* Figura 4.15) e até compressores móveis nos portões (conhecidos simplesmente como *sistemas de ar comprimido*). Sistemas pneumáticos podem fornecer ar de alta pressão para aquecimento e resfriamento e para o acionamento pneumático dos motores da aeronave. Quando são usados sistemas fixos de ar, os controles da cabine de pilotagem podem garantir o aquecimento ou

FIGURA 4.14 Veículo de degelo/lavagem.

FIGURA 4.15 Unidade fixa de resfriamento de solo conectada a uma ponte telescópica.

resfriamento interno de uma aeronave, dependendo das exigências. Estudos indicam que o alto custo de funcionamento das APUs das aeronaves significa que os sistemas fixos de ar podem recuperar totalmente os custos de capital com as economias obtidas durante dois anos de operação normal.

Outros serviços de manutenção

Os tanques de retenção sanitária são submetidos a manutenção por unidades especiais de bombeamento. Água desmineralizada para os motores e água potável também são repostos durante a manutenção.

Manutenção de bordo

Enquanto a manutenção externa da aeronave está sendo realizada, há atividades simultâneas de manutenção de bordo, principalmente de limpeza e *catering*. São alcançados níveis muito altos de limpeza das cabines por meio de

- Troca de cobertores, travesseiros e encostos para cabeça
- Aspiração e limpeza dos carpetes
- Esvaziamento dos cinzeiros e remoção de todo o lixo
- Reestocagem dos bolsos de trás dos assentos
- Limpeza e reestocagem da cozinha e dos banheiros
- Lavagem de todas as áreas macias, inclusive dos descansos de braço

Catering

O pessoal encarregado esvazia as áreas de cozinha imediatamente após o desembarque dos passageiros. Depois de a cozinha ser limpa, ela é reestocada e uma limpeza secundária cuida de qualquer derramamento que tenha ocorrido durante a reestocagem. Padrões acordados internacionalmente têm que ser cumpridos no manuseio de alimentos e bebidas de seu ponto de origem até o passageiro. Quando estações em rota não são capazes de atender padrões de qualidade ou de higiene, os suprimentos de *catering* geralmente são trazidos da base principal. A Figura 4.16 mostra a operação de abastecimento de um caminhão de *catering*. Esses caminhões normalmente são construídos a partir do chassis de um caminhão padrão com uma carroceria de van fechada que pode ser levantada por uma plataforma pantográfica hidráulica alimentada pelo motor do caminhão. Há dois tipos diferentes de caminhões de *catering* disponíveis: veículos de elevação baixa, adequados para atender aeronaves de corpo estreito de até 11,5 pés (3,5 m) na altura da soleira da porta, e veículos de elevação alta, para abastecer jatos *wide-bodied*.

Configuração de rampa

Durante a fase de projeto de uma aeronave de transporte comercial, dedica-se uma atenção considerável à questão dos serviços de assistência de rampa. As aero-

FIGURA 4.16 Caminhão de *catering* em posição de abastecimento.

naves modernas são muito grandes, complicadas e caras. Portanto, a operação de manutenção no pátio de aeronaves também é complicada e, consequentemente, demorada. A menos que o procedimento de manutenção de rampa possa ser realizado de forma eficiente, com muitos serviços sendo realizados simultaneamente, a aeronave terá um longo *turnaround* no pátio durante o qual não se obtém receitas produtivas. Um serviço de rampa ineficiente pode levar a baixos níveis de utilização da aeronave e dos funcionários, e a um nível baixo geral de produtividade para a empresa aérea. A complexidade das operações de pátio se torna óbvia quando a Figura 4.17 é examinada. Essa figura mostra as posições no pátio de aeronaves comumente designadas para a manutenção e o carregamento de equipamentos de um Boeing 747. Pode se ver que a porta da aeronave e a configuração do ponto de serviço foram arranjadas de modo a permitir operações simultâneas durante o curto período em que o veículo permanece em solo durante o serviço de abastecimento e recarga. Exige-se que o coordenador da rampa garanta que os equipamentos e o número de funcionários adequados estejam disponíveis pelo período de tempo em que a aeronave provavelmente estará no solo. Por mais que a Figura 4.17 seja complicada, ela mal consegue mostrar a verdadeira complexidade do problema. Pelo fato de os equipamentos de solo serem necessariamente móveis, a posição estática ótima exibida na figura não é tão fácil de ser conseguida por problemas de manobragem dos equipamentos até o local correto. Erros de posicionamento podem afetar seriamente a livre movimentação de trens de carga, transportadores e trens de bagagem. Nos últimos 25 anos, a chegada das empresas aéreas de baixo custo colocou uma pressão considerável so-

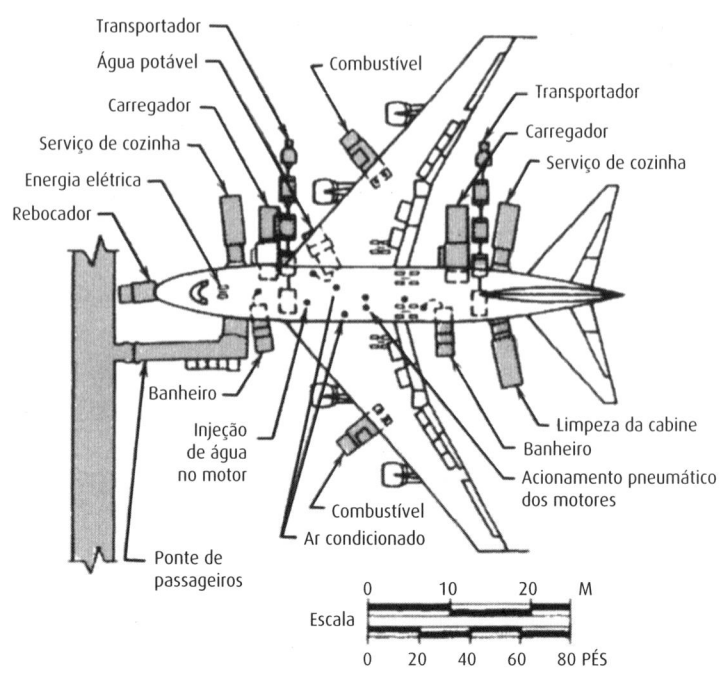

FIGURA 4.17 Configuração de rampa para a manutenção de um B747SP. Sob condições normais, energia elétrica externa, acionamento pneumático dos motores e ar condicionado não são necessários quando a unidade auxiliar de energia é utilizada. (Cortesia: Boeing Airplane Company)

bre a eficiência da rampa com a exigência de tempos de *turnaround* muito curtos. Algumas dessas empresas negociaram contratos com a empresa aeroportuária que estipulam penalidades de taxas de pouso quando um *turnaround* de 20 minutos é excedido.

Merece atenção especial a compatibilidade dos dispositivos de assistência no pátio de aeronaves com a aeronave e outros equipamentos de pátio. A altura da soleira da porta da aeronave tem que ser compatível com os sitemas de carregamento de passageiros e cargas. No caso de cargas, há ainda a exigência de compatibilidade direcional. As transportadoras têm que ser capazes de carregar e descarregar tanto na aeronave quanto no terminal em leitos e dispositivos de carregamento que sejam compatíveis com a direção de manuseio dos veículos. Muitas transportadoras podem carregar e descarregar apenas em uma direção. Os dispositivos receptores têm que ser orientados a aceitar essa direção.

A maioria dos equipamentos móveis exige manutenção frequente. Além dos problemas comuns de desgaste, os equipamentos móveis do pátio de aeronaves estão sujeitos a mais danos devido a pequenas colisões e mal uso que não ocorrem no mesmo grau com equipamentos estáticos. O sucesso dos serviços de assistência de pátio podem exigir um programa de manutenção preventiva dos equipamentos de pátio e um *backup* adequado no caso inevitável de falha dos equipamentos.

A segurança na área da rampa também é um problema que exige constante atenção. As rampas das áreas de terminais de passageiros e cargas são locais de atividade intensa, com a movimentação de equipamentos muito pesados em um ambiente de altos ruídos. Sinais de segurança audíveis, como o ruído de um veículo se aproximando ou em marcha ré, frequentemente não são apropriados para os membros da equipe de operações, que provavelmente estarão usando proteção para os ouvidos. É necessário que se ofereça um treinamento muito cuidadoso à equipe de operações e que haja a observância rigorosa dos procedimentos de segurança designados para evitar acidentes sérios (IATA 2012; CAA 2006).

Controle de partida

Os efeitos financeiros dos atrasos de aeronaves recaem quase que inteiramente sobre a empresa aérea. O impacto de atrasos em termos de custos adicionais e receitas perdidas podem ser muito altos. Consequentemente, as funções de controle de partidas, que monitora a conduta das operações de assistência em terra na rampa (o que não deve ser confundido com a autorização ATC de partida), são quase sempre mantidas sob controle pela empresa aérea ou seu agente. Quando muitas das funções individuais da assistência em terra estão sob o controle da autoridade aeroportuária, a sua equipe também efetua uma supervisão geral do pátio de aeronaves para garantir o uso eficiente de seus equipamentos.

A complexidade das atividades desenvolvidas durante o *turnaround* de uma aeronave é indicada pelo diagrama de trajetória crítica exibido na Figura 4.18. Mesmo com as funções individuais de manutenção exibidas na forma simples, é aparente

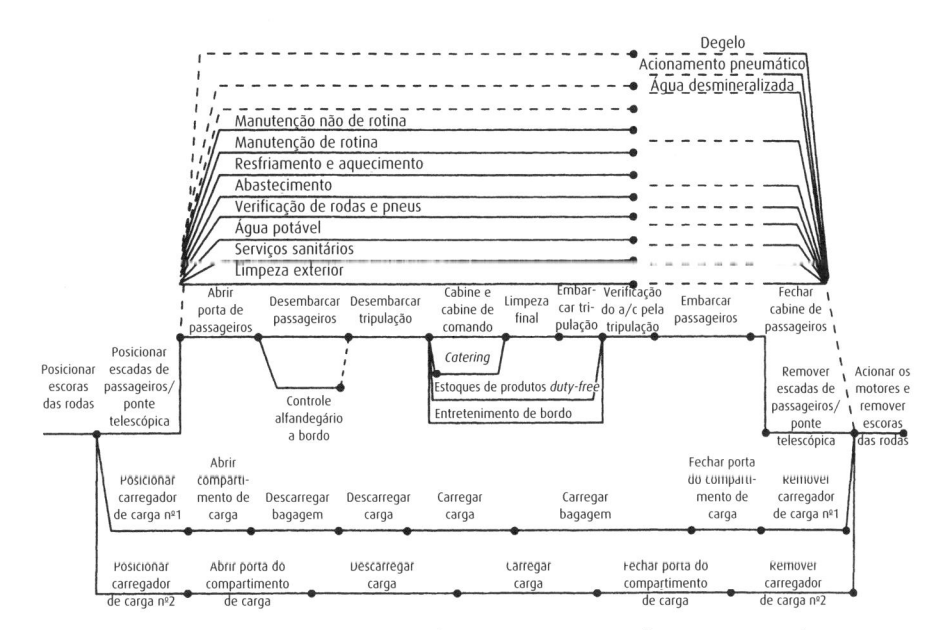

FIGURA 4.18 Diagrama de trajetória crítica da assistência em terra de uma aeronave de transporte de passageiros levando carga.

que muitas atividades simultâneas ocorrem durante o período em que a aeronave se encontra na rampa. Essa complicação funcional é um reflexo da complexidade física encontrada na rampa (ver Figura 4.17).

O coordenador da rampa encarregado do controle de partidas frequentemente tem que tomar decisões que envolvem uma relação de compromisso entre *payload* e pontualidade. A Figura 4.19 mostra o efeito da interveção pelo controle de partidas no caso de avarias nos equipamentos de carregamento. A Figura 4.19*a* indica a finalização satisfatória de uma tarefa dentro de um tempo programado de permanência no solo de 45 minutos. A Figura 4.19*b* mostra um atraso de 10 minutos devido a avarias nos equipamentos que é reduzido a um atraso final na rampa de apenas 5 minutos devido à decisão de não carregar mercadorias da empresa aérea que não geram receita.

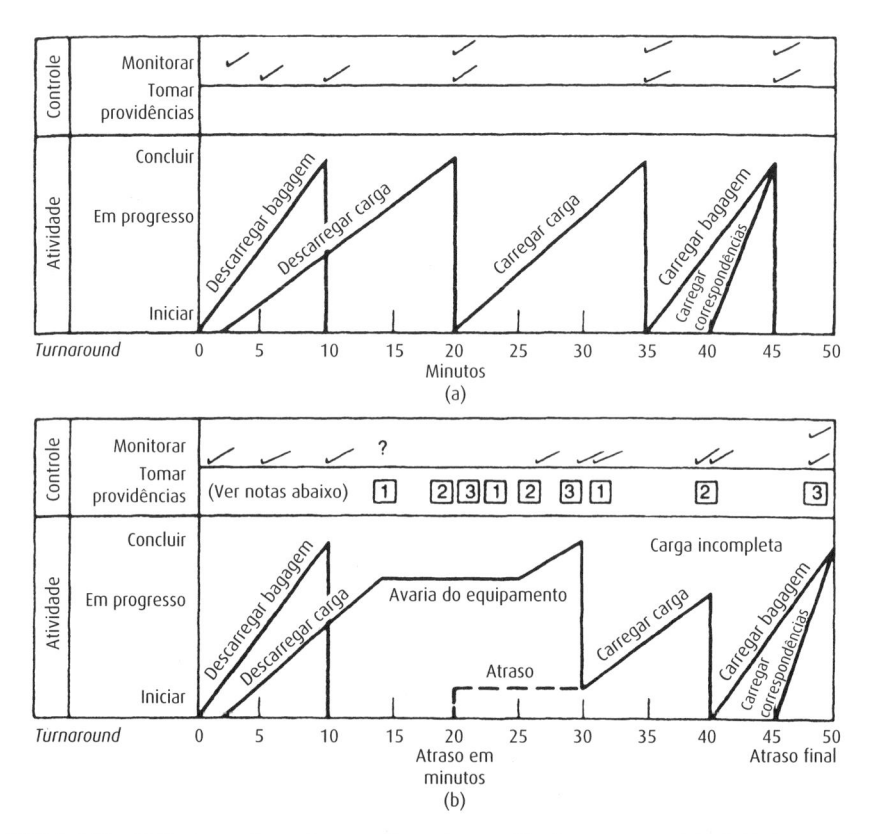

FIGURA 4.19 Efeito de avarias e atraso no despacho no pátio de aeronaves: (*a*) atividade normal, sem ação de controle; (*b*) atraso devido a avarias, controle necessário. Ação 1: avaliar a natureza do problema e quanto tempo o problema (avaria do carregador de carga) levará para ser solucionado. Ação 2: tomar providências corretivas imediatamente ou chamar a base de equipamentos e pedir ao engenheiro para vir até a aeronave imediatamente ou chamar um carregador substituto. Ação 3: avisar todas as outras seções/atividades que serão afetadas pela avaria. Dar-lhes as instruções necessárias (p. ex.: notificar o controle de movimentos sobre o atraso, dizer ao serviço de passageiros que retarde o embarque, etc.).

Divisão das responsabilidades pelos serviços de assistência em terra

Não há regra que possa ser aplicada à divisão de responsabilidade pelas funções de assistência em terra nos aeroportos. A responsabilidade varia não somente de um país para outro, mas também entre diferentes aeroportos de um mesmo país.

Antes da desregulamentação das empresas aéreas, as atividades de assistência em terra eram realizadas principalmente por elas (agindo em seu próprio nome ou em nome de alguma outra empresa aérea) ou pela autoridade aeroportuária. Em muitos aeroportos fora dos EUA, todas as tarefas de assistência em terra eram empreendidas pela autoridade aeroportuária (p. ex.: Frankfurt, Hong Kong e Singapura). Nos Estados Unidos, praticamente todos os serviços de assistência em terra no aeroporto eram prestados pelas empresas aéreas. (Na antiga União Soviética, todas as atividades de aviação eram de responsabilidade de uma única organização, a Aeroflot. Elas incluíam as funções da autoridade de aviação civil, a empresa aérea e os aeroportos.)

Desde a desregulamentação, houve um movimento generalizado em direção à liberalização e à introdução da concorrência nas operações aeroportuárias. Em meados da década de 1990, a União Europeia introduziu regulamentações que exigiam que os aeroportos usassem duas ou mais operadoras de serviços de assistência em terra quando a escala da operação tornava isso econômico (EC 1996). Essa política foi reproduzida em todo o mundo. Empresas especializadas hoje prestam parte ou todos os serviços de assistência em terra na maioria dos aeroportos de médio e grande porte. Em alguns aeroportos, as empresas aéreas ainda preferem usar suas próprias equipes quando há um grande contato entre a empresa e o público. Bilhetagem, *check-in* e serviços de sala de embarque são retidos pela empresa aérea, mas, na rampa, funções como balizamento de aeronaves, escadas para passageiros, carregamento e descarregamento de bagagens e cargas e acionamento dos motores são realizados pelas empresas de prestação de serviços de assistência em terra. A Tabela 4.2 mostra os resultados de uma recente pesquisa de como esses serviços variam entre alguns aeroportos selecionados.

Teoricamente, pode-se esperar que se obtenham algumas economias de escala com a centralização das operações de assistência em terra. Uma agência que opere em todo um aeroporto deve ser capaz de planejar exigências de pessoal e equipamentos com menos picos relativos e provavelmente com menos duplicação das instalações. Podem-se esperar economias similares com equipamentos de reserva. A manutenção preventiva de rotina também deve ser menos cara, prevenindo que os equipamentos fiquem fora de serviço para consertos. Entretanto, as vantagens que se obtêm nessas áreas provavelmente são contrabalançadas pelas desvantagens causadas por uma operação excessivamente centralizada e pela falta de concorrência. Os aeroportos que usam apenas uma organização de serviços de assistência em terra também são vulneráveis a ações laborais coletivas severas de um grupo relativamente pequeno de trabalhadores. Em reivindicações salariais pouco razoáveis, podem-se sofrer perdas maiores do que os ganhos de eficiência, e

TABELA 4.2 Distribuição das responsabilidades das operações de assistência em terra em 72 aeroportos selecionados (para uma lista dos aeroportos participantes, ver Agradecimentos)

Atividade	Aeroporto	Empresas aéreas	Empresa de serviços de assistência em terra do aeroporto	Empresa de serviços de assistência em terra da empresa aérea	Não aplicável
Despacho de bagagem	10,19%	37,96%	11,11%	39,81%	0,93%
Manuseio de bagagem – entrada	15%	31%	11%	41%	2%
Manuseio de bagagem – saída	15,69%	32,35%	10,78%	40,2%	0,98%
Coleta de bagagem	20,41%	31,63%	7,14%	39,8%	1,02%
Check-in dos passageiros	11,01%	38,53%	11,01%	38,53%	0,92%
Assistência a passageiros em trânsito	10,42%	31,25%	10,42%	34,38%	13,54%
Serviços para passageiros deficientes	18,87%	30,19%	9,43%	40,57%	0,94%
Sistemas de informação de voos	80,25%	8,64%	4,94%	3,7%	2,47%
Sistemas de transporte em solo	56,63%	3,61%	16,87%	12,05%	10,84%
Segurança	71,08%	7,23%	13,25%	6,02%	2,41%
Serviços de rampa – lado ar	26,32%	24,21%	8,42%	40%	1,05%
Supervisão – lado ar	67,82%	10,34%	3,45%	18,39%	0%
Balizamento – lado ar	36,73%	24,49%	7,14%	30,61%	1,02%
Acionamento dos motores – lado ar	22,68%	28,87%	6,19%	37,11%	5,15%
Controle de segurança na rampa – lado ar	65,96%	17,02%	0%	15,96%	1,06%
Manutenção da aeronave na rampa – lado ar	15,05%	34,41%	4,3%	39,78%	6,45%
Reparos de falhas nas aeronaves – lado ar	2,25%	55,06%	3,37%	34,83%	4,49%

Serviço					
Abastecimento – lado ar	15,29%	14,12%	27,06%	41,18%	2,35%
Verificação de rodas e pneus – lado ar	4,12%	46,39%	6,19%	41,24%	2,06%
Fornecimento de energia – lado ar	34,29%	22,86%	7,62%	34,29%	0,95%
Degelo – lado ar	13,79%	16,09%	10,34%	19,54%	40,23%
Resfriamento/aquecimento – lado ar	26,6%	15,96%	8,51%	32,98%	15,96%
Manutenção dos banheiros – lado ar	18,56%	26,8%	7,22%	42,27%	5,15%
Água potável – lado ar	24,73%	22,58%	6,45%	38,71%	7,53%
Água desmineralizada – lado ar	10%	17,5%	6,25%	30%	36,25%
Manutenção de rotina da aeronave – lado ar	0%	51,04%	6,25%	34,38%	8,33%
Manutenção não de rotina da aeronave – lado ar	0%	53,26%	4,35%	29,35%	13,04%
Limpeza do exterior da aeronave – lado ar	6,32%	32,63%	7,37%	42,11%	11,58%
Limpeza de manutenção da cabine de pilotagem – a bordo	9,38%	31,25%	7,29%	51,04%	1,04%
Abastecimento do *catering* – a bordo	8,05%	25,29%	11,49%	50,57%	4,6%
Manutenção do entretenimento – a bordo	1,2%	55,42%	2,41%	27,71%	13,25%
Manutenção de pequenos problemas nos acessórios da cabine – a bordo	1,19%	54,76%	4,76%	27,38%	11,9%
Alteração da configuração dos assentos – a bordo	2,41%	54,22%	4,82%	22,89%	15,66%
Provisão de pessoal e equipamentos externos de rampa – a bordo	9,57%	38,3%	7,45%	38,3%	6,38%
Serviço das escadas de passageiros – a bordo	14,44%	30%	11,11%	43,33%	1,11%
Manutenção do abastecedor de *catering* – a bordo	8,14%	26,74%	9,3%	50%	5,81%

pode ser difícil introduzir qualquer nível de concorrência uma vez que uma agência monolítica tenha se estabelecido, que é o motivo pelo qual a Comissão Europeia (CE) introduziu regulamentações que desencorajam ou evitam posições de monopólio na prestação de serviços de assistência em terra (EC 1996). Até certo ponto, a própria escala dos aeroportos de grande porte nega a possibilidade de se operar equipamentos de solo a partir de um único *pool*. Fisicamente, é provável que o total de serviços prestados tenha que ser dividido por algumas organizações relativamente autosuficientes e semiautônomas, dependendo das várias partes de um único grande terminal ou das unidades terminais individuais de uma configuração descentralizada.

Em geral, a função de serviços de assistência em terra não é uma área de lucros consideráveis para uma autoridade aeroportuária. Os custos trabalhistas e de equipamentos são altos e, comumente, as receitas mal cobrem as despesas atribuíveis ou, como em muitos casos, elas são, na verdade, menores do que os custos. Essas perdas costumam receber subsídios cruzados de outras áreas do tráfego, como taxas de pouso ou receitas de concessão não relacionadas ao tráfego.

Controle da eficiência dos serviços de assistência em terra

A extrema complexidade das operações de assistência em terra exige uma gestão ágil e especializada para garantir que os recursos humanos e equipamentos sejam utilizados de forma eficiente. Assim como na maioria das áreas de gestão, isso é alcançado estabelecendo um sistema de controle que forneça *feedback* às operações quando surgirem ineficiências. O método de controle utilizado em qualquer aeroporto individual depende de se os serviços de assistência em terra são realizados pela própria empresa aérea, por uma agência de *handling* como alguma outra empresa aérea, ou pela autoridade aeroportuária.

Quatro principais ferramentas de relatórios ajudam a determinar se a eficiência é mantida e permitem que o gerente distinga mudanças operacionais favoráveis e desfavoráveis.

Relatório mensal de reclamações. Todo mês, um relatório é preparado para mostrar qualquer reclamação atribuível a problemas dos serviços de assistência em terra. O relatório contém a reclamação, o motivo por trás de qualquer falha operacional e a resposta ao reclamante.

Relatório mensal de pontualidade. Todo mês, o gerente encarregado dos serviços de assistência em terra prepara um relatório de todos os atrasos atribuíveis à operação desses serviços. Em cada caso, identifica-se o voo específico, com seu horário de partida programado e real. O motivo para cada atraso é detalhado. O resumo mensal deve indicar as medidas tomadas para eliminar ou reduzir futuros atrasos similares. Os padrões típicos de serviços de manutenção prestados às aeronaves duram de 30 a 60 minutos para uma operação de trânsito e 90 minutos para um *turnaround*. No caso de operações de LCC, esses tempos podem ser reduzidos consideravelmente.

Análise de custo. A organização prestadora dos serviços de assistência em terra irá, pelo menos trimestralmente, analisar os custos desses serviços. Para empresas aéreas, aeroportos e agências de *handling,* isso pode ser feito mensalmente com facilidade usando um sistema computadorizado de relatórios da gerência que aloca as despesas e depreciações a centros de custo, mesmo para operadores relativamente pequenos. É uma prática comum ter despesas orçadas em diversas categorias. Variâncias entre as despesas orçadas e as despesas reais exigem explicações.

Padrões operacionais gerais. Para garantir um nível geral de aceitabilidade operacional, é necessário que se façam inspeções periódicas das operações e das instalações. Isso é importante para as empresas aéreas que prestam seus próprios serviços de assistência em terra longe de sua sede principal ou em aeroportos em que tais serviços são prestados por outras organizações. Para a operação do aeroporto, essas inspeções também são importantes. Independentemente de os serviços de assistência em terra serem ou não realizados pelo aeroporto, os padrões gerais se refletem sobre a imagem do aeroporto. As inspeções garantem que os padrões acordados sejam mantidos e realçam as áreas em que os padrões estão abaixo do nível desejado. A Tabela 4.3 mostra a forma de lista de verificação usada por uma empresa aérea internacional para garantir que os serviços de assistência em terra em estações remotas estejam em conformidade com os padrões da empresa. O operador aeroportuário deve manter uma lista de verificação similar para todas as principais empresas aéreas que operam no aeroporto e que prestam seus próprios serviços de assistência em terra, omitindo as áreas relacionadas a administração e contabilidade. Em todas as áreas possíveis, a avaliação deve ser realizada usando medidas quantitativas. Medidas subjetivas devem ser evitadas por não serem constantes entre avaliadores e por poderem não ser constantes ao longo do tempo mesmo com um único avaliador.

Comentários gerais

Os serviços de assistência em solo prestados a uma grande aeronave de passageiros exige muitos equipamentos especializados, e a tarefa total de assistência envolve investimentos consideráveis de pessoal e trabalho. Um bom desempenho operacional implica uma alta taxa de usabilidade dos equipamentos. Em regiões mais frias, é normal supor que os equipamentos poderão ser utilizados 80% do tempo durante o inverno e 85% do tempo durante o verão. É necessário que se planeje a existência de equipamentos substitutos e de uma equipe de manutenção para os períodos de não usabilidade. A maioria das empresas opera procedimentos de falha-manutenção para os equipamentos de serviços de assistência em terra em vez de caros programas de manutenção preventiva. A disponibilidade de equipamentos e pessoal se torna um problema quando os aeroportos não designam portões individuais a empresas aéreas específicas. Algumas empresas aéreas que operam com baixas frequências de voos para alguns aeroportos europeus constatam que não existe uma política de portões preferenciais para elas. Isso pode significar uma movimentação considerável dos equi-

TABELA 4.3 Lista de verificação para monitorar a eficiência dos serviços de assistência em terra

Serviços aos passageiros: *check-in*
    Adequação operacional dos balcões gerais de *check-in*
    Serviço de *check-in* da primeira classe
    Tempo de espera para o *check-in*
    Procedimento de seleção dos assentos
    Exibição de informações
    Cortesia e competência da equipe de *check-in*
    Controle de aceitação de passageiros
    Controle de passageiros *standby*, passageiros atrasados, *overbooking*, abatimentos
    Aceitação de excesso de bagagem, bagagens especiais e bagagens muito grandes
    Etiquetamento da bagagem, incluindo conexões, primeira classe
    Segurança dos cartões de embarque/bilhetagem/dinheiro e comprovantes do cartão de crédito
    Tempo mínimo e médio de *check-in*
    Preparação de listas de passageiros
    Controle dos pedidos de *catering*
    Emissões e reservas de bilhetes

Serviços aos passageiros: segurança
    Eficiência da revista pessoal ou do raio X
    Eficiência da revista das bagagens de mão
    Nível de inconveniência e tempos de espera

Serviços aos passageiros: acompanhamento e embarque
    Eficácia das orientações e anúncios
    Disponibilidade da equipe para responder perguntas nos pontos de espera e embarque
    Assistência em pontos de controle governamental
    Controle do procedimento de embarque
    Nível de ligação entre a equipe de *check-in* e da cabine
    Níveis de serviço de salas de espera especiais para detentores de bilhetes *premium*
    Assistência especial: menores de idade, deficientes

Serviços aos passageiros: chegadas
    Equipe para receber o voo
    Informações para passageiros de destino final e de conexão
    Procedimento de conexão
    Assistência nos pontos de controle governamental
    Assistência a passageiros especiais: menores de idade, deficientes
    Padrões de devolução de bagagem
    Assistência na devolução de bagagem

Serviços aos passageiros: voos atrasados/desviados/cancelados
    Procedimentos de informação aos passageiros
    Procedimentos de recepção de passageiros
    Mensagens incluindo informação quanto ao destino e a pontos na rota
    Procedimentos de desvios de rota e conexões de superfície
    Refeições, bebidas e acomodações

(continua)

TABELA 4.3 *Continuação*

Serviços aos passageiros: serviços de bagagem
    Compilação de relatórios de extravio ou danos
    Procedimentos de rastreio de bagagem
    Procedimentos de requerimentos e reclamações

Serviços aos passageiros: equipamentos
    Verificação da segurança e condição de todos os equipamentos: balanças, impressora de reservas, cavalete de exibição do mapa de assentos, impressora de bilhetes, máquinas de cartão de crédito, calculadoras, etc.
    Condição e usabilidade dos veículos de rampa
    Usabilidade e aparência dos equipamentos de rampa
    Manutenção dos equipamentos e veículos de rampa
    Controle dos equipamentos e veículos de rampa
    Padrões de direção e procedimentos de segurança
    Comunicações: telefones, rádios ar-terra, rádios terra-terra

Serviços de rampa: carregamento/descarregamento da aeronave
    Cuidados com o exterior, interior e dispositivos de carregamento da aeronave
    Adequação das instruções e treinamento de carregamento
    Planejamento e disponibilidade dos equipamentos de rampa
    Posicionamento dos equipamentos em relação à aeronave
    Supervisão de carregamento e descarregamento
    Proteção, restrição do movimento e distribuição das cargas no compartimento
    Operação dos equipamentos de carregamento
    Operação dos sistemas de bordo da aeronave
    Proteção de cargas parciais
    Pessoal de segurança na rampa
    Segurança dos procedimentos na rampa
    Roubos e furtos

Serviços de rampa: limpeza/*catering*
    Padrão da limpeza e decoração da cabine de comando e da cabine de passageiros
    Manutenção dos banheiros/água potável
    Carregamento/descarregamento de *catering*
    Disponibilidade de uma unidade de ar condicionado e aquecimento
    Operações de ponte de embarque

Serviços de rampa: controle de carga (somente para a empresa aérea)
    Precisão e adequação da apresentação do formulário de carga
    Planejamento de carga
    Cálculo prévio do peso zero combustível e preparação do voo

Serviços de rampa: despacho da aeronave
    Registro de pontualidade
    Supervisão do *turnaround*/trânsito
    Liberação dos passageiros da aeronave
    Tempo de espera dos passageiros no ponto de embarque
    Logs e arquivos de mensagem
    Precisão dos registros de horários reais de partida
    Plano de voo, despacho de aeronave segundo informações meteorológicas

(continua)

TABELA 4.3 *Continuação*

Serviços de rampa: pós-partida
　Precisão e tempo de despacho de registros e mensagens pós-partida

Manuseio de cargas: exportação
　Procedimentos de aceitação
　Documentação: procedimentos e precisão
　Reservas: procedimentos e desempenho
　Armazenamento: procedimentos e desempenho
　Composição de cargas: procedimentos e desempenho
　Verificação do peso
　Paletização e conteinerização: procedimentos e desempenho

Manuseio de cargas: importação
　Avaria de paletes/contêineres: procedimentos e desempenho
　Desembaraço alfandegário de documentos
　Notificação dos consignatários
　Tempo de paragem de cargas
　Procedimentos relativos a cargas perdidas/danificadas
　Procedimentos de comprovante de entrega
　Procedimentos de manuseio de mercadorias perigosas
　Procedimentos de manuseio de mercadorias sujeitas a restrições
　Procedimentos de manuseio de remessas valiosas
　Procedimentos de manuseio de animais vivos
　Manuseio de correspondência

Administração dos serviços de assistência em terra
　Aparência do escritório
　Condições de móveis e equipamentos
　Registros de estoque: equipamentos/veículos de rampa, equipamentos/móveis de escritório
　Orçamento: preparação e monitoramento
　Controle de dinheiro/faturas/bilhetes/contabilidade/devoluções de vendas/cofres/chaves/registros do aeroporto/artigos de papelaria
　Registro de reclamações
　Aparência dos funcionários
　Condições dos manuais/instruções locais/procedimentos de emergência/pedidos fixos/arquivos do escritório geral

pamentos e das equipes de uma empresa aérea pelo aeroporto. Nos Estados Unidos, pode ocorrer um problema diferente de assistência em terra. As equipes de assistência em terra, assistência a passageiros, controle de carga e manuseio de bagagens geralmente têm um sistema de escolha de turno baseado em "senioridade." Por consequência, uma empresa aérea de fora dos EUA cujos serviços de assistência em terra são prestados por uma empresa dos EUA pode muito bem achar que há um problema contínuo de treinamento quando as equipes de serviço mudam. É até mesmo possível que haja duas equipes diferentes que precisam de instruções sobre a operação dos equipamentos. Esse problema dos EUA tem diminuído com o crescimento de novas empresas terceirizadas e independentes de assistência em terra que não operam mais segundo essas antigas práticas sindicais.

Referências

Ashford, N. J., S. Mumayiz e P. H Wright. 2011. *Airport Engineering: Planning, Design, and Development of 21st Century Airports*. Hoboken, NJ: Wiley.

Civil Aviation Authority (CAA). 2006. *Airside Safety Management* (CAP 642). London: CAA, Her Majesty's Stationary Office.

European Commission (EC). 1996. *Access to the Groundhandling Market at Community Airports* (Council Directive 96/67/EC). Brussels: EC, October 15.

International Air Transport Association (IATA). 2004. *Airport Development Reference Manual*, 9th ed. Montreal, Canada: IATA.

International Air Transport Association (IATA). 2012. *Airport Handling Manual*, 32nd ed. Montreal, Canada: IATA.

International Civil Aviation Organization (ICAO). 2000. *Manual of Aircraft Ground Deicing/Anti-icing Operations*, 2nd ed. (Document 9460-AN/940). Montreal, Canada: ICAO.

International Civil Aviation Organization (ICAO). 2010. *Annex 14, Aerodromes*, 5th ed. Montreal, Canada: ICAO.

CAPÍTULO 5
Manuseio de bagagem

Introdução

Este capítulo trata do manuseio de bagagem nos aeroportos a partir das perspectivas processual, sistemática e organizacional. Está dividido nos seguintes assuntos:

- Contexto, história e tendências
- Processos de manuseio de bagagens
- Equipamentos, sistemas e tecnologia de manuseio de bagagens
- Determinantes do projeto de processos e sistemas
- Organização
- Medidas de gestão e desempenho

Contexto, história e tendências

O manuseio de bagagens é um elemento essencial das operações aeroportuárias, mas assim como qualquer outra função de serviço, geralmente só é mencionado quando apresenta problemas. Os efeitos das falhas variam de bagagens extraviadas à interrupção generalizada das operações aeroportuárias, incluindo o cancelamento de voos, com tudo o que eventos como esse acarretam para as empresas aéreas e os passageiros.

Historicamente, bagagem aparecia próximo ao topo da lista de reclamações dos passageiros, mas isso não ocorre mais. Uma análise das reclamações dos clientes feita ao longo do período de 2009–2012 (Figura 5.1) mostra que os problemas relacionados a bagagens representavam menos de 5% de todas as reclamações. Um total de 3,8% das reclamações é atribuível a terceiros – empresas aéreas e seus prestadores de serviços – e apenas 0,3% é atribuível às operações de terminal – os sistemas de manuseio de bagagens propriamente ditos.

Essa melhoria foi o resultado de uma avaliação, em toda a indústria de aviação, dos custos associados ao mau desempenho do manuseio de bagagens combinada a investimentos em avançados sistemas automatizados de manuseio de bagagens em todo o mundo. Mesmo assim, o custo para a comunidade do aeroporto e da empresa aérea (e, logo, para o público viajante) ainda é grande – o diretor da IATA, Giovanni Bisignani, comentou no The Wings Club, em fevereiro de 2009, que os custos globais do mau manuseio de bagagens era de US$3,8 bilhões.

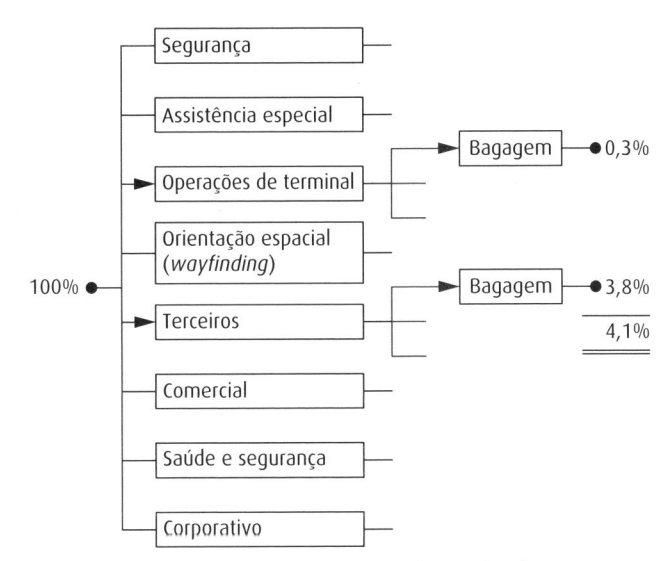

FIGURA 5.1 Componente das reclamações dos clientes relacionado a bagagem.

Embora o manuseio de bagagens normalmente seja realizado por uma empresa aérea ou seu prestador de serviço designado, raramente os passageiros estão cientes disso. Dessa maneira, se sofrem problemas ou atrasos com a bagagem, os passageiros supõem que seja uma falha do aeroporto, colocando, assim, sua reputação em risco. Na prática, tanto os aeroportos quanto as empresas aéreas têm papéis importantes a serem desempenhados, e uma abordagem colaborativa para gerenciar o manuseio de bagagens leva a melhores resultados para todas as partes envolvidas.

A escala e a complexidade do manuseio de bagagens têm mudado ao longo das últimas décadas, e essas mudanças levaram a um leque de soluções de manuseio de bagagem que varia do simples ao muito sofisticado, dependendo das necessidades dos clientes da empresa aérea.

A tendência mais óbvia é a introdução progressiva ao serviço de aeronaves cada vez maiores. Isso levou à introdução de dispositivos unitários de carga (ULDs, *unit-load devices* ou contêineres) como um meio de expedir o carregamento e descarregamento tanto de bagagens quanto de cargas, processo esse que, caso contrário – se lidasse com as bagagens e cargas como itens avulsos –, seria lento ou mesmo impraticável.

À medida que o custo das viagens aéreas foi caindo, elas se tornaram acessíveis para uma variedade mais ampla de tipos de passageiros. Com isso, há uma variedade maior de itens que os passageiros desejam carregar, colocando maior pressão nos processos fora de padrão (de itens de medidas excedentes).

Além disso, à medida que as rotas a mercados recém-desenvolvidos vão aumentando, usar a bagagem como um meio de transportar itens comerciais vai se tornando cada vez mais popular, oferecendo, em alguns casos, uma maneira mais rápida e mais segura de transportar itens de alto valor.

A exigência de inspecionar passageiros e sua bagagem foi introduzida pela maioria das jurisdições. Para fluxos modestos de passageiros e bagagens, isso pode ser feito sem separar o passageiro de sua bagagem. No entanto, para aeroportos maiores com grandes quantidades de bagagens para inspecionar, torna-se necessário o uso de sistemas de linha, que oferecem taxas de inspeção de aproximadamente 1.200 malas por hora por máquina – uma ordem de grandeza maior do que a que pode ser alcançada por um arco de detecção de metais e seus equipamentos auxiliares de inspeção de bagagens.

Há também a tendência a reduzir a quantidade e o tamanho da bagagem despachada. As empresas aéreas de baixo custo, por exemplo, normalmente cobram taxas extras para qualquer bagagem despachada, e até mesmo empresas aéreas que oferecem o serviço completo fazem cobranças por malas extras ou excesso de bagagem. Regras de saúde e segurança em algumas regiões também exercem uma pressão a favor da diminuição do peso da bagagem que pode ser despachada.

O que a história indica, acima de tudo, é que mudanças na tecnologia, na legislação, na concorrência, nos mercados e até mesmo em eventos de curto prazo como as Olimpíadas podem ter um profundo e rápido efeito sobre os tipos e o volume de bagagem e as necessidades de processamento.

Processos de manuseio de bagagens

Panorama

A Figura 5.2 exibe um típico conjunto de processos de bagagem. Embora todos os aeroportos comerciais tenham instalações de *check-in*, coleta de bagagem e composição de voo (também chamados de *makeup* de voo), apenas aeroportos *hub* possuem instalações significativas de transferência de bagagem. Aeroportos *hub* com múltiplos terminais também podem ter um processo significativo de transferência interterminal conectando os passageiros e suas malas que chegam em um terminal com os voos de partida em um terminal diferente.

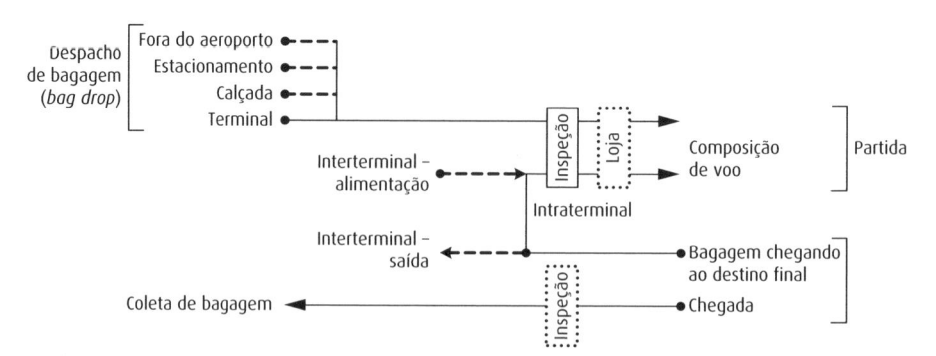

FIGURA 5.2 Processos típicos de manuseio de bagagem.

As malas que entram no sistema por meio do despacho de bagagem geralmente são inspecionadas no terminal de origem. Uma vez no sistema de bagagem, elas podem ser armazenadas e, então, entregues a uma composição de voo. De lá, são levadas à aeronave de partida e carregadas.

As bagagens que chegam ao destino final são entregues para serem coletadas nas esteiras pelos passageiros. Em algumas circunstâncias e jurisdições, elas são inspecionadas em busca de itens ilícitos.

As bagagens de transferência que chegam em um terminal são colocadas no sistema de bagagem e encaminhadas ao terminal de origem. Lá, o processo é o mesmo que o de bagagens despachadas localmente. Os principais elementos desse processo serão descritos separadamente nas seções a seguir.

Despacho de bagagem (*bag drop*)

Pode-se oferecer *check-in* fora do aeroporto de diversas maneiras, inclusive em escritórios da empresa aérea na cidade, guichês de *check-in* em estações de trem centrais e serviços de suporte a *check-in* e despacho de bagagem em hotéis. Por exemplo, em Hong Kong, a maioria das empresas aéreas possui guichês de *check-in* nas estações de Hong Kong e de Kowloon. Passageiros do Airport Express podem despachar e deixar sua bagagem nesses locais de modo que estejam livres para passear pela cidade o resto do dia antes de ir para o aeroporto sem ter que carregar sua bagagem consigo.

Serviços de *check-in* no estacionamento e na calçada do terminal do aeroporto são maneiras convenientes de despachar a bagagem para um voo sem ter que passar com elas pelo movimentado edifício de um aeroporto. Eles geralmente operam da seguinte maneira:

- Vá até uma cabine em um estacionamento ou na calçada adjacente ao terminal de origem e apresente alguma identificação com foto junto com um número de confirmação de reserva, número do voo ou número de bilhete eletrônico.
- Entregue as bagagens a despachar ao agente, pegue o recibo das bagagens e o cartão de embarque e prossiga diretamente à segurança.

Em 2012, a American Airlines oferecia o serviço de *check-in* na calçada do terminal em 66 aeroportos dos EUA, enquanto a Delta oferecia o serviço em aproximadamente 100 aeroportos dos EUA.

O *check-in* no terminal é onipresente. Historicamente, ele tem sido realizado em guichês que combinam *check-in* e despacho de malas com auxílio de funcionários. O passageiro apresenta os documentos de viagem e de identificação pessoal ao agente de *check-in*, que lhe atribui um número de assento. Se o passageiro possui bagagem para despachar, o agente imprime e prende etiquetas com códigos de barras em cada mala e emite recibos de bagagem para o passageiro. O agente, então, despacha as malas no sistema de bagagem.

Como cada vez mais funções de *check-in* podem ser realizadas *on-line* (p. ex.: seleção de assentos, impressão do cartão de embarque), a disposição tradicional do guichê de *check-in* nos aeroportos está se segmentando para permitir que os passa-

120 Operações Aeroportuárias

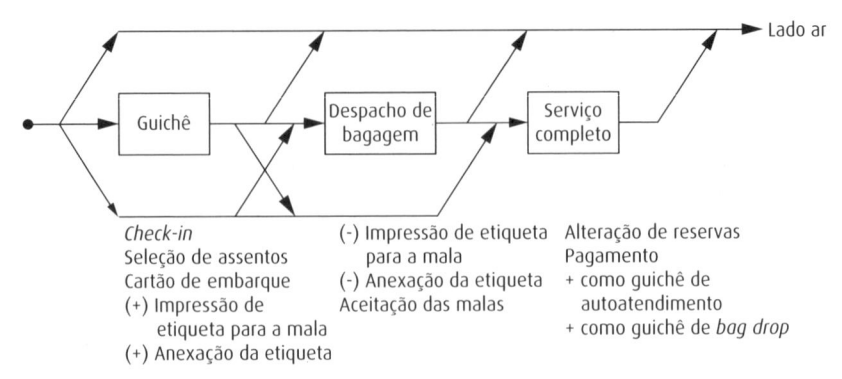

FIGURA 5.3 Opções flexíveis de *check-in*.

Check-in
Seleção de assentos
Cartão de embarque
(+) Impressão de etiqueta para a mala
(+) Anexação da etiqueta

(-) Impressão de etiqueta para a mala
(-) Anexação da etiqueta
Aceitação das malas

Alteração de reservas
Pagamento
+ como guichê de autoatendimento
+ como guichê de *bag drop*

geiros usem as funções de que eles precisam, deixando outras de lado. A Figura 5.3 mostra como os passageiros podem ter acesso à combinação necessária de funções de acordo com suas necessidades.

Conforme vão passando pelo saguão de partida, os passageiros encaram três momentos. O primeiro é diante dos guichês de autoatendimento que oferecem suporte ao *check-in*, seleção de assentos e impressão de cartões de embarque (Figura 5.4). Opcionalmente, esses guichês podem imprimir e anexar etiquetas nas malas. Os guichês ocupam menos espaço, podem ter uma localização mais flexível e são mais baratos do que os guichês convencionais. Como possibilitam

FIGURA 5.4 Guichês de autoatendimento.

a existência de mais unidades de atendimento e mantêm o tempo de transação baixo, os passageiros se beneficiam com menos filas, que ocorreriam com o *check-in* convencional. E como é suficiente um funcionário para atuar como anfitrião dando suporte a um grupo de guichês, os custos operacionais para as empresas aéreas e prestadores de serviços são reduzidos por determinado nível de atendimento prestado.

O segundo momento é um guichê de *bag drop*, onde os passageiros podem depositar a bagagem a ser despachada. Geralmente esses *bag drops* são fisicamente indistinguíveis de um guichê convencional de *check-in* e são ocupados por funcionários da mesma maneira – a diferença é simplesmente o fato de eles serem usados somente para aceitação de bagagem. Um exemplo comum de uma dessas instalações é exibido na Figura 5.5.

Há um crescente interesse em *bag drops* de autoatendimento, onde os passageiros possam depositar suas bagagens sem a necessidade de um funcionário. A Qantas adotou inicialmente essa abordagem para o tráfego doméstico. Nesse arranjo, as etiquetas das malas são impressas e anexadas em um guichê de *check-in* (ou são usadas etiquetas permanentes de identificação por radiofrequência [RFID] para passageiros frequentes) de modo que, quando o passageiro chega ao guichê de *bag drop*, basta colocar a mala na esteira receptora (Figura 5.6). O tempo médio de processamento se encontra na faixa de 20 a 30 segundos por mala. Esse curto tempo de processamento (em comparação a 1 ou 2 minutos ou mais para o *check-in* e despacho de bagagem convencionais), associado a múltiplos guichês, significa que raramente há filas de passageiros esperando para depositar malas.

FIGURA 5.5 Despacho de bagagem com auxílio de funcionários.

FIGURA 5.6 Despacho de bagagem sem auxílio de funcionários.

O terceiro momento possui guichês de serviço completo. Nesses guichês, qualquer uma das funções realizadas nos momentos 1 e 2 pode ser realizada e os funcionários podem lidar com funções adicionais, como receber pagamentos por excesso de bagagem ou por alterações de reservas.

Os passageiros ainda podem chegar ao portão de embarque com uma bagagem que a empresa aérea talvez não possa ou opte por não levar na cabine. Portanto, sempre haverá a oportunidade, no portão, de um agente anexar uma etiqueta a uma mala e, então, fazê-la ser carregada no porão de carga da aeronave. Como essa é uma atividade que leva tempo e que retardaria o embarque da aeronave se deixada para a última hora, os aeroportos e empresas aéreas geralmente empregam uma série de medidas para minimizar o número de malas despachadas na última hora no portão de embarque. Isso normalmente envolve uma ou mais das opções seguintes:

- Agentes inspecionam o tamanho de todas as malas no *check-in* para pegar todos os itens não compatíveis com a cabine
- Impõem-se limites ao tamanho das malas na inspeção do passageiro, tornando-se necessário o *check-in* anterior de itens que não possam ser levados na cabine
- Agentes localizam passageiros que estejam esperando no portão ou em áreas próximas a ele com malas inadequadas, para que os itens possam ser etiquetados e carregados antes de o embarque começar

Normalmente as malas despachadas no portão de embarque não precisam ser reinspecionadas, pois elas já foram inspecionadas junto com o passageiro ao passar pelos processos necessários para chegar ao portão de embarque.

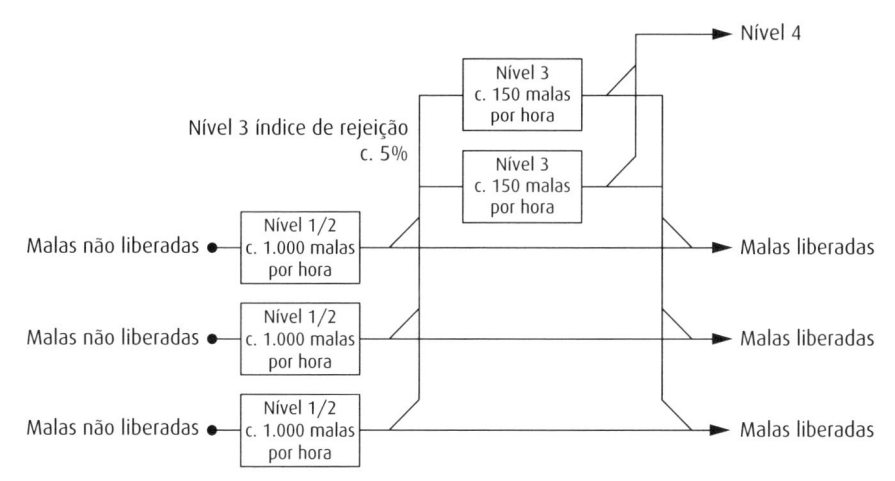

FIGURA 5.7 Protocolo de inspeção multinível.

Inspeção de bagagem despachada

Uma vez que as malas tenham entrado no sistema de bagagem, geralmente elas serão inspecionadas usando máquinas de raio X em linha (também conhecidas como sistemas de detecção de explosivos [EDS, *explosive-detection systems*]) para garantir que não haja a presença de itens perigosos ou proibidos. A Figura 5.7 exibe um típico processo europeu de inspeção. Bagagens não liberadas são examinadas por uma máquina nível 1 de inspeção de bagagem despachada (HBS, *hold-baggage-screening*). Essas máquinas geralmente podem processar malas a uma taxa de mais de 1.000 unidades por hora. Se a máquina e seu algoritmo de processamento de imagem for capaz de determinar que não há ameaças presentes, a máquina liberará a mala. Para talvez 30% das malas, o algoritmo de processamento de imagem não será capaz de liberar a mala confiantemente, então a imagem será passada a um operador humano para uma decisão de nível 2. Na maioria dos casos, as malas são liberadas depois desse nível, mas, de modo geral, 5% de todas as malas que chegam ainda não serão liberadas e exigirão um exame mais detalhado. Essas malas serão enviadas a uma máquina de HBS de nível 3, que usa tomografia computadorizada para gerar uma imagem tridimensional, possibilitando que um operador faça um exame mais detalhado. As máquinas de nível 3 costumam ter uma taxa de processamento de 150 malas por hora. Na grande maioria dos casos, não haverá presença de nenhuma ameaça e o operador liberará a mala. Poucas vezes, as imagens produzidas no nível 3 ainda são inconclusivas e as malas serão enviadas ao nível 4, no qual será realizado um exame físico da mala.

O protocolo mutinível adotado nos Estados Unidos é o seguinte:

A inspeção de nível 1 é realizada com unidades de EDS. Todas as malas que puderem caber fisicamente em uma unidade de EDS serão direcionadas à inspeção de nível 1 e inspecionadas utilizando um EDS. Todas as malas que dispararem o alarme no nível 1 passarão à inspeção de nível 2.

Durante a inspeção de nível 2, a equipe da Transportation Security Administration (TSA) visualizará imagens das malas que dispararam o alarme durante a inspeção EDS de nível 1 e liberará todas as malas cujo *status* possa ser resolvido visualmente. Todas as malas cujo *status* não puder ser resolvido no nível 2 e todas as malas que não puderem ser direcionadas ao nível 1 devido a restrições de tamanho serão enviadas à inspeção de nível 3.

A inspeção de *nível 3* é realizada manualmente e envolve a abertura da mala e o uso de tecnologia de detecção de traços de explosivos (ETD, *explosive-trace-detection*). As malas que não passarem na inspeção de nível 3 (geralmente, um pequeno percentual do total de malas) serão resolvidas ou descartadas por um oficial de polícia local.

A TSA publicou diretrizes e padrões de projeto para a inspeção de bagagem despachada que fornecem uma excelente introdução à implementação de inspeção de bagagem despachada dos EUA (TSA 2011).

Armazenamento de bagagem

Originalmente, os sistemas de manuseio de bagagem não tinham necessidade de oferecer armazenamento de bagagem – as malas de um voo eram aceitas no *check-in* somente quando as posições de *makeup* do voo estavam disponíveis para uso, no geral duas ou três horas antes do horário marcado de partida. Com o passar do tempo, a necessidade de armazenamento adicional de malas aumentou. Um fator é o crescimento do tráfego de conexão, o que pode significar que um voo de chegada e suas malas que farão uma conexão podem chegar muito antes de as posições de *makeup* planejadas do voo de partida estarem abertas. Um outro motivo é o desejo de permitir que os passageiros despachem suas malas na hora em que eles mesmos decidirem. E, cada vez mais, o armazenamento de bagagem pode ser usado para gerenciar e armazenar temporariamente o fluxo de malas que vai para as posições de *makeup* dos voos, permitindo, dessa forma, um uso mais eficiente de funcionários e infraestrutura ou mesmo o uso de sistemas robóticos de carregamento (p. ex.: no Aeroporto Schiphol).

Composição de voo e carregamento da aeronave

As malas que tiverem sido processadas e separadas serão finalmente entregues a saídas onde serão carregadas em ULDs ou em *trailers*. ULDs são contêineres nos quais malas e cargas podem ser carregadas.

O número de posições de *makeup* alocadas por voo dependerá do volume esperado de bagagem, do horário de composição do voo e do número de segregações nas quais as malas terão que ser separadas. Isso pode variar de uma a duas posições para uma aeronave pequena a 10 ou mais para aeronaves maiores com complexos produtos de destino final ou de conexão.

Aeronaves menores (p. ex.: B737s, B757s e A319s) não são conteinerizadas, e as malas para esses tipos são carregadas em *trailers*. Esses *trailers* são, então, rebocados até o lado da aeronave e as malas são carregadas individualmente na aeronave através de uma esteira de carregamento. Como esse tipo de operação é relativamente lento e exige muita mão de obra, torna-se inadequado para lidar com o número de malas carregadas em aeronaves de maior tamanho.

Aeronaves maiores (p. ex.: A330s, A340s, B777s, B747s e A380s) são equipadas para carregar ULDs. Um ULD pode conter de 30 a 50 malas dependendo do tamanho das malas e do tipo de ULD. Há muitas variedades de ULDs, mas duas delas são usadas com frequência: AKH e AKE (Figura 5.8). Um único AKH pode caber transversalmente no porão de um A320, enquanto que dois AKEs podem caber transversalmente no porão de um B777, um B747 e um A380.

O processo de composição de voo pode ser muito simples, especialmente no caso de aeronaves pequenas e não conteinerizadas, que não carregam muitas malas. Entretanto, com aeronaves maiores e conteinerizadas e para empresas aéreas com produtos mais complexos, a composição de voo envolve garantir que as malas sejam separadas e carregadas segundo critérios de segregação. Tais critérios podem incluir alguns ou todos os itens a seguir:

- Bagagem de primeira classe chegando no destino final
- Bagagem de classe econômica chegando no destino final
- Bagagem da tripulação
- Conexões curtas
- Conexões longas
- Conexões interterminais (por terminal de origem)
- Transferências subsequentes (por destino de conexão)

FIGURA 5.8 ULDs AKE e AKH.

Carregar a bagagem de acordo com esses critérios acelera e facilita o manuseio em estações a jusante, mas tem seu custo. A operação de composição de voo se torna maior e mais complexa, e a eficiência de ocupação dos ULDs geralmente piora, porque alguns ULDs serão apenas parcialmente ocupados. Assim, as políticas de segregação da composição de voo dependem das prioridades e dos produtos da empresa aérea, das operações de assistência em terra e das instalações dos aeroportos de origem, de destino e de conexão.

Independentemente de como as malas são carregadas em *trailers* ou em ULDs, a maioria das autoridades de controle exige que as empresas aéreas garantam que toda a bagagem despachada carregada seja registrada. Isso significa registrar quais malas foram carregadas e garantir que os processos de segurança exigidos tenham sido cumpridos para toda e qualquer mala.

Na mais simples das hipóteses, isso pode ser gerenciado pelo método do cartão de bingo, o que significa simplesmente remover uma das etiquetas autoadesivas das malas carregadas, colá-la em um formulário de registro e conferir a lista resultante de malas com os passageiros. Para voos pequenos, especialmente sem conexão de chegada, essa conferência geralmente é suficiente.

Entretanto, para voos maiores e para aqueles com passageiros chegando de conexões, ela vai se tornando cada vez mais impraticável. Um sistema comum de conferência consiste em diversos *scanners* portáteis de leitura de código de barras a serem utilizados pelos prestadores de serviço que estão conectados a um banco de dados e a um sistema de processamento de mensagens. O prestador de serviço escaneia o código de barras da etiqueta da mala e espera a confirmação de que a mala pode ser carregada. O número da etiqueta escaneada é comparado aos registros do banco de dados e, se o *status* de segurança for satisfatório, o sistema de conferência irá indicar, normalmente através do *scanner* portátil, que a mala pode ser carregada.

O sistema de conferência geralmente registrará outros dados relativos à mala, como o número de registro do ULD em que ela será carregada e o número sequencial da mala dentro do ULD. Essa informação adicional é útil para identificar onde localizar uma mala se a mala tiver que ser descarregada porque, por exemplo, seu proprietário não consegue embarcar na aeronave. O sistema de conferência normalmente troca mensagens com o sistema de manuseio de bagagem e com o sistema de controle de partida (DCS, *departure control system*) da aeronave a fim de manter um status atualizado tanto de malas quanto de passageiros. ULDs cheios são levados, então, para a plataforma de partida e carregados na aeronave (Figura 5.9).

Coleta de bagagem na chegada

A função de coleta de bagagem é devolver as bagagens aos devidos passageiros. Como os processos de chegada de passageiros e bagagens são muito diferentes, o saguão de coleta de bagagem funciona como um espaço de retenção temporária – para os passageiros esperarem pelas malas e as malas esperarem pelos passageiros.

FIGURA 5.9 Carregamento de ULDs em uma aeronave.

É importante que nem o dispositivo de coleta nem o saguão de coleta fiquem movimentados demais com malas e passageiros. Isso pode ser auxiliado pela segregação da bagagem da primeira classe. As bagagens da primeira classe são descarregadas da aeronave primeiro e entregues imediatamente ao setor de coleta, de modo que os passageiros da primeira classe, que normalmente deixam a aeronave primeiro, não tenham que esperar por muito tempo.

Entretanto, há momentos em que não há qualquer sincronia. Há dois casos extremos: todos os passageiros chegam antes de qualquer mala ser entregue e todas as malas chegam antes de qualquer passageiro chegar. No primeiro caso, todos os passageiros de destino final têm que esperar por suas malas (e há que se abrir espaço para filas para todos esses passageiros em uma área adjacente à área de coleta de bagagem). Se não houver espaço suficiente para os passageiros no saguão, medidas operacionais têm que ser tomadas para limitar o acesso à área, de modo a evitar a superlotação. Um efeito colateral é que a área de coleta de bagagem pode ficar cheia de malas cujos passageiros não podem entrar no saguão, levando a um "engarrafamento".

O segundo caso é aquele em que os passageiros estão atrasados (talvez devido ao controle de passaportes e de imigração) e não conseguem chegar ao saguão de coleta de bagagem. Inicialmente, as malas podem ser entregues e se acumular nos dispositivos de coleta, mas como eles geralmente podem conter apenas 25% de todas as malas de um voo, os prestadores de serviços de bagagem não poderão entregar mais malas. A resposta operacional para esse tipo de situação é fazer funcionários do saguão retirarem as malas do dispositivo e colocá-las de maneira organizada próximo à área de coleta, deixando-as prontas para que os passageiros as coletem. Isso permite que os prestadores de serviço de bagagem concluam a operação de entrega e sejam redesignados para tarefas subsequentes. Se isso não acontecer, os prestadores de serviço não poderão ser redesignados e, consequentemente, as atividades subsequentes de chegada e partida podem sofrer atrasos.

Alimentação de bagagem de conexão

As bagagens de conexão têm que ser processadas e, se tiverem um tempo de conexão mínimo, esse processamento tem que ser rápido. Para que isso seja possível, as malas têm que ser carregadas em ULDs segregados na aeronave de chegada no aeroporto de origem. Esses ULDs de conexões curtas, então, podem ser descarregados como uma prioridade da aeronave e levados aos locais de alimentação de bagagem de conexão. As malas, então, são removidas dos ULDs e colocadas no sistema de manuseio de bagagens. Uma vez que elas tenham sido aceitas pelo sistema (malas de medidas excedentes ou com excesso de peso serão rejeitadas e terão que ser processadas manualmente), o sistema de bagagens irá transportá-las e processá-las (incluindo a inspeção) de modo que elas sejam entregues aos locais de composição de voo, da mesma forma que as bagagens despachadas localmente. Em alguns casos, providenciam-se condições especiais para as malas mais urgentes. Devido a isso pode ser que a bagagem seja entregue a um ponto de saída alternativo de onde possa ser expedida, por veículo, a um voo de partida.

Em algumas jurisdições, certas categorias de bagagem de conexão podem ser descarregadas de um voo de chegada e levadas diretamente ao voo de conexão sem a necessidade de inspeção. Essa operação é conhecida como *conexão de cauda a cauda* (*tail-to-tail*) e pode dar suporte a um tempo mínimo de conexão muito curto. Essa operação é permitida, por exemplo, em conexões entre voos domésticos dentro dos Estados Unidos e, na Europa, para bagagens que foram inspecionadas por um aeroporto europeu (embora algumas autoridades nacionais dentro da Europa imponham medidas adicionais que significam que não são permitidas conexões de cauda-a-cauda). Por sua própria natureza, as conexões cauda-a-cauda não são processadas com um sistema automatizado de bagagem.

Conexões interterminais

Em aeroportos multiterminais, podem ocorrer conexões entre dois terminais diferentes. Nesse caso, a bagagem normalmente é colocada no sistema automatizado de bagagem do terminal de chegada, onde será separada e colocada em uma plataforma de carregamento de veículos para ser transportada ao terminal de origem, onde a bagagem será processada e, finalmente, entregue ao voo de conexão.

Um elo de veículos entre terminais é uma opção simples e eficiente, mas possui a desvantagem de que as bagagens geralmente terão que esperar que um veículo chegue para que elas sejam carregadas e depois descarregadas no terminal de saída. Essa operação não é muito adequada para tempos mínimos de conexão relativamente curtos. Para eliminar essa espera, o agrupamento e desagrupamento de bagagens em lotes, alguns aeroportos (p. ex.: Heathrow London, Changi Singapura) instalaram elos automatizados de bagagens entre os terminais.

Equipamentos, sistemas e tecnologias

Esta seção descreve os equipamentos, os sistemas e as tecnologias que são usados para implementar e dar suporte aos processos descritos anteriormente.

Configurações do sistema de manuseio de bagagem

O projeto do complexo terminal de passageiros propriamente dito pode afetar radicalmente a configuração do sistema de bagagens de saída. Diversas considerações de projeto são abordadas na IATA (2004).

Aeroportos com conceitos centralizados *pier-finger* convencionais, como o Chicago O'Hare, Schiphol Amsterdam e Manchester International, operam com um ou mais salões centrais de bagagem na área do terminal principal. Tais salões exigem sistemas de triagem elaborados, mas podem ser eficientes no uso de funcionários que são liberados quando não se precisam em períodos fora de pico. Instalações descentralizadas, como nos aeroportos de Frankfurt (Alemanha) e Dallas–Fort Worth (Estados Unidos), têm diversos salões descentralizados de bagagem que se ligam através de alguns portões. As exigências de triagem dessas áreas de *makeup* são mínimas, mas é mais difícil usar eficientemente os funcionários na situação descentralizada, na qual há variações substanciais na carga de trabalho entre os períodos de pico e fora de pico. Um terceiro conceito de área de *makeup* de bagagem é o salão remoto de bagagem. Em um aeroporto como Atlanta, onde três quartos do tráfego é de conexão, há uma atividade considerável entre diferentes áreas do pátio de aeronaves. Salões remotos de bagagem possibilitam a triagem necessária sem transportar toda a bagagem de volta ao terminal principal. No Terminal 5 do aeroporto de Heathrow, o sistema de bagagem, na verdade, consiste em dois elementos: (1) um sistema geral centralizado para lidar com todas, exceto as bagagens com prioridade de entrega devido ao tempo de conexão (o que traz o benefício de economias de escala em termos de funcionários e outros recursos) e (2) um sistema de entrega distribuído para a maioria das plataformas, que é usado para entregar apenas as bagagens com prioridade de entrega por motivos de tempo (o que traz o benefício de uma entrega rápida dentro da aeronave, dando aos prestadores de serviços de bagagem a melhor chance de carregar bagagens no último minuto).

Independentemente da configuração do sistema de bagagem, a maioria deles consiste em alguns ou todos os seguintes componentes.

Check-in e despacho de bagagem (*bag drop*)

Os guichês tradicionais de *check-in* e despacho de bagagem (*bag drop*) podem ser configurados de diversas formas:

- Linear
- Em ilhas
- No sentido do fluxo (*flow-through*)

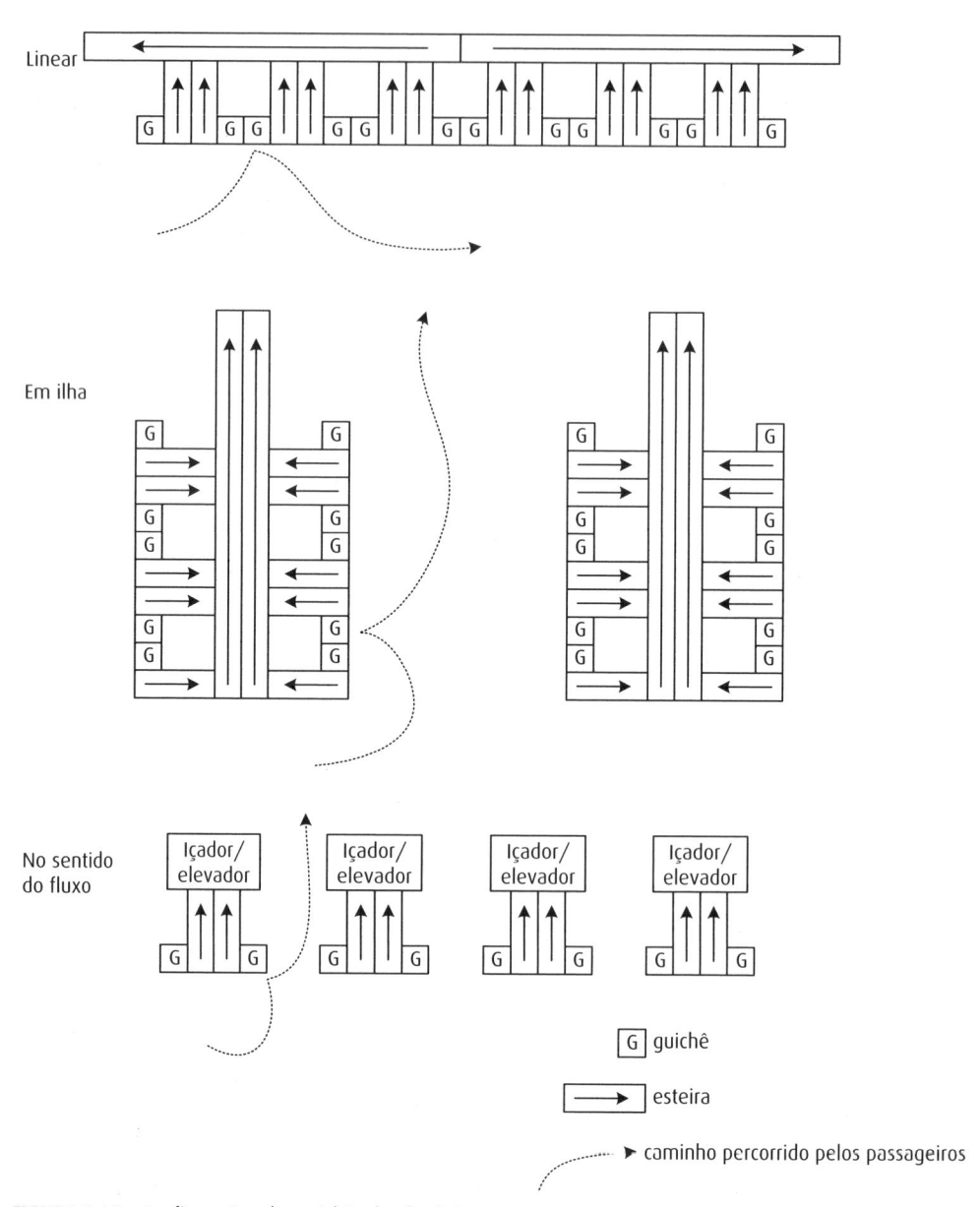

FIGURA 5.10 Configurações dos guichês de *check-in*.

Um esquema dessas configurações é exibido na Figura 5.10. Tanto os *check-in* em ilha quanto os lineares têm a desvantagem de que o fluxo de passageiros que deixa os guichês pode entrar em conflito com as filas de passageiros que estão esperando para chegar aos guichês. As configurações em fluxo de escoamento, no entanto, evitam essa dificuldade, mas são viáveis somente se o terminal tiver o espaço para acomodar o movimento vertical de bagagens no mesmo andar do *check-in*.

Classificação de bagagem

Uma vez que a bagagem tenha entrado em um sistema (que não seja o mais simples possível), elas precisam ser classificadas. Seus destinos incluem equipamentos de inspeção, estações de codificação manual e armazenamento de bagagem ou locais de *makeup* de voo. Há vários métodos de classificação de bagagens e a escolha de qual utilizar é determinada por uma combinação de fatores, dentre eles:

- Espaço
- Custo
- Capacidade requerida

Para aplicações de baixa capacidade, podem-se escolher fusões e desvios feitos por meio de esteiras. Para capacidades um pouco mais altas, podem-se empregar unidades de classificação vertical e de fusão, pois podem ser trocadas com uma rapidez suficiente para permitir que bagagens adjacentes sejam separadas e encaminhadas a dois locais diferentes com uma taxa de processamento de mais de 1.000 malas por hora. Por sua natureza, as unidades de classificação vertical exigem maior espaço vertical do que as fusões e desvios horizontais, então nem sempre podem ser uma solução viável em alguns locais restritos. Para capacidades maiores ainda, podem-se usar esteiras transportadora de bandejas basculantes (Figura 5.11). Essas esteiras operam a aproximadamente 400 pés/min (2 m/s) e geralmente têm bandejas de cerca de 4 pés (1,2 m), o que gera uma taxa de processamento de 6.000 bandejas por hora.

Em casos em que bagagens avulsas são manuseadas, cada ponto de fusão, desvio, inclinação e triagem, seja na alimentação ou na saída de bagagens, tem o potencial de

FIGURA 5.11 Esteira de triagem de bandejas basculantes.

fazer uma mala ser imprensada ou ficar presa, com o risco de causar danos ao sistema e/ou à mala. Um projeto cuidadoso e a harmonização do sistema tornam-se necessários para minimizar esse risco; caso contrário, haverá frequentes obstruções do sistema e o custo associado de funcionários necessários para desobstrui-lo manualmente.

Uma abordagem alternativa que reduz o risco de obstrução por congestionamento de bagagem é usar um sistema de transporte individual. Em tal sistema, as malas não são carregadas diretamente sobre as esteiras, mas colocadas em um carregador ou bandeja (Figura 5.12). Com a provisão de um contêiner seguro, cada mala tem menos chances de ficar presa no equipamento e com o fornecimento de uma base padrão, o sistema de transporte pode ser otimizado para lidar com um único tipo de carregador. O rastreamento e o armazenamento de bagagens também são facilitados com esse tipo de sistema. Uma mala pode ser identificada uma única vez e, então, ser associada no sistema de bagagem a determinado carregador. A bandeja (e não a mala) é, então, rastreada usando etiquetas RFID, e isso é mais eficiente do que tentar repetidamente ler um código de barras anexado à mala. Entretanto, os sistemas baseados em carregadores exigem rotas de retorno que tragam as bandejas vazias de volta aos locais de alimentação de bagagem, então tendem a exigir mais espaço e, consequentemente, no início são mais caros para comprar e instalar do que outros sistemas.

Inspeção de bagagem despachada

À medida que a tecnologia de inspeção vai se desenvolvendo, novas e melhores máquinas vão se tornando disponíveis. As autoridades de controle incluem-nas em suas regulamentações para garantir os melhores resultados possíveis de detecção de amea-

FIGURA 5.12 Sistema baseado em carregadores.

ças conhecidas e potenciais. Até hoje, na Europa, foram identificados três padrões de equipamentos de inspeção por raios X:

1. *Padrão 1* – tecnologia de visualização única
2. *Padrão 2* – tecnologia de visualização múltipla
3. *Padrão 3* – tecnologia de tomografia computadorizada

Em 2012 na Europa, as máquinas de padrão 1 deixaram de ser aceitas, e houve grandes programas de substituição de equipamentos desse padrão nos aeroportos. Embora as datas exatas estejam sujeitas a mudanças (em algum momento em torno de 2018–2020), as máquinas de padrão 2 também se tornarão inaceitáveis e terão que ser substituídas por máquinas de padrão 3. O programa de substituição não será trivial, pois as máquinas de padrão 3 pesam de 6 a 8 toneladas e têm mais de 17 pés (5 m) de comprimento. Um exemplo de uma máquina com tomografia computadorizada é exibida na Figura 5.13.

Armazenamento de bagagem

O armazenamento de bagagem pode assumir várias formas. Sua forma mais simples é um armazenamento manual no qual as malas são agrupadas à mão de acordo com voo ou horário de partida. Isso envolve pouco mais do que espaço no chão ou *racks* para acomodar as malas. Armazéns automatizados variam em funcionalidade. Em um extremo, eles simplesmente automatizam o processo manual – acumulando grupos de malas em faixas com esteiras, separando-as por voo ou horário de abertura

FIGURA 5.13 Equipamento de inspeção de bagagem despachada.

da composição de voo. Tal armazém não se presta à recuperação de uma única mala específica – toda uma faixa de malas teria que ser liberada para acessar apenas uma mala específica.

Armazéns mais sofisticados permitem o acesso aleatório a qualquer mala específica. Esses armazéns geralmente dependem de as malas serem carregadas em bandejas, o que permite que elas sejam transportadas e rastreadas eficientemente. Um tipo de armazém envolve a configuração de longos circuitos de esteiras sobre os quais as malas circulam lentamente em suas bandejas. À medida que as malas vão passando por seu ponto de saída, elas podem ser desviadas, de modo que deixem o armazém. Outro tipo de armazém faz uso de um guindaste e *racks* de empilhamento (Figura 5.14). As malas que entram no armazém em suas bandejas são levadas pelo

FIGURA 5.14 Armazenamento de bagagem feito por guindaste.

guindaste e colocadas em um espaço em uma faixa de *racks* de empilhamento. Esse tipo também permite que malas individuais sejam recuperadas e, dessa maneira, representa o mais flexível dos sistemas de armazenamento.

Composição de voo

O tipo e a configuração dos dispositivos de *makeup* manual são variados, incluindo

- Despejadores
- Carrosséis
- Laterais

Cada um deles oferece uma combinação de vantagens e desvantagens. Os despejadores podem ser dispostos eficientemente em termos de espaço, garantindo, assim, um mapeamento um-a-um entre despejador e ULD e/ou *trailer*. Entretanto, sofrem de uma ergonomia de manuseio pior do que a das esteiras laterais. Os carrosséis oferecem uma maneira de distribuir as malas a diversas posições de *makeup*, mas pode haver preocupações quanto à ergonomia de se pegar malas de um dispositivo em movimento. As esteiras laterais (Figura 5.15) podem ser dispostas em uma altura ótima para os operadores e são compatíveis com acessórios modernos de manuseio manual.

Novas maneiras de lidar com a composição de voo estão sendo implementadas e elas exigem diferentes dispositivos de *makeup*. Devemos dar uma atenção especial às células de composição semiautomatizada por lotes.

FIGURA 5.15 Esteira lateral de composição.

Uma célula de composição emprega um braço robótico guarnecido de uma ferramenta de manuseio especializada para receber uma mala do sistema de manuseio de bagagem e, usando um sistema de visão de máquina, colocá-la em um *trailer* ou ULD. O índice de trabalho alcançado por tais sistemas, de modo geral, é de três a quatro malas por minuto – não necessariamente mais rápido do que um operador humano, mas é de sutentabilidade indefinida e libera os prestadores de serviços de bagagem da carga física. Uma célula de composição de voo não pode operar sem supervisão. Ao encher um ULD com uma capacidade de, digamos, 40 malas, o supervisor pode ter que intervir algumas vezes para recolocar no lugar uma mala que tenha escorregado ou caído. O sistema robótico pode encher ULDs até em torno de 80% de sua capacidade. Um prestador de serviço de bagagem normalmente pode encher o espaço restante à mão. Projetos práticos de células de composição reconhecem isso e integram tanto o elemento automatizado quanto o elemento manual de preenchimento final, combinando o papel do supervisor da célula com o do prestador de serviço de bagagem.

Um arranjo semiautomatizado de composição por lotes emprega uma esteira guiável e prolongável controlada por um operador. Esse dispositivo é usado para levar malas até um *trailer* ou ULD. A velocidade de colocação das malas pode ser muito mais alta do que a do sistema robotizado, dado que as malas são entregues ao dispositivo de modo rápido – podendo chegar a 10 malas por minuto. Aumentar a taxa de composição permite que o tempo de abertura da composição de voo seja reduzido. Um voo de longo curso composto convencional pode ficar aberto por três horas, tempo durante o qual 12 ULDs podem ser cheios. Supondo um total de 40 malas por ULD, a taxa média de trabalho é de duas a três malas por minuto. O arranjo de composição de voo por lotes poderia, teoricamente, ser concluído em menos de uma hora. Considerações práticas significam que tal redução no tempo de composição na verdade não é possível, mas cortar o tempo de composição pela metade é concebível se houver os controles e o suporte logísticos apropriados (p. ex.: entrega e remoção dos ULDs da área de *makeup*). Isso pode significar reduções tanto no número de funcionários requeridos quanto na infraestrutura, embora isso dependa do padrão específico de voos e turnos de funcionários.

Para serem usadas de forma eficiente, tanto a abordagem robotizada quanto a semiautomatizada exigem que o sistema de manuseio de bagagem seja capaz de armazenar, agrupar em lotes e entregar malas a uma única segregação (i.e., ULD ou *trailer*). A Figura 5.16 mostra um exemplo de um lote e um processo de composição comprimido. A avaliação de custo-benefício desses conceitos depende enormemente do custo da mão de obra e do impacto das regulamentações de saúde e segurança. Por esse motivo, seus adotantes iniciais têm sido aeroportos europeus.

Os ULDs que são enchidos com malas em um local de *makeup* de bagagem serão transportados para a plataforma de partida em *dollies* (Figura 5.17).

Capítulo 5 Manuseio de bagagem **137**

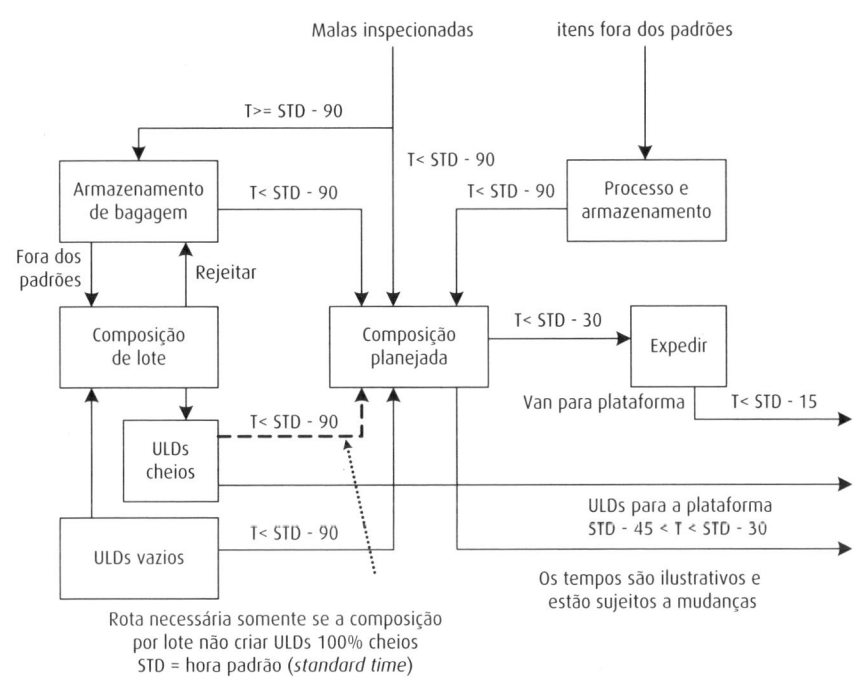

```
                    Malas inspecionadas        itens fora dos padrões
                           │                        │
          T>= STD - 90     │                        │
        ┌──────────────┐   │  T< STD - 90           ▼
        │              │   │                   ┌──────────────┐
┌───────┴──────┐  T< STD - 90    T< STD - 90   │  Processo e  │
│Armazenamento │─────────────┐ ┌───────────────│ armazenamento│
│  de bagagem  │             │ │               └──────────────┘
└──────┬───────┘             │ │
       │       Rejeitar      ▼ ▼
Fora dos│   ┌──────────┐   ┌──────────┐  T< STD - 30   ┌────────┐
padrões ▼   │Composição│   │Composição│───────────────▶│ Expedir│
        ┌──▶│  de lote │   │ planejada│                └────────┘
        │   └────┬─────┘   └──────────┘  Van para plataforma  T< STD - 15
        │        │           ▲  ▲                                  ──▶
        │   T< STD - 90      │  ┊
        │   ┌────▼─────┐─────┘  ┊
        │   │   ULDs   │ ─ ─ ─ ─┊
        │   │  cheios  │        ┊                 ULDs para a plataforma
        │   └──────────┘        ┊                 STD - 45 < T < STD - 30
        │                       ┊                                  ──▶
        │   ┌──────────┐  T< STD - 90
        └───│ULDs vazios│─────────┘
            └──────────┘        Os tempos são ilustrativos e
                                estão sujeitos a mudanças

       Rota necessária somente se a composição
        por lote não criar ULDs 100% cheios
          STD = hora padrão (standard time)
```

FIGURA 5.16 Processo de composição por lotes e de composição comprimida.

FIGURA 5.17 Rebocador e trem de *dolly*.

Coleta de bagagem

O dispositivo de coleta de bagagem mais comum é um carrossel, do qual existem diversas variações. As duas principais opções são:

- De esteira plana ou inclinada
- Alimentação de entrada direta ou indireta

Os carrosséis de esteira plana (Figura 5.18a) são preferíveis, se o espaço permitir, porque as malas são coletadas mais facilmente pelos passageiros. Um carrossel de esteira inclinada (Figura 5.18b) acomoda mais malas por unidade de comprimento – 0,75 mala/pé (2,5 malas/metro) em comparação a 0,5 mala/pé (1,5 mala/metro) para os de esteira plana – mas há o risco de que as malas sejam empilhadas umas sobre as outras. Isso pode dificultar para os passageiros a recuperação das malas, particularmente se a mala deles estiver presa por uma mala pesada que tenha caído por cima.

As malas podem ser carregadas diretamente sobre o dispositivo, ou podem ser alimentadas indiretamente através de uma ou mais rotas de esteiras. O carregamento direto tem a vantagem de que, com uma alimentação cuidadosa, pode-se alcançar uma densidade linear de malas mais alta do que a que é possível com alimentações indiretas. Entretanto, ao usar alimentações indiretas, a adjacência entre o carrossel de coleta de bagagem e as plataformas dos veículos onde as malas normalmente são descarregadas pode ser aliviada. Isso pode ser desejável ou mesmo necessário para caber no projeto do edifício de um terminal.

FIGURA 5.18 (*a*) Coleta de bagagem com esteira plana. (*b*) Coleta de bagagem com esteira inclinada. (*Continua*)

(b)

FIGURA 5.18 *Continuação*

Determinantes do projeto de processos e sistemas

Perfis de aparecimento

O perfil de aparecimento de malas em um aeroporto é um fator importante que influencia a necessidade de que as instalações estejam abertas e disponíveis (p. ex.: entrada por *check-in* e conexão), além da necessidade de armazenamento de bagagem. Os perfis de aparecimento exibidos na Figura 5.19 são retirados de um aeroporto *hub* europeu para os principais tipos de destinos. À primeira vista, os resultados sugerem que quanto mais longa a viagem, mais cedo as malas aparecerão. Na prática, os perfis de aparecimento também são influenciados pelas consequências de se perder um voo – se houver voos frequentes para um destino, os passageiros podem estar preparados para correr o risco de perder um. Se houver um único voo por dia, é mais provável que os passageiros cheguem mais cedo por questões de garantia.

O aparecimento de bagagem de conexão também é exibido. O perfil mostra as características "gêmeas" associadas a bagagens de conexão: bagagem adiantada (que exige armazenamento) e bagagem atrasada (que tem muito pouco tempo para chegar ao voo de partida).

Bagagens por passageiro

Os índices de bagagens por passageiro são um componente-chave para o projeto das instalações de manuseio de bagagem, e eles variam consideravelmente por tipo de passageiro e rota. O tráfego direto e de curto curso geralmente é caracterizado por um índice muito baixo de bagagens por passageiro (0,5 a 0,9 bagagem por passagei-

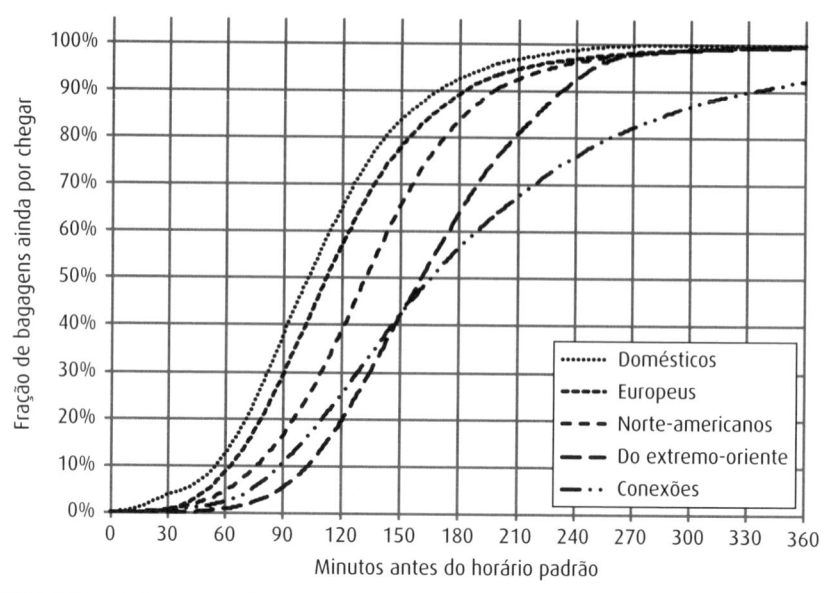

FIGURA 5.19 Perfis de aparecimento.

ro), enquanto que o tráfego de longo curso e de conexão tende a ter um índice mais alto de bagagens por passageiro (1 a 2 bagagens por passageiro). Tais generalizações podem, no entanto, ser enganosas, pois as cargas de bagagem podem ser afetadas pela época do ano (p. ex.: temporada de esqui) ou férias (p. ex.: passageiros viajando para permanecer em algum destino por uma semana ou mais têm mais bagagem do que, digamos, alguém que está fazendo uma curta viagem de negócios). Algumas rotas chegando e saindo de países desenvolvidos também atraem cargas de bagagem desproporcionalmente grandes porque a bagagem despachada é usada para transportar mercadorias que normalmente poderiam ser tratadas como carga.

Índice de conexão

O *índice de conexão* é calculado dividindo o número de passageiros de conexão pelo número total de passageiros em um voo. Como os passageiros diretos e de conexão (e suas bagagens) normalmente fazem uso de diferentes instalações, compreender como as demandas de bagagem são distribuídas entre esses dois processos é importante ao determinar o tamanho das instalações. Geralmente se calcula índices gerais de conexão para um terminal ou aeroporto. Embora esses valores individuais forneçam uma indicação da natureza das demandas, eles ocultam uma grande variabilidade cuja compreensão é vital ao se projetar sistemas e processos.

Tempos de processamento

O número de instalações necessárias para atender determinada demanda depende dos tempos de processamento associados a cada instalação específica. A Tabela 5.1 lista vários parâmetros importantes.

TABELA 5.1 Tempos de processamento

Parâmetro	Valor
Processo de *check-in*	1–2 minutos por pessoa
Processo de despacho de bagagem	0,5–2 minutos por bagagem (pré-etiquetada / serviço completo)
Taxa de composição de ULD	3–4 bagagens por minuto
Taxa de decomposição de ULD	8–12 bagagens por minuto
Taxa de inspeção linear de bagagens	15–20 bagagens por minuto por máquina (padrões 1 e 2)
Processo de carregamento e descarregamento de ULDs na aeronave	3 minutos por par de ULDs AKE (um despacho)
Taxa de alimentação na área de coleta de bagagem	20 bagagens por minuto

Organização

O crescimento do volume de bagagem manuseada, junto com a constante busca por economias dos aeroportos e empresas aéreas, levou a mudanças graduais na organização dessa tarefa. Houve uma tendência cada vez maior de as empresas aéreas e aeroportos, que anteriormente realizavam o manuseio de bagagens, transferi-lo a agentes de manuseio, seja a empresa de manuseio de bagagem de alguma outra empresa aérea (p. ex.: a Dnata, da Emirates) ou uma empresa independente (p. ex.: a Menzies, no aeroporto de Londres Heathrow). A tendência de os aeroportos da Europa desfrutarem de direitos monopolizados de manuseio de bagagem foi questionada pela Comissão Europeia (CE). Há uma crescente pressão para que sejam estabelecidas empresas concorrentes para realizar as operações de assistência em terra, inclusive o manuseio de bagagens, baseada no argumento de que tal concorrência resultará em custos mais baixos para as empresas aéreas, além de maior eficiência. Quando uma empresa aérea é uma operadora importante em determinado aeroporto, porém, é mais comum que ela use seus próprios funcionários para o manuseio de bagagens (p. ex.: a British Airways em Londres Heathrow).

Pessoal

Assim como todos os outros aspectos das operações de transporte aéreo, os picos e baixas de tráfego tão típicos da indústria apresentam problemas para a gerência ao tentar determinar o nível necessário de pessoal para qualquer operação. Há restrições óbvias em termos de custos e, consequentemente, pode haver apenas uma resposta limitada para a possibilidade de desvios de rotas ou acumulação de voos de chegada. Quando há a demanda e o pagamento de serviços de primeira classe, podem-se fazer esforços especiais e um alto número de funcionários é designado. Em geral, porém, haverá um compromisso e um reconhecimento tácito de que provavelmente em algumas ocasiões os níveis de pessoal serão inadequados em face da demanda anormal.

O maior grupo de pessoal envolvido no manuseio de bagagem consiste naqueles que lidam com as malas na rampa, transportando bagagem para dentro e para fora da aeronave e carregando e descarregando o porão de carga. O pessoal de rampa tem que ser alocado por algum sistema aos voos individuais, e isso necessita uma supervisão das atividades de rampa.

O método básico de alocação de pessoal a voos é abordado de diversas maneiras. Em estações de baixa atividade, esse não é um procedimento complicado e exige apenas que o supervisor (carregador-chefe) faça pessoalmente a alocação do pessoal baseado em sua experiência pessoal. Em estações de mais alta atividade, onde a equipe de assistência em terra pode chegar a ter várias centenas de membros, é comum encontrar funcionários especializados empregados como alocadores. Sua tarefa é não só garantir que o número necessário de funcionários esteja disponível para um voo específico, mas também garantir uma distribuição razoavelmente justa da carga de trabalho entre os funcionários. A fim de satisfazer essas exigências, é essencial que os alocadores de pessoal tenham detalhes disponíveis atualizados minuto a minuto sobre as chegadas e partidas de voos, além de informações antecipadas da carga que se encontra a bordo de um voo de chegada ou a carga planejada para uma partida. Isso se torna um problema menor se uma empresa aérea estiver prestando seus próprios serviços de assistência em terra, mas as informações podem facilmente se atrasar ou ser esquecidas quando têm que ser repassadas a uma outra organização. Com muita frequência isso se manifesta pelo voo não anunciado. O estabelecimento de uma ligação direta entre os alocadores de pessoal e o controle de tráfego aéreo (ATC, *air traffic control*), quando possível, deve garantir que haja disponíveis horários precisos, atualizados minuto a minuto.

Cada vez mais, sistemas computadorizados de gestão de recursos estão sendo usados para gerenciar alocações de tarefas aos prestadores de serviços de assistência em terra. Eles envolvem um sistema centralizado de gestão ligado a terminais móveis de dados nos veículos dos prestadores de serviços de assistência em terra. Estes respondem às tarefas que lhes são apresentadas no veículo – reconhecendo a tarefa, confirmando que eles irão realizá-la e indicando quando ela estará concluída para que uma nova tarefa seja alocada.

É claro, a disponibilidade de rádios e telefones móveis também tem auxiliado muito em mudanças de última hora ou em problemas que são encontrados ao chegar à aeronave. Todo o sistema de alocação de pessoal para o manuseio de bagagens desempenha uma parte vital para se alcançar a eficiência da operação geral desempenhada durante o tempo de permanência no solo (*turnaround*) de uma aeronave.

Medidas de gestão e desempenho

Medidas de desempenho bem definidas são uma importante parte da gestão dos processos e sistemas do manuseio de bagagem. Há medidas do desempenho geral de ponta a ponta do processo de bagagem, além de medidas auxiliares que se focalizam em elementos específicos dentro do processo de ponta a ponta.

Medidas gerais

A medida padrão da indústria é o *índice de bagagens extraviadas*. Esse é o número de malas dadas como desaparecidas no destino por 1.000 passageiros que voam – quanto menor for esse índice, melhor será o desempenho do processamento de bagagem de ponta a ponta. Esse índice varia de uma empresa aérea para outra, mas geralmente se encontra na faixa de 1/1.000 para bagagens diretas.

O índice de bagagens extraviadas para bagagens de conexão é mais alto do que o de bagagens diretas. Isso varia muito dependendo da empresa aérea, rota e outros fatores, mas em geral se encontra na ordem de 5 a 50/1.000. Esse número reflete o fato de que uma bagagem de conexão corre maior risco de perder seu voo de conexão do que uma que seja despachada diretamente ao destino final. O motivo disso é que a parte do voo de chegada da jornada de uma bagagem de conexão é mais variável. Os fatores incluem:

- Aeronave de chegada atrasada, levando a pouco ou nenhum tempo para fazer a conexão
- Má segregação e mau carregamento de bagagens com prioridade de entrega por motivos de tempo em uma aeronave de chegada
- Mau desempenho do prestador de serviço de manuseio ao descarregar malas e entregá-las ao sistema de bagagem
- Má qualidade da etiqueta da bagagem, levando à necessidade de codificá-la manualmente
- Falta de dados fornecidos pela empresa aérea de chegada, levando à incapacidade de classificar a bagagem para a posição de *makeup* correta

Em um aeroporto *hub*, o índice geral de bagagens extraviadas é dominado pelo índice de bagagens de conexão extraviadas. Por exemplo, se o *índice de conexão* (a fração de passageiros de conexão do total de passageiros) em um aeroporto é de 50%, o índice de bagagens diretas extraviadas é de 1/1.000 e o índice de bagagens de conexão extraviadas é de 40/1.000, então o índice geral será de 20,5/1.000. Mesmo se o índice de extravio de bagagens diretas fosse reduzido para 0/1.000, o índice geral ainda seria de 20/1.000. Isso explica por que os programas de melhoria do desempenho do manuseio de bagagens nos aeroportos *hub* têm que se focalizar no produto bagagem de conexão. Os números mostram também que ao comparar o desempenho do manuseio de bagagem em diferentes aeroportos, é vital compreender o índice de conexão de cada um deles.

Ao comparar os índices de bagagens de conexão extraviadas entre diferentes aeroportos, é importante ter em mente que diferentes aeroportos podem e oferecem diferentes tempos mínimos de conexão. Assim, um desempenho de 20/1.000 com um tempo mínimo e conexão de 45 minutos envolve processos, sistemas e operações muito melhores do que o "mesmo" desempenho de 20/1.000 com um tempo mínimo de conexão de 75 minutos.

Isso ilustra que há um compromisso entre tempos mínimos de conexão mais curtos e índices de bagagens extraviadas mais baixos. De fato, em certa época, a

Emirates, por um tempo, decidiu aumentar sem tempo mínimo de conexão por seu *hub* em Dubai a fim de melhorar seu índice de bagagens extraviadas. Em outros mercados, no entanto, há uma vantagem competitiva percebida em oferecer tempos mínimos de conexão menores, resultando em um desafio de manter os índices de bagagens extraviadas dentro de níveis toleráveis.

Sistema de bagagem

Sob circunstâncias normais, os sistemas de manuseio de bagagem contribuem somente para uma fração muito pequena do índice de bagagens extraviadas. A medida relacionada ao sistema é o índice de mau manuseio de bagagens atribuível ao sistema. Esse é o número de bagagens mal manuseadas pelo sistema (p. ex.: entregues com atraso ou para a saída errada) por 1.000 bagagens manuseadas pelo sistema. Seus valores dependem da complexidade e da extensão do sistema, mas geralmente são da ordem de 0,1/1.000 – em outras palavras, uma ordem de grandeza menor do que a do índice de extravio de bagagens diretas.

O tempo que leva para uma mala ser processada por um sistema de bagagem pode ser importante. Para um sistema pequeno e direto, o tempo desde o *check-in* até a saída pode ser de apenas alguns minutos e, assim, representa apenas um pequeno elemento do processo de ponta a ponta. Ao contrário, um grande sistema de bagagem com entradas e saídas distribuídas em diversos terminais e saguões, normalmente possui um tempo de permanência no sistema de 10 a 20 minutos dependendo de sua escala e do processamento necessário. Esses tempos se tornam uma parte significativa de um tempo mínimo de *check-in* de, digamos, 30 minutos antes da partida ou de um tempo mínimo de conexão de, digamos, 45 minutos e, portanto, precisa ser monitorado.

Para sistemas que não possuem armazenamento de bagagem integrado, uma medida simples de tempo de permanência no sistema é provavelmente suficiente para monitorar o desempenho do sistema, embora tenha que ser associado a uma medida da disponibilidade de capacidade suficiente de alimentação no sistema, seja na alimentação via *check-in*, seja via conexão.

Para sistemas que não possuem armazenamento e retenção temporária (e, especialmente, sistemas que fazem uso de alguma forma de conceito de agrupamento de lotes), o tempo de permanência no sistema é de pouca relevância para a maioria das bagagens que entram no sistema com bastante tempo de antecedência. Elas são simplesmente mantidas no sistema até o momento em que estiverem prontas para serem entregues para a composição de voo. Não obstante, o tempo de permanência no sistema continua sendo vital para bagagens com prioridade por motivos de tempo e deve ser monitorado.

Desempenho de entrega da bagagem na chegada

A velocidade de entrega de bagagens de uma aeronave de chegada para um dispositivo de coleta de bagagem (para bagagens de destino final) ou para a entrada no sistema de manuseio de bagagens (para bagagens de transferência) é a medida-chave do desempenho do prestador de serviços de manuseio de bagagem. Historicamente, tal velocidade é medida pelo primeiro e último horário de entrega das bagagens – por exemplo, primeira bagagem colocada no dispositivo de coleta dentro de 15 minutos e última bagagem colocada no dispositivo de coleta dentro de 25 minutos da chegada da aeronave nas escoras. Tais medidas têm o benefício da simplicidade e podem ser usadas para encorajar o bom desempenho dos prestadores de serviços de manuseio, mas três tendências significam que metas mais refinadas estão se tornando necessárias em alguns aeroportos:

- Um aumento no número de aeronaves de muito grande porte
- Um desejo de reduzir os tempos mínimos de conexão
- Um aumento no tamanho dos aeroportos e, assim, das distâncias entre as instalações

As implicações dessas tendências serão descritas separadamente. Primeiro, um padrão de desempenho baseado na entrega de, digamos, 250 malas de uma aeronave de médio porte, torna-se um desafio diante de uma aeronave de muito grande porte com 500 ou mais malas. Segundo, a necessidade de alcançar tempos de conexão curtos (especialmente de aeronaves de muito grande porte com muitas bagagens de conexão) significa que um padrão de desempenho mais rígido precisa ser aplicado às bagagens com prioridade por motivos de tempo permitindo, concomitantemente, mais tempo para as bagagens não prioritárias. Terceiro, os aeroportos grandes (sem sistemas de distribuição de bagagens de chegada) inevitavelmente levam a tempos de direção mais longos de algumas plataformas às áreas de coleta de bagagem do que de outras, tornando inapropriado que haja um padrão único.

Com o intuito de lidar com o crescimento em tamanho e escala, diferentes prioridades podem ser atribuídas às quatro principais categorias de bagagem de chegada:

- Bagagem de primeira classe de destino final (p. ex.: primeira classe, classe executiva, portadores de cartão fidelidade)
- Bagagem de classe econômica de destino final
- Bagagem de conexão curta (com tempos de conexão programado de menos de 2 horas)
- Bagagem de conexão longa (com tempos de conexão programado de mais de 2 horas)

A lógica determina que as bagagens da primeira classe sejam entregues antes das bagagens de classe econômica e que bagagens de conexões curtas sejam entregues antes das bagagens de conexões longas. A única opção restante é se as bagagens da primeira classe devem ser priorizadas em relação às bagagens de conexões curtas ou vice-versa. As bagagens de conexões longas devem receber a menor prioridade de qualquer forma. Obviamente, a capacidade de refinar a entrega dessas diferentes categorias depende da segregação e do carregamento apropriados da aeronave de chegada.

Quanto à coleta de bagagem, é desejável se estabelecer metas para a entrega de bagagens em relação à chegada dos passageiros ao saguão de coleta. Por exemplo, o objetivo pode ser entregar todas as bagagens da primeira classe antes que os primeiros passageiros cheguem ao saguão de coleta, de modo que nenhum passageiro da primeira classe tenha que esperar por suas malas. Pode-se estabelecer uma meta de tempo máximo de espera para os passageiros da classe econômica. Na prática, isso pode ser difícil de medir e controlar. Embora possam ser colocados em funcionamento processos e sistemas que registrem quando uma mala é entregue ao dispositivo de coleta, é muito mais difícil monitorar os tempos de chegada de passageiros específicos na área de coleta. Outra dificuldade é a variância nos processos de passageiros desde o desembarque à chegada no saguão de coleta de bagagem. Uma aeronave pequena, estacionada no terminal principal, com passageiros domésticos que não precisam passar pela imigração, pode significar que os passageiros chegam ao saguão de coleta de bagagem dentro de alguns minutos da chegada na plataforma. Ao contrário, uma aeronave de grande porte, estacionada remotamente, com muitos passageiros internacionais que exigem verificações complexas na imigração e/ou alfândega, pode significar que os passageiros levam uma hora ou mais para chegar ao saguão de coleta de bagagem.

Isso ilustra claramente que as percepções dos passageiros quanto ao desempenho da função de coleta de bagagem são influenciadas não tanto pelo tempo que as malas levam para serem entregues, mas pelo fato de se suas malas estarem ou não esperando por eles – um longo processo de imigração pode tornar um desempenho medíocre de devolução de bagagem parecer excelente.

Referências

International Air Transport Association (IATA). 2004. *Airport Development Reference Manual*, 9th ed. Geneva: IATA.

Transportation Security Administration (TSA). 2011. *Planning Guidelines and Design Standards for Checked Baggage Inspection Systems*. Washington, DC: TSA.

CAPÍTULO 6

Operações do terminal de passageiros

Funções do terminal de passageiros

A análise da operação do terminal de passageiros de um aeroporto leva à conclusão de que três principais funções de transporte são realizadas na área do terminal (Ashford et al. 2011):

1. *O processamento de passageiros e bagagem*. Inclui bilhetagem, *check-in* e despacho de bagagem, coleta de bagagem, verificações governamentais e arranjos de segurança.
2. *Disposição para mudanças dos tipos de movimento*. As instalações são necessariamente projetadas para aceitar passageiros de partida, que possuem padrões de chegada aleatórios de vários meios de transporte e de vários pontos dentro da área de recepção do aeroporto em horários variáveis, e agrupá-los de acordo com seus voos específicos. Do lado das chegadas de aeronaves, o processo é inverso. Essa função necessita de áreas de espera muito mais significativas que as de todos os outros meios de transporte.
3. *Facilitar uma mudança de modo*. Essa função básica do terminal exige o projeto adequado e o bom funcionamento de instalações de dois tipos. Do lado ar, a aeronave tem que ser acomodada, e a interface tem que ser operada de uma maneira que relacione os requisitos da aeronave. Igualmente importante é a necessidade de acomodar as exigências dos passageiros para o modo terrestre usado para acessar o aeroporto.

Pode-se ter uma vaga ideia da complexidade do problema examinando a Figura 6.1, que é uma simplificação do processo de fluxo de passageiros e bagagem por um típico terminal de passageiros de um aeroporto doméstico-internacional. Ao examinar um gráfico dessa natureza, deve-se lembrar do que a representação só pode ser feita em termos generalizados e que as complexidades da operação são introduzidas pelo fato de que os fluxos do lado ar são discretos, enquanto que os do lado terra são contínuos. A taxa de crescimento substancial dos transportes aéreos desde a Segunda Guerra Mundial fez com que muitos aeroportos em todo o mundo hoje representem operações de grande porte. Ao contrário do período anterior a 1940, quando o transporte aéreo era uma atividade secundária na economia, o modo aéreo hoje é uma entidade econômica bem estabelecida. As consequências que isso trouxe

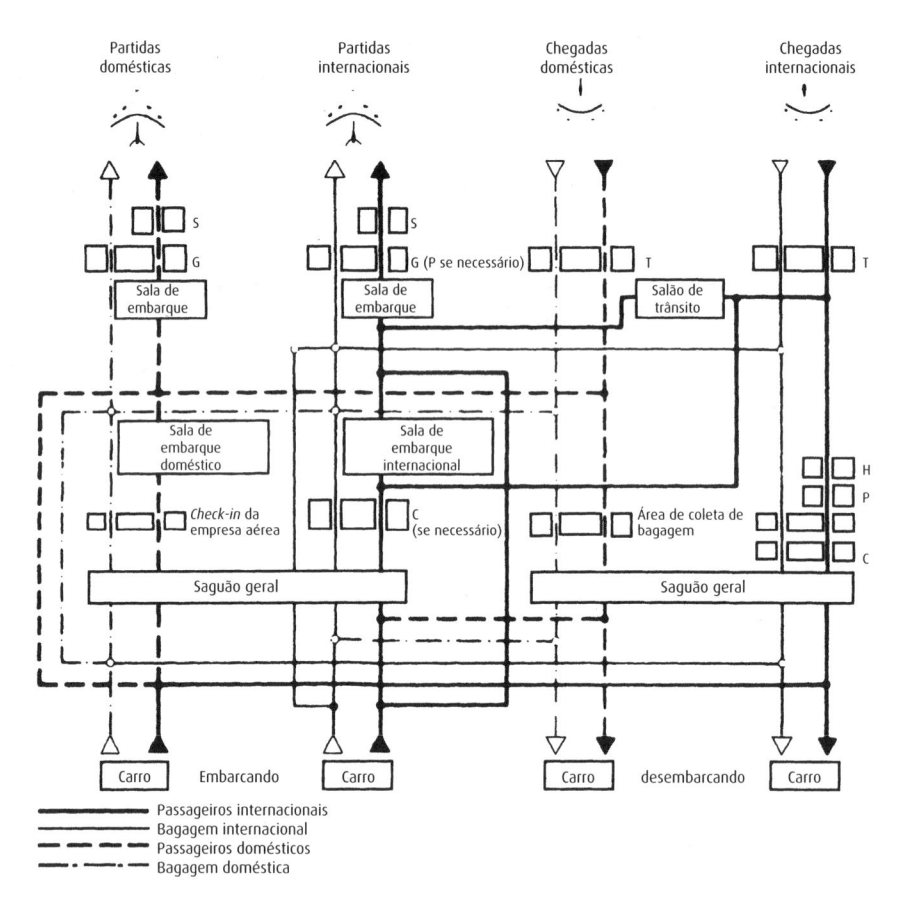

FIGURA 6.1 Esquema do sistema de fluxo de passageiros e bagagem (G = controle no portão e *check-in* da empresa aérea, se necessário; P = controle de passaporte; C = controle alfandegário; H = controle de saúde, se necessário; T = *check-in* de conexões; S = controle de segurança). (Fonte: Ashford et al. 2011)

para os terminais de passageiros foram marcantes (Hart 1985). Diversos terminais de aeroportos internacionais estão lidando com mais de 30 milhões de passageiros por ano, e esse número continua a crescer. Operações dessa grandeza são necessariamente complexas.

O desenvolvimento recente de grandes volumes de passageiros exigiu a provisão de instalações cada vez maiores para acomodar os grandes fluxos de pico que são observados de modo regular (ver Seção "Métodos para descrição dos picos", no capítulo 2). Terminais individuais projetados para capacidades de cerca de 10 milhões de passageiros por ano geralmente têm distâncias de caminhada de 3.500 pés (1.100 m) entre portões situados nas extremidades opostas. Quando estão envolvidas capacidades de mais de 30 milhões de passageiros por ano, complexos com um único terminal como o Chicago O'Hare e o Amsterdã Schiphol, chegam a ter distâncias internas entre os portões das extremidades em torno de 5.000 pés (1.500 m). Para superar problemas como esse, e para atender às recomendações da IATA quanto às distâncias de caminhada interna, foram desenvolvidos vários projetos "descentralizados", como aqueles em operação em Kansas City, Dallas–Fort Worth e Paris Charles de Gaulle II. A descentralização é alcançada por meio das seguintes estratégias:

1. "Decompor" a operação total envolvendo passageiros em diversos terminais unitários que possuam diferentes papéis funcionais (a diferenciação pode ser feita pela divisão entre internacional e doméstico, por terminais separados por empresa aérea, pela divisão entre voos de longo curso e curto curso, através de terminais separados por aliança de empresas aéreas, etc.)
2. Transferir aos portões diversas operações de assistência em terra que antes eram centralizadas no saguão de embarque (p. ex.: emissão de bilhetes, *check-in* de passageiros e despacho de bagagem, alocação de assentos, etc.)

A associação de uma estratégia operacional descentralizada a um projeto físico adequado do terminal pode resultar em distâncias de caminhada feitas pelo passageiro muito curtas, especialmente para passageiros domésticos rotineiros. Quando há um número considerável de operações *interline*, ou quando a empresa de partida do passageiro é diferente da empresa de chegada, a descentralização provavelmente será menos conveniente para os viajantes. Por exemplo, um dos projetos descentralizados mencionados anteriormente, o Dallas–Fort Worth (Figura 6.2*a*), pode ser menos conveniente para um passageiro *interline* que tenha que mudar de terminal do que o projeto mais novo do aeroporto de Atlanta (Figura 6.2*b*). As operações internacionais afetam significativamente o projeto das instalações do terminal e os procedimentos empregados. Desse ponto de vista, o planejador e o operador do aeroporto têm que ser extremamente cuidadosos ao extrapolar a experiência dos EUA, que, apesar de bem documentada, provavelmente está mais baseada em operações domésticas (FAA 1976, 1980, 1988). A incorporação de exigências governamentais necessariamente associadas às operações internacionais (i.e., alfândega, imigração, controles de saúde e agrícola e, especialmente, os controles de segurança) podem somar complicações consideráveis à disposição física e à operação de um terminal. A separação é exigida em alguns países da União Europeia para operações que estejam dentro do grupo Schengen e outras operações.

O terminal Eurohub em Birmingham, no Reino Unido, possui um arranjo extremamente complexo de portas interligadas que permitem os fluxos de passageiros internacionais, domésticos e de "viagens comuns"[1], que têm que ser segregados (Blow 1996, 2005). O complicado sistema de portas é operado centralmente por uma sala de controle computadorizada com amplo sistema de monitoramento por circuito fechado de televisão. A Figura 6.3 mostra os padrões conceitualizados de fluxo de partida para instalações centralizadas e descentralizadas. Em quase todos os países não é possível para os passageiros de partida passarem de volta pelos

---

[1] *Viagens comuns* são viagens entre as Ilhas Anglo-Normandas e a Grã-Bretanha. Essas viagens estão sujeitas à inspeção alfandegária, mas não a controles de imigração.

FIGURA 6.2 (*a*) Terminais descentralizados do Dallas–Fort Worth International Airport. (*b*) Vista aérea do Atlanta Hartsfield International Airport.

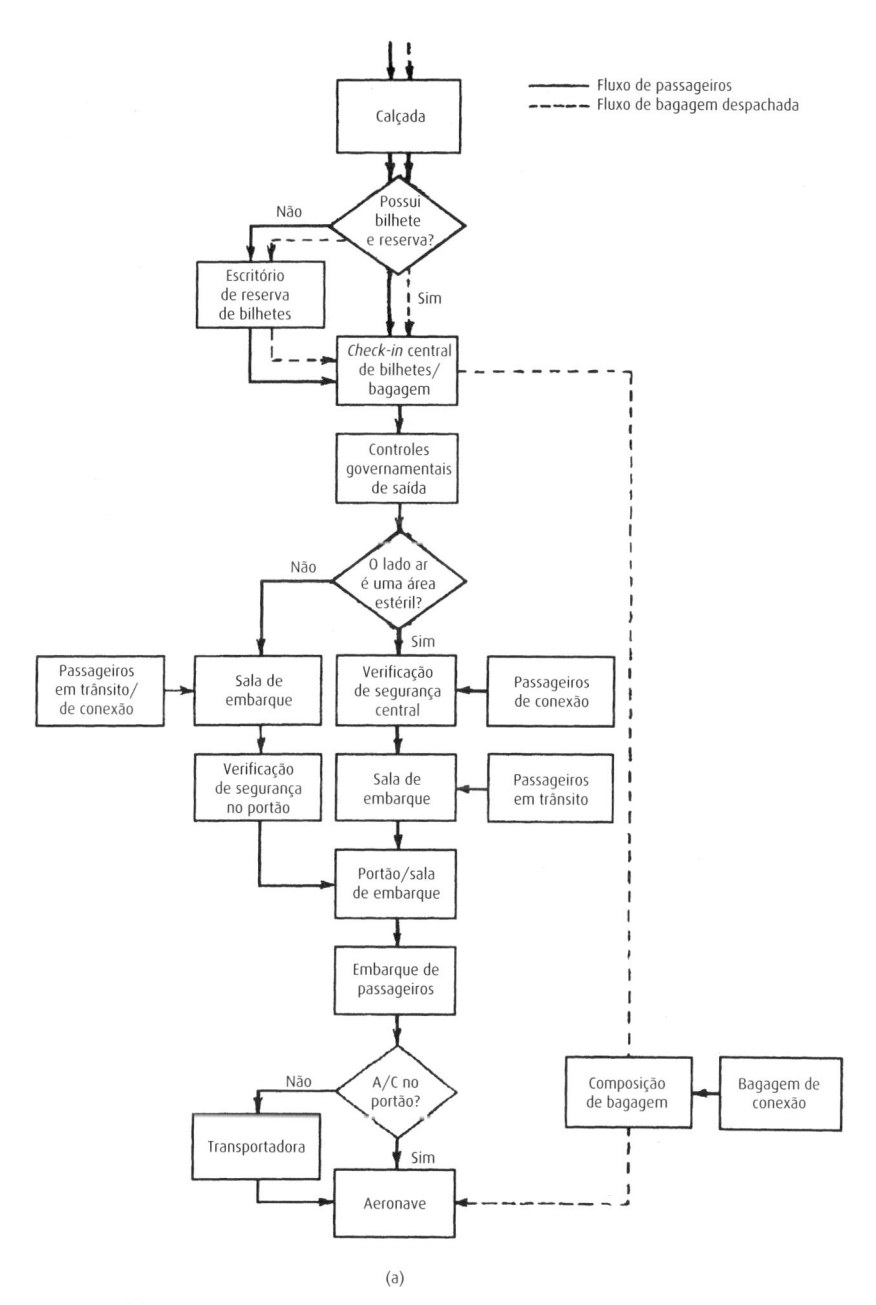

Capítulo 6 Operações do terminal de passageiros **151**

FIGURA 6.3 (*a*) Processamento centralizado (partida). (Fonte: IATA) (*b*) Processamento descentralizado (partida). (Fonte: IATA)

(b)

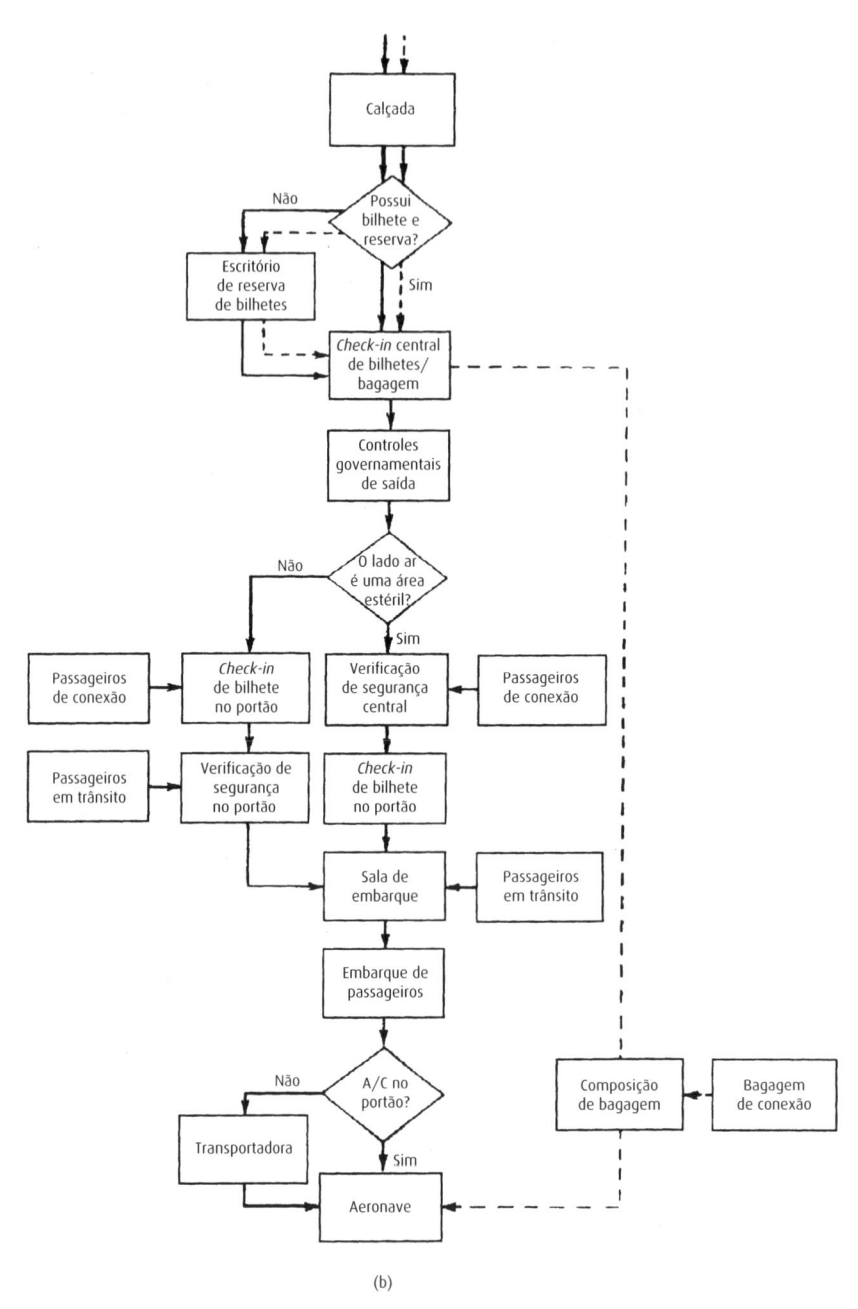

FIGURA 6.3 *Continuação*

controles governamentais e, universalmente, os visitantes do aeroporto agora são impossibilitados de entrar tanto em salas de embarque domésticas quanto internacionais. Por consequência, muitas instalações relacionadas aos passageiros têm que ser duplicadas, como será discutido nas Seções "Serviços diretos aos passageiros" e "Serviços aos passageiros relacionados à empresa aérea", neste capítulo. Em muitos países, há também uma exigência governamental com fins de segurança de separar os passageiros internacionais de chegada e de partida. Em termos de espaço, isso foi considerado necessário, mas muito caro, levando a uma considerável duplicação de instalações e pessoal. Áreas mistas de chegada e partida não são mais aceitas na maioria dos aeroportos europeus. Quando são aceitas, como no aeroporto Amsterdã Schiphol, que possui um grande número de passageiros internacionais em trânsito, esses passageiros têm que se submeter a uma revista de segurança no portão. Como regra geral, a inclusão de operações internacionais tem que ser vista como uma complicação das atividades de processamento do terminal que diminui o uso de espaços multifuncionais, exige a duplicação de instalações, necessita espaço adicional de processamento e, inevitavelmente, aumenta o número de idiomas envolvidos na operação.

Funções do terminal

Os planejadores de transporte usam o termo *centros de alta atividade* para descrever instalações como os terminais de aeroportos que têm uma alta taxa de processamento de usuários. Nos períodos de pico, os maiores aeroportos de passageiros processam bem mais de 10.000 passageiros. Com a intensificação das medidas de segurança desde 2001, os passageiros internacionais de partida provavelmente passam de 1 hora e meia a 2 horas nas instalações do terminal, e os passageiros internacionais de chegada passam pelo menos 30 minutos. Durante o período que passam no terminal, os passageiros são necessariamente envolvidos em diversas atividades de processamento e provavelmente utilizarão diversas instalações colocadas no aeroporto para seu conforto e conveniência, além de promover maior lucro ao aeroporto. Antes de discutir mais detalhadamente essas atividades individuais realizadas nos terminais, vale a pena classificá-las em cinco principais grupos:

- Serviços diretos ao passageiro
- Serviços ao passageiro relacionados à empresa aérea
- Atividades governamentais
- Funções da autoridade aeroportuária não relacionadas aos passageiros
- Funções da empresa aérea

Direta ou indiretamente, essas funções, quando conduzidas na área do terminal de passageiros, envolvem alguma responsabilidade por parte do gerente do terminal. A Figura 6.4 mostra a organização normal dessas responsabilidades de operação do terminal em um aeroporto de grande porte. As funções individuais do terminal serão discutidas em detalhe nas Seções "Serviços diretos aos passageiros" e "Auxílios à circulação", neste capítulo.

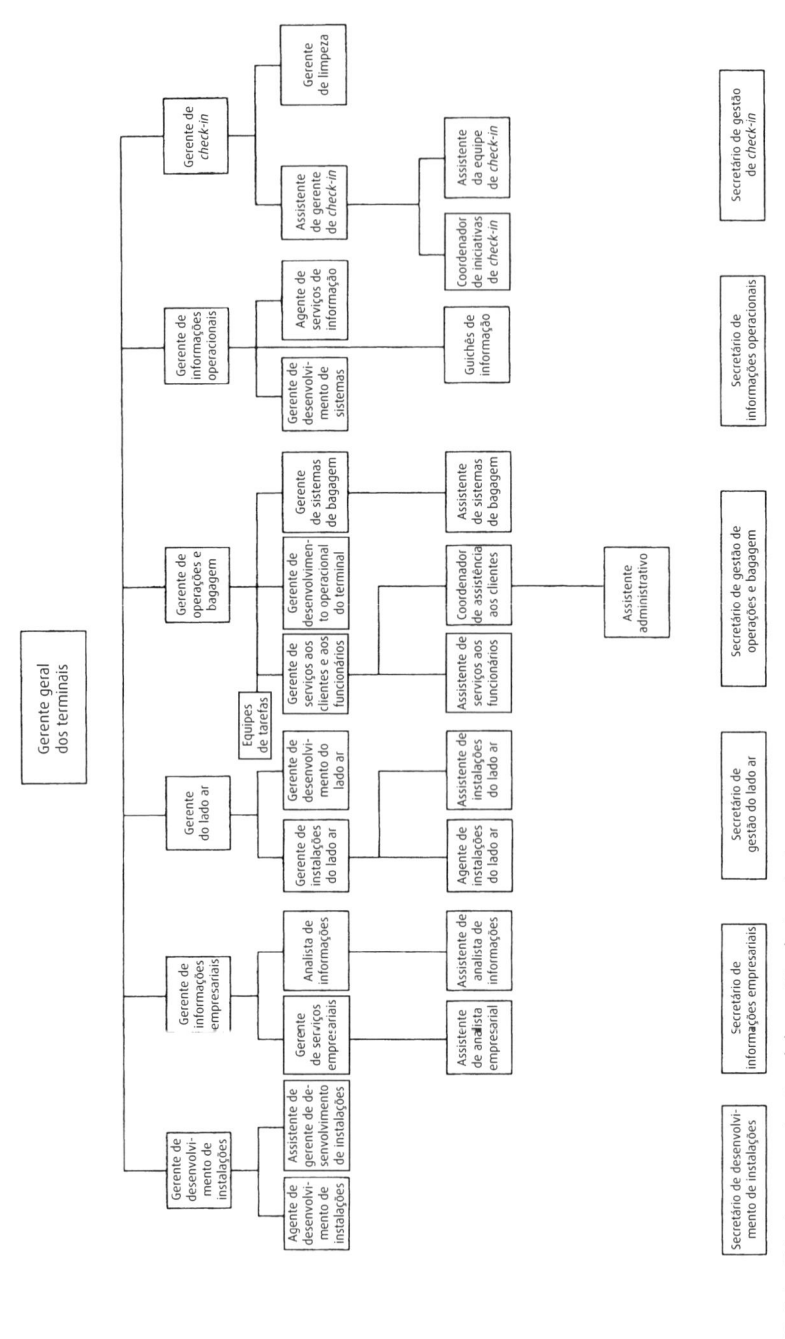

FIGURA 6.4 Estrutura organizacional da gestão de terminais.

Filosofias da gestão de terminais

Embora em termos de segurança os procedimentos operacionais fundamentais dos aeroportos sejam, de modo geral, similares em todo o mundo, a maneira como esses procedimentos são operados e a organização usada para colocá-los em prática pode diferir radicalmente. Talvez em nenhum outro lugar do aeroporto as filosofias operacionais difiram tanto quanto na área do terminal. As duas posições extremas podem ser designadas como:

- De domínio do aeroporto
- De domínio das empresas aéreas

Quando as operações do terminal são de domínio do aeroporto, é a própria autoridade aeroportuária que fornece os funcionários que prestam os serviços do terminal. A assistência no pátio de aeronaves, o manuseio de bagagem e a assistência aos passageiros são atividades totalmente ou em grande parte realizadas por funcionários da autoridade aeroportuária. Os serviços e as concessões dentro do terminal são também em sua maioria operadas pela autoridade. As operações de domínio do aeroporto às vezes são chamadas de *modelo europeu*, embora arranjos similares sejam encontrados em todo o mundo. O aeroporto de Frankfurt talvez seja o melhor exemplo dessa forma de operação, que envolve grandes números de funcionários empregados pela autoridade aeroportuária e altos custos de equipamentos para a mesma, com economias concomitantes para as empresas aéreas.

A maioria dos principais aeroportos do mundo funciona com um modelo misto, no qual a autoridade aeroportuária cuida de algumas operações do terminal e as empresas aéreas e concessionárias operam outras instalações. Em alguns aeroportos, encoraja-se a concorrência na operação de instalações para manter o alto padrão de serviços que normalmente é gerado nesses casos. Na União Europeia, as diretivas da Comissão Europeia (CE) estão forçando os aeroportos a introduzir a concorrência em aeroportos em que anteriormente a operação era realizada por uma única organização. Essa tendência a se afastar da operação realizada por uma única autoridade tem sido auxiliada pela crescente tendência à privatização total dos aeroportos, pela transferência direta de propriedade para fora do setor público ou pela outorgação de concessões de longo prazo para a operação de aeroportos inteiros.

Operações competitivas de assistência em terra também são menos vulneráveis a um completo encerramento das atividades por ações laborais coletivas. A decisão final quanto aos procedimentos operacionais dependem de inúmeros fatores, dentre eles:

- A filosofia da autoridade aeroportuária e de seu órgão diretor
- As relações da indústria local
- As regulamentações internacionais e nacionais
- Restrições financeiras
- A disponibilidade de mão de obra e habilidades locais

Serviços diretos aos passageiros

As operações do terminal que são oferecidas para a conveniência dos passageiros não estão diretamente ligadas às operações das empresas aéreas que são normalmente designadas como serviços diretos aos passageiros. É conveniente dividir essa categoria ainda em serviços comerciais e não comerciais. Não há nenhuma divisão bem definida entre essas duas subcategorias, mas as atividades não comerciais são normalmente vistas como serviços absolutamente necessários que são prestados gratuitamente ou mediante um custo nominal. As atividades comerciais, por outro lado, são atividades potencialmente lucrativas, secundárias à função de transporte do aeroporto (p. ex.: lojas *duty-free*) ou evitáveis e sujeitas à escolha do viajante (p. ex.: estacionamento e aluguel de automóveis).

Normalmente, em um terminal de passageiros de grande porte, são oferecidas as seguintes atividades não comerciais, normalmente pela autoridade aeroportuária:

- Carregadores de bagagem[2]
- Informações sobre o voo e informações gerais
- Carrinhos de bagagem
- Armários de bagagem e salas de bagagem[2]
- Placas direcionais
- Bancos e cadeiras
- Toaletes, berçários e vestiários
- Salas de descanso
- Agências postais e áreas de telefones
- Serviços para as pessoas com mobilidade restrita e passageiros especiais[3]

Dependendo da filosofia operacional do aeroporto, as instalações comerciais serão operadas diretamente pela própria autoridade aeroportuária ou outorgada na base de concessões a operadores especializados. Normalmente, em um aeroporto de grande porte, pode-se esperar que as seguintes atividades comerciais desempenhem um papel importante na operação do terminal de passageiros:

- Estacionamento para automóveis
- Restaurantes, cafés e bares
- Lojas *duty-free* e *tax-free*
- Outras lojas (p. ex.: livrarias, agências de turismo, butiques, etc.)
- Aluguel de automóveis
- Serviços de Internet
- Seguros

---

[2] Os aeroportos geralmente cobram pelo uso dessas comodidades.

[3] Alguns aeroportos cobram pelo uso de algumas dessas comodidades.

- Bancos e serviços de câmbio
- Cabeleireiros, lavagem a seco e serviços de manobrista
- Reservas de hotel
- Máquinas de diversão, loterias
- Propaganda
- Instalações de centro comercial

As Figuras 6.5 e 6.6 mostram exemplos de lojas *duty-free* e publicidade em aeroportos que possuem uma política comercial agressiva. O grau de comercialização dos aeroportos varia substancialmente. Aeroportos que adotaram políticas de promoção de tais atividades, como os de Frankfurt, Singapura, Amsterdã, Londres e Orlando, têm receitas comerciais que representam até 60% das receitas totais. Outros aeroportos que não possuem um forte desenvolvimento comercial, por uma decisão política ou devido à falta de oportunidade, geralmente esperam que apenas até 10% de sua receita seja proveniente de fontes comerciais.

Os argumentos iniciais do mundo da aviação contra a comercialização dos terminais de aeroportos hoje claramente se perderam. De modo geral, aceita-se que haja uma demanda por tais facilidades gerada pelos altos volumes de passageiros que podem passar, em média, duas horas em um terminal, e desse tempo, apenas 30% seja necessário para o processamento. Os altos volumes de passageiros, pessoas que irão recebê-los ou levá-los ao aeroporto e visitantes constituem um forte mercado de vendas potencial que invariavelmente pode ser desenvolvido, se

FIGURA 6.5 Lojas *duty-free*.

FIGURA 6.6 Vitrine de *duty-free*.

desejado. Além disso, as receitas geradas pelas operações comerciais pode constituir um subsídio cruzado para as operações do lado ar, que geralmente só obtêm lucros marginais. Os terminais de passageiros são reconhecidos como a parte da geração do fluxo de receitas do aeroporto que pode tornar o aeroporto autosustentável ou mesmo lucrativo. Grandes terminais de passageiros são geradores de grandes lucros comerciais. Se ficar decidida a exploração comercial do aeroporto, é preciso que se tomem diversas decisões quanto a políticas operacionais. Primeiro, há que se decidir sobre o modo de operação. Há cinco modos diferentes que são comuns; são eles:

- A operação direta por um departamento da autoridade aeroportuária
- A operação por uma subsidiária comercial integral, especialmente formada, da autoridade aeroportuária
- A operação por uma subsidiária comercial formada pela autoridade aeroportuária e as empresas aéreas
- A operação por uma subsidiária comercial formada pela autoridade aeroportuária e por uma empresa comercial especializada
- A operação por uma empresa comercial independente

Alguns aeroportos de propriedade pública decidem reter o controle direto das operações comerciais. Essa opção, no entanto, não é comum. A maioria dos aeroportos que administra operações comerciais bem-sucedidas, como Dubai, Heathrow, Atlanta e Frankfurt, geralmente prefere outorgar concessões controladas a empresas independentes com experiência comercial nessa área específica.

Entretanto, a Aer Rianta, a Irish Airports Authority, opera muitas de suas próprias concessões por meio de sua divisão comercial com excelentes resultados, a qual também age como uma organização de gestão concessionária para outros aeroportos. Os arranjos contratuais entre as concessionárias e a autoridade garantem certos padrões de serviço ao consumidor e níveis de lucro garantidos para a autoridade: além dessas garantias, a concessionária está livre para usar sua empresa para maximizar oportunidades comerciais e, portanto, lucros. Arranjos híbridos nos quais a autoridade colabora ou com os departamentos comerciais de uma empresa aérea ou diretamente com empresas especializadas têm sido igualmente bem-sucedidos. A Tabela 6.1 mostra como os vários arranjos concessionários têm sido tratados de acordo com uma pesquisa envolvendo em torno de 70 aeroportos internacionais.

É também interessante comparar as maneiras como as concessionárias são selecionadas. Algumas autoridades aeroportuárias governamentais são obrigadas por lei a aceitar a maior oferta para uma concessão. O aeroporto Amsterdã Schiphol desenvolveu uma política comercial eficiente baseada na maximização do nível do controle do aeroporto sobre os padrões operacionais e a determinação de preços. Dessa maneira, a autoridade aeroportuária sente que é mais capaz de atingir seus próprios fins comerciais mantendo, ainda, o uso da experiência das empresas concessionárias individuais. As concessões em aeroportos podem ser outorgadas de diversas maneiras:

- Licitação pública
- Licitação privada
- Ajuste direto

Dessas três, é mais provável que a segunda opção, a licitação privada, atenda às exigências de um aeroporto de propriedade pública. O ajuste direto pode ser visto como uma maneira excessivamente restritiva de lidar com fundos públicos, levando a acusações de tratamento preferencial. A licitação pública, por outro lado, embora abra espaço à concorrência, pode muito bem levar a ofertas por organizações que se mostrem incompetentes para alcançar os padrões de desempenho necessários. Em alguns países, no entanto, as licitações públicas são exigidas por lei sempre que há fundos públicos envolvidos. Sob essas condições, às vezes é permissível ter um arranjo de pré-qualificação que garanta que somente as empresas competentes e financeiramente estáveis possam entrar no processo de licitação. Em aeroportos privatizados, o aeroporto pode usar qualquer meio legal de outorgar as concessões que desejar.

Outros métodos de controle que foram usados com êxito:

1. *Período de arrendamento.* Arrendamentos de médio prazo, de 5 a 10 anos, apresentam diversas vantagens. Eles permitem que a concessionária administre uma operação estabelecida com lucros no médio prazo. Operadores bem-sucedidos normalmente conseguem renegociar a renovação dos direitos de concessão. Operadores sem sucesso podem ser removidos antes que se acumulem danos financeiros de longo prazo para o aeroporto.

TABELA 6.1 Modo operacional de concessões em aeroportos pesquisados

Comodidade	Operação por concessão	Operação direta pela gerência do aeroporto	Operação por empresa subsidiária do aeroporto	Operação por empresa aérea	Não disponível neste aeroporto
Loja *duty-free* de bebidas alcóolicas e tabaco	69%	8%	4%	0%	18%
Loja *duty-free* (outras mercadorias)	72%	10%	4%	0%	14%
Lojas e instalações especializadas	79%	6%	3%	1%	11%
Loja de *souvenirs* locais	80%	7%	3%	1%	8%
Lojas de presentes	84%	7%	1%	1%	6%
Joias e pedras preciosas	75%	6%	0%	1%	17%
Vestuário	72%	3%	0%	1%	24%
Confeitaria	73%	6%	0%	0%	21%
Farmácia	48%	1%	0%	0%	51%
Perfumes	72%	7%	3%	1%	17%
Centro médico	26%	21%	2%	0%	52%
Catering	60%	9%	6%	10%	16%
Alimentos especializados	61%	6%	0%	2%	32%

Flores	38%	4%	0%	58%
Equipamento fotográfico	41%	9%	0%	51%
Equipamentos eletrônicos	54%	7%	0%	38%
Cabeleireiros	18%	1%	0%	81%
Manicures	13%	3%	0%	84%
Engraxates	25%	1%	0%	72%
Sala de jogos	10%	6%	0%	84%
Creche	3%	12%	1%	85%
Cassino	3%	0%	0%	97%
Acesso à Internet	36%	49%	0%	9%
Estacionamento para automóveis	39%	60%	0%	0%
Aluguel de automóveis	83%	7%	0%	10%
Reservas de hotel	38%	12%	0%	48%
Televisão	11%	47%	3%	39%
Cinema	3%	0%	0%	97%

2. *Direitos exclusivos.* Em troca de direitos exclusivos sobre o aeroporto, a autoridade pode exigir arranjos contratuais que protejam os interesses financeiros e de desempenho do aeroporto. Recentemente, houve uma redução significativa da outorgação de direitos exclusivos em concessões relativas a compras a fim de estimular preços competitivos.
3. *Qualidade do serviço.* Muitos aeroportos exigem contratos que restringem os métodos de operação da concessionária. Essas restrições incluem controle pela autoridade aeroportuária da gama de mercadorias a ser estocada, margens de lucro e preços e quantidades de funcionários, além de controles operacionais detalhados sobre itens como métodos de propaganda, decoração e exibição de mercadorias.

Quando o aeroporto é de propriedade privada, não há limites sobre como os contratos concessionários podem ser redigidos. Se a operadora do aeroporto for, ela mesma, uma concessão, o governo pode impor limites sobre como subconcessões poderão ser arranjadas.

A propaganda é uma área de retorno financeiro que ainda não foi totalmente explorada por muitos aeroportos. A vitrine de propaganda exibida na Figura 6.6 é um exemplo de mostruário moderno muito satisfatório que ao mesmo tempo contribui com a decoração discreta do terminal e que traz um belo retorno para a autoridade aeroportuária com um pequeno desembolso financeiro. Deve-se tomar cuidado ao selecionar propaganda de modo que as vitrines não interfiram com o fluxo de passageiros ou obstruam placas informativas necessárias. Há aeroportos que proíbem propagandas internas por motivos estéticos, mas esses são em número cada vez menor.

Serviços aos passageiros relacionados à empresa aérea

Dentro do terminal de passageiros do aeroporto, muitas operações são tratadas inteiramente pelas empresas aéreas ou seus agentes[4], inclusive:

- Serviços de informações sobre as empresas aéreas
- Reservas e compra de bilhetes
- *Check-in*, despacho de bagagem, manuseio e armazenamento da bagagem
- Carregamento e descarregamento de bagagem da aeronave
- Entrega e coleta de bagagem (a coleta geralmente está sob o controle da autoridade aeroportuária)
- Áreas VIPs de passageiros das empresas aéreas, às vezes chamadas de instalações para "pessoas comercialmente importantes" (CIP, *commercially important persons*)

---

[4] Em muitos aeroportos, embora visualmente o usuário seja levado a crer que a assistência ao passageiro esteja sendo realizada pela empresa aérea, muitas vezes essas operações foram consignadas ao agente de assistência em terra da empresa aérea.

Essas áreas fazem parte do serviço oferecido ao viajante pela empresa aérea e, como tal, a empresa aérea tem o interesse de reter uma forte medida de controle sobre o serviço oferecido. Esse controle é obtido mais facilmente por meio da execução dessa área específica da operação. É importante lembrar que o contrato fundamental da viagem se dá entre o viajante e a empresa aérea. O aeroporto é uma terceira parte envolvida nesse contrato e, como tal, não deve se intrometer na relação entre as duas primeiras partes mais do que o necessário. Quando os aeroportos removem a responsabilidade geral de assistência das empresas aéreas, pode haver um impacto adverso sobre os serviços aos passageiros, pois não há nenhum contrato evidente entre o passageiro e o aeroporto. Os níveis de serviço têm mais chances de serem mantidos quando a relação com o cliente direto tem alguma influência sobre os serviços prestados.

A relação se torna complicada quando o aeroporto é privatizado ou possui extensas operações comerciais no terminal. O passageiro, nesse caso, torna-se cliente também do aeroporto em um sentido muito real. As Figuras 6.7 e 6.8 mostram áreas de *check-in* e de devolução de bagagem nas quais o projeto das instalações enfatiza que o passageiro esteja sob os cuidados da empresa aérea. Um arranjo mais comum para áreas de coleta de bagagem fora dos Estados Unidos é que essa área seja operada pela autoridade aeroportuária; as empresas aéreas têm a responsabilidade de entregar as malas à área de coleta de bagagem. Esse arranjo mais comum geralmente resulta em funcionários da autoridade aeroportuária sofrer abusos por parte dos passageiros por bagagem atrasada, perdida ou danificada quando, na verdade, o aeroporto receptor não tem nenhum envolvimento com seu manuseio antes da entrega da bagagem à área de coleta e, assim, não tem responsabilidade pelo problema.

FIGURA 6.7 *Check-in* mostrando área arrendada para uma empresa aérea.

FIGURA 6.8 Sistema de devolução de bagagem.

Nos últimos anos, os aeroportos têm tentado fazer melhor uso dos guichês de *check-in* com a adoção de equipamentos de terminal de uso comum (CUTE) na área de *check-in*[5]. O uso da tecnologia CUTE permite a troca de guichês entre diferentes empresas aéreas de acordo com sua demanda real por guichês, o que provavelmente varia tanto de acordo com a temporada quanto ao longo de um mesmo dia. Muitas empresas aéreas resistiram à introdução dos CUTE por eles impedirem uma presença permanente no terminal, tendo ou não operações em determinado momento. A maioria dos novos terminais está sendo projetada com sistemas CUTE ou CUSS, com o compartilhamento de instalações (IATA 2004).

Funções operacionais relacionadas à empresa aérea

Despacho de voo

Uma grande preocupação para a gerência da empresa aérea em relação às operações do terminal do aeroporto é conseguir que seus voos partam no horário marcado. Muitas das atividades associadas a isso, como o reabastecimento e a limpeza da aeronave, junto com o carregamento de suprimentos alimentícios, são realizadas na rampa e são familiares para a maioria dos funcionários do aeroporto. Existe, porém, um procedimento menos familiar que cobre todo o planejamento técnico necessário sem o qual um voo não pode partir. As principais atividades associadas a esse procedimento de despacho de voo são:

---

[5] Ver também a Seção "Funções do terminal", neste capítulo, para explicações sobre os sistemas CUTE e CUSS.

- O planejamento de voo
- O peso e o balanceamento das aeronaves
- O *briefing* da tripulação de voo
- O controle de voo (*flight watch*)

Nos Estados Unidos, esse é um procedimento há muito estabelecido, e o trabalho é realizado por despachantes de aeronaves em estrita cooperação com o comandante da aeronave. Entretanto, no caso de grandes empresas aéreas, o processo de planejamento de voo é realizado mais frequentemente como uma função na base central da empresa aérea (para a American Airlines, essa base é Dallas). Embora os despachantes de aeronaves sejam usados por muitas empresas aéreas internacionais, há também a designação de agente de operações de voo para membros do quadro de funcionários que realizam esse trabalho.

Os departamentos da empresa aérea responsáveis pelo despacho de aeronaves precisam de acesso aos departamentos de operações do aeroporto, serviços de tráfego aéreo, serviços meteorológicos e instalações de comunicações, incluindo *e-mail*, Internet, teleimpressoras, telefones e rádios. Dependendo da extensão de suas atividades, muitos escritórios operacionais de empresas aéreas também usam diversas instalações de informática, embora não sejam necessariamente sistemas internos.

Planejamento de voo

A principal finalidade do planejamento de voo é determinar quanto tempo levará um voo individual e quanto combustível será necessário. Para voos de longa distância, há uma variedade de opções em termos de altitudes, cursos e configurações de potência e velocidade da aeronave. Variações no tempo, vento e temperatura também têm que ser levadas em consideração. Obviamente, a maioria das empresas aéreas utiliza ferramentas computadorizadas de planejamento de voo para realizar essas otimizações. Essas ferramentas examinam as opções viáveis de modo que se possa tomar a decisão mais adequada entre várias alternativas. A avaliação pode incluir uma indicação de custos comparativos: um voo mais lento pode se mostrar desejável do ponto de vista dos custos. A análise incluiria diversas opções de altitude. Isso geralmente é útil se, devido à intensidade do tráfego, o controle de tráfego aéreo (ATC, *air traffic control*) tiver que impor uma mudança de altitude de última hora.

Para voos de curta distância, geralmente há poucas opções e, em áreas de tráfego muito intenso, os roteamentos são, por questões práticas, predeterminados pela estrutura das vias aéreas. Em casos como o da Europa, por exemplo, os planos de voo normalmente são padronizados ao ponto de suas partes relevantes poderem ser colocadas em um arquivo permanente junto ao ATC. Na Grã-Bretanha, esses arquivos permanentes são chamados de *planos de voo armazenados* (*stored flight plans*) e são impressos automaticamente a partir dos arquivos de computador do ATC antes da partida dos voos. Os planos de voo da empresa aérea, os planos de voo operacionais ou da empresa, fornecem uma grande quantidade de informações, inclusive o consumo de combustível durante o voo. Esses detalhes não são de responsabilidade do ATC, que exige altitudes e horários em relação aos pontos de verificação do sistema do ATC, junto com certos detalhes de segurança (p. ex.: o número de pessoas a bordo da aeronave e os detalhes dos recursos de voo por instrumentos e os equipamentos de segurança carregados pela aeronave). O formato internacional do plano de voo do ATC é exibido na Figura 6.9.

Peso e balanceamento da aeronave

O *peso operacional seco* (*dry operating weight*) de uma aeronave é medido como o ponto de partida para os cálculos de peso. A ele, soma-se a *payload* prevista, que consiste em:

- Carga
- Passageiros
- Bagagem

Isso fornece o *peso zero combustível* (*zero-fuel weight*). Soma-se, então, a carga total de combustível, menos uma margem para o combustível usado no taxiamento antes da decolagem, para calcular o *peso de decolagem* (*takeoff weight*). O combustível que se espera ser consumido é deduzido do valor do peso de decolagem para calcular o *peso de aterrissagem* (*landing weight*).

Deve-se observar que esses cálculos podem ser feitos em libras, que é o caso nos Estados Unidos, ou em quilogramas. Entretanto, antes de se poder realizar qualquer cálculo do peso real, deve-se considerar as limitações do peso físico, os limites de *design*, da aeronave nas várias fases de operação.

Decolagem

Existe um *peso máximo de decolagem* (*maximum takeoff weight,* i.e., na liberação do freio) que a potência disponível pode levantar da pista e sustentar em uma subida segura. O valor é estabelecido pelo fabricante em termos de condições ideais de temperatura, pressão, altitude da pista de pouso e decolagem e condições de sua superfície. Junto com esses valores, o fabricante fornece detalhes do desempenho para variações de quaisquer dessas condições.

Durante o voo

Há limites de flexibilidade das asas para cada tipo de aeronave. Esses limites são impostos pelo valor do momento fletor ascendente que as raízes das asas podem sustentar sem quebrar. A carga máxima seria imposta se não houvesse mais combustível nas asas (células de combustível), motivo pelo qual o peso zero combustível é tomado como uma limitação da carga da fuselagem.

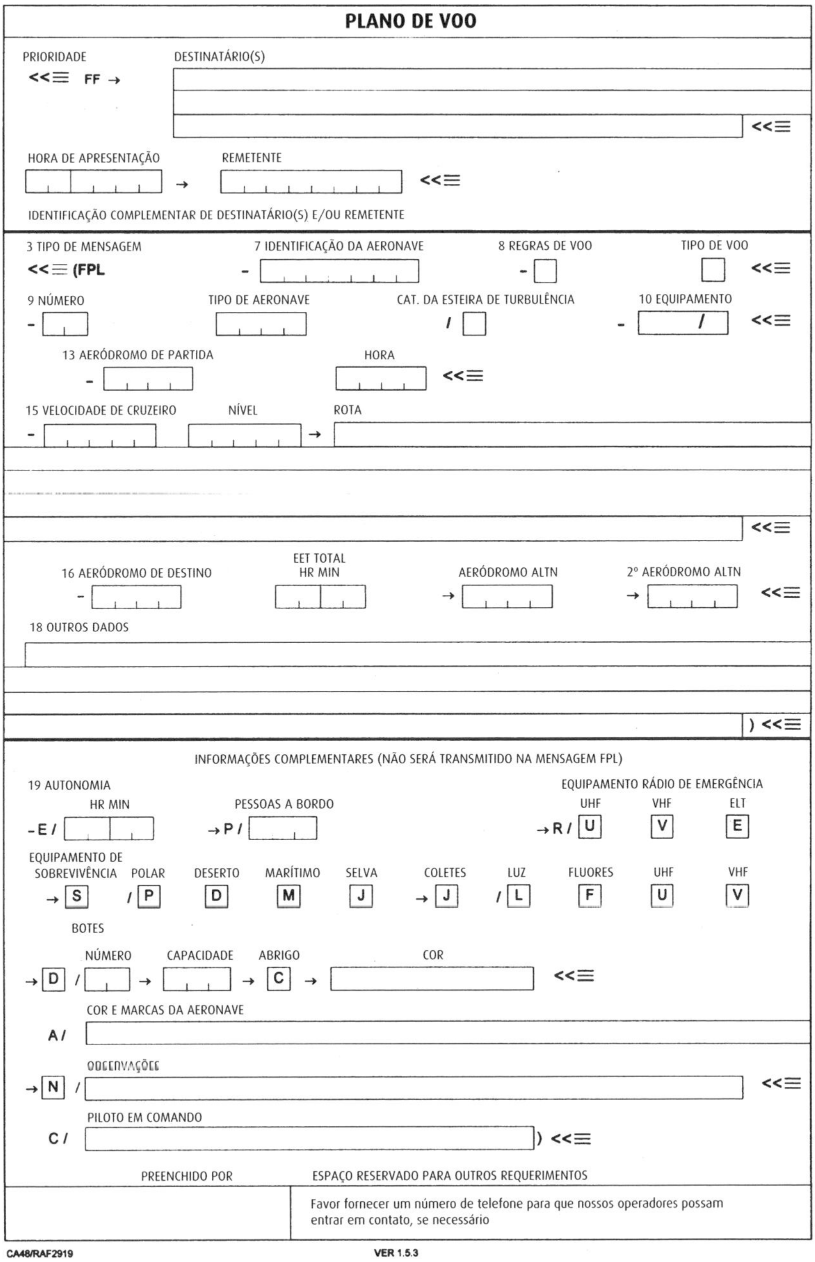

Capítulo 6   Operações do terminal de passageiros   **167**

PLANO DE VOO

PRIORIDADE   DESTINATÁRIO(S)
<<≡ FF →

HORA DE APRESENTAÇÃO   REMETENTE
                      →   <<≡

IDENTIFICAÇÃO COMPLEMENTAR DE DESTINATÁRIO(S) E/OU REMETENTE

3 TIPO DE MENSAGEM   7 IDENTIFICAÇÃO DA AERONAVE   8 REGRAS DE VOO   TIPO DE VOO
<<≡ (FPL   -   -   <<≡

9 NÚMERO   TIPO DE AERONAVE   CAT. DA ESTEIRA DE TURBULÊNCIA   10 EQUIPAMENTO
-   /   -   /   <<≡

13 AERÓDROMO DE PARTIDA   HORA
-   <<≡

15 VELOCIDADE DE CRUZEIRO   NÍVEL   ROTA
-                                  →

                                                                           <<≡

                    EET TOTAL
16 AERÓDROMO DE DESTINO   HR MIN   AERÓDROMO ALTN   2º AERÓDROMO ALTN
-                                 →   →   <<≡

18 OUTROS DADOS

) <<≡

INFORMAÇÕES COMPLEMENTARES (NÃO SERÁ TRANSMITIDO NA MENSAGEM FPL)

19 AUTONOMIA   EQUIPAMENTO RÁDIO DE EMERGÊNCIA
      HR MIN   PESSOAS A BORDO   UHF   VHF   ELT
-E /   → P /   → R / U   V   E

EQUIPAMENTO DE
SOBREVIVÊNCIA   POLAR   DESERTO   MARÍTIMO   SELVA   COLETES   LUZ   FLUORES   UHF   VHF
    → S   / P   D   M   J   → J   / L   F   U   V

      BOTES
   NÚMERO   CAPACIDADE   ABRIGO   COR
→ D /   →   → C →   <<≡

       COR E MARCAS DA AERONAVE
A /

      OBSERVAÇÕES
→ N /   <<≡

       PILOTO EM COMANDO
C /   ) <<≡

          PREENCHIDO POR   ESPAÇO RESERVADO PARA OUTROS REQUERIMENTOS
                           Favor fornecer um número de telefone para que nossos operadores possam
                           entrar em contato, se necessário

CA48/RAF2919   VER 1.5.3

FIGURA 6.9 Plano de voo internacional.

Aterrissagem

Dependendo das capacidades de absorção de choque do trem de pouso da aeronave, há um *peso máximo de pouso* (*maximum landing weight*) que ele pode suportar na aterrissagem sem quebrar. Assim, os três pesos que limitam o *design* da aeronave são o peso máximo de decolagem, o peso máximo zero combustível e o peso máximo de aterrissagem. Exemplos desses valores para um Boeing 747-300 são:

- Peso máximo de decolagem 883.000 libras (377.850 kg)
- Peso máximo zero combustível 535.000 libras (242.630 kg)
- Peso máximo de aterrissagem 574.000 libras (260.320 kg)

O plano de voo completo fornece dois valores de combustível:

Combustível de decolagem. É a quantidade total de combustível a bordo para determinado voo. Esse valor não inclui o combustível usado durante o taxiamento, mas inclui as reservas de combustível necessárias para voar até um destino alternativo ou para procedimentos de espera ou atraso antes da aterrissagem.

Combustível para a etapa. É a quantidade necessária para a viagem propriamente dita, isto é, entre a decolagem e o primeiro ponto de aterrissagem previsto (às vezes também chamado de *burnoff*).

A fim de chegar ao peso máximo de decolagem permissível, comparamos três pesos de decolagem:

- Peso de decolagem' = peso máximo de decolagem
- Peso de decolagem'' = peso zero combustível + combustível de decolagem
- Peso de decolagem''' = peso de aterrissagem + combustível para a etapa

O mais baixo desses três valores é o peso máximo de decolagem permitido e esse valor menos o peso operacional nos fornece a carga de tráfego permitida. Esses e outros valores são usados em relação à carga e aos cálculos de peso da aeronave, e eles também aparecem na folha de carga, para a qual há um formato acordado pela IATA. Junto com os valores de combustível de decolagem e combustível para a etapa, os seguintes valores operacionais são incluídos em um cálculo de folha de carga:

- *Peso operacional seco.* O peso da aeronave básica, totalmente equipada, junto com a tripulação e sua bagagem, suprimentos de copa e dos comissários e peças sobressalentes, mas sem incluir combustível ou *payload*
- *Peso operacional.* A soma do peso operacional seco e o combustível de decolagem
- *Peso de decolagem.* O peso operacional mais a *payload* (carga de tráfego)
- *Carga de tráfego total.* A soma dos pesos dos vários tipos de carga, isto é, passageiros, bagagem, carga e correspondências, além do peso de qualquer dispositivo unitário de carga (ULDs, contêineres) não incluído no peso operacional seco

Todos esses vários pesos aparecem na folha de carga junto com a discriminação da distribuição de peso.

Balanceamento/compensação (*trim*)

Tendo garantido que a carga da aeronave está dentro dos limites de peso permitidos, é necessário, então, distribuir a carga de tal maneira que o centro de gravidade esteja dentro dos limites prescritos. Isso é calculado em um formulário de compensação (*trim sheet*), que pode ser um formulário separado ou parte de um formulário de balanceamento e compensação combinados (Figura 6.10). No diagrama de compensação, cada um dos compartimentos da aeronave recebe uma escala graduada ou em unidades de peso, por exemplo, 1.100 libras (500 kg), ou em blocos de passageiros (p. ex.: cinco passageiros). Partindo da escala do índice operacional seco, o efeito do peso em cada compartimento é, então, indicado movendo-se o número necessário de unidades ao longo da escala na direção da seta. Traça-se, então, uma reta desse ponto até a escala seguinte, onde o processo é repetido, acabando com uma linha que se projeta para baixo, para dentro do "envelope" do centro de gravidade (CG), onde seu valor é anotado como um percentual da corda média aerodinâmica da asa (MAC, *mean aerodynamic chord*). Os limites externos do "envelope" são claramente indicados pelas áreas sombreadas. Certas seções do lado da folha de carga do formulário também são sombreadas para indicar dados que devem ser incluídos em uma mensagem de carga a ser transmitida para o(s) destino(s) da aeronave. Hoje, essas funções são quase que universalmente computadorizadas.

Carregamento

A distribuição da carga em vários compartimentos tem que ser detalhada para a informação da equipe de funcionários de carregamento da rampa, e isso é feito por meio da emissão de instruções de carregamento, normalmente na forma de diagramas desenhados por computador. Na Figura 6.11, são dados detalhes sobre as posições de vários contêineres. Quando não se usam contêineres, é necessário que, nessa etapa, sejam levados em consideração os limites relativos a dimensões, tendo em vista as medidas das escotilhas e as cargas máximas permitidas; as instruções de carregamento serão determinadas de acordo com isso.

Todas as questões relativas à carga carregada em uma aeronave e à posição do CG têm uma influência tão direta sobre a segurança do voo que os documentos usados são de importância jurídica significativa, uma vez que refletem as regulamentações de cada país. Por esse motivo, elas têm que ser assinadas pelo funcionário da empresa aérea encarregado desses vários aspectos.

Briefing da tripulação de voo

A finalidade do *briefing* é apresentar à tripulação do voo conselhos e informações apropriadas para auxiliá-los na conduta segura de um voo. As informações incluem um plano de voo e detalhes da carga, junto com informações relativas ao tempo que a aeronave encontrará durante o voo e no destino, além de avisos referentes a

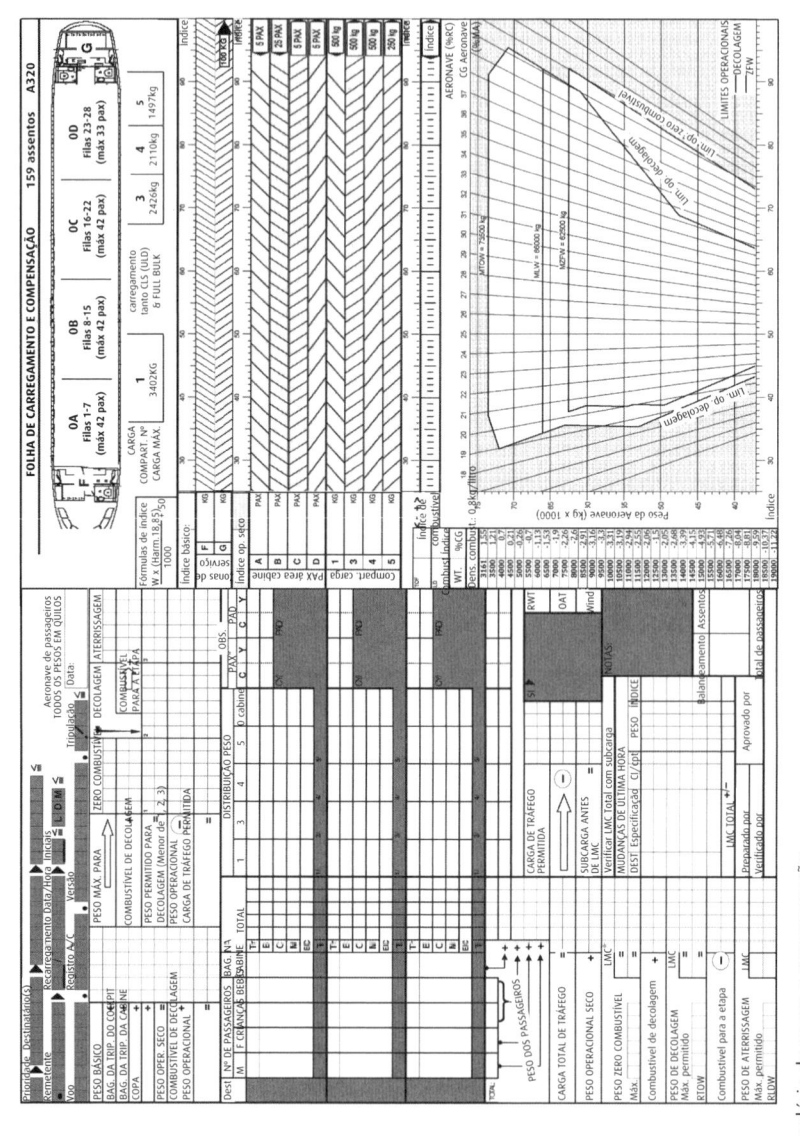

FIGURA 6.10 Formulário de carga e compensação.

* N. de T.: LMC = mudanças de última hora (*last-minute changes*); PAX = passageiros.

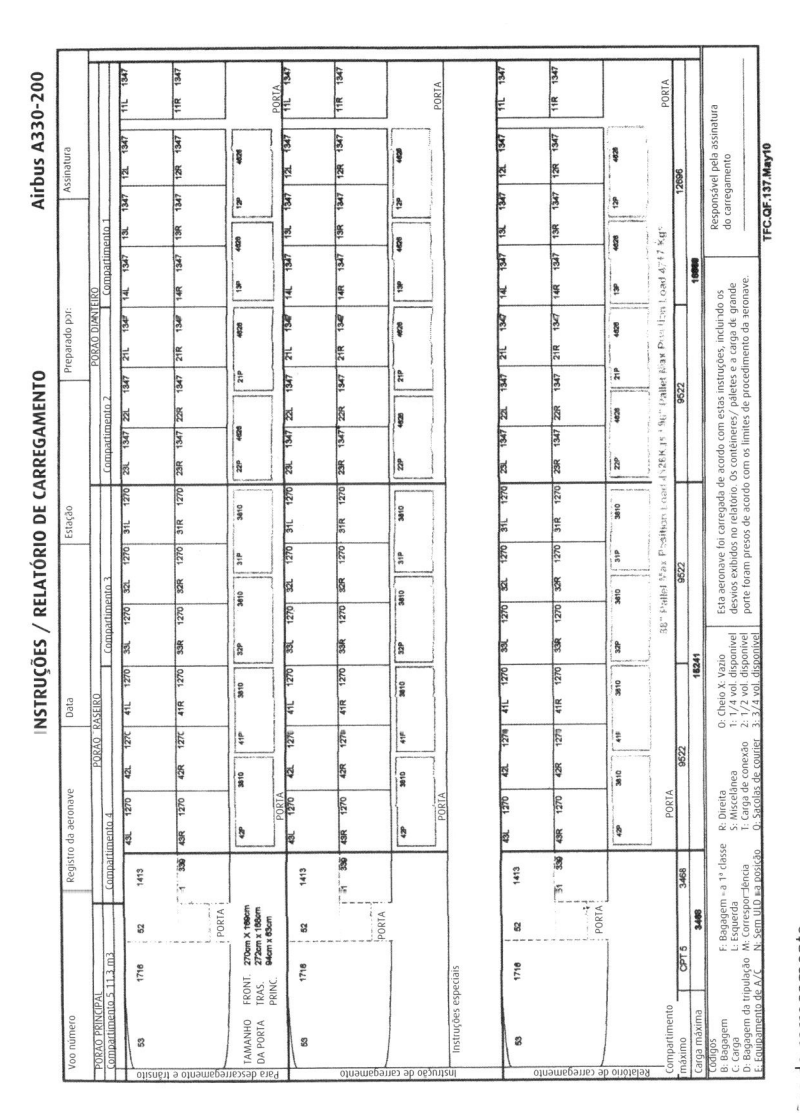

FIGURA 6.11 Instruções de carregamento.

quaisquer inoperacionalidades de navegação ou dos dispositivos de auxílio à aterrissagem. Essas últimas informações estão contidas nos Avisos aos Aviadores (NOTAMs, *Notices to Airmen*), um sistema acordado internacionalmente segundo o qual as autoridades de aviação civil de cada país trocam informações sobre a inoperacionalidade de qualquer uma das instalações de seu país (p. ex.: auxílios navegacionais [*navaids*] e aeroportos). A equipe de despacho de voo obtém NOTAMs da agência governamental apropriada, edita-os e, quando necessário, adiciona detalhes relativos a quaisquer instalações da empresa. Informações relativas ao tempo também são obtidas junto ao departamento de meteorologia do aeroporto e podem ser ampliadas por relatórios durante o voo recebidos das tripulações de outros voos. Um exemplo da apresentação das informações do *briefing* é fornecido na Figura 6.12 para um voo de Los Angeles (LAX) a Chicago (ORD).

```
LAXFO
..LAXFOUA 231828 2970/ROS
WBM 108-23        LAX--ORD         RT: 19          ALTNT MKE
MAP FEATURES WESTERN U.S. 231652Z-240600Z
SFC TROF XTNDS NWWD FROM THE GULF OF CALIF THRU CALIF TO WRN
OREG.HIGH CNTRD OVER XTRM NW MONT DRFTG SE.FOG AND ST OVT THE
PAC NW LIFTING.MARINE ST CONTRL CALIF COAST LIFTING AND
RETURNING TOWARD 06Z.


LAX 1748 150 SCT E280 OVC 4H 110/90/51/1704/986/ 802 1087 65
LAX FT23 231616  180 SCT 250 SCT. 20Z 180 SCT 250 SCT 2512. 02Z
    CLR. 10Z VRF..
LAX NO 9/4 7L/25R OPEN 1600
LAX NO 9/5 EFF 1600 THR 25R DSPLCD 962
LAX NO 9/10 VORTAC OTS 20-2200
LAX NO 13/1 GATE 80 TOW-IN GATE. GATE 72 D737 ONLY NO
    ACCU-PARK, WILL HAVE SIGNALMAN. GATE 74 IS TOW-IN GATE FOR
    DC10 WHEN 83A OR 83 OCCUPIED.
LAX NO 13/2 RWY 25R/07L OPEN FOR ALL UAL ACFT, NO STRUCTUAL.
    WT RSTN, WIDEBODY'S DO NOT APPLY T/O THRUST UNTIL TAXIWAY OJ

ORD 1750 E100 DKN 250 DKN 15 164/64/44/2016/001/ 717 1031 40
ORD FT23 231515 80 SCT 250 --DKN 1810 SCT V BKN. 18Z C80 DKN 250
    DKN 2112 LWR DKN V SCT CHC C30 DKN 3TRW AFT 21Z. 097 VFR..
ORD NO 9/98 14R--32L CLSD 02--1400
ORD NO 9/106 14L--32R CLSD 16--1800
ORD NO 9/108 9R--27L CLSD 241100--1600
ORD NO 9/109 14R--32L CLSD 02--1400 NIGHTLY THRU 11/24 EXCP
    SUN

UA571 /OV HCT 1708 F390/TA MS56/WV 300 TO 305/WV AT 105 TO 110
    KNOTS/TD SMTH/SK NO CLDS BLO CLR
UA235 /OV GCK 1711 F390/WX OVER OCK WIND 045125 TS PLUS3... OVER
    CIM 1743Z WIND 035100 CLEAR WEST OF GCK
UA709 /OV SLN 1643 F350/TA MS26/WV 30090/SK CLD TOPS FL360/TD
    LT TURBC IN CLDS
UA235 /OV SLN 1649 F390/TD FL 390 SMOOTH ACFT BLG REPORTING MOD
    CHOP.TTSM   ACTVTY 40 DME N.IRK TOPS 890 EASY DETOURABLE
```

FIGURA 6.12 Formulário de *briefing* da tripulação de voo da United Airlines.

Controle de voo (*flight watch*)

O controle de voo é um procedimento pelo qual o pessoal de despacho de voo/operações de voo monitora o progresso de voos individuais. Por esse motivo, ele às vezes é descrito como acompanhamento de voo (o que não deve ser confundido com o *flight following* realizado pelo ATC dos Estados Unidos para aeronaves sob as regras de voo visual [VFR, *visual flight rules*]). Devido à natureza global do transporte aéreo, ele é realizado utilizando-se a Hora Média de Greenwich (GMT, *Greenwich Mean Time*), às vezes descrito como *Hora Z*. O controle de voo não deve ser inteiramente passivo; no entanto, informações sobre quaisquer mudanças inesperadas no tempo, na operabilidade ou instalações são transmitidos para a aeronave em voo. Dependendo da extensão da rede de rotas de uma empresa aérea, a responsabilidade pelo controle de voo pode ser dividida em áreas. Além disso, a maioria das maiores empresas aéreas possui uma unidade centralizada de coordenação de operações equipada com amplos equipamentos de comunicação para fornecer as últimas informações sobre o progresso de todas as suas aeronaves. O centro da United Airlines está localizado no Chicago O'Hare; da Air Canada, no Aeroporto Internacional de Toronto; e da British Airways, no Aeroporto Londres Heathrow. É útil para a gestão de operações aeroportuárias saber as localizações e os endereços de telefone/telex desses centros das empresas aéreas que usam seus aeroportos, além de saber de quem é a responsabilidade do controle de voo.

Exigências governamentais

A maioria dos aeroportos que lida com movimentos de passageiros de qualquer escala razoável têm que oferecer espaço de escritório e outros espaços de trabalho nas vizinhanças do terminal de passageiros para a autoridade de aviação civil e a autoridade ATC, se essas forem constituídas separadamente. Na maioria dos aeroportos em que há passageiros internacionais, é possível também que até quatro controles governamentais tenham que ser acomodados:

- Alfândega
- Imigração
- Saúde
- Produtos agrícolas

Na maioria dos países, as instalações necessárias para a inspeção de saúde e de produtos agrícolas não são particularmente exigentes. Ao contrário, os procedimentos alfandegários e de imigração podem ser longos e as exigências em termos de espaço operacional para o processo de exame podem ser muito altas. A Figura 6.13 mostra a configuração de um saguão de imigração em um grande aeroporto internacional. Devido ao efeito de "filtragem" da imigração e do processamento relativamente rápido na maioria dos saguões de inspeção alfandegária, as instalações da alfândega normalmente não são muito amplas. O uso de procedimentos alfandegários verde/vermelho, especialmente na Europa, melhorou significativamente os

FIGURA 6.13 Chegada, área do balcão de imigração.

tempos de processamento sem nenhuma deterioração aparente no cumprimento da lei. Alguns países, porém, ainda têm procedimentos alfandegários muito demorados e envolvidos que exigem a provisão de muitos balcões e amplas áreas de espera. Além de suas áreas de processamento, a maioria das agências governamentais exige espaço de escritório e outros espaços de suporte como áreas de descanso, vestuários e toaletes.

Funções da autoridade aeroportuária não relacionadas aos passageiros

Em aeroportos menores, para facilitar a intercomunicação, geralmente é conveniente localizar dentro do edifício do terminal todas as funções da autoridade aeroportuária não relacionadas aos passageiros. Elas incluem:

- Gestão
- Aquisições
- Finanças
- Engenharia
- Departamento jurídico
- Departamento de pessoal
- Relações públicas
- Serviços aeronáuticos

- Serviços públicos de aviação (p. ex.: monitoramento do nível de ruído)
- Manutenção da planta e estrutura

Em aeroportos maiores, costumam-se separar essas funções da autoridade aeroportuária em edifícios distintos ou em edifícios distantes do terminal para diminuir o nível de congestionamento associado aos terminais mais movimentados. Em várias autoridades aeroportuárias, como a Aéroports de Paris, a Port Authority of New York and New Jersey, e a privatizada BAA no Reino Unido, muitas das funções da gerência e da equipe de funcionários são realizadas integralmente fora do aerporto, sendo apenas as funções operacionais de linha realizadas por funcionários no aeroporto. O projeto detalhado de um terminal deve dar muita atenção ao modo como a autoridade pretende operar suas instalações, pois a necessidade de espaço gira em torno dos procedimentos operacionais.

Processando pessoas muito importantes

Alguns dos aeroportos mais movimentados processam um grande número de "pessoas muito importantes" (VIPs ou *very important persons*). Por exemplo, mais de 1.000 grupos de VIPs passam pelo Londres Heathrow a cada mês. Isso exige instalações e equipes especiais para garantir que a pessoa de chegada ou partida possa passar pelo terminal com todas as cortesias necessárias, protegida das condições do viajante comum. Consequentemente, as instalações VIP têm acessos separados no lado terra, um saguão totalmente equipado e confortável onde a pessoa pode esperar pelo transporte do lado terra ou do lado ar, e um acesso separado ao pátio de aeronaves. As instalações têm que ser capazes de comportar grupos bastante grandes; ao viajar, geralmente os chefes de estado levam consigo grupos VIP de mais de 25 pessoas. Além da necessidade de acomodações suficientemente amplas e adequadamente equipadas, as instalações têm que ser preservadas do ponto de vista da segurança, pois podem se tornar alvo de atos ilícitos. A Figura 6.14 mostra o saguão VIP de um grande aeroporto. Em aeropotos com mais de um terminal, há a escolha de oferecer diversos saguões VIP ou uma instalação central de modo a minimizar o congestionamento e a inconveniência. A escolha dependerá da facilidade de acesso à aeronave pelo pátio para a gama de voos envolvida.

Sistemas de informação aos passageiros

Ao se deslocarem a pé pelo terminal, os passageiros precisam de informações que facilitem seu embarque. Eles não são transportados fisicamente de maneira passiva, como uma carga, embora em terminais maiores sejam usados meios mecânicos para auxiliar a movimentação pelas instalações (ver Seção "Auxílios à circulação", neste capítulo). Isso, é claro, não se refere a pessoas com mobilidade restrita, que precisam de rampas especiais e outras necessidades, o que está além do escopo deste livro. Da mesma forma, um grande número de passageiros chega aos aeroportos

FIGURA 6.14 Instalações de um saguão VIP. (Fonte: Aeroporto Internacional de Bahrain)

em seus próprios veículos pessoais. Há, portanto, a necessidade de garantir que o passageiro tenha informações suficientes tanto na fase de acesso da jornada quanto ao passar pelo terminal para chegar ao portão correto no horário correto com um mínimo de dificuldade e incerteza. Além disso, o passageiro precisa de informações quanto à localização de diversas instalações dentro do terminal, como telefones, toaletes, cafeterias e lojas *duty-free*. As informações, portanto, normalmente são classificadas funcionalmente em categorias ou de orientação direcional ou de informação sobre voos. As orientações direcionais começam a alguma distância do aeroporto e normalmente envolvem a cooperação com alguma autoridade governamental local para garantir que as placas adequadas sejam incorporadas ao sistema rodoviário em todas as vias apropriadas de acesso ao aeroporto (Figura 6.15). Geralmente, essas placas de trânsito incluem o símbolo de um avião para ajudar o motorista a identificar as direções rapidamente. Mais próximo do aeroporto, placas de aproximação ao terminal guiam o passageiro à parte apropriada do terminal. É essencial que o motorista possa ver placas grandes e claras em posições que permitam manobras veiculares seguras no sistema de vias de aproximação ao aeroporto. O motorista tem que obter informação sobre a rota a ser tomada no que diz respeito a divisões como chegadas/partidas e voos domésticos/internacionais e, geralmente, a localizações específicas a empresas aéreas (Figura 6.16). Em aeroportos com mais de um terminal, há placas indicando cada terminal individual, ou pela designação do terminal ou por grupos de empresas aéreas. Dentro do terminal, os fluxos de passageiros de partida são orientados principalmente por placas de orientação direcional, que indicam o *check-in*, controles governamentais, saguões de partida, posições de portão, entre outros. Outras instalações do terminal que

FIGURA 6.15 Placa de trânsito indicando o caminho ao aeroporto em árabe e inglês com pictograma.

FIGURA 6.16 Placas de sinalização com direções para áreas do terminal de empresas aéreas específicas.

têm que ser identificadas são áreas de concessionárias e de serviços públicos como telefones, toaletes e restaurantes (Figura 6.17).

É essencial que as placas de sinalização sejam cuidadosamente projetadas. A ICAO possui um conjunto de pictogramas recomendados para a sinalização no interior de terminais. Muitos aeroportos adotaram sua própria convenção de sinalização. Em alguns casos, a sinalização utilizada fica aquém dos padrões aceitáveis. Deve-se providenciar sinalização suficiente para permitir que o passageiro encontre as instalações ou o caminho que está procurando; da mesma forma, não pode haver uma proliferação tamanha de placas que chegue a causar confusão. É essencial que a configuração da sinalização seja projetada em conformidade com as alturas internas disponíveis nos edifícios, que, por sua vez, têm que ser determinadas reconhecendo a necessidade essencial de placas de sinalização suspensas. Uma vez no terminal, os passageiros recebem informações relativas ao *status* e à localização de voos de partida do lado de partidas do sistema de informações sobre voos. Historicamente, essas informações eram exibidas em quadros mecânicos, eletromecânicos ou eletrônicos. Entretanto, esses quadros foram suplantados, em sua maioria, por unidades de exibição visual (VDUs, *visual display units*) mais baratas, que podem ser localizadas economicamente em diversos pontos por todo o terminal. A Figura 6.18 fornece um exemplo de um moderno banco de VDUs.

Os passageiros de chegada recebem informações de orientação similares que ajudam a levá-los até a área de coleta de bagagens e à área de acesso ao lado terra, parando, no caminho, na imigração e na alfândega no caso de chegadas internacionais. É necessário ter sinalizações adequadas que indiquem a saída do terminal para todos

FIGURA 6.17 Placas de informação de um terminal.

FIGURA 6.18 Banco de VDUs de informação sobre os voos.

os passageiros, além das vias de circulação interna para os passageiros que usem o modo automóvel. Um exemplo de uma placa de sinalização indicando a saída para a rua é exibido na Figura 6.19. Pessoas que tenham vindo ao aeroporto para receber pessoas de determinado voo são informadas do *status* do voo e de sua localização ou por um quadro eletromecânico de chegadas ou por VDUs (Figura 6.20). VDUs de chegada ou partida têm a vantagem de serem prontamente compatíveis com sistemas de informação computadorizados e podem ser atualizados facilmente. As unidades propriamente ditas, que são relativamente baratas, são facilmente removíveis, substituídas e consertadas em caso de falhas.

A maioria das operadoras de aeroportos fornece pelo menos um guichê de informações por terminal do lado das partidas e, menos frequentemente, do lado das chegadas. Esse guichê de funcionários, do qual pode-se ver um exemplo na Figura 6.21, fornece informações que vão além daquelas fornecidas pelos sistemas visuais. Além disso, a equipe é capaz de auxiliar aqueles que não conseguem usar o sistema automático por qualquer motivo. No caso de falha dos sistemas automáticos, o único meio de fornecer o *status* e a localização de voos pode ser um guichê provido de funcionários.

Na tentativa de melhor disponibilizar informações, os aeroportos estão introduzindo quiosques de informações no regime de autoserviço. Esses quiosques têm a vantagem de serem relativamente baratos, ocuparem pouco espaço e poderem ser posicionados de maneira flexível de modo a atender às necessidades dos usuários.

FIGURA 6.19 Placas de vias de saída do terminal.

Componentes de espaço e adjacências

Anteriormente afirmamos que, para funcionar adequadamente, a organização de um terminal tem que seguir de perto as estratégias e exigências operacionais. Por consequência, não se podem adotar regras fixas para a divisão geral do espaço do terminal. A Figura 6.22, no entanto, fornece um guia geral da distribuição funcional do espaço de um terminal em um típico aeroporto dos EUA. Em instalações privatizadas, fornece-se consideravelmente mais espaço a concessões comerciais. É provável que mais da metade da área do terminal seja alugada a terceiros se salas de

Capítulo 6 Operações do terminal de passageiros 181

FIGURA 6.20 Quadro de chegadas.

FIGURA 6.21 Guichê de informação com funcionários.

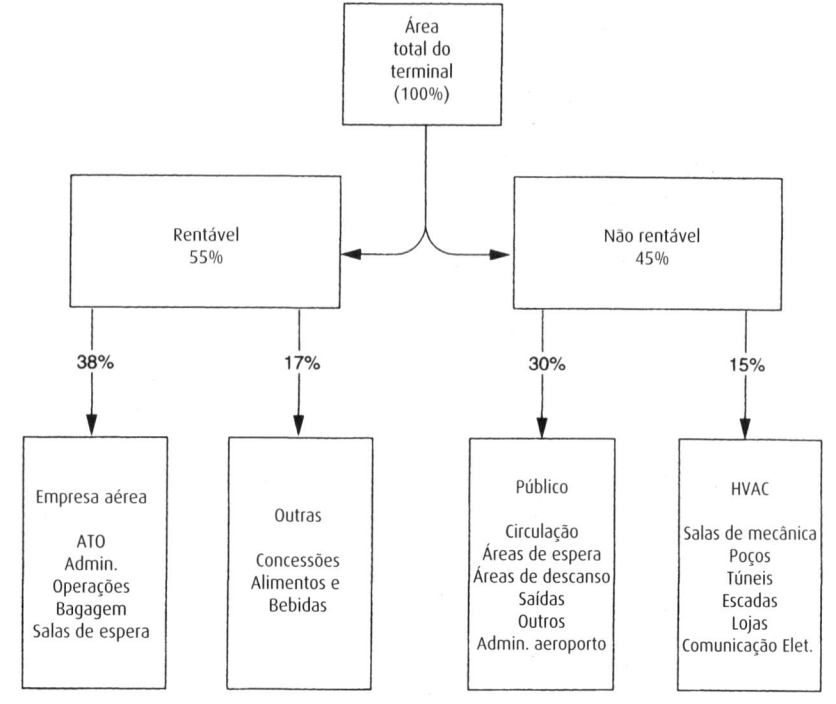

FIGURA 6.22 Distribuição do espaço do terminal.

bagagem forem incluídas no percentual de áreas alugadas. Para estimativas detalhadas de exigências de espaço em terminais, sugere-se que o leitor consulte textos e guias sobre projeto de aeroportos (Ashford et al. 2011; Horonjeff et al. 2010; TRB 2011a, 2010b). Entretanto, ainda resta a questão das inter-relações dos espaços fornecidos, isto é, adjacências operacionais desejáveis. Em uma típica configuração de terminal, há várias instalações que idealmente deveriam ser agrupadas com grande proximidade umas das outras, enquanto que a justaposição de outras instalações não é essencial. Por exemplo, o agrupamento é desejável para áreas de concessão, mas não é essencial para aéreas administrativas das empresas aéras. É importante que as áreas de inspeção alfandegária estejam nas vizinhanças imediatas da área de coleta de bagagem. A Figura 6.23 indica um gráfico de adjacências funcionais publicado pela IATA para auxiliar na localização das instalações de terminais. Essas adjacências são de grande interesse tanto para a autoridade que tem que operar uma instalação quanto para o projetista do aeroporto (Hart 1985; Blow 1996, 2005).

Auxílios à circulação

Terminais de aeroportos de grande porte com múltiplas posições de portão para grandes aeronaves de transporte envolvem necessariamente grandes distâncias de circulação interna. Em alguns aeroportos de terminal único, como o Chicago O'Hare, EUA, a distância entre as posições de portões das duas extremidades opostas chega

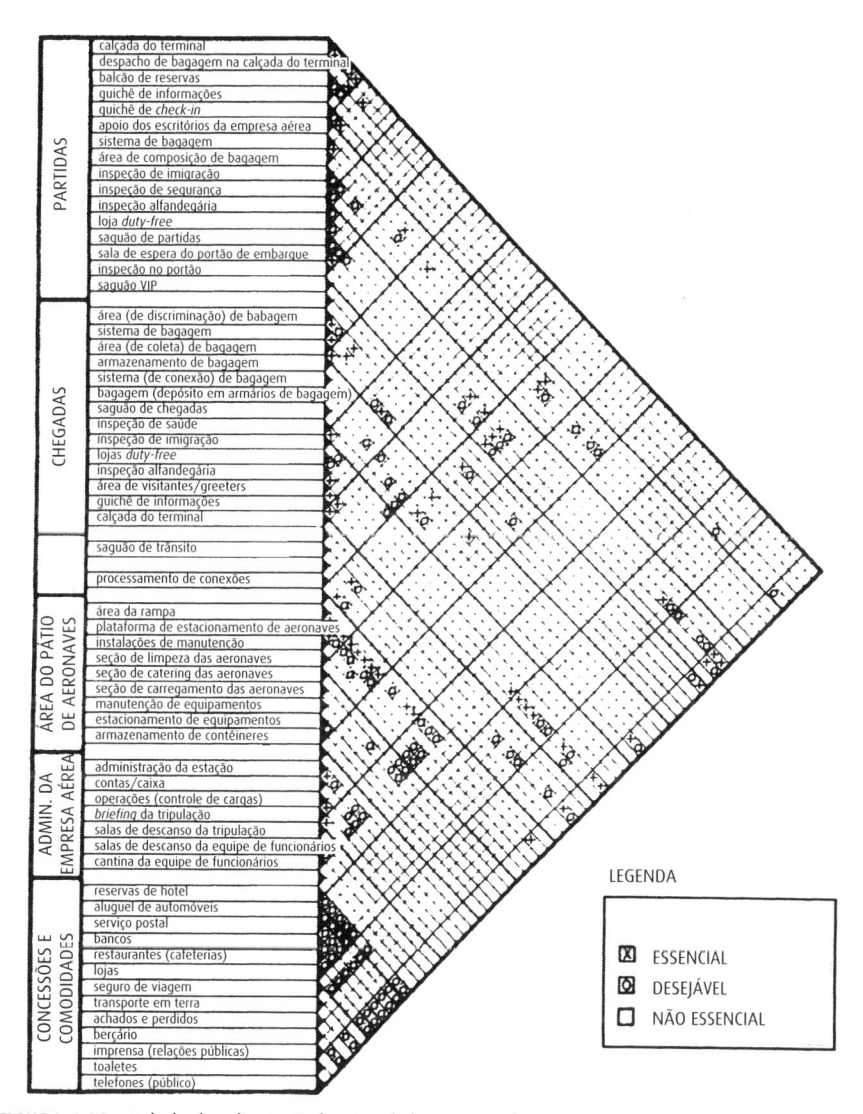

FIGURA 6.23 Tabela de adjacência funcional. (Fonte: IATA)

perto de 1 milha (1,6 km) e a distância do centro da área de estacionamento de automóveis até o portão da extremidade oposta é aproximadamente a mesma. Para facilitar a inconveniência de ter que andar longas distâncias, agora está se tornando comum nos aeroportos instalar alguma forma de auxílio mecanizado à circulação. Nos aeroportos com configurações em multiterminais (p. ex.: Kansas City, Charles de Gaulle, Seattle, New York JFK e Houston), em píeres remotos (p. ex.: Atlanta, Madrid e Pittsburgh), e em satélites remotos (p. ex.: Londres Gatwick, Terminal 5 do Londres Heathrow, Miami, Tampa e Orlando), as distâncias podem ser muito grandes e o movimento mecanizado se torna essencial. Por exemplo, se a construção final do Novo Aeroporto Internacional de Seul (NSIA, *New Seoul International*

Airport) for feita de acordo com seu plano diretor, haverá mais de 5 milhas (8,5 km) entre os terminais das extremidades opostas. De qualquer maneira, agora está se tornando uma prática comum fornecer auxílio mecanizado sempre que viável quando as distâncias de caminhada excedem 1.500 pés (450 m). São usados três principais métodos de auxílio à movimentação:

1. *Ônibus*. Usados para conectar terminais em operações multiterminais (p. ex.: Paris Charles de Gaulle, New York JFK, Los Angeles e Londres Heathrow)
2. *Esteiras de pedestres*. Usadas dentro de píeres e para conectar os passageiros a satélites remotos ou a estações de trem (p. ex.: Amsterdã, Londres Heathrow, Los Angeles, Atlanta e Barcelona)
3. *Unidades de transporte automático de pessoas* (people movers). Usados para estabelecer conexões com píeres remotos, estações de trem ou entre terminais (p. ex.: Miami, Londres Gatwick, Frankfurt, Tampa, Atlanta, Houston e Singapura)

As esteiras de pedestres são uma tecnologia mais antiga e hoje muito utilizada com a qual se tem muita experiência. Sua grande limitação é da velocidade, que, por motivos de segurança na hora de entrar e sair, tem que ser mantida em aproximadamente 1,5 milha por hora (2,5 km/h). Para distâncias muito longas, portanto, elas não são apropriadas. Outra desvantagem é o fato de haver motivos técnicos que limitam seu comprimento. Existe também a probabilidade de que pelo menos uma em uma cadeia de esteiras se torne inoperante devido a falhas à medida que o dispositivo vai envelhecendo. Elas também têm que ser operadas em uma única direção, o que significa que, ao contrário de um sistema de transporte de pessoas de duas vias, uma direção não pode ser operada no modo inverso se houver uma falha na outra direção. Sob condições de falha de equipamento, andar talvez seja a única outra opção.

Vários aeroportos maiores hoje fazem uso de transportadores de pessoas (*people movers*), veículos automáticos que funcionam, essencialmente, como "elevadores horizontais," sendo capazes de transportar passageiros a velocidades máximas de aproximadamente 30 milhas por hora (45 km/h). A Figura 6.24 mostra o túnel subterrâneo que conecta os píeres remotos do lado ar à área do terminal principal no aeroporto de Atlanta. Os passageiros podem chegar aos píeres a pé, usando as esteiras transportadoras ou usando o sistema de *people mover* em loop, no qual se pode entrar em uma das estações dos píeres. Um dos primeiros desses veículos foi o usado para conectar o terminal aos satélites em Atlanta, como mostra a Figura 6.25, e terminal a terminal, como na Figura 6.26. Esses sistemas automáticos reduzem o número de funcionários necessários, mas exigem amplos sistemas de controle (Figura 6.27). É comum prover áreas de manutenção como a exibida na Figura 6.28, dentro da área do terminal ou próximo a uma das áreas satélites que alimenta. Onde tais sistemas são usados, é necessário ter áreas de estação, pistas, sala de controle, áreas de manutenção, áreas apropriadas para evacuações de emergência e pontos de escape, além de métodos alternativos de deslocamento em caso de falhas.

Capítulo 6 Operações do terminal de passageiros 185

FIGURA 6.24 Túnel que conecta píeres ao terminal no Aeroporto Internacional de Atlanta Hartsfield-Jackson, EUA.

FIGURA 6.25 Estação de unidade de transporte de pessoas (*people mover*) entre terminais e satélites.

FIGURA 6.26 Unidade de transporte de pessoas (*people mover*) no trilho entre o terminal principal e um terminal satélite no Aeroporto Internacional de Tampa, EUA.

FIGURA 6.27 Sala de controle de unidades de transporte de pessoas (*people mover*) no Aeroporto Internacional de Atlanta Hartsfield-Jackson, EUA. (Fonte: Bombardier)

FIGURA 6.28 Unidade de transporte de pessoas (*people mover*) na área de manutenção. (Observe a fossa de manutenção sob os trilhos.)

A confiabilidade do sistema é extremamente importante, porque sem o meio de transporte de pessoas, o projeto do terminal deixa de ser coerente – o passageiro estaria sujeito a distâncias de caminhada intoleráveis. Portanto, a autoridade aeroportuária determina altos padrões de desempenho para esses equipamentos. É comum exigir vários meses de operação em regime de teste antes de poder transportar passageiros. As autoridades, então, especificam que a disponibilidade do sistema nos primeiro meses de operação deve ser de 98%, com um desempenho subsequente de 99,5%. Com os sistemas atuais, é aparente que 99,9% de disponibilidade seja possível. Um arranjo comum é que o fabricante dos equipamentos opere e mantenha o sistema por um período de dois anos iniciais e realize manutenções subsequentes previstas no contrato.

Considerações relacionadas a *hubbing*

Nos últimos 15 anos, particularmente desde a desregulamentação, as empresas aéreas têm tendido a estabelecer operações de sistemas radiais *hub-and-spoke* para melhorar a frequência do serviço, índices de ocupação e destinos disponíveis. Consequentemente, inúmeros aeroportos nos Estados Unidos e em outros lugares se tornaram aeroportos *hub*, onde conexões de passageiros são comuns e podem chegar a mais de dois terços do tráfego total (p. ex.: Dallas–Fort Worth e Atlanta). Em alguns casos, a operação *hub* é dirigida pela empresa aérea (p. ex.: Pittsburgh com a USAir). Em outros casos, a política é dirigida pelo aeroporto, quando se encorajam conexões entre diferentes empresas aéreas (*interline*), além de em avião da mesma empresa (p. ex.: Londres Heathrow).

Os terminais *hub* diferem consideravelmente dos terminais origem-destino. Eles têm que acomodar grandes números de passageiros se movimentando de um portão a outro nos terminais em vez de apenas do lado terra ao portão e vice-versa. Da mesma forma, uma grande proporção de bagagem dos passageiros tem que ser manuseada para conexões *interline* ou da mesma empresa em vez de ser bagagem com apenas uma origem e um destino.

Um terminal *hub* tem que ser projetado e operado de modo a lidar com "ondas" de passageiros alimentadas por frotas de aviões de chegada e de partida. Durante um único dia em um grande *hub*, o número dessas "ondas" pode chegar a 12. Reconhecendo que as conexões entre diferentes portões podem exigir distâncias consideráveis a serem cobertas em tempos de conexão relativamente baixos, os grandes *hubs* exigem auxílios mecanizados à circulação que sejam rápidos e confiáveis (p. ex.: Pittsburgh, Atlanta, Singapura e Madrid). Quando as instalações têm que agir como um *hub* entre voos internacionais e domésticos (p. ex.: Birmingham, no Reino Unido), deve-se prestar uma atenção especial às instalações de alfândega e de imigração para garantir que seja possível para os passageiros fazer as conexões. Terminais de *hubs* internacionais (p. ex.: Amsterdam, Singapura, Dubai e Hong Kong) geralmente oferecem extensas instalações comerciais para compras *tax-free* e *duty-free* por saberem que os passageiros provavelmente terão algum tempo livre para compras durante a conexão. Até mesmo *hubs* domésticos desenvolveram amplas instalações comerciais projetadas para atrair compradores impulsivos com tempo livre (p. ex.: Pittsburgh).

As exigências de manuseio de bagagem em terminais *hub* diferem enormemente daquelas de aeroportos de origem-destino (ver Capítulo 5, no qual o manuseio de bagagem é descrito de forma mais completa). É essencial que haja uma capacidade de transferência de bagagem rápida e precisa entre voos da mesma empresa e *interline*. O custo operacional para as empresas aéreas de bagagem extraviada ou danificada é inaceitavelmente alto quando isso não pode ser garantido. A situação se torna ainda mais complicada quando se trata de voos domésticos e internacionais. As regulamentações da ICAO exigem que os passageiros e suas bagagens sejam relacionados para garantir que malas desacompanhadas, de passageiros que não aparecem para buscá-las, não sejam permitidas em voos internacionais. Se um passageiro não conseguir pegar a conexão, as malas carregadas devem ser descarregadas da aeronave, um motivo caro e demorado de atraso de voos.

Referências

Ashford, N. J., S. Mumayiz, and Paul H. Wright. 2011. *Airport Engineering*, 4th ed. Hoboken, NJ: Wiley.

Blow, C. 1996. *Airport Terminals*, 2nd ed. London: Butterworth.

Blow C. 2005. *Transport Terminals and Modal Interchanges*. Amsterdam: Elsevier.

Federal Aviation Administration (FAA). 1976. *The Apron and Terminal Building Planning Report* (FAA-RD-75-191). Washington, DC: FAA, Department of Transportation.

Federal Aviation Administration (FAA). 1980. *Planning and Design of Airport Terminal Facilities at Non-Hub Locations* (AC 1 SO/5360-9). Washington, DC: FAA, Department of Transportation.

Federal Aviation Administration (FAA). 1988. *Planning and Design of Airport Terminal Facilities* (AC150/5360-13). Washington, DC: FAA, Department of Transportation.

Hart, W. 1985. *The Airport Passenger Terminal.* New York: Wiley-Interscience.

Horonjeff, R., F. X. McKelvey, W. J. Sproule, and S. B. Young. 2010. *Planning and Design of Airports.* New York: McGraw-Hill.

International Air Transport Association (IATA). 2004. *Airport Development Reference Manual*, 9th ed. Geneva: IATA.

International Air Transport Association (IATA). 2004. *Airport Development Reference Manual*, 9th ed. Montreal, Canada: IATA.

Transportation Research Board (TRB). 2010. *Airport Passenger Terminal Planning and Design*, Vol. 1: *Guidebook.* Washington, DC: ACRP, TRB.

Transportation Research Board (TRB). 2010. *Airport Passenger Terminal Planning* and Design, Vol. 2: Spreadsheets and Users Guide. Washington, DC: ACRP, TRB.

CAPÍTULO 7
Segurança aeroportuária

Introdução

Os aeroportos, assim como outros locais públicos, sempre foram vulneráveis a crimes convencionais como vandalismo, furto, invasões e até mesmo crimes contra indivíduos. Ultimamente, como parte de um sistema de transporte mundial, eles também se tornaram foco de terrorismo. Atos terroristas já envolveram explodir bombas a bordo de aeronaves em pleno voo, ataques em terra a aeronaves e instalações aeroportuárias, o uso de armas de fogo e mísseis, o sequestro de aeronaves e o uso de aeronaves sequestradas para atacar edifícios e instalações proeminentes. Os sequestros normalmente resultam em tomar os passageiros e a tripulação como reféns e a subsequente implicação de um aeroporto em tentativas de libertar os reféns e apreender o(s) sequestrador(es). Desde a década de 1980, grandes aeronaves foram derrubadas em pleno voo, resultando, em cada caso, em centenas de fatalidades[1]. Nos incidentes de 11 de setembro de 2001, o sequestro foi levado a outra dimensão quando quatro aeronaves foram atacadas simultaneamente em atrocidade terrorista coordenada, para efetuar ataques suicidas em quatro alvos diferentes no nordeste dos Estados Unidos, em Nova York e em Washington, DC. A imensa perda de vidas, assim como a perda de propriedades, mudou o mundo da segurança em aeroportos e na aviação da noite para o dia.

Nacional e internacionalmente, há preocupações consideráveis em prover uma proteção contínua contra a possibilidade de ataques à aviação civil; os aeroportos estão na última linha de defesa. A ocorrência de um severo incidente de segurança é tão imprevisível e tão improvável quanto a probabilidade de um acidente aéreo, mas ambos apresentam um sério potencial de perda de vidas e ferimentos graves ou danos a propriedades.

A gestão aeroportuária, bem como outros envolvidos na operação de elementos do sistema de transporte aéreo civil, tem que tomar medidas que ofereçam um alto nível de proteção de edifícios e equipamentos (inclusive aeronaves) além de garantir a segurança pessoal dos passageiros e de equipes de funcionários que usam

---

[1] No dia 23 de junho de 1985, uma bomba explodiu a bordo do voo B747 Air India 182 no espaço aéreo irlandês, matando 329 passageiros e tripulação. O voo Iran Air Flight 655, um Airbus A300, foi derrubado no dia 3 de julho de 1988 ao entrar no Golfo Pérsico, com a perda de 290 passageiros e tripulação. No dia 21 de dezembro de 1988, o voo Pan Am 103, um Boeing 747, foi derrubado por uma bagagem-bomba quando sobrevoava a Escócia, com a perda de 243 passageiros e 16 tripulantes.

o sistema. Isso tem que ser feito de uma maneira que incomode o mínimo possível as normas operacionais normais, mantendo, ao mesmo tempo, normas de segurança aceitáveis em todo o sistema aeroportuário. Para que essa meta fundamental da operação moderna de segurança seja atingida, são necessários o compromisso e a cooperação de órgãos governamentais centrais e locais, autoridades e empresas aeroportuárias, empresas aéreas, outros locatários do aeroportos, a polícia e a equipe de segurança e o público propriamente dito. Este capítulo discute como os procedimentos de segurança afetam a operação aeroportuária e descreve, em termos gerais, as exigências de segurança dos aeroportos. Por motivos óbvios, serão evitadas descrições de arranjos procedimentais detalhados, bem como a identificação dos procedimentos e arranjos em aeroportos específicos.

Estrutura de regulamentações internacionais da International Civil Aviation Organization (ICAO)

A base da regulamentação internacional data da Convenção sobre Aviação Civil Internacional da ICAO em 1944, que substituiu a Convenção de Paris sobre Navegação Aérea, de outubro de 1919, e a Convenção de Havana sobre Aviação Comercial, de 1928. Na convenção de 1944, pouca atenção é dada à necessidade de segurança na aviação civil, mas o documento indica de maneira breve, no Artigo 64, a necessidade de entrar em acordo mundial pela preservação da paz.

Durante as décadas de 1960 e 1970, os sequestros eram vistos como o problema mais significativo da aviação. Com o passar do tempo, a ênfase dos ataques à aviação civil passou a ser a destruição da aeronave durante o voo. Uma série de convenções abordou a questão da segurança na aviação:

Tóquio 1963. Convenção sobre Delitos e Outros Atos Cometidos a Bordo de Aeronaves – preocupada com todo o assunto de crime em aeronaves e especificamente com a segurança da aeronave e de seus passageiros.

The Hague 1970. Convenção pela Supressão da Tomada de Controle Ilícita de Aeronaves – lida com sequestros, recomendando especificamente que se tornem um crime extraditável.

Montreal 1971. Convenção sobre a Supressão de Atos Ilícitos Contra a Aviação Civil – ampliando a Convenção de Hague e adicionando o crime de sabotagem.

Proteção da Aviação Civil Internacional Contra Atos de Interferência Ilícita, Anexo 17 da Convenção de Chicago de 1944, datada de 1974 (ICAO 1974) – estabeleceu as normas da aviação internacional e 17 práticas recomendadas.

Protocolo de Montreal pela Supressão de Atos Ilícitos de Violência em Aeroportos que Atendam à Aviação Civil Internacional, 1988 – um complemento da Convenção de Montreal que pretendia abordar atos de violência contra a aviação civil que ocorre em aeroportos e escritórios de emissão de bilhetes, o que não recebeu a devida atenção em 1971.

Convenção do México 1991 – produziu regulamentações que tornavam obrigatória a marcação de explosivos plásticos com a finalidade de detecção de suas fontes.

Documento da ICAO 8973: Segurança: Proteção da Aviação Civil Internacional Contra Atos de Interferência Ilícita – publicado em 1971 e atualizado com frequência, esse manual documenta, detalhadamente, procedimentos para prevenir atos de violência contra a aviação. É um documento restrito, sendo disponibilizado somente para aqueles cujo conhecimento desse tipo de informação é considerado necessário.

Normas do Anexo 17

O Anexo 17 estabelece diversas normas e práticas recomendadas para a segurança da aviação civil. Elas incluem a criação de uma organização nacional com responsabilidade geral pela segurança da aviação, a exigência de que cada aeroporto deva implementar um programa de segurança aeroportuária, de que haja uma autoridade responsável em cada aeroporto, de que haja um comitê de segurança aeroportuária e de que os requerimentos de projeto de segurança aeroportuária sejam seguidos. Essas normas são, respectivamente:

Norma 2.1.2: "Cada Estado contratante deverá estabelecer uma organização e desenvolver e implementar regulamentações, práticas e procedimentos que protejam a aviação civil contra atos de interferência ilícita levando em consideração a segurança, regularidade e eficiência dos voos."

Norma 3.2.1: "Cada Estado contratante deverá exigir que cada aeroporto que atenda à aviação civil estabeleça, implemente e mantenha por escrito um programa de segurança aeroportuária que seja adequado para atender às exigências do programa nacional de segurança na aviação civil."

Norma 3.2.2: "Cada Estado contratante deverá garantir que uma autoridade em cada aeroporto que atenda à aviação civil seja responsável pela coordenação da implementação de controles de segurança."

Norma 3.2.3: "Cada Estado contratante deverá garantir que seja estabelecido um comitê de segurança aeroportuária em cada aeroporto que atenda à aviação civil para auxiliar a autoridade mencionada sob o item 3.2.2 em seu papel de coordenar a implementação de controles e procedimentos de segurança segundo as especificações do programa de segurança aeroportuária."

Norma 3.2.4: "Cada Estado contratante deverá garantir que as exigências de projeto do aeroporto, incluindo as exigências arquitetônicas e relacionadas à infraestrutura necessárias para a implementação das medidas de segurança do programa nacional de segurança na aviação civil, sejam integradas ao projeto e à construção de novas instalações e a alterações de instalações já existentes nos aeroportos" (ICAO 1974).

Essas importantes normas de segurança são cumpridas de diferentes maneiras em cada país, havendo diferenças significativas.

A estrutura de planejamento da segurança

Claramente, a questão da segurança tem amplas implicações, que vão muito além dos limites jurisdicionais do aeroporto, chegando ao próprio governo central. Planejar atender às necessidades das emergências de segurança e garantir a prevenção de atos ilícitos contra a aviação civil exige o envolvimento de inúmeras organizações, como:

- A administração do aeroporto
- As empresas aéreas em operação
- A organização nacional da aviação civil
- Os serviços de segurança nacional
- A polícia
- O exército
- Serviços médicos
- Sindicatos trabalhistas
- A alfândega
- Departamentos governamentais

Internacionalmente, a ICAO exige que o Estado-membro inicie um programa nacional de segurança na aviação que possa ser desenvolvido por um comitê nacional formado por representantes dessas organizações. Para que esse órgão e os aeroportos propriamente ditos sejam eficientes em combater ameaças à segurança, tem que haver um processo claramente estabelecido que começa com uma política nacional e é operacionalmente aparente nos procedimentos adotados nos aeroportos individuais. A política nacional se reflete em um plano de segurança na aviação, uma necessidade se os aeroportos e o governo desejam fazer algo além de reagir *a posteriori* a um incidente de segurança[2]. O plano nacional é implementado pela provisão de equipes de funcionários, equipamentos e treinamento em aeroportos e outras áreas sensíveis da aviação. Em todo o sistema e nas instalações individuais, as operações de segurança são testadas, avaliadas e modificadas de modo a garantir padrões de desempenho adequados.

Análises dessa natureza têm que ser realizadas por agentes de segurança e pessoal de operações qualificados, e as avaliações devem incluir informações sobre a severidade de qualquer deficiência e como ela está relacionada à segurança aeroportuária como um todo. Em particular, devem-se fazer esforços para determinar se as condições insatisfatórias refletem o descuido de indivíduos ou a existência de problemas sistemáticos. Ao aplicar tal abordagem analítica, podem-se avaliar os pontos fortes e fracos de um sistema de segurança. Alterações nas orientações de políticas importantes são feitas por meio de uma avaliação contínua da situação do clima de

---

[2] Entretanto, reconhece-se que nenhum programa de segurança garante que incidentes não venham a ocorrer, então são preparados e exercitados planos de contingência tanto no aeroporto individual quanto no âmbito nacional.

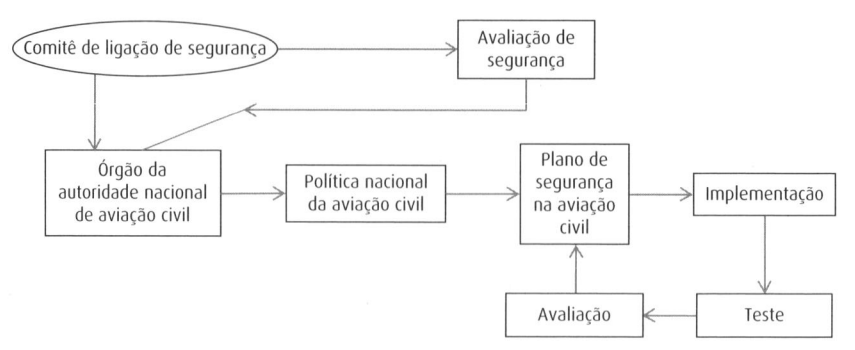

FIGURA 7.1 Ciclo de planejamento de segurança. (Adaptado da ICAO)

segurança, uma vez que este está em constante modificação. Fatores que podem alterar radicalmente a ameaça de segurança em determinado país ou em determinado aeroporto são agitações ou insegurança política e a publicidade difundida de outros incidentes de segurança. A Figura 7.1 indica a estrutura conceitual do ciclo de planejamento de segurança. A reavaliação de ameaças deve levar em consideração não somente o nível de ameaça, mas também as tendências percebidas, especialmente os tipos de armas usadas e as técnicas e táticas empregadas. Para ter qualquer valor no sentido de prevenção, a reavaliação deve ser baseada em informações de inteligência precisas e oportunas no que diz respeito às intenções, capacidades e ações de terroristas antes que elas cheguem ao aeroporto. Nesse caso, a cooperação internacional tem um papel a ser desempenhado, um fato sublinhado quando os Estados Unidos assinaram a Lei de Segurança Aeroportuária no Exterior (Foreign Airport Security Act), como parte da Lei Internacional de Segurança e Desenvolvimento (International Security and Development Act), de 1985. Para dar suporte às exigências de serviços de inteligência dessa lei, foram criados novos escritórios interdepartamentais nos Estados Unidos sob as cláusulas da Lei de Aperfeiçoamento da Segurança na Aviação (Aviation Security Improvement Act), de 1990.

Programa de segurança aeroportuária

Pelo fato de os programas nacionais de segurança na aviação serem estabelecidos em conformidade com as exigências das convenções da ICAO, há uma similaridade geral na estrutura desses programas entre os muitos signatários da convenção. Entretanto, há também diferenças contundentes na maneira como os programas de segurança são estruturados. As principais diferenças estão no grau de envolvimento do governo central na segurança da aviação e no grau em que esse envolvimento é delegado aos governos regionais ou estaduais e às autoridades aeroportuárias. A estrutura geral pode ser brevemente descrita da seguinte maneira (Tan 2007):

- Legislação e fontes de regulamentações
- Comitê de segurança do aeroporto

- Estrutura de comunicações e descrição física do aeroporto
- Medidas e controles de segurança
- Equipamentos de segurança
- Resposta a atos de interferência ilícita
- Treinamento de segurança
- Controle de qualidade

É nos detalhes da atribuição de responsbilidades que as estruturas dos diferentes programas variam de uma jurisdição para outra.

Envolvimento federal dos Estados Unidos na segurança da aviação

Nos Estados Unidos, a segurança aeroportuária agora é responsabilidade do Department of Homeland Security (DHS), administrado pela Transportation Security Administration (TSA). Antes dos grandes ataques terroristas de 2001 ao World Trade Center e ao Pentágono, a inspeção de segurança dos passageiros era de responsabilidade das empresas aéreas. Os aspectos operacionais da inspeção geralmente eram realizados por empresas privadas de segurança. A Lei da Segurança na Aviação e Transporte (Aviation and Transportation Security Act), de novembro de 2001, surgiu em resposta direta aos ataques anteriores de 11 de setembro. Como parte dos termos dessa lei, a TSA foi estabelecida no Departamento de Transporte, mas rapidamente transferida ao DHS, que foi criado pela Lei de Segurança Nacional (Homeland Security Act), de 2002.

As regulamentações que estão relacionadas com o estabelecimento e a operação da segurança nos aeroportos foram publicadas no "Título 49: Transporte" do *Código de Regulamentações Federais* (*Code of Federal Regulations*) dos EUA. São elas (US 2012):

Código de Regulamentações Federais 49, Parte 1540: Segurança: Regras Gerais

Código de Regulamentações Federais 49, Parte 1542: Segurança Aeroportuária

Código de Regulamentações Federais 49, Parte 1544: Segurança de Operadores de Aeronaves

Código de Regulamentações Federais 49, Parte 1546: Segurança de Empresas Aéreas Estrangeiras

Programa de segurança aeroportuária: estrutura dos Estados Unidos

Para cumprir as exigências do *Código de Regulamentações Federais* quanto à garantia da segurança dos aeroportos dos EUA, exige-se que cada aeroporto prepare um programa de segurança aeroportuária que deve conter os seguintes elementos:

- O nome, as funções e as exigências de treinamento do coordenador de segurança do aeroporto (ASC, *airport security coordinator*)
- Uma descrição e um mapa das áreas cobertas pelo programa de segurança, detalhando limites, meios de identificação a serem usados, procedimentos para controle de pessoal e de movimentação de veículos e controle de acesso (ver Figura 7.2)
- Uma descrição e um mapa da área de operações aéreas (AOA, *air operations area*), incluindo limites, atividades que afetam a segurança, o controle de acesso, o controle da movimentação na área e exigências de assinaturas
- Uma descrição da área que exige identificação de segurança (SIDA, *security identification display area*), incluindo uma descrição e um mapa, elementos pertinentes e atividades dentro ou adjacentes à SIDA
- Uma descrição das áreas estéreis, incluindo um diagrama com dimensões que detalhem limites, elementos pertinentes e controles de acesso
- Cumprimento das exigências de verificações de registros de antecedentes criminais
- Descrição do sistema de identificação de pessoal
- Procedimentos de escolta de não funcionários que exijam escolta
- Procedimentos interpelativos
- Programas de treinamento de funcionários
- Uma descrição do uso e da operação de suporte ao cumprimento da lei
- Planos de contingência para incidentes como ataques terroristas, ameaças de bomba, distúrbios civis, pirataria aérea e itens suspeitos/não identificados
- Procedimentos para a distribuição, armazenamento e destruição de informações de segurança confidenciais e não confidenciais

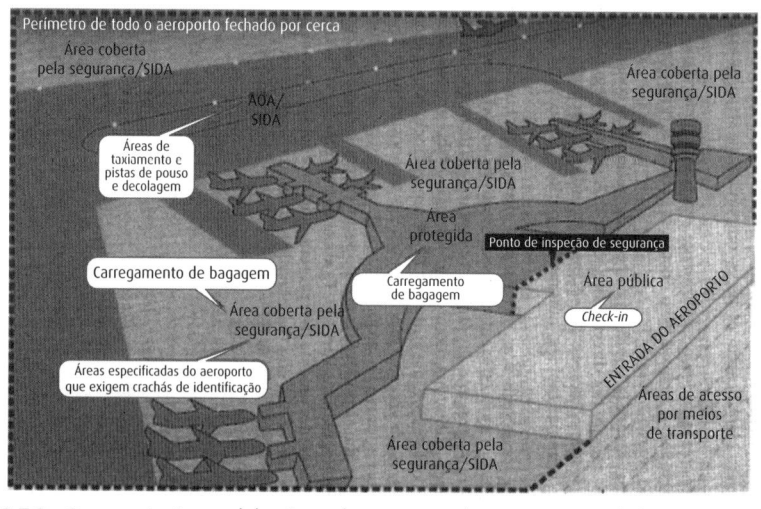

FIGURA 7.2 Representação geral das áreas de segurança de um aeroporto. (Adaptado da TSA)

- Assessorias públicas
- Procedimentos de gestão de incidentes
- Procedimentos de segurança alternativos no caso de desastres naturais ou outras emergências não relacionadas à segurança
- Acordos relacionados aos programas de segurança aos locatários do aeroporto e acordos de áreas exclusivas

Planejamento de segurança aeroportuária fora dos Estados Unidos

A ICAO exige que cada Estado-membro estabeleça uma organização nacional responsável pela segurança da aviação e que cada aeroporto tenha um plano de segurança aeroportuária. Não especifica, no entanto, as relações envolvidas ou os procedimentos a serem seguidos. A abordagem dos EUA, baseada inteiramente em responsabilidades da TSA do governo federal e nos procedimentos que esse órgão determina, possui uma forte estrutura descendente. Outros países escolheram arranjos muito menos centralizados. No Reino Unido, a estrutura do planejamento de segurança é um arranjo ascendente baseado em uma avaliação adequada de risco local em determinado aeroporto. Os planos de segurança britânicos se baseiam em acordos existentes cuja operação é considerada satisfatória e na metodologia de Avaliação Multiagências de Riscos e Ameaças (MATRA, *Multi-Agency Threat and Risk Assessment*).

A Figura 7.3 indica como, no Reino Unido, um grupo de assessoria de risco (RAG, *risk advisory group*), que consiste na gerência aeroportuária e no delegado de polícia local, produz um relatório de riscos à segurança aeroportuária para o grupo de agentes de segurança (SEG, *security executive group*). O SEG é constituído por:

- A operadora do aeroporto
- A força policial local
- A autoridade policial local
- As empresas aéreas

A partir do relatório de risco à segurança aeroportuária, o SEG produz um plano de segurança aeroportuária emendado que é revisado ciclicamente. Quando se identifica a necessidade de policiamento, a operadora do aeroporto, a polícia e a autoridade policial local produzem um acordo de serviços policiais (PSA, *police services agreement*) que determinam o nível de policiamento e como ele será financiado (Wheeler 2002).

Revista e inspeção de passageiros e de bagagem de mão

Talvez mais do que em qualquer outra atividade do aeroporto, as medidas de segurança são percebidas como o que há de mais eficiente na prevenção de atos ilícitos.

Como funciona a estrutura?

Ciclo de planejamento de segurança aeroportuária

Legenda:
- Grupo
- O que é produzido
- Ação

```
Todos os aeroportos:
  Grupo de assessoria de risco
  MATRA ou equivalente
        ↓
  RAG produz ou emenda
  relatório de risco
        ↓
  Relatório de risco
        ↓
  Grupo de agentes de segurança
        ↓
  SEG aprova (e pode emendar) as recomendações
  do relatório de segurança
        ↓
  SEG produz ou emenda
  plano de segurança aeroportuária
        ↓
  Plano de segurança aeroportuária

Apenas os aeroportos em que se identifica uma necessidade de policiamento:
  Operadora do aeroporto,
  polícia e autoridade policial
        ↓
  Produzem ou emendam o PSA
        ↓
  Acordo de serviços policiais
```

(Revisão: retorna ao Grupo de assessoria de risco)

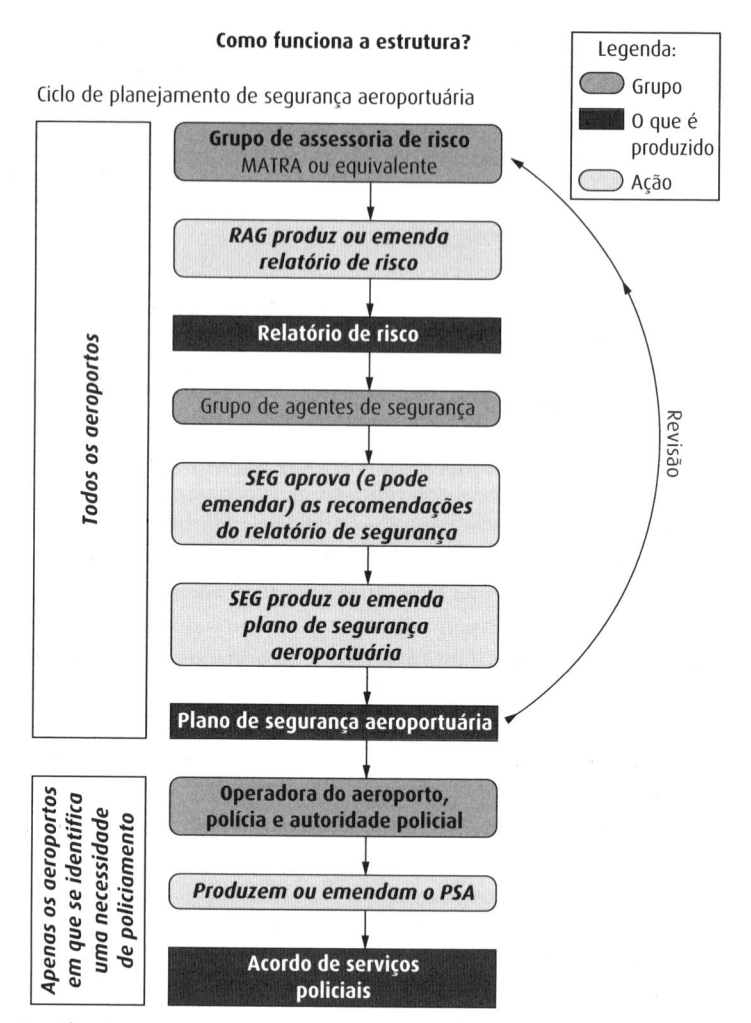

FIGURA 7.3 Planejamento de segurança aeroportuária no Reino Unido. (Fonte: Wheeler 2002)

Se o público for conscientizado, em termos gerais, de que um programa de segurança está em operação, a incidência de ataques diminui, o que indica um efeito preventivo. É totalmente possível tornar público o fato de que há sistemas de segurança em operação em um terminal sem revelar sua natureza. Diversos aeroportos internacionais fazem questão de colocar avisos públicos no terminal com essa intenção. Quanto menos se souber sobre as medidas de segurança, maior será a probabilidade de que o programa seja bem-sucedido em afastar todos, exceto os mais determinados agressores. Em geral, há um sistema de segurança em operação em todo o processo de facilitação do passageiro, que inclui a emissão de bilhetes, *check-in* de passageiros, despacho de bagagem e embarque (IATA 2004; TSA 2006). Comportamentos anormais nas etapas de emissão de bilhetes e *check-in* devem alertar a equipe de funcionários para possíveis problemas. No processo de embarque, procedimentos de segurança têm que garantir que nenhum agressor potencial seja capaz de levar qualquer tipo de arma para a aeronave. A mera presença de sistemas de segurança visíveis tem grandes chances de reduzir a ocorrência de incidentes.

Uma segurança bem-sucedida necessita que o limite entre lado ar e lado terra (área protegida – área pública) seja contínuo e bem definido pelo terminal de passageiros, com uma delimitação muito clara de onde se encontra a área protegida depois de realizada a inspeção de segurança. O número de pontos de acesso ao lado ar tem que ser severamente limitado; aqueles que são disponibilizados aos passageiros têm que estar ocupado por pessoal de segurança. O acesso às áreas estéreis através de entradas restritas a funcionários não podem ser diretos e têm que ser sinalizados como fechados ao público. O acesso da equipe de funcionários deve incorporar o mesmo nível de inspeção de segurança que é usado para os pontos de entrada de passageiros à área protegida.

Inspeções centralizada e descentralizada

A forma de inspeção de segurança realizada em passageiros depende da localização do ponto de inspeção no terminal de passageiros. As duas formas básicas de inspeção são a centralizada e a descentralizada. A segurança *centralizada* antes da entrada em uma área de embarque protegida atendendo a múltiplos portões geralmente exige menos funcionários de segurança e equipamentos, mas com maior sofisticação. Sua principal desvantagem é que indivíduos não inspecionados podem conseguir acesso à área protegida pelo pátio de aeronaves ou passando por rotas que não estejam sendo supervisionadas por funcionários. A inspeção *descentralizada* ou inspeção no portão de embarque é realizada imediatamente antes de a aeronave ser embarcada; após a inspeção, os passageiros são mantidos em um saguão protegido. Algumas operadoras acreditam que a inspeção no portão alcança o nível máximo de segurança. Entretanto, exige maior número de funcionários de segurança e de equipamentos, tende a causar mais atrasos no embarque e tem a desvantagem de que a interpelação de uma pessoa ou grupo armado é realizada nas proximidades da aeronave. Entretanto, em alguns aeroportos internacionais com um grande número de passageiros de conexão internacional, onde há a exigência de que todos os passageiros sejam inspecionados ao embarcar, independentemente de onde tenham vindo, a inspeção descentralizada nos portões é a solução mais viável (p. ex.: Schiphol Amsterdã e Changi Singapura). Nos Estados Unidos, onde o trânsito internacional sem entrada nos Estados Unidos não é permitido, não surge esse problema. Algumas das vantagens e desvantagens das inspeções centralizadas e descentralizadas são indicadas na Tabela 7.1. A Figura 7.4 mostra, em um diagrama, a estrutura das áreas estéreis e públicas para sistemas de segurança em píer protegido centralizado e descentralizado.

Ponto de inspeção de segurança

A configuração de um típico ponto de inspeção de segurança (SSCP, *security screening checkpoint*) é exibida na Figura 7.5 (TSA 2006). A Figura exibida mostra uma configuração em conformidade com os padrões estabelecidos pela TSA nos Estados Unidos e não se pode esperar que ela satisfaça as exigências de todas as jurisdições ou que seja necessária em todas as jurisdições. A TSA exige que todos os pontos de

TABELA 7.1 Vantagens e desvantagens de áreas de inspeção centralizadas e descentralizadas

Vantagens	Desvantagens
Inspeção centralizada	
Favorecida pelos passageiros	Exige a inspeção dos funcionários que entrarem na área protegida
Número mínimo de funcionários e equipamentos necessários para processar determinado número de passageiros	Alimentos, mercadorias e outros materiais têm que ser examinados
Estimula que os passageiros gastem dinheiro em restaurantes e outras áreas comerciais	A separação de passageiros de chegada e de partida é difícil de alcançar
Mais fácil de concentrar o pessoal de segurança em um único local	Apenas um padrão de inspeção é possível, enquanto que voos de alto risco podem exigir uma inspeção mais minuciosa
	A vigilância de passageiros é difícil em aeroportos movimentados
Inspeção no portão	
Eliminam-se os problemas da separação e da vigilância	
	Exige que os passageiros sejam chamados com mais antecedência
	Resulta na perda de tempo que o passageiro gasta em restaurantes, bares, lojas, etc. e de receitas
Risco de conspiração entre funcionários e possíveis agressores é minimizado	
Permite que se tomem medidas especiais em voos de alto risco	
	Envolve longos tempos de espera em salões lotados em frente ao portão sem comodidades
	Exige maior número de funcionários e equipamentos para processar determinado número de passageiros
	Cria problemas de disponibilidade de equipes de inspeção se os horários previstos dos voos sofrerem grandes alterações
	Dificulta a presença de uma polícia armada dependendo do número de portões em uso ao mesmo tempo
	Permite que um possível terrorista chegue próximo da aeronave antes da inspeção e o risco de acesso ao pátio de aeronaves através de saídas de emergência é muito elevado
	Permite que terroristas identifiquem grupos de passageiros específicos e os juntem em filas e grupos atacáveis
	Os salões de espera junto aos portões têm que ser ampliados para acomodar
Inspeção na área de espera/píer	
Combina as vantagens e desvantagens das outras configurações	
Poderia ser a melhor opção se houvesse espaço disponível para estabelecer os pontos de inspeção necessários em locais adequados	

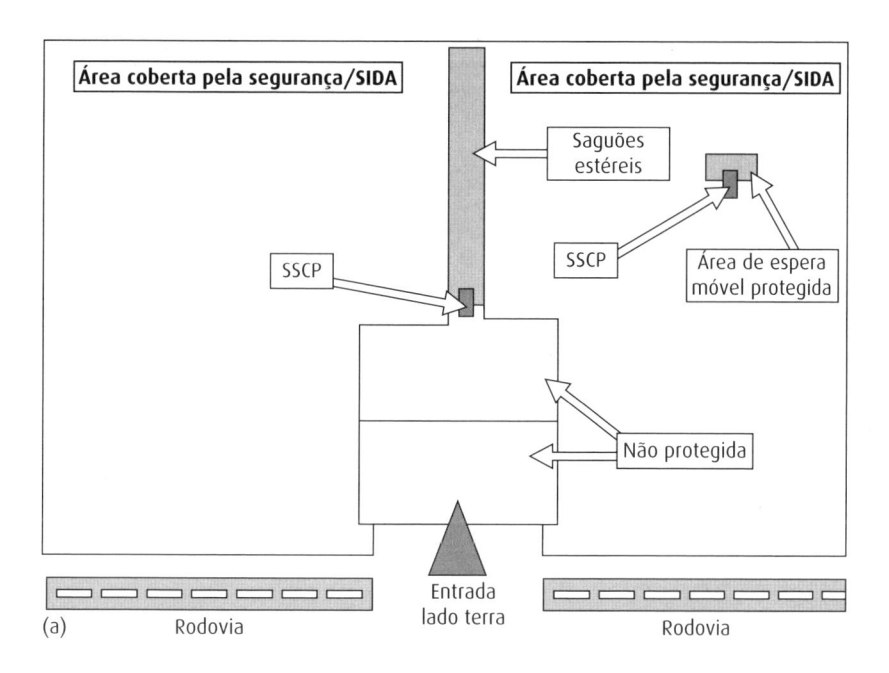

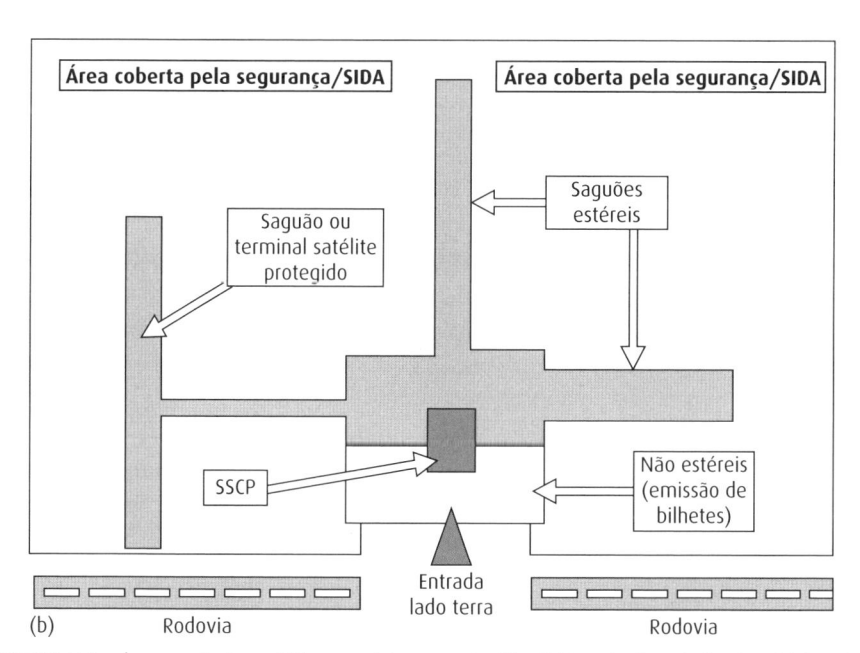

FIGURA 7.4 Áreas estéreis e públicas em (*a*) píer protegido, (*b*) terminal centralizado e (*c*) terminal descentralizado. (Adaptado da TSA.) (*continua*)

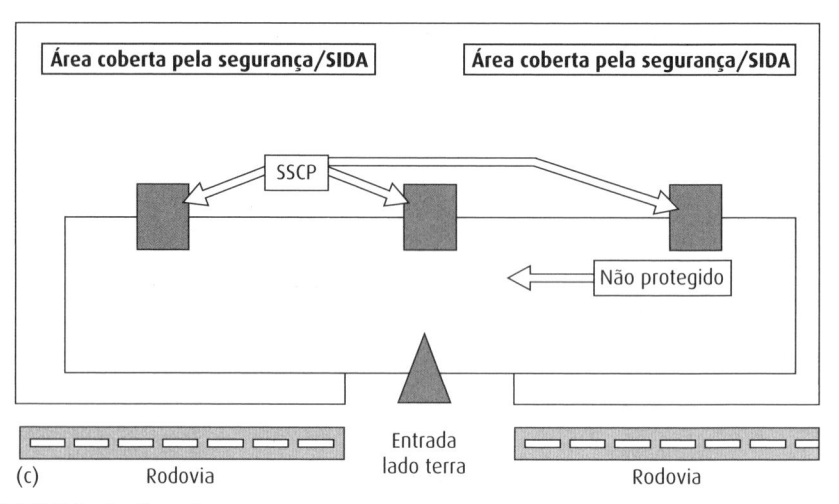

FIGURA 7.4 *Continuação.*

inspeção sejam formados por módulos de uma ou duas faixas. A Tabela 7.2 indica como as faixas individuais de inspeção são combinadas de modo a formar pontos de inspeção. Em um aeroporto muito pequeno, será necessário um único canal. Em um aeroporto maior que exija oito faixas de inspeção, isso pode ser alcançado com quatro módulos, sendo cada um deles formado por uma configuração de faixa dupla. Os pontos de inspeção compreendem:

Portal detector de metais intensificado (WTMD, walk-through metal detector*).* Esse dispositivo investiga todo o corpo do passageiro quando ele passa pelo portal detector (Figura 7.6). Qualquer material metálico suspeito faz disparar um alarme, que exige uma inspeção pessoal mais detalhada.

Detector de metal portátil (HHMD, handheld metal detector*).* Os passageiros que fazem disparar o alarme são rotineiramente examinados com um detector de metal portátil, às vezes chamados de *wand*. Os dispositivos, que são leves e de fácil manuseio, detectam tanto metais ferrosos quanto não ferrosos. A Figura 7.6 também mostra um típico detector portátil.

Postos de espera. Quando estes existem, os passageiros que fizeram disparar um alarme no portal WTMD podem ser direcionados a um posto de espera, onde passam por uma segunda inspeção por um HHMD. Esses postos idealmente têm paredes transparentes de modo que os passageiros não percam de vista sua bagagem de mão, que está sendo examinada simultaneamente pela máquina de raios X de bagagem de mão.

Detector de traços de explosivos (ETD, explosive trace detector*).* Esses dispositivos geralmente se encontram disponíveis para oferecer suporte a duas faixas de inspeção. Eles determinam a presença de traços de material explosivo no material que está sendo carregado para a aeronave pelos passageiros. A Figura 7.7 mostra um típico ETD, que pode detectar os traços capturados ao tocar um objeto suspeito.

Ingresso/área pública A

Legenda (as letras se referem ao diagrama ao lado e aos parágrafos seguintes):

A = Zona de instrução e preparação pré-inspeção
B = Espaço para filas
C = Portal detector de metal
D = Barreira não metálica
E = Portão não metálico para portadores de deficiências
F = Máquina de raios X para bagagem de mão
G = Mesas de apoio para se despojar de itens e se recompor
H = Paredes/barreiras adjacentes ao SSCP
I = Posto de espera
J = Posto de inspeção com detector portátil (*wanding*)
K = Máquina de detecção de traços de explosivos (ETD) com mesa
L = Área de assentos depois do egresso

Outros elementos (não exibidos neste diagrama):

Portal de detecção de traços de explosivos
Raios X complementar
Posto do oficial de polícia
Posto do supervisor
Área de inspeção privada
Cobertura do SSCP e CCTV
Gabinete de conexões de dados
Iluminação do SSCP
Ponto de acesso sem fio
Via de saída
Posto da via de saída
CCTV da via de saída
Sistemas integrados da via de saída

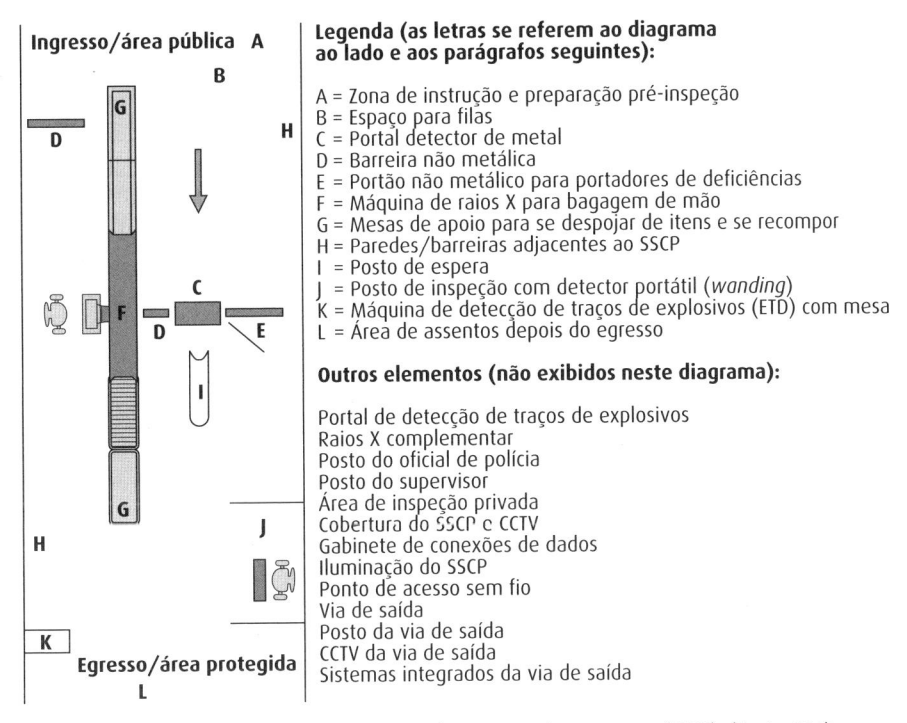

Egresso/área protegida L

FIGURA 7.5 Configuração típica de um ponto de inspeção de segurança (SSCP). (Fonte: *TSA*)

TABELA 7.2 Elementos de um ponto de inspeção padrão da TSA

Área de inspeção	Elementos dos equipamentos
Por faixa individual	Portal detector de metais intensificado (WTMD) Raios X da bagagem de mão com extensões de rolamento
Por módulo (uma ou duas faixas)	Máquina de detecção de traços de explosivos (ETD, *explosive trace detection*) (1 ou 2) mesas de inspeção de malas Áreas de inspeção com detector portátil e áreas de espera (um ou dois lados)
Por área de inspeção	Posto do oficial de polícia Posto do supervisor (apenas em aeroportos de grande porte) Área de inspeção privada (0 a 2) máquinas de raios X complementar 1 ou 2 faixas: Nenhuma 3 a 5 faixas: Uma 6 ou mais faixas: Duas Gabinete de conexões de dados

FIGURA 7.6 Portal detector de metais (WTMD) e detector portátil para inspeção pessoal. (Garrett)

Portal detector de traços de explosivos (*ETP*, explosive trace portal). São usados para detectar traços de explosivos em um possível passageiro. Esses dispositivos, que são construídos na forma de um portal de passagem, têm a capacidade de determinar a presença de explosivos que possam ter escapado de detecção na etapa WTMD da inspeção. Ao contrário do WTMD, o passageiro tem que fazer

FIGURA 7.7 Detector de traços de explosivos. (GE Security.)

uma breve pausa no portal de ETP. A tecnologia de ETP é capaz de detectar uma ampla gama de explosivos, líquidos e narcóticos. Em tamanho e aspecto, o ETP é muito similar a um WTMD comum.

São necessários equipamentos de raios X complementares em pontos de inspeção maiores para examinar sapatos e outros itens escaneados no processo de inspeção secundária. Deve-se prover uma área de inspeção privada para passageiros que exijam uma inspeção mais discreta.

Em torno de 2010, aeroportos maiores tanto nos Estados Unidos quanto em outros países, particularmente na Grã-Bretanha e na Holanda, introduziram *scanners de corpo inteiro*. Existem dois tipos que dependem de tecnologias muito diferentes:

Scanners de raios X *backscatter*

Scanners de radiação *terahertz*

Scanners de raios X backscatter (também chamados de *scanners de raios X suaves*) operam com o uso de uma dose de radiação ionizante muito baixa. Afirma-se que essa dosagem seja equivalente a uma hora adicional de radiação de fundo e é muito mais baixa do que a exposição recebida ao voar por uma hora a 35.000 pés. Um scanner moderno é exibido na Figura 7.8.

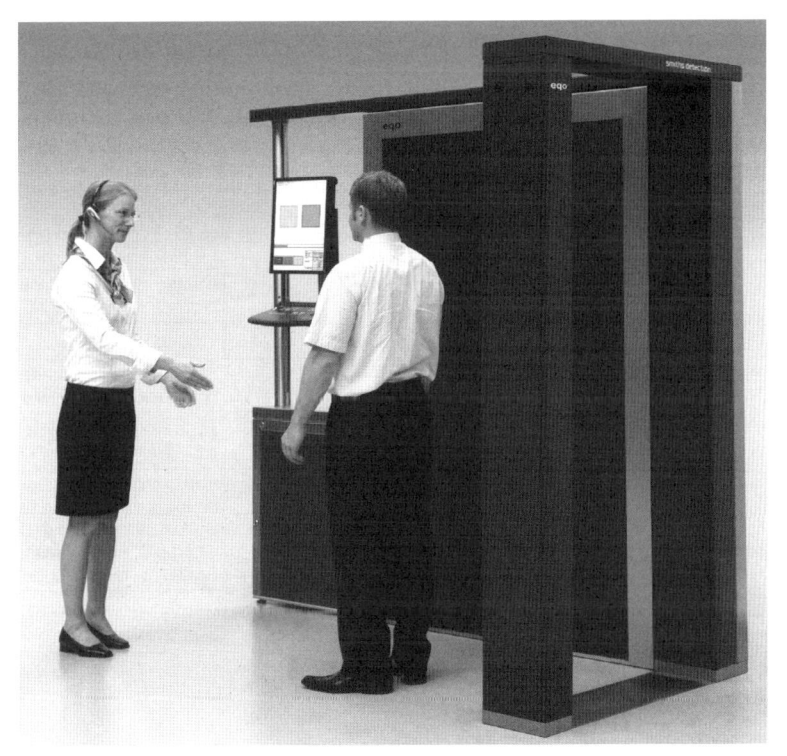

FIGURA 7.8 Scanner de corpo inteiro: raios X por dispersão (*backscatter*). (Cortesia: Smiths Detection)

Os *scanners de radiação terahertz* usam ondas de rádio de frequência extremamente alta que são capazes de penetrar pelas roupas. Por não utilizarem raios X, não há dose de radiação equivalente.

Ao serem adotados nos Estados Unidos, a intrusão pessoal dos scanners corporais, que produzem imagens de passageiros despidos para o exame pelo pessoal de segurança, causou uma considerável inquietação e hostilidade por parte do público. Os viajantes que se recusarem a usar *scanners* de corpo inteiro têm que passar por uma extensa inspeção manual, conhecida como *revista*. A introdução dessa regulamentação causou ainda mais preocupações devido às áreas íntimas do corpo que tinham que ser examinadas fisicamente pelos funcionários da segurança.

A máquina de raios X da bagagem de mão, que é continuamente monitorada por um operador treinado, escaneia os itens colocados em uma esteira que passa por dentro da máquina. O dispositivo, como o exemplo mostrado na Figura 7.9, possui mesas antes e depois das esteiras de rolamento para permitir que os passageiros juntem a bagagem e outros itens a serem examinados e os recuperem após a inspeção.

Os SSCPs são similares em tamanho e configuração em todo o mundo. Os Estados Unidos publicaram um extenso e detalhado manual que aborda o planejamento, projeto e operação dessas áreas cobertas pela segurança (TSA 2006). Diretrizes são também disponibilizadas pelas publicações da Associação Internacional

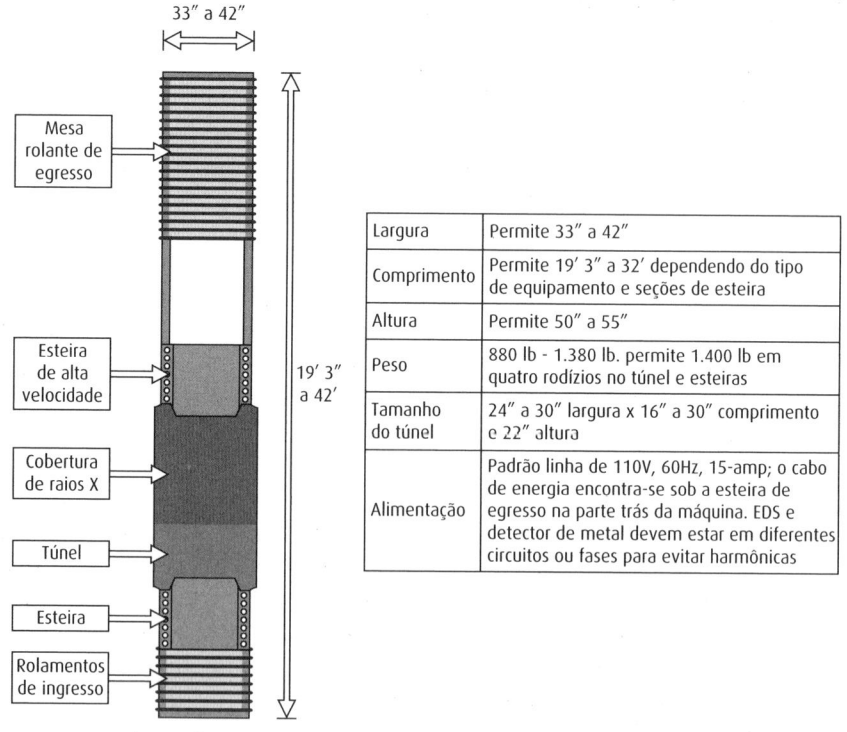

Largura	Permite 33" a 42"
Comprimento	Permite 19' 3" a 32' dependendo do tipo de equipamento e seções de esteira
Altura	Permite 50" a 55"
Peso	880 lb - 1.380 lb. permite 1.400 lb em quatro rodízios no túnel e esteiras
Tamanho do túnel	24" a 30" largura x 16" a 30" comprimento e 22" altura
Alimentação	Padrão linha de 110V, 60Hz, 15-amp; o cabo de energia encontra-se sob a esteira de egresso na parte trás da máquina. EDS e detector de metal devem estar em diferentes circuitos ou fases para evitar harmônicas

FIGURA 7.9 Máquina de raios X da bagagem de mão. (Fonte: TSA)

de Transportes Aéreos (IATA 2004). A disponibilidade desse material de orientação tende a tornar as instalações de segurança mais uniformes em padrões e eficiência. A Tabela 7.2 mostra os elementos de um ponto de inspeção padrão da TSA.

Muitos dos ataques à aviação ocorreram pela penetração do sistema por acesso via terminal de passageiros. Nos aeroportos maiores, especialmente naqueles com operações internacionais, foram introduzidas medidas de segurança muito rígidas para que se realize uma inspeção segura dos passageiros. Um nível homogêneo de segurança na aviação ainda não é universal; é tentador acreditar que em um aeroporto menor, especialmente em aeroportos menores com operações exclusivamente domésticas, as medidas de segurança, no que diz respeito à inspeção de passageiros, pode ser relaxada abaixo dos padrões observados em aeroportos maiores. Esse é um argumento enganoso. O sistema de transporte aéreo é interconectado, e uma inspeção negligente em um aeroporto em um continente pode introduzir um passageiro armado e perigoso em voos de partida para outro. A menos que a segurança da inspeção de passageiros seja mantida a um nível que garanta padrões mínimos aceitáveis em todo o sistema de aviação, o mundo do transporte aéreo estará dividido entre aeroportos que são seguros e aqueles que têm que ser classificados como inseguros. Isso exige que medidas de segurança sejam aplicadas a todas as aeronaves que cheguem de origens inseguras.

Inspeção e revista de bagagem

Depois da explosão de uma bomba no voo 182 da Air India ao sobrevoar águas irlandesas em junho de 1985, a indústria da aviação introduziu regras relacionadas à bagagem despachada e o transporte de bagagem despachada quando um passageiro não embarca. A explosão de uma bomba no voo 103 da Pan Am ao sobrevoar Lockerbie, Escócia, em dezembro de 1988 alertou a indústria para o fato de que as regras não estavam sendo cumpridas de modo adequado. Posteriormente, toda a bagagem despachada tem que se sujeitar à inspeção por raios X e a bagagem de um passageiro que não embarcar terá que ser descarregada se já tiver sido carregada quando as portas da aeronave se fecharem. O cumprimento satisfatório dessas regras exige que a empresa aérea saiba exatamente onde se localiza cada bagagem carregada nos contêineres do porão da aeronave de modo a permitir um descarregamento rápido.

Estar em conformidade com as exigências de inspeção de bagagem despachada significava algumas dificuldades iniciais para as empresas aéreas, pois os sistemas de manuseio de bagagem geralmente tinham espaço ou capacidade inadequados para acomodar a inspeção por raios X de malas depois que elas tinham sido aceitas no sistema de carregamento de bagagem no *check-in*. Em muitos aeroportos, os passageiros tinham que fazer *check-in* e, então, levar suas malas até uma máquina de raios X instalada próxima, onde eram submetidas aos raios X e despachadas no sistema de carregamento de bagagem. A maioria dos aeroportos agora opera com um sistema interno de inspeção de bagagem. Na Europa, as malas são sujeitadas a um exame de três níveis. O Nível 1 é uma inspeção por raios X que permite que a mala vá para o carregamento. As malas que são rejeitadas no Nível 1 são encaminhadas a um exame mais detalhado da imagem de raio X no Nível 2. Aquelas que passam podem ir para o carregamento. As malas que não passam no Nível 2 são levadas a uma inspeção detalhada no Nível 3. Somente quando a inspeção no Nível 3 é satisfatória, a mala tem permissão para prosseguir. Nos Estados Unidos, a inspeção interna envolve uma única máquina de alto nível (CTX) integrada ao sistema de bagagem. Os padrões europeus serão equiparados aos dos Estados Unidos até o ano de 2018. A Figura 7.10 fornece exemplos de configurações de raios X de bagagem despachada para sistemas internos com múltiplos fluxos de bagagem. Em alguns países e regiões, as inspeções de bagagem ainda são realizadas dentro dos próprios balcões de bilhetes (TSA 2006).

Inspeção e revista de frete e carga

A inspeção de frete e carga também tem sido rotina desde a introdução da inspeção da bagagem despachada logo depois da explosão da bomba no voo da Air India em 1985. Inspecionar a bagagem despachada sem também inspecionar a carga que normalmente é transportada em voos de passageiros seria inútil. O equipamento de inspeção por raios X tem que acomodar pacotes muito grandes em dispositivos unitários de carga (ULDs, *unit loading devices*). Um exemplo de tal máquina é mostrado na Figura 7.11. Essas máquinas têm exibição colorida dos conteúdos dos contêineres e são capazes de detectar contrabandos como armas, explosivos, narcóticos e dinheiro escondidos.

Controle de acesso dentro e em todos os edifícios do aeroporto

Reconhecendo que o lado ar é potencialmente uma área vulnerável a ataques terroristas, o acesso, para pessoas que não sejam passageiros, deve ser restringido a pessoal identificado. Toda a equipe de terra das empresas aéreas, todos os outros funcionários do aeroporto que precisam de acesso para realizar seus trabalhos e toda a equipe de funcionários e tripulação das empresas aéreas devem ter passes que autorizam a entrada à área do aeroporto que exige identificação de segurança (SIDA). Os cartões de identificação, normalmente conhecidos como *passes SIDA*, devem ter uma fotografia e detalhes em um crachá inviolável que deve ser emitido pela unidade responsável pela segurança do aeroporto. Os crachás devem ser exibidos o tempo todo. Nos Estados Unidos, antes de obter um crachá SIDA, um indivíduo tem que passar por uma verificação de antecedentes criminais baseada no exame de sua impressão digital. Visitantes que precisem entrar nas áreas SIDA devem ter passes especiais e têm que ser acompanhados o tempo todo. A maioria dos aeroportos possui regras detalhadas sobre a escolha de visitantes especificando o número máximo de visitantes por funcionário de escolta.

Capítulo 7 Segurança aeroportuária **209**

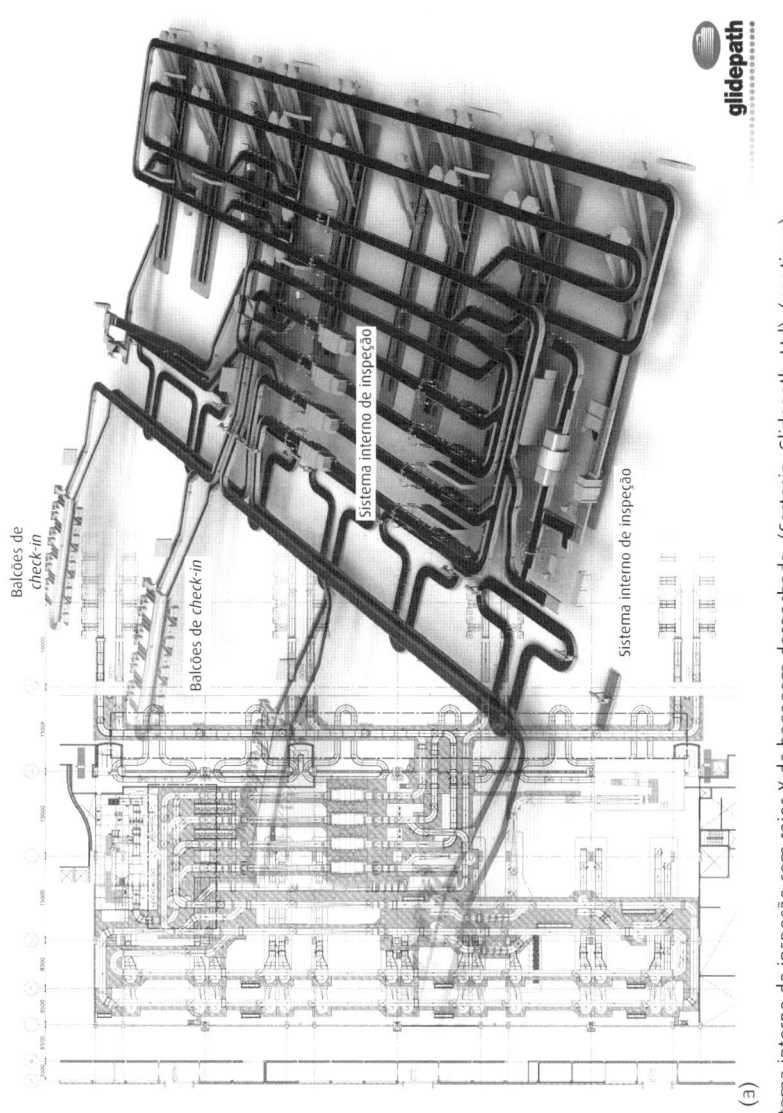

FIGURA 7.10 (*a*) Sistema interno de inspeção com raios X de bagagem despachada. (Cortesia: Glidepath, Ltd) (*continua*)

(b)

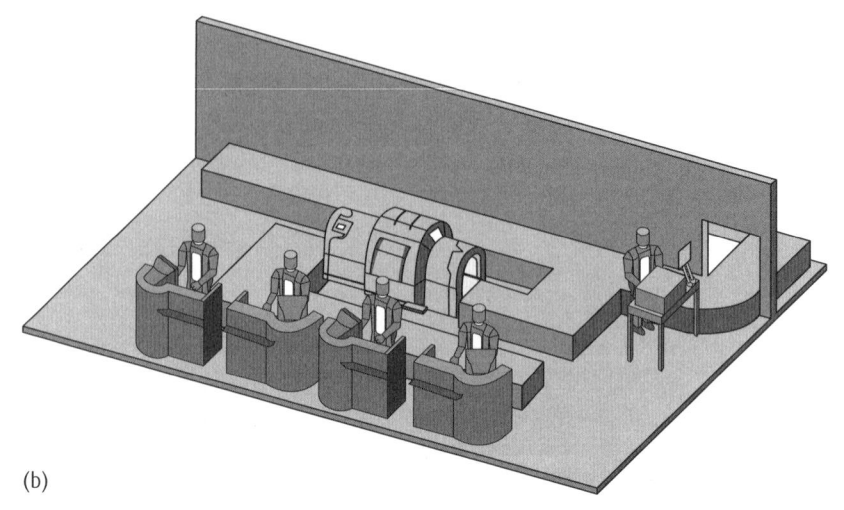

FIGURA 7.10 *Continuação* (*b*) Scanner de inspeção com raios X de bagagem despachada próximo à área de *check-in*. (Fonte: TSA)

Em qualquer jurisdição, o controle da emissão de crachás SIDA é necessariamente rígido para que o sistema seja seguro. Os crachás devem ser devolvidos por qualquer funcionário que deixe de ser empregado ou que não precise mais trabalhar na área SIDA. Não fazer isso resultou na destruição do voo 1771 da Pacific Southwest Airlines de Los Angeles a São Francisco em dezembro de 1987. Todas as 43 pessoas a bordo foram mortas quando um funcionário recém demitido atirou no piloto e na tripulação, tendo supostamente levado a arma a bordo depois de contornar a inspeção pré-embarque mostrando sua identificação da empresa que não era mais válida.

FIGURA 7.11 Máquina de raios X de frente. (L-3 Security & Detection Systems)

FIGURA 7.12 Portão de acesso para funcionários. (Cortesia: Kaba, Ltd)

Em qualquer sistema, o crachá SIDA é mais seguro se for necessário digitar no sistema de passes computadorizado um número de identificação pessoal (PIN, *personal identification number*) ao passar pelo ponto de acesso (Figura 7.12). Mesmo que o passe não seja devolvido no caso de interrupção de emprego ou remanejamento a uma área não restrita, o PIN pode ser deletado imediatamente da lista de números aprovados.

Embora sistemas de passe e PIN adequadamente projetados, operados e mantidos tenham tido êxito universalmente, sistemas mais novos que dependem de identificação biométrica estão em fase de teste e operação. Eles, incluem leitura de íris e retina, reconhecimento de impressões digitais e de voz bem como outras medidas biométricas. Essa identificação envolve uma leitura biométrica digital do indivíduo que deseja acesso, a comparação com registros de segurança armazenados e a decisão de permitir ou negar a entrada. Como a maioria dos sistemas de segurança também exige a exibição de um passe SIDA, os sistemas biométricos são usados em conjunção com crachás SIDA.

Acesso de veículos e identificação veicular

Da mesma forma, o acesso ao lado ar deve ser concedido somente a veículos que tenham que entrar no lado ar para realizar suas funções. O acesso pode ser restringido com a emissão de passes veiculares, cujo controle é feito pela autoridade central de segurança aeroportuária. Esses passes devem ser fixos e sujeitos a cancelamento imediato quando não mais necessário. Os indivíduos que estiverem dentro do veículo terão que ter passes individuais além do passe do veículo. O registro de portadores de passes e os veículos têm que ser checados periodicamente e mantidos atualizados o tempo todo.

Controle de perímetros de áreas operacionais

É essencial, em um aeroporto adequadamente seguro, que as áreas cobertas pela segurança sejam separadas daquelas que não o são. Os dois elementos básicos de controle perimetral são o *cercamento* e os *portões de acesso controlado*.

Cercamento

O lado ar tem que ter uma cerca de segurança adequada que sirva às múltiplas funções de definir de modo claro a área protegida, agindo como um impedimento a um intruso, atrasando e possivelmente inibindo a entrada ilegal e fornecendo pontos de acesso controlado em portões. A cerca tem que ser um verdadeiro impedimento à entrada ilegal. Tem que ser alta, construída de forma sólida, de metal não escalável e normalmente encimada por arame farpado comum ou em lâmina. Deve-se tomar cuidado para segurar todos os conduítes, esgotos e outros dutos e canos que passem por baixo da cerca para garantir que não seja possível entrar no lado ar por essas vias. Há exemplos de projetos adequados para os Estados Unidos na literatura da área (IATA 2004; TSA 2006). Entretanto, condições locais se aplicam em outros lugares.

Portões de acesso controlado

Devem-se fornecer portões de acesso controlado até a área de movimento e outras partes do lado ar. Eles devem ser mantidos em um número mínimo, e onde o acesso for outro além de chaves ou controles automáticos, os portões devem estar guarnecidos de funcionários, ser iluminados e ter alarmes. Os portões de acesso normalmente são equipados com sistemas de barreira com dispositivos retráteis que irão incapacitar e causar danos severos a qualquer veículo que forçar a passagem, como mostra a Figura 7.13.

Dependendo da avaliação da ameaça relativa ao tamanho, importância e localização do aeroporto, outras medidas de segurança perimetrais incluirão algumas ou todas as medidas a seguir:

- Iluminação de segurança
- Patrulhas
- Monitoramento por circuito fechado de televisão (CCTV, *closed-circuit-television*)
- Sistemas eletrônicos de detecção de intrusos – sensores eletrônicos, detectores de movimento, sensores de microondas infravermelhas

Mesmo tomando-se as mais fortes medidas para manter um perímetro seguro, o aeroporto e a aeronave que usa as instalações ainda podem sofrer um ataque fora do perímetro. Londres Heathrow sofreu um ataque terrorista com morteiros

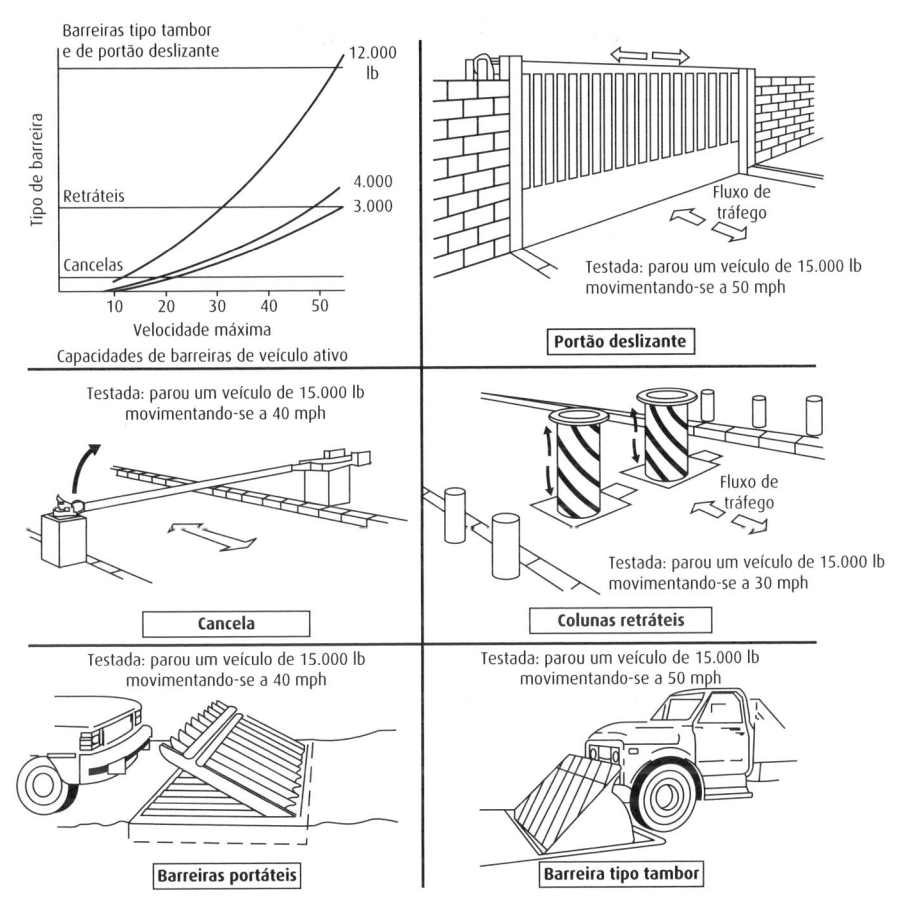

FIGURA 7.13 Cinco tipos de barreiras a veículos para pontos de acesso controlado do aeroporto. (Fonte: TSA.)

por cima das cercas de segurança desde uma área descampada fora do perímetro. Em Mombasa, um míssil foi disparado sem sucesso contra uma aeronave israelense a partir de um local de lançamento fora do perímetro.

Em 2013, já havia fortes evidências de que, enquanto as medidas de segurança para evitar que terroristas acessassem a área de movimentação eram fortalecidas, o foco dos ataques terroristas mudava para o lado terra do terminal, que não é coberto pelos mesmos procedimentos de segurança. O ataque a bomba fracassado ao terminal de passageiros do aeroporto de Glasgow, Escócia, em junho de 2007, e o bem-sucedido atentado de bombista suicida ao terminal de passageiros de Moscou Domodedovo em janeiro de 2011 indicam que à medida que, a segurança é intensificada em uma área do aeroporto, os terroristas passam para as áreas mais vulneráveis abertas ao público.

Posição e área de estacionamento isoladas para aeronaves

Um aeroporto deve designar uma posição isolada para o estacionamento de aeronaves que possa ser usada para estacionar uma aeronave quando há suspeitas de sabotagem ou quando uma aeronave parece ter sido capturada ilicitamente. Essa posição deve estar situada a pelo menos 325 pés (100 m) da posição de estacionamento de qualquer outra aeronave, área com edifícios públicos ou de utilidade pública (IACO 2010). Além disso, deve-se designar uma área para desarmamento ou explosão de qualquer dispositivo encontrado durante a sabotagem ou a captura ilícita. A área de desarmamento deve estar distante de todas as outras áreas usadas, inclusive da posição de estacionamento isolada, em pelo menos 325 pés (100 m). Um aeroporto pode precisar de várias posições isoladas designadas a serem usadas para diferentes tipos de incidentes. Algumas posições devem ser receptivas a aproximações secretas.

Exemplo de um programa de segurança para um aeroporto típico

Na forma de orientações gerais para a gerência do aeroporto no que diz respeito à elaboração de um programa de segurança aeroportuária, oferecemos aqui um esboço sugerido. Enfatizamos, no entanto, que esse esboço não deve ser seguido à risca; aeroportos individuais terão que modificá-lo de modo a adaptá-lo às suas exigências específicas e, obviamente, às exigências da jurisdição à qual estão sujeitos.

Programa de segurança para (*nome oficial do aeroporto*)

1. Geral
    a. Objetivo. Este programa de segurança foi estabelecido em conformidade com a Norma 3.1.1 do Anexo 17 da Convenção de Chicago e de acordo com a legislação e regulamentações nacionais, a saber, leis, decretos, etc. O principal propósito das cláusulas e procedimentos contidos neste programa é proteger a segurança, a regularidade e a eficiência da aviação civil fornecendo, por meio de regulamentações, práticas e procedimentos, salvaguardas contra atos de interferência ilícita
2. Organização da segurança
    a. Nome e título do(s) agente(s) responsável(responsáveis) pela segurança aeroportuária
    b. Detalhes organizacionais de serviços responsáveis pela implementação de medidas de segurança, incluindo
        (1) Agentes de segurança aeroportuária
        (2) Agentes de segurança do governo central (se apropriado)
        (3) Polícia

(4) Agências de inspeção governamental

(5) Operadoras de empresas aéreas

(6) Locatários

(7) Autoridades municipais

3. Comitê de segurança aeroportuária

   a. O comitê de segurança aeroportuária de um aeroporto tem que ser estabelecido em conformidade com a Norma 3.1.1 do Anexo 17 da Convenção de Chicago. Esse comitê é responsável pelo aconselhamento quanto ao desenvolvimento e a implementação de medidas e procedimentos de segurança no aeroporto. Os membros do comitê devem fazer reuniões regulares

   (1) para garantir que o programa de segurança seja mantido atualizado e eficiente

   (2) para garantir que as cláusulas que ele contém estejam sendo satisfatoriamente aplicadas

   (3) para coordenar as atividades de todos os órgãos envolvidos com medidas de segurança (p. ex.: polícia, *gendarmerie*, operadores, gerência do aeroporto, governo central, etc.)

   (4) para manter a conexão com os vários serviços de segurança fora do aeroporto (p. ex.: departamentos governamentais responsáveis, serviço de desarmamento de bombas, etc.)

   (5) para aconselhar a gerência do aeroporto quanto a qualquer reorganização ou extensão de suas instalações

   Deve-se fazer o registro de minutas para cada reunião do comitê de segurança aeroportuária, que, após a aprovação dos membros, serão informados às principais autoridades encarregadas.

   b. Composição do comitê. O comitê de segurança aeroportuária deve ser formado por representantes de todos os órgãos públicos e privados encarregados da operação do aeroporto. Além disso, o gerente do aeroporto normalmente agirá como o presidente, sendo o chefe da segurança aeroportuária seu suplente para ocasiões em que o presidente não possa participar. A seguir, temos uma lista de membros apropriados:

   (1) Gerente do aeroporto

   (2) Chefe da segurança aeroportuária

   (3) Representante da Agência Nacional de Segurança na Aviação (se apropriado)

   (4) Polícia

   (5) Exército

   (6) Alfândega

   (7) Imigração

   (8) Serviços de tráfego aéreo

(9) Serviços de bombeiros
(10) Representantes de comunicações
(11) Serviços de saúde
(12) Serviços postais
(13) Operadores
(14) Empresas de carga e despachantes
(15) Locatários

Os nomes, títulos e outros detalhes úteis de todos os membros devem ser incluídos.

4. Atividades do aeroporto
   a. Nome, localização, endereço oficial, número de telefone/fax/*e-mail* ou endereço do aeroporto e código de identificação
   b. Horário de operação do aeroporto
   c. Descrição da localização do aeroporto em relação à cidade ou província mais próxima
   d. Anexos incluindo um mapa de localização e planta do aeroporto com ênfase especial sobre o lado ar, indicando as várias áreas restritas pela segurança (p. ex.: área de operações aéreas, área coberta pela segurança/SIDA, área protegida, área pública)
   e. Nome do proprietário do aeroporto
   f. Nome do gerente do aeroporto
   g. Serviços operacionais do aeroporto
   h. Administração
   i. Serviços de tráfego aéreo
   j. Manutenção
   k. Outros
   l. Operadores de empresas aéreas e detalhes de rotas/tráfego

5. Medidas de segurança no aeroporto
   a. Definição e descrição da área de operações aéreas e a área coberta pela segurança/SIDA e as medidas elaboradas para salvaguardá-las (p. ex.: cercamento dos limites, pontos de acesso guardados, iluminação, sistemas de alarme, circuito fechado de televisão, portais de inspeção de segurança, patrulhas, etc.)
   b. Áreas restritas
      (1) Áreas restritas dentro da SIDA (p. ex.: instalações de serviços de tráfego aéreo, pistas de pouso e decolagem, pistas de taxiamento, áreas de manobragem, estacionamento e acesso à rampa, áreas de manuseio de cargas, outras áreas operacionais)

(2) Áreas restritas dentro da área protegida no terminal (p. ex.: saguões de partida, saguões de trânsito, áreas comerciais, área da imigração, área da alfândega, etc.)

c. Áreas públicas (não estéreis) (p. ex.: *check-in*, hall de partidas, hall de chegadas, áreas de estacionamento de automóveis, calçadas de acesso e egresso, etc.)

d. Movimento e controle de acesso

(1) Procedimentos de identificação para pessoas. Anexar o(s) texto(s) que regulamentam o movimento de pessoas no aeroporto

(*a*) Especificar os pontos de acesso onde são necessários passes de acesso

(*b*) Especificar os critérios para conceder passes de acesso

(*c*) Descrever detalhadamente o formato e o conteúdo dos vários crachás, cartões, dispositivos e símbolos usados para identificação

(*d*) Especificar os procedimentos de verificação do passe de acesso e as penalidades pela não conformidade com as regulamentações

(*e*) Especificar os procedimentos a serem adotados para o cancelamento de um passe de acesso

(2) Procedimentos de identificação para veículos. Veículos autorizados para entrar na SIDA e área de operações aeroportuárias devem estar equipados com um passe. O passe especificará em que áreas específicas o veículo está autorizado a circular e os horários aplicáveis em que isso pode ocorrer. Assim como no caso de acesso pessoal, o programa especifica os procedimentos de alocação, a forma do passe e o procedimento de cancelamento

e. Controle de segurança para passageiros e bagagem

(1) Passageiros

(*a*) Custódia e controle de documentos de voo (i.e., bilhetes, etc.)

(*b*) Identificação de passageiros no *check-in* ou outros locais identificados (p. ex.: verificação de passaporte no portão de embarque)

(*c*) Agência que implementa os controles de segurança

(*d*) Equipamentos e procedimentos para inspeção de passageiros

(2) Controle da bagagem despachada. Procedimentos: inspecionar usando equipamentos de segurança, percentual exigido de inspeções manuais deve ser aleatório, identificação e disposição de artigos removidos, procedimentos para bagagem despachada fora do aeroporto, procedimentos para bagagem extraviada ou danificada

f. Controle de segurança de cargas, correspondência e pequenos pacotes

(1) Atribuição de responsabilidade pelo controle de segurança

(2) Inspeção de cargas, pacotes *courier* e de correio expresso e correspondências

(3) Natureza dos procedimentos de controle: inspeções manuais, inspeções usando equipamentos de segurança

(4) Medidas para o tratamento de cargas, correspondência e pequenos pacotes suspeitos

(5) Responsabilidades da empresa aérea em relação ao controle do *catering* do voo e outras mercadorias

g. Controle de segurança de VIPs e diplomatas

    (1) Diretrizes nacionais para procedimentos especiais

    (2) Procedimentos para VIPs e diplomatas

    (3) Arranjos privados ou semiprivados para passageiros especiais

    (4) Medidas para limitar arranjos a um mínimo necessário

    (5) Procedimentos para lidar com malas e correspondência diplomáticas

h. Controle de segurança para certas categorias de passageiros

    (1) Membros da equipe de funcionários, incluindo membros da tripulação uniformizados

    (2) Instalações e procedimentos para passageiros com deficiências

    (3) Procedimentos para pessoas inadmissíveis, deportados, prisioneiros escoltados (estes exigem notificação ao operador e ao capitão em questão)

i. Controle de segurança de armas e armas de fogo

    (1) Leis e regulamentações nacionais

    (2) Porte de armas de fogo em aeronaves domésticas e internacionais

    (3) Porte autorizado de armas na cabine da aeronave (p. ex.: escolta de prisioneiro, escolta de VIP, agentes de segurança aérea)

j. Proteção da aeronave no solo

    (1) Responsabilidades e procedimentos

    (2) Medidas de segurança para aeronaves fora de serviço

    (3) Posicionamento da aeronave

    (4) Uso de serviços de detecção de intrusos

    (5) Verificações de segurança pré-voo

    (6) Medidas especiais disponíveis aos operadores mediante solicitação

k. Equipamentos de segurança

    (1) Responsabilidades pela operação e manutenção dos equipamentos

    (2) Descrição detalhada

        (*a*) Equipamentos de raios X

        (*b*) Portais detectores de metais

        (*c*) Detectores de metal portáteis

(d) *Scanners* de corpo inteiro
(e) Detectores de explosivos
(f) Câmaras de simulação – localização, tipo e construção
(g) Portões, roletas e chaves de segurança
(h) Dispositivos biométricos para identificação pessoal

6. Planos de contingência para responder a atos de interferência ilícita
    a. Categorias
        (1) Recepção de aeronave capturada ilegalmente
        (2) Ameaça de bomba a uma aeronave durante o voo ou no solo
        (3) Ameaça de bomba às instalações do aeroporto
        (4) Atentados em solo – solo ao ar e solo a solo
    b. Organizações responsáveis
        (1) Comando e controle operacional
        (2) Procedimentos de serviços de tráfego aéreo
        (3) Agência nacional de segurança da aviação (se houver)
        (4) Serviços especiais (localização dia/noite)
        (5) Unidades de desarmamento de explosivos
        (6) Equipes de intervenção armada
        (7) Intérpretes
        (8) Negociantes de reféns
        (9) Autoridade policial
        (10) Brigada de incêndio
        (11) Ambulâncias

7. Programa de treinamento de segurança. Todo o pessoal com responsabilidade direta pela segurança e todos os membros da equipe de funcionários do aeroporto devem fazer treinamentos ou assistir a uma apresentação de conscientização de segurança adaptada às necessidades específicas dos vários níveis envolvidos.
    a. Política de treinamento
    b. Objetivos do treinamento
    c. Resumo da grade curricular
    d. Ementa dos cursos
    e. Procedimentos para avaliar o treinamento

8. Apêndices do programa de segurança
    a. Diagrama organizacional mostrando a estrutura da administração do aeroporto e sua relação com a agência ou departamento responsável pela segurança aeroportuária.

b. Mapa da gestão de segurança do aeroporto e áreas periféricas: mapas detalhados: áreas do lado ar e lado terra, configuração do terminal, configuração de todas as categorias de áreas.
   c. Acordos/instruções para locatários.
   d. Instruções aos serviços de tráfego aéreo.
   e. Textos legislativos e regulatórios relacionados à segurança na aviação, incluindo aqueles no contexto nacional, ou qualquer outra documentação/referência que possa ser útil para o programa.

Conclusão

Na manhã de 11 de setembro de 2001, 19 sequestradores atacaram quatro diferentes voos saindo de Newark, Boston e Washington, DC, todos indo em direção a São Francisco e Los Angeles. Alguns dos sequestradores foram parados em pontos de inspeção de segurança no terminal dos aeroportos, mas todos tiveram permissão para prosseguir e embarcar na aeronave. Não foram descobertas armas e nada foi confiscado. Não há evidências de que outras equipes tenham embarcado em outras aeronaves. Aparentemente, os sequestradores tiveram uma taxa de 100% de sucesso em evitar as medidas de segurança aeroportuárias que estavam em vigor. Eles devem ter tido permissão para levar consigo as facas, os cacetetes e os estiletes que utilizaram para dominar duas das tripulações e prejudicar o voo seguro da terceira aeronave. A subsequente comissão de investigação encontrou grandes lapsos nos procedimentos de inspeção e de segurança da cabine de comando (US 2004). As conclusões que o leitor do relatório da comissão pode tirar é que procedimentos que deveriam ter sido usados foram aplicados com grande negligência e que os dispositivos instalados para evitar o sequestro não estavam em atividade. A menos que precauções de segurança sejam tomadas tão seriamente quanto obviamente merecem, ataques a aeronaves voltarão a ocorrer no futuro com a repetição da trágica e desnecessária perda de vidas humanas.

Referências

International Air Transport Association (IATA). 2004. *Airport Development Reference Manual*, 9th ed. Montreal, Canada: IATA.

International Civil Aviation Organization (ICAO). 1974. "Safeguarding International Civil Aviation Against Acts of Unlawful Interference," Annex 17 to the *Chicago Convention of 1944*. Montreal, Canada: ICAO.

International Civil Aviation Organization (ICAO). 2010. "Aerodromes," Annex 14 to the *Chicago Convention of 1944*, Vol. 1, 5th ed. Montreal, Canada: ICAO.

Tan, S. H. 2007. "Airport Security." Presentation to CAAS Strategic Airport Management Program, April 2007, Singapore, Civil Aviation Agency of Singapore.

Transportation Security Administration (TSA). 2006. *Recommended Security Guidelines for Airport Planning, Design and Construction.* Washington, DC: TSA. United States (US). 2004. Final Report on Terrorist Attacks on the United States. Washington, DC: U.S. Government.

United States (US). 2012a. *49 Code of Federal Regulations*, Part 1540: "Security: General Rules." Washington, DC: U.S. Government.

United States (US). 2012b. *49 Code of Federal Regulations*, Part 1542: "Airport Security." Washington, DC: U.S. Government.

United States (US). 2012c. *49 Code of Federal Regulations*, Part 1544: "Aircraft Operator Security." Washington, DC: U.S. Government.

United States (US). 2012d. *49 Code of Federal Regulations*, Part 1546: Foreign Air Carrier Security, Washington, DC: U.S. Government.

Wheeler, Sir John. 2002. "Independent Report on Airport Security for the Department of Transport and the Home Office." London: HMSO.

CAPÍTULO 8
Operações de carga

O mercado de cargas

Por quase 60 anos, o setor de cargas aéreas esteve em crescimento constante no mercado de transportes aéreos. Durante o final da década de 1960, o total mundial de toneladas-quilômetros dobrava a cada quatro anos, uma taxa de crescimento de 17% (ICAO 2011). Naquela época, e desde então, o mundo da aviação esteve repleto de previsões otimistas de um crescente mercado de cargas aéreas. Em 1970, McDonnell Douglas projetou que as taxas de crescimento aumentariam e que o mercado total de cargas aéreas cresceria de uma receita de 10 bilhões por tonelada-quilômetro em 1970 a 100 bilhões por tonelada-quilômetro em 1980. Na verdade, esse valor não foi alcançado antes de 1995 devido a recorrentes recessões e fortes aumentos no custo do combustível nas décadas de 1970 e 1980. Em 1995, a Boeing Airplane Company previu taxas de crescimento anuais de 6,5% no decorrer dos 10 anos seguintes. A taxa de crescimento real entre 1999 e 2009 foi de mero 1,9%. Em 2010, as previsões da indústria ainda eram muito saudáveis, prevendo taxas de crescimento entre 6,6 e 5,2% ao longo do período de 2009–2029 (Boeing 2011). Tal crescimento pode ser difícil de alcançar. Um exame mais aprofundado da demanda por cargas aéreas indica que há vários fatores envolvidos.

Produto interno bruto

Há uma forte correlação positiva entre a demanda por cargas aéreas e o produto interno bruto (PIB). Em tempos de dinamismo econômico, o setor de cargas aéreas cresce rapidamente, mas as recessões cíclicas dos últimos 40 anos retardaram seu crescimento nos países industrializados ocidentais. Durante épocas de alta nos preços do petróleo, o setor de cargas para os países produtores de petróleo do Oriente Médio cresce rapidamente, caindo quando os preços do petróleo diminuem. A área do mundo que gera as maiores taxas de crescimento para o tráfego de cargas aéreas é a das nações em desenvolvimento da costa ocidental do Pacífico do Extremo Oriente (p. ex.: China, Índia e Indonésia). É nesses países que o PIB cresce com maior rapidez.

Custo

Em termos reais, houve um declínio secular no custo do frete aéreo, mas essa taxa de declínio tem sido muito irregular. Auxiliada pelos custos reais decrescentes do combustível e por avanços tecnológicos, a tendência a uma queda nos custos de cargas foi razoavelmente regular até 1974. Os custos reais decrescentes cessaram abruptamente, com vários aumentos no preço do petróleo; as taxas de crescimento subsequentes foram significativamente menores. Por quase 20 anos depois de 1985, o custo real do petróleo voltou a cair e a demanda por cargas aéreas aumentou de modo saudável. De 2002 a 2008, o rendimento aumentou quando as empresas aéreas impuseram sobretaxas de combustível e de segurança, mas o rendimento voltou a cair em 2008 com o rápido declínio no tráfego causado por uma enorme recessão. A baixa econômica foi acompanhada por um rápido declínio nos preços do combustível e nas sobretaxas de combustível. Em 2012, os preços do petróleo começaram a subir novamente. Durante os 20 anos posteriores a 1989, os rendimentos de frete tinham caído em uma média de 4,9% ao ano quando ajustado pela inflação (Boeing 2011).

Avanços tecnológicos

Avanços tecnológicos normalmente se manifestam em termos de custos mais baixos de frete por meio de maior eficiência. Ocorreram avanços tecnológicos em três principais áreas:

- Nos *veículos aéreos*, com a introdução de aeronaves de grande capacidade, *wide-bodied*
- No desenvolvimento de grande variedade de *dispositivos unitários de carga* (ULDs) e os dispositivos necessários de manuseio e carregamento na aeronave, no pátio de aeronaves e no terminal
- Finalmente, na *facilitação* com o amadurecimento de organizações de expedição de frete, o rápido crescimento de transportadoras aéreas integradas e o desenvolvimento de controles e documentações computadorizadas

Miniaturização

Várias outras tendências seculares contribuíram para aumentar a demanda no setor de cargas aéreas. Por exemplo, a *miniaturização* de produtos industrializados e bens de consumo tornou itens muito mais adequados ao transporte aéreo. O crescimento continuado que se espera do mercado de *chips* de silício continuará essa tendência com o crescimento das telecomunicações pessoais e de outros bens de consumo eletrônicos.

Logística *just-in-time*

Outro fator é a crescente tendência da indústria a se distanciar do armazenamento regional e dos altos custos associados de mão de obra, construção e terrenos. Os fabricantes acham que armazéns centralizados com o respaldo de sofisticados sistemas eletrônicos de ordenação e entrega de cargas aéreas são tão eficientes quanto armazéns regionais descentralizados, mas têm custos mais baixos. Desde meados da década de 1970, o conceito de entrega *just-in-time* (JIT) revolucionou muitos processos de produção industrial. Esse conceito exige procedimentos de entrega confiáveis que sejam capazes de sofrer ajustes de última hora. As consequentes reduções nos estoques industriais produzem economias que podem mais do que compensar o valor pago pelo transporte de cargas aéreas.

Aumento da riqueza do consumidor

As rendas reais estão subindo nos países industrializados, e mais riqueza recai na faixa que pode ser designada como discricionária. Essa renda é menos sensível a custos de transporte para os bens adquiridos. Consequentemente, à medida que o padrão de vida real aumenta, o custo mais alto do transporte aéreo é mais facilmente absorvido pelos preços dos bens em uma relação de compromisso explícita ou implícita entre custo e conveniência. Em 2012, havia surgido uma dicotomia entre as economias orientais e ocidentais; nas orientais, as rendas reais estavam aumentando, e nas ocidentais, elas estavam, na melhor das hipóteses, estagnadas; em muitos países, estavam diminuindo.

Globalização do comércio e desenvolvimento asiático

Com a liberalização e a globalização do comércio, em torno de 40% em valor do comércio mundial é transportado por ar. A ascensão das economias asiáticas, particularmente China, Índia, Malásia e Coreia do Sul, causou um forte crescimento do comércio intercontinental e intra-asiático. China, Japão, Taiwan, Coreia do Sul e Índia deliberadamente direcionaram suas indústrias manufatureiras e sua pesquisa e desenvolvimento (P&D) a produtos e componentes de mais alto valor que são transportados por ar.

Afrouxamento da regulamentação

A liberalização das políticas que regulamentam os serviços aéreos internacionais e as "políticas de céus abertos" defendida pelos Estados Unidos e apoiada pela ICAO, pela IATA, pela Organização dos Países Exportadores de Petróleo (OPEP) e pela Asia-Pacific Economic Cooperation (APEC) mudou drasticamente a provisão de serviços aéreos na Ásia e no Pacífico nos últimos 20 anos. Foi facilitada a entrada de novas transportadoras no mercado e a desregulamentação permitiu o desenvolvimento de operações radiais (*hub and spoke*) por empresas aéreas convencionais e integradoras.

Tipos de cargas

As cargas aéreas têm um carater heterogêneo. Muitas vezes é conveniente classificá-las de acordo com a maneira como são manuseadas no terminal[1].

1. *Normais.* Para esse tipo de mercadoria, o modo ar foi selecionado como o mais apropriado após análise de custos de distribuição. Ou é mais barato transportá-la por frete aéreo, ou o custo adicional é insignificante se ponderado em relação à maior segurança e confiabilidade do transporte aéreo. A velocidade de entrega não é de vital importância para esse tipo de carga.

2. *Perecíveis.* As mercadorias dessa categoria têm uma vida comercial muito limitada e a entrega tem que ser rápida e confiável. Jornais e flores são exemplos de mercadorias regulares, assim como itens de moda sob certas condições.

3. *De emergência.* A velocidade é vital e vidas podem depender da rápida entrega de cargas de emergência como soros e plasma sanguíneo.

4. *De alto valor.* Cargas de valor muito alto como pedras preciosas e barras de ouro ou prata exigem precauções de segurança especiais em termos de equipe e instalações.

5. *Perigosas* (ICAO 2001). O transporte aéreo de mercadorias perigosas é um tópico que gera muita preocupação para as empresas aéreas, devido ao risco a bordo. Mesmo no solo, produtos químicos perigosos e materiais radioativos, por exemplo, exigem armazenamento e manuseio especial no terminal. Principalmente quando são usadas cargas carregadas em contentores, é importante que o pessoal seja adequadamente treinado no manuseio de carregamentos perigosos. A IATA inclui em sua definição de mercadorias perigosas o seguinte: líquidos combustíveis, gases comprimidos, agentes etiológicos, explosivos, líquidos e sólidos inflamáveis, materiais magnetizados, substâncias nocivas e irritantes, peróxidos orgânicos, materiais oxidantes, venenos e materiais polimerizáveis e radioativos.

6. *Artigos restritos.* Na maioria dos países, armas e explosivos podem ser importados somente sob as mais severas restrições, o que inclui condições de segurança muito rígidas.

7. *Animais de pecuária.* Quando se transportam animais de pecuária, devem-se fazer arranjos para que os animais recebam água e alimentos necessários e sejam mantidos em um ambiente adequado. Em um grande terminal com movimentações consideráveis de animais de pecuária, como o Londres Heathrow, o cuidado com os animais ocupa vários funcionários com trabalho em regime de tempo integral.

---

[1] As três primeiras categorias incluem carregamentos das quatro categorias seguintes, que podem ser transportadas por ar como carga planejada, regular ou de emergência, devido à sua natureza específica e à atenção especial que pode ser necessária.

Padrões de fluxo

A capacidade do terminal de cargas, assim como a do terminal de passageiros, passa por significativas variações. Mas ao contrário do terminal de passageiros, as instalações de carga geralmente demonstram diferenças muito grandes entre os fluxos anuais de chegada e partida .

As variações no fluxo de cargas ocorre ao longo do ano, entre diferentes dias da semana e ao longo do dia de trabalho. O padrão de variação difere muito de um aeroporto para outro e pode até mesmo variar muito entre diferentes empresas aéreas em um mesmo aeroporto. A Figura 8.1*a* mostra as variações mensais dos fluxos observados no mesmo ano em quatro grandes aeroportos: JFK, Londres Heathrow, Schiphol Amsterdã e Paris Charles de Gaulle. Os padrões diferem substancialmente embora sejam todos do hemisfério norte e tenham certa similaridade sazonal verão/inverno. As Figuras 8.1*b* e 8.1*c* indicam variações observadas em diferentes dias e horas para o terminal de cargas de determinada empresa aérea. Uma análise cuidadosa dos dados subjacentes dos carregamentos individuais podem esclarecer os motivos dos padrões temporais dos fluxos observados. Isso permite que a operadora forneça instalações adequadas e econômicas e, além disso, permite o planejamento de níveis adequados de funcionários. Embora as instalações do terminal sejam dimensionadas baseadas nos picos em vez de em condições médias, seu tamanho não necessariamente é determinado de modo a suportar o processamento imediato dos fluxos de picos mais altos. A carga, ao contrário dos passageiros, pode esperar passar o horário de pico. Ao descarregar a aeronave em um pico de chegada, não é incomum que os contêineres sejam descarregados em uma esteira fora do edifício do terminal. Eles permanecem lá até poderem ser processados depois do período de pico.

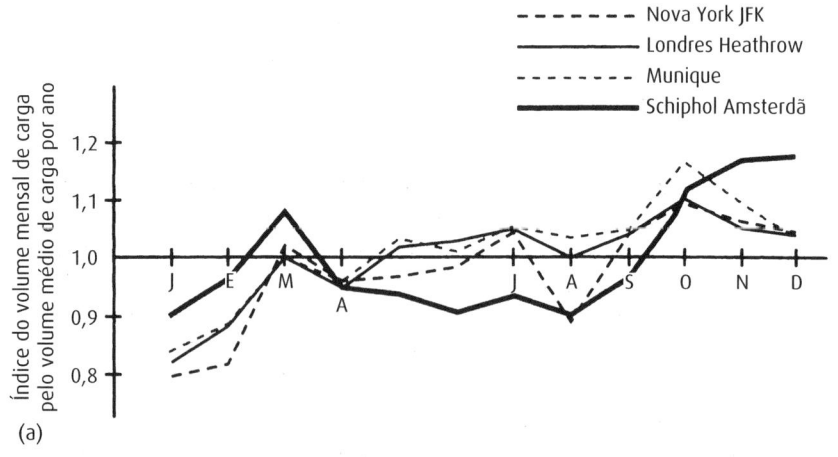

FIGURA 8.1 (*a*) Variações no volume da carga ao longo do ano. (PANYNJ, BAA plc, Flughafen Muenchen GmbH and Schiphol Amsterdam) (*b*) Variações diárias na capacidade de carga do terminal de frete da British Airways, Londres Heathrow. (British Airways) (*c*) Variações por hora na capacidade de carga do terminal de frete da British Airways, Londres Heathrow. (British Airways) (*continua*)

(b) Dia da semana

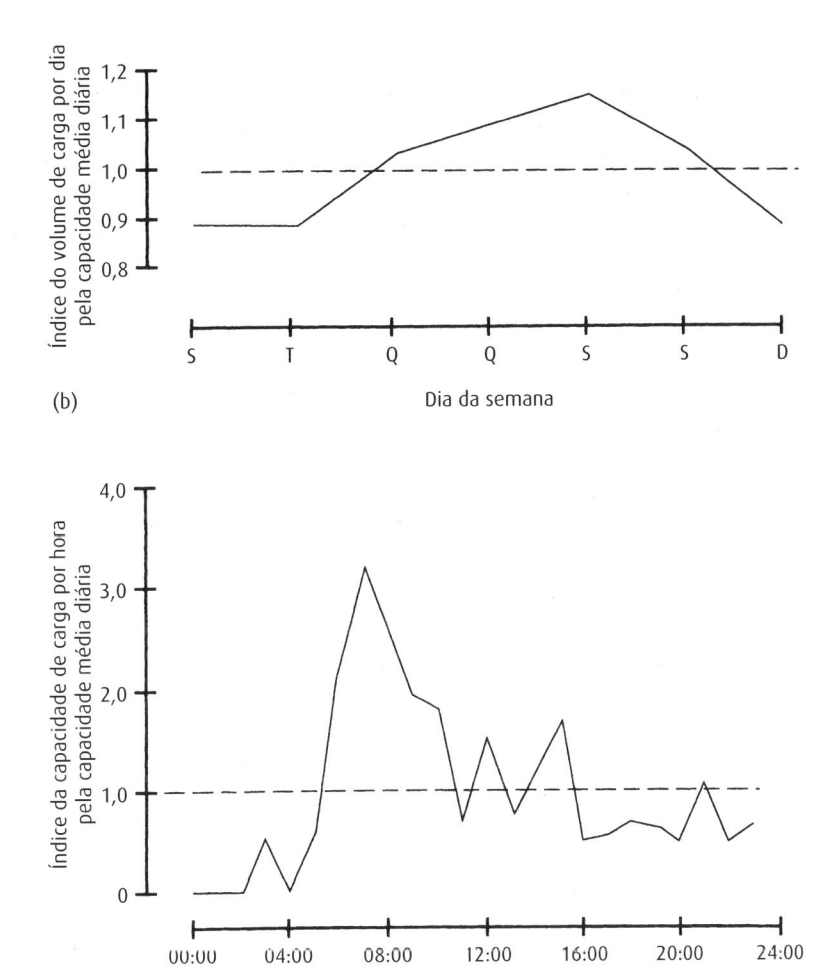

(c) Horário

FIGURA 8.1 *Continuação*

Antes da introdução de modelos de simulação operacional, os terminais de carga que trabalhavam próximo de sua capacidade máxima poderiam sofrer sérios inconvenientes e atrasos quando ocorriam picos inesperados nos fluxos. Tais picos não haviam sido planejados e levariam a problemas de falta de funcionários e falta de espaço de armazenamento no terminal. Sistemas modernos de logística são capazes de prever a ocorrência de fluxos de sobrecapacidade e de aliviar parte do efeito de tentar funcionar com índices de demanda-capacidade maiores do que 1,0. Assumindo o controle ativo dos fluxos e interferindo com os padrões de chegada no terminal, o efeito de fluxos aleatórios descontrolados pode ser suavizado em picos mais longos, o índice demanda-capacidade é reduzido e o efeito de superlotação pode ser parcialmente aliviado. Essas são medidas operacionais que funcionam apenas no curto prazo. Quando a demanda passa a exigir capacidade máxima, a única solução de longo prazo é aumentar a capacidade.

Acelerando a movimentação

A Figura 8.2 mostra as partes e organizações envolvidas na movimentação da carga. A carga passa do embarcador (*shipper*) ao consignatário, normalmente pelo agenciamento de um expedidor de carga, por uma ou mais empresas aéreas usando os estabelecimentos e a infraestrutura fornecida, até certo ponto, pelos aeroportos pelos quais passa. Em muitos casos, são fornecidas instalações no aeroporto não somente para a empresa aérea, mas também para os expedidores de carga. Até mesmo grandes empresas usam frequentemente as instalações de uma agência de expedição de carga, porque as cargas aéreas exigem um conhecimento bastante especializado e cargas aéreas talvez sejam apenas uma pequena parte da operação total de remessas de uma empresa. A fim de fornecer um serviço de remessas aéreas, o expedidor de carga realiza funções que provavelmente estão além do conhecimento ou da capacidade do embarcador. Tais funções incluem:

- Determinar e obter o preço de frete ótimo e selecionar a melhor combinação de modos e rotas
- Organizar e supervisionar o desembaraço alfandegário de exportações e importações, preparando, inclusive, toda a documentação necessária e obtendo as licenças indispensáveis (esses são procedimentos com os quais o especialista em expedição de frete está familiarizado)

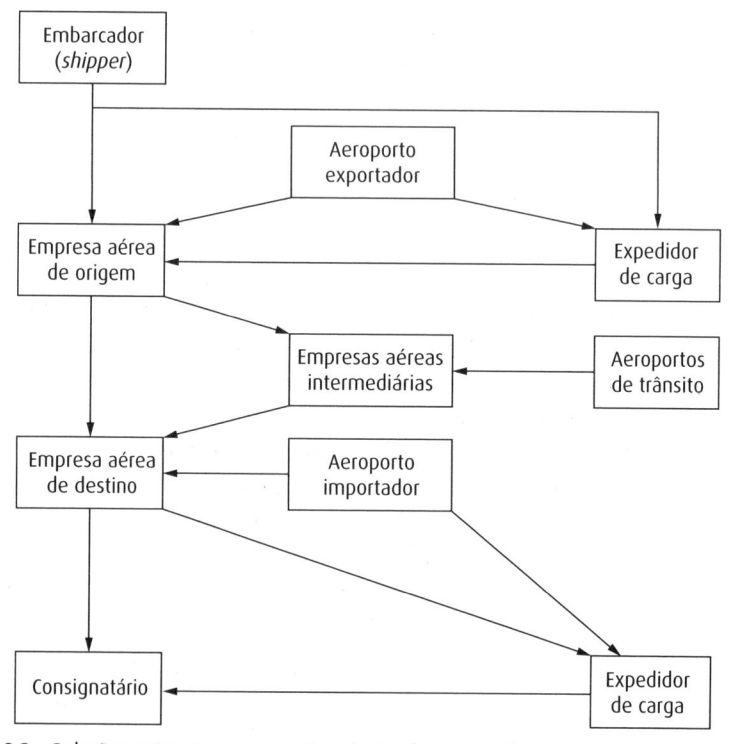

FIGURA 8.2 Relações entre atores na movimentação de cargas aéreas.

- Organizar a embalagem segura de remessas individuais
- Consolidar pequenas remessas em remessas maiores para tirar proveito de taxas mais baixas (as economias financeiras obtidas por consolidação são compartilhadas entre o expedidor de frete e o embarcador)
- Fornecer serviços oportunos de busca e entrega em ambas as extremidades da remessa

A maioria das empresas aéreas vê os expedidores de carga como fornecedores de um serviço intermediário necessário e bem-vindo entre elas mesmas e o embarcador e o consignatário. O expedidor, estando familiarizado com os procedimentos necessários, permite que a empresa aérea se concentre na provisão do transporte aéreo e evite os detalhes demorados da facilitação e dos sistemas de distribuição do lado terra. Os embarcadores com grandes operações de cargas aéreas frequentemente empregam seus próprios especialistas em um departamento especializado em entrega de remessas.

Para encorajar remessas que sejam mais econômicas, as empresas aéreas possuem uma complexa estrutura de preços, cujos principais componentes incluem.

- *Preços de cargas gerais.* Aplicam-se a cargas gerais entre pares específicos de aeroportos.
- *Preços de mercadorias especiais.* Geralmente em rotas específicas, há grandes volumes de movimentação de determinadas mercadorias. A IATA aprova preços de mercadorias específicas entre aeroportos específicos. Para preços de *cargas gerais* e de *mercadorias especiais*, há descontos para grandes quantidades.
- *Preços classificados.* Certas mercadorias, devido à sua natureza de valor, atraem ou um desconto percentual ou uma sobretaxa sobre o preço das mercadorias gerais. Preços classificados frequentemente se aplicam ao transporte de ouro, barras de ouro e prata, jornais, flores, animais vivos e restos humanos.
- *Preços de ULD.* É o custo de transportar um contêiner ou *pallet* ULD de design especificado até determinado peso de carga. Os ULDs fazem parte dos equipamentos da empresa aérea e são emprestados ao embarcador ou ao expedidor de carga gratuitamente, contanto que eles sejam carregados e devolvidos à empresa aérea dentro de um período especificado, normalmente 48 horas.
- *Preços de consolidação.* O espaço é vendido em grandes volumes, normalmente a expedidores de carga por preços reduzidos, pois eles podem tirar proveito de descontos de grandes quantidades e descontos de ULDs. O consignatário individual recebe a remessa por meio de um agente de cargas fracionadas no destino.
- *Preços de contêiner.* Os contêineres, nesse contexto, normalmente pertencem ao embarcador em vez de à empresa aérea. Eles normalmente são não estruturais, feitos de painel de fibra e adequados para o carregamento em ULDs da aeronave. Se uma remessa lhes for entregue em contêineres aprovados, as empresas aéreas oferecem uma redução nos preços do frete aéreo.

A movimentação muito rápida do frete aéreo exige documentação precisa. Isso é feito nos termos do *conhecimento de embarque aéreo* (*air waybill*) da empresa aérea, às vezes chamada de *carta de porte aéreo* (*air consignment note*), do qual há um exemplo na Figura 8.3. O conhecimento de embarque aéreo é um documento com diversos usos. Ele fornece o seguinte:

- Evidência de recebimento das mercadorias pela empresa aérea
- Uma nota de despacho mostrando a documentação acompanhante e instruções especiais
- Uma forma de fatura indicando o preço do transporte

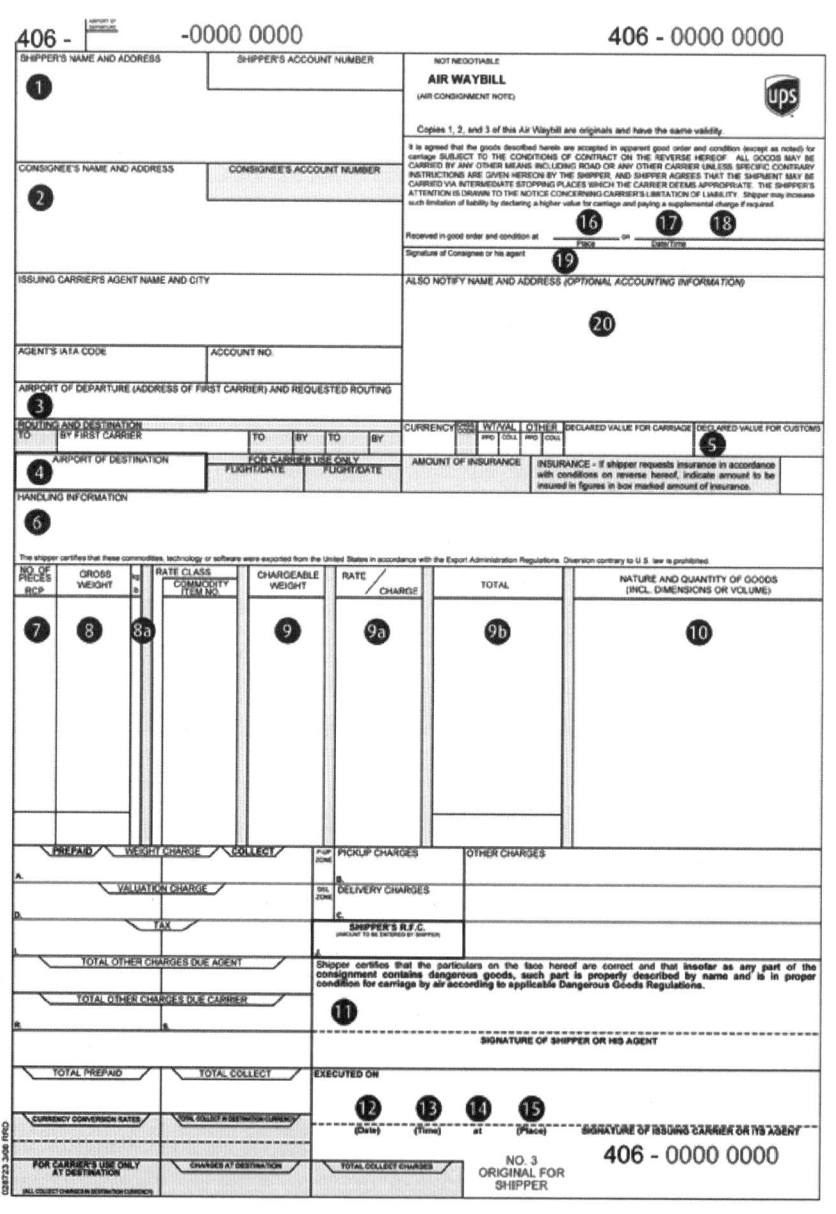

FIGURA 8.3 Conhecimento de embarque aéreo.

- Um certificado de seguro, se for efetuado pelas empresas aéreas
- Evidências documentais do conteúdo para exigências alfandegárias de exportação, trânsito e importação
- Informações sobre o conteúdo para a construção da folha de carga e manifesto de voo.
- Um recibo de entrega

Fluxo pelo terminal

A Figura 8.4 é um diagrama sistemático que representa as várias etapas envolvidas no fluxo de cargas por um terminal (IATA 2004). Do lado da importação, por um período de tempo muito curto, um grande "lote" de carga (i.e., a *payload* da aerona-

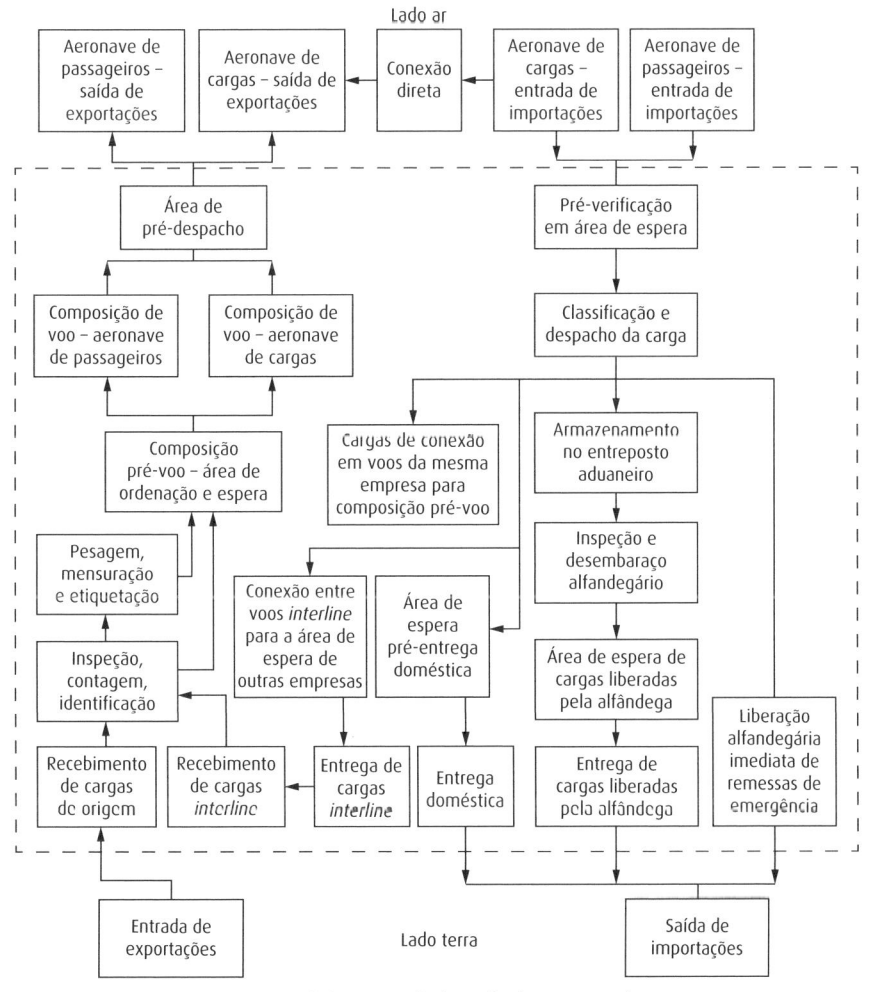

FIGURA 8.4 Fluxo por um terminal de cargas. (Adaptada de IATA 2004)

ve) é trazida à operação do terminal. Essa carga é, então, classificada, e aquela que se classifica como carga de entrada, e não de conexão direta, é recebida, armazenada, processada e armazenada novamente antes da entrega em remessas relativamente pequenas (i.e., até o tamanho do contêiner). A operação de exportação é o processo inverso. Pequenas remessas são recebidas, processadas, armazenadas e reunidas na *payload* de determinado voo, que é então carregada por um procedimento que mantenha o tempo de permanência no solo da aeronave em um mínimo aceitável. A Figura 8.5 mostra, para cargas de importação e exportação, respectivamente, como a facilitação procede com o fluxo físico de cargas pelo terminal. Para terminais muito grandes, o fluxo de documentação mostrou, no passado, ser um potencial "gargalo". Com a documentação eletrônica, os antigos problemas de grandes fluxos de papel foram em grande parte eliminados na maioria dos países desenvolvidos, resultando em um processamento de cargas mais rápido e eficiente. Embora a maioria dos ter-

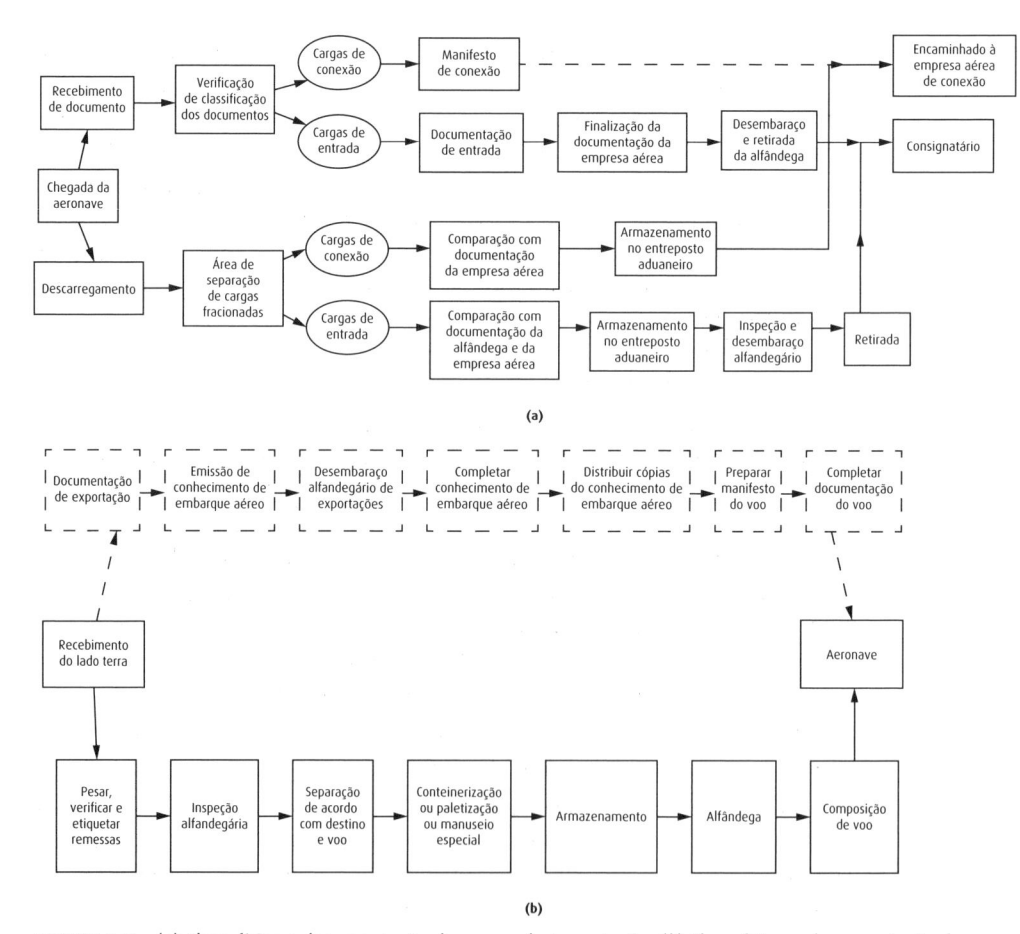

FIGURA 8.5 (*a*) Fluxo físico e documentação de cargas de importação. (*b*) Fluxo físico e documentação de cargas de exportação.

minais de cargas seja similar em funções gerais, a natureza do tráfego e, portanto, o modo real de operação pode diferir dependendo de diversos fatores:

1. *Tipo de carga.* O manuseio depende de que quantidade de carga que chega já unitarizada, de que quantidade chega em pequenas remessas e de que quantidade exige um manuseio especial.
2. *Tipo de embarcador.* As operações do terminal são simplificadas ao receber remessas de expedidores de carga em vez de embarcadores privados. O expedidor já terá consolidado parcialmente o manuseio e a facilitação.
3. *Divisão doméstico-internacional.* Cargas domésticas exigem menos documentação e manuseio do que cargas internacionais. Em alguns aeroportos nos Estados Unidos e em outros países, remessas domésticas adequadamente conteinerizadas contornam fisicamente o terminal, sendo seu único manuseio a facilitação. Em alguns países, as cargas internacionais também podem ser permitidas por arranjos especiais com a alfândega.
4. *Conexão.* Terminais como Hong Kong, Londres, Dubai e Chicago têm níveis muito altos de cargas de conexão que passam de um voo ao outro pelo pátio de aeronaves. Em 2010, o volume de cargas de conexão no gigantesco Terminal de Cargas Aéreas de Hong Kong (HACTL, Hong Kong Air Cargo Terminal) chegou a 24% das cargas de importação e exportação juntas. As exigências especiais de tráfego de conexão devem ser refletidas na configuração física do terminal e em suas operações, pois exigem uma capacidade de manuseio no pátio de aeronaves que não é necessária no processamento rotineiro dos terminais. Alguns terminais com projetos modernos efetuam a chamada conexão pelo pátio de aeronaves dentro de uma área especial, às vezes até mesmo dentro do edifício do terminal de cargas, que pode fornecer abrigo de condições meteorológicas extremas.
5. *Remessas de superfície.* Em muitos países, os principais terminais de cargas aéreas recebem uma grande quantidade de carga "aérea" por terra. Por exemplo, cargas levadas para o terminal de frete aéreo em Nápoles, cujo destino final é Singapura, podem ser atribuídas a um "voo" de Nápoles, na Itália, a Munique, na Alemanha, que, na verdade, é um carregamento transportado por veículo rodoviário. Depois da primeira fase coberta por transporte de superfície, a segunda fase de Munique a Singapura é alcançada por ar. Londres Heathrow fornece um *hub* de conexão similar de transporte rodoviário-aéreo para muitos dos serviços de carga de aeroportos britânicos regionais.
6. *Remessas* interline. É improvável que o tráfego *interline* exija o mesmo processamento que outras cargas de importação.
7. *Operações incluindo exclusivamente carga.* Quando a carga é transportada por uma aeronave exclusivamente cargueira, a operação do lado ar é caracterizada por drásticos picos de fluxo porque os voos podem ser concentrados em horários noturnos. É muito mais provável que ocorra um sobrecarregamento severo do pátio de carga com esse tipo de operação. Operações que combinam carga/passageiros suavizam os fluxos de pico no terminal de cargas e as

operações de conexão para os horários de picos de passageiros. Provavelmente estas não irão coincidir com os principais movimentos das aeronaves de carga. Entretanto, o uso de aeronaves de passageiros exige que uma parte do tráfego de carga total seja carregado remotamente no pátio de aeronaves.

Dispositivos unitários de cargas (IATA 1992, 2010)

A carga, que compreende cargas proriamente ditas, correspondências, mercadorias da empresa aérea e bagagem não acompanhada, era originalmente transportada de maneira avulsa nos porões de carga de aeronaves de passageiros e em pequenas aeronaves exclusivamente cargueiras. Até meados da década de 1960, toda a carga aérea era transportada dessa forma "solta" ou a granel. A introdução de grandes aeronaves exclusivamente cargueiras como a DC8 e a B707 significava tempos de permanência no solo muito longos devido à morosidade no carregamento e descarregamento das cargas a granel. O processo de manuseio em terra foi substancialmente acelerado pelo agrupamento de carregamentos em unidades de carregamento maiores em *pallets*. Os *pallets*, junto com um *design* adequado do piso das aeronaves, permitia um tempo menor de carregamento e descarregamento. Entretanto, os *pallets* têm que ser cuidadosamente amortecidos para evitar danos no interior das aeronaves. As mercadorias que se encontram nos *pallets* são vulneráveis a danos e até mesmo a roubo durante o transporte, além de ser possível que haja proteção inadequada contra más condições de tempo enquanto estiver no pátio de aeronaves. Os iglus, que são capas ou tampas para os *pallets*, foram introduzidos com o intuito de solucionar esses problemas. Mesmo coberto, um *pallet* é um dispositivo relativamente instável que pode virar durante o processo de manuseio. Uma unidade estrutural mais substancial, o dispositivo unitário de cargas (ULD, *unit load device*), um contêiner de carga aéreo, oferece consideravelmente mais suporte à carga durante as etapas de manuseio e transporte, mas o dispositivo ainda tem que ser levantado por baixo, ao contrário do contêiner intermodal. Com a introdução da aeronave *wide-bodied*, foram disponibilizados contêineres para a parte inferior da aeronave em formatos que não poderiam ser montados a partir de *pallets*. A Figura 8.6 mostra como os contêineres ULD podem ser usados tanto no convés principal quanto nos carregamentos na parte inferior da aeronave *wide-body*.

A IATA reconhece um conjunto de ULDs padrão na forma de *pallets* dimensionados, iglus e contêineres ULD (IATA 2010). Cada um desses ULDs é compatível com diversos tipos diferentes de aeronaves e geralmente com o terminal, o pátio de aeronaves e os equipamentos de carregamento. Entretanto, como indica a Tabela 8.1, há uma séria incompatibilidade entre tipos de aeronaves. Isso pode causar um considerável remanuseio em aeroportos de conexão de carga aérea.

Como nem todos os ULDs têm um encaixe ótimo com todos os tipos de aeronaves, é óbvio que sem certo grau de padronização, as aeronaves podem sofrer com a má utilização de espaço, o que deve resultar em valores desnecessariamente altos para o transporte de cargas. Alcança-se eficiência máxima em termos de espaço com o uso dos ULDs ótimos para cada tipo específico de aeronave. Para um contêiner

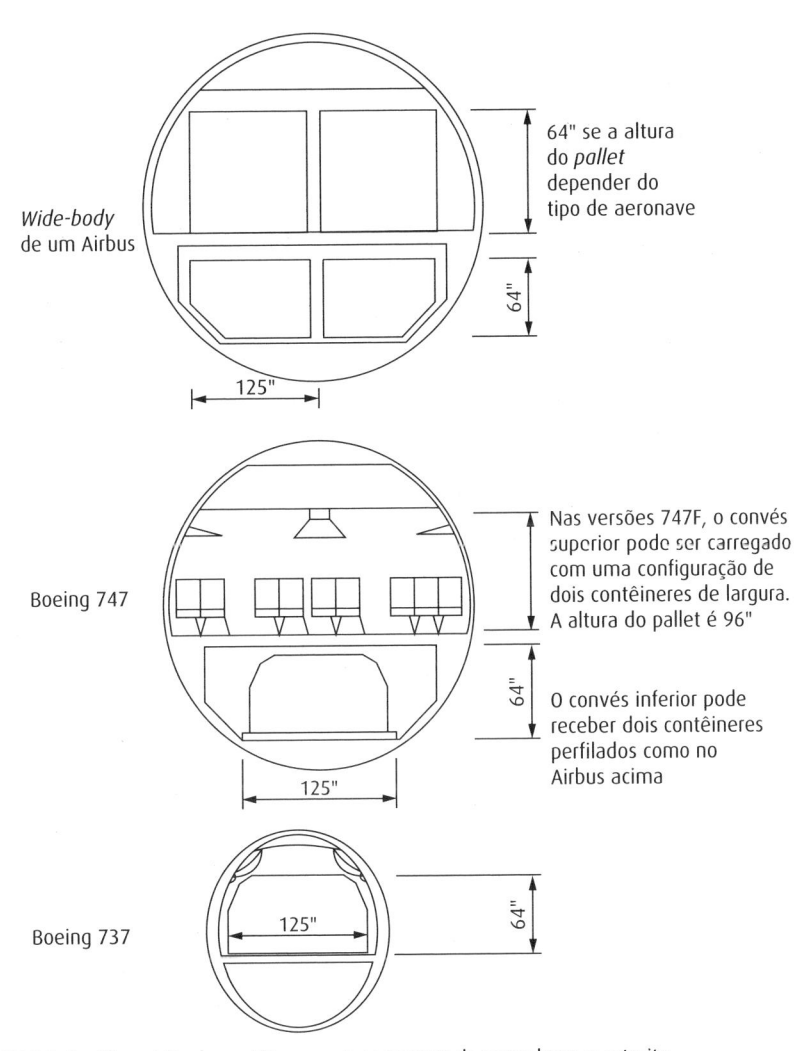

FIGURA 8.6 Disposição de contêineres em aeronaves de corpo largo e estreito.

que faz uma viagem que consiste em várias fases diferentes, isso pode significar mais uma operação de fracionamento de cargas em algum terminal de conexão, o que é extremamente caro. Deve, assim, ser feita uma análise das vantagens e desvantagens do uso de um contêiner com encaixe menos ótimo e novas operações de fracionamento de carga.

Há alguns anos, há uma discussão sobre o uso de contêineres intermodais que possam ser usados tanto para o modo de superfície quanto para o aéreo. Os contêineres de cargas aéreas, projetados com a finalidade de manter a tara baixa, têm baixa força estrutural. Eles têm que ser levantados por baixo de sua base. Os contêineres de superfície são robustos, têm uma força estrutural considerável e podem ser levantados por cima. Porém, são muito pesados. Há pouca evidência de qualquer aumento significativo no uso de contêineres intermodais.

TABELA 8.1 Compatibilidade dos contornos padrão de ULDs com os envelopes de carregamento das aeronaves

ULD Aeronave	LD1	LD2	LD3	LD3 INS	LD4	LD6	LD7	LD8	LD9	LD11	A2	Pallet de 88 pol.	Pallet de 96 pol.	Meio pallet	Pallet de 16 pés	Pallet de 20 pés	A06	A07	M-6	LD26	LD29
747	X	X	X				X		X	X	X	X	X		X						
747F							X				X		X			X	X	X	X		X
747 Combi							X														
767	X	X	X	X	X		X	X	X			X					X	X	X		
777	X		X	X	X		X			X		X	X			X				X	
787			X			X				X											
707F														X							
727F														X							
737F																					
DC10			X	X			X		X	X	X		X							X	
MD11	X		X	X			X		X	X			X								
L1011			X	X			X		X	X			X								
A300			X	X		X	X		X	X			X								
A300F											X										
A310			X	X		X	X		X	X			X								
A320			X																		
A330			X	X		X	X		X	X			X								
A340			X*	X		X	X		X	X			X								
A380			X			X				X											

*Com altura reduzida.

Manuseio dentro do terminal

Ao contrário dos passageiros, que precisam meramente de informações e direções para fluir por todos os terminais, exceto os maiores, a carga é passiva e tem que ser movimentada fisicamente do lado terra para o lado ar e vice-versa. O sistema usado para alcançar esse movimento físico dependerá do grau de mecanização a ser usado para compensar os custos com funcionários. Há três tipos de terminal e qualquer terminal específico pode ser feito de uma combinação desses três tipos.

Baixa mecanização/alto emprego de mão de obra

Normalmente, nesse projeto, toda a carga que se encontra dentro do terminal é manuseada por funcionários sobre sistemas rolantes, que são parcialmente movidos à energia ou não movidos à energia. Empilhadeiras são usadas somente para compor e decompor ULDs. Do lado terra, a carga é trazida para o lado geral da operação no terminal por um dispositivo de nivelamento de doca. Esse nível operacional, que é mantido em todo o terminal, é o mesmo que o nível de carrinhos de transporte no lado ar. Mesmo os contêineres pesados são manuseados com bastante facilidade pelos funcionários sobre os dispositivos rolantes não movidos a energia. Esse sistema é muito eficiente para fluxos de baixo volume em países em desenvolvimento onde a mão de obra não especializada é barata, a mecanização é cara e há uma falta de mão de obra especializada para fazer a manutenção de equipamentos mecanizados. Gradualmente, os sistemas de baixa mecanização/alto emprego de mão de obra estão sendo substituídos por sistemas mecanizados fixos. Os antigos sistemas exigem muito espaço e são inadequados para fluxos grandes simplesmente devido ao número de funcionários não especializados no terminal. A Figura 8.7*a* mostra um terminal no Brasil fazendo um uso extensivo de esteiras de rolagem e mesas de transferência sobre trilhos.

Mecanização aberta

Sistemas de mecanização aberta têm sido usados há algum tempo em países desenvolvidos em terminais de fluxo médio. Toda a movimentação de cargas dentro do terminal é feita usando empilhadeiras de vários modelos que são capazes de movimentar cargas bastante pequenas ou grandes contêineres ULDs de aeronaves. As empilhadeiras são capazes de empilhar até cinco níveis de contêineres. Muitos terminais antigos operavam com esse sistema com sucesso, mas o modo exige muito espaço, e as operações de empilhadeiras incorrem em níveis muito altos de danos de ULDs e outros contêineres. À medida que foi aumentando a pressão para que os terminais de carga alcançassem uma produtividade com menor custo e maior volume no espaço existente do terminal, muitos terminais de mecanização aberta foram convertidos em operações com mecanização fixa. A Figura 8.7*b* mostra um típico sistema de mecanização aberta.

FIGURA 8.7 (*a*) Interior do terminal de frete aéreo de baixa tecnologia. (*b*) Terminal de cargas da INFRAERO, Aeroporto Internacional de São Paulo. (Cortesia da INFRAERO, Brasil) (*c*) Um ETV. (Cortesia da INFRAERO, Brasil) (*continua*)

FIGURA 8.7 *Continuação*

Mecanização fixa

O rápido crescimento no uso de ULDs na aeronave levou a operações no terminal de carga em que o uso extenso de sistemas mecânicos fixos é capaz de movimentar e armazenar os dispositivos com um uso mínimo de mão de obra e baixos níveis de danos a contêineres no processo de manuseio. Esses sistemas de suporte fixo são conhecidos como veículos de transferência (TVs, *transfer vehicles*) se operam em um único nível e veículos elevadores de transferência (ETVs, *elevating transfer vehicles*) se operam em diversos níveis. Por terem capacidades de armazenamento muito grandes, eles conseguem suavizar os picos de produtividade muito altos no pátio de aeronaves que podem ocorrer com todas as aeronaves *wide-bodied* exclusivamente cargueiras. O armazenamento em suportes com uso de ETVs pode absorver a carga que chega em ULDs por várias horas e, no sentido contrário, pode alimentar fluxos de partida no lado ar muito maiores do que os fluxos médios. Terminais novos e renovados em grandes operações de frete em aeroportos como Hong Kong, JFK, Seoul, Frankfurt e Heathrow, todos incluem sistemas de ETVs, naturalmente. A Figura 8.7c mostra um típico sistema de ETV. No caso de Hong Kong, o desenvolvimento de terminais de carga de diversos andares foi impulsionado pela escassez de espaço.

Em países em desenvolvimento, não é incomum construir terminais de frete com baixa mecanização e posteriormente instalar primeiro empilhadeiras e depois, se os volumes continuarem a aumentar, TVs e ETVs. Em países desenvolvidos, os custos de mão de obra impossibilitam o manuseio por funcionários, e até mesmo os terminais mais simples são equipados com a tecnologia de empilhadeiras, que se torna rapidamente ainda mais mecanizada com o crescimento do tráfego. Sistemas automatizados de armazenamento e recuperação (ASRSs, *automated storage and retrieval systems*) para armazenar cargas a granel foram também instalados com o intuito de aumentar a eficiência, reforçar a segurança e facilitar o rastreamento.

Operação de cargas no pátio de aeronaves

Durante a década de 1960, analistas consideravam que o futuro das cargas aéreas era a separação de passageiros e cargas e o rápido desenvolvimento de frotas exclusivamente para cargas. Dois importantes fatores se somaram, garantindo que isso não ocorresse. Primeiro, foram introduzidas as aeronaves *wide-bodied* muito rapidamente na década de 1970. As novas aeronaves *wide-bodied* tinham um espaço substancial e subutilizado em sua parte inferior que era adequado para transportar cargas conteinerizadas. Segundo, como indicado na Seção "O mercado de cargas", neste capítulo, embora exibissem taxas de crescimento saudáveis, as cargas aéreas não alcançaram a taxa de crescimento explosivo previsto na época. No início da década de 1980, o mercado e as operações de cargas aéreas tinham mudado tanto que diversas grandes empresas aéreas venderam suas aeronaves exclusivamente cargueiras, preferindo usar o espaço no convés inferior em aeronaves de passageiros. Em 2012, várias das principais empresas aéreas tinham reintroduzido as aeronaves exclusivamente cargueiras, principalmente para atender a aeroportos onde já havia serviços exclusivos de cargas oferecidos por empresas de cargas. Há muitas empresas aéreas pequenas cujas operações são exclusivamente cargueiras. Se excluirmos as transportadoras integradas como FedEx, UPS, TNT e DHL, apenas algumas grandes empresas aéreas possuem aeronaves exclusivas para cargas. As operações das integradoras serão discutidas na Seção "Operações de carga por transportadoras integradas", neste capítulo.

Embora grande parte da carga seja transportada por aeronaves que não são exclusivamente cargueiras, volumes muito grandes são movimentados por esse tipo de operação pelos pátios de aeronaves de cargas aéreas. Todas as aeronaves cargueiras têm capacidade para uma produtividade muito alta, contanto que haja um nível suficiente de fluxo para sustentar esses níveis de produtividade. A *payload* máxima de uma aeronave B747-8F é mais de 295.000 libras (133.900 kg) (Boeing 2008). A Figura 8.8 mostra que, com cargas conteinerizadas, a operadora estima que seja possível descarregar e carregar 245 toneladas em menos de uma hora usando as portas do nariz e as laterais ou em uma hora e meia usando apenas a porta do nariz.

Os tempos informados pelo fabricante têm que ser considerados como ideais, quando a carga está imediatamente disponível e sequenciada para o carregamento. No mundo real, as operações do pátio de aeronaves significam que o controle de carga da aeronave aumenta seriamente seu tempo de permanência no solo. Para uma aeronave 747F Série 100 com apenas uma porta lateral, um tempo de permanência no solo de 1 hora e meia seria considerado muito bom; para uma aeronave Série 200 apenas com carregamento pela porta do nariz, seria mais provável levar 2 horas e meia. Esse último tempo pode ser diminuído fazendo o carregamento simultaneamente pelo nariz e pelas portas laterais do convés principal, mas isso ocuparia dois equipamentos de carregamento de alta elevação. O tempo total mínimo de permanência no solo pode muito bem ser seriamente afetado por considerações externas como a disponibilidade dos equipamentos de descarregamento ou a necessidade de

		0	10	20	30	40	50	60	70	80	90	100
	Desligar motores	1										
	Posicionar escada da tripulação	2										
	Posicionar pilar de suporte	3										
	Abrir porta e posicionar carregador	3										
Manuseio de carga – convés principal	Descarregar convés principal	24										
	Carregar convés principal	24										
	Fechar porta e remover equipamento	3										
	Remover escada da tripulação	1										
Manuseio de carga – lóbulo inferior	Descarregar compartimento traseiro	20										
	Descarregar compartimento dianteiro	22										
	Descarregar e carregar cargas a granel	Varia										
	Carregar compartimento dianteiro	22										
	Carregar compartimento traseiro	20										
Manutenção da aeronave	Abastecer aeronave	45										
	Manutenção de água potável, catering	14										
	Manutenção dos lavatórios	14										
	Pushback											

Tempo de permanência no solo 56 min.

Pouca atividade de carregamento dentro do "caminho crítico"

Poucas atividades dentro do "caminho crítico"

■ Tempo de posicionamento de equipamentos no pátio de aeronaves   ■ Tempo de permanência em solo   ☐ Tempo de procedimentos de permanência em solo

(a)

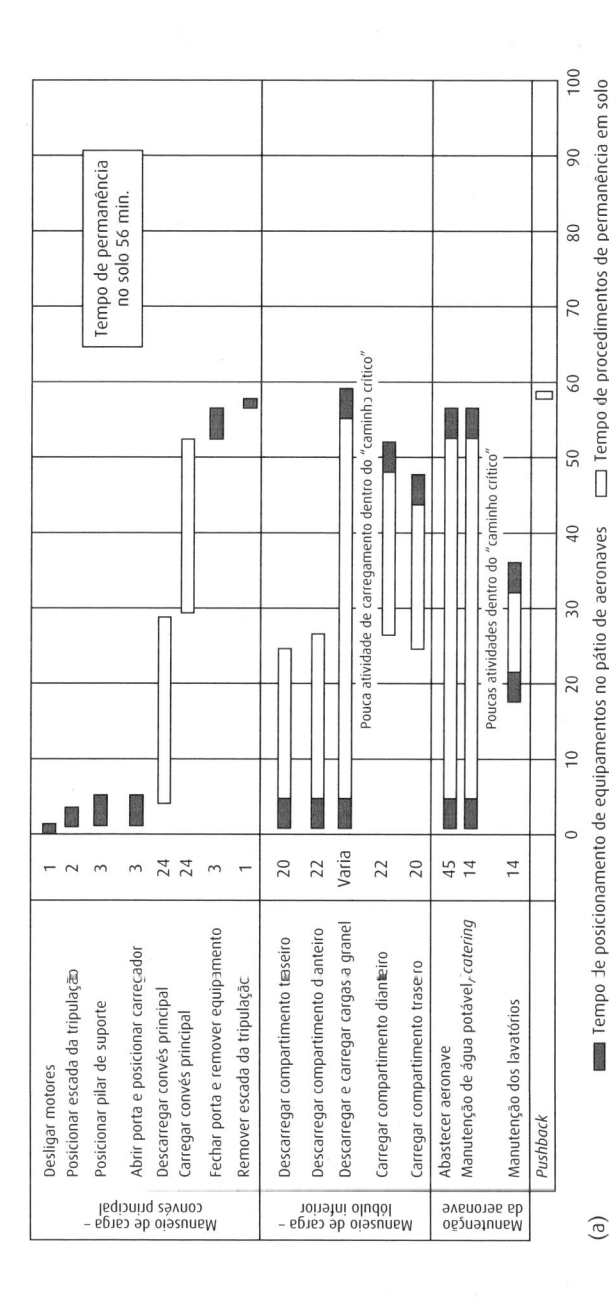

FIGURA 8.8 (a) Gráfico de Gantt de um típico tempo de permanência em solo de um voo grande exclusivamente cargueiro (Código E), usando carregamento pelo nariz e pelas portas laterais com 100% de troca de cargas. (b) Gráfico de Gantt de um típico tempo de permanência em solo de um voo grande exclusivamente cargueiro (Código E), usando apenas a porta de cargas do nariz com 100% de troca cargueiro. (*continua*)

242 Operações Aeroportuárias

	Atividade	Tempo (min)
	Desligar motores	1
	Posicionar escada da tripulação	2
	Posicionar pilar de suporte	2
	Abrir porta e posicionar carregador	2
Manuseio de carga – convés principal	Descarregar convés principal	44
	Carregar convés principal	44
	Fechar porta e remover equipamento	3
	Remover escada da tripulação	1
Manuseio de carga – lóbulo inferior	Descarregar compartimento traseiro	20
	Descarregar compartimento dianteiro	22
	Descarregar e carregar cargas a granel	Varia
	Carregar compartimento dianteiro	22
	Carregar compartimento traseiro	20
Manutenção da aeronave	Abastecer aeronave	45
	Manutenção de água potável/*catering*	15
	Manutenção dos lavatórios	14
	Pushback	

Tempo de permanência no solo 94 min.

Pouca atividade de carregamento dentro do "caminho crítico"

Poucas atividades dentro do "caminho crítico"

■ Tempo de posicionamento de equipamentos no pátio de aeronaves   □ Tempo de procedimentos de permanência em solo

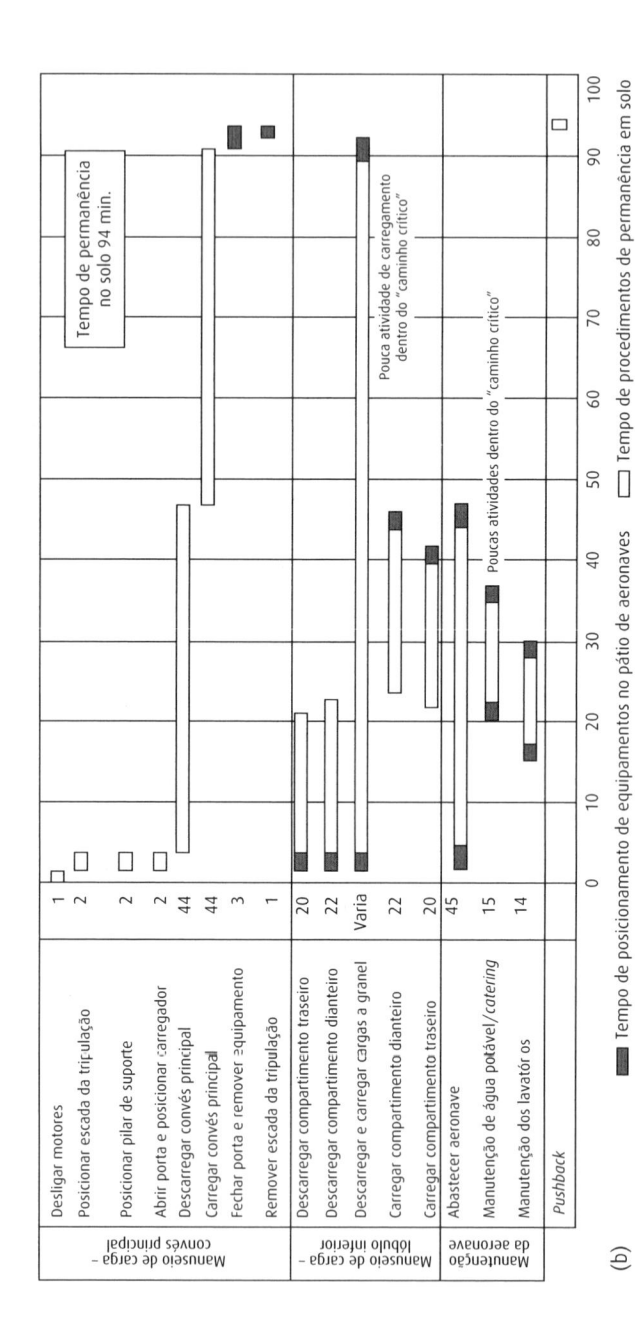

(b)

FIGURA 8.8 *Continuação*

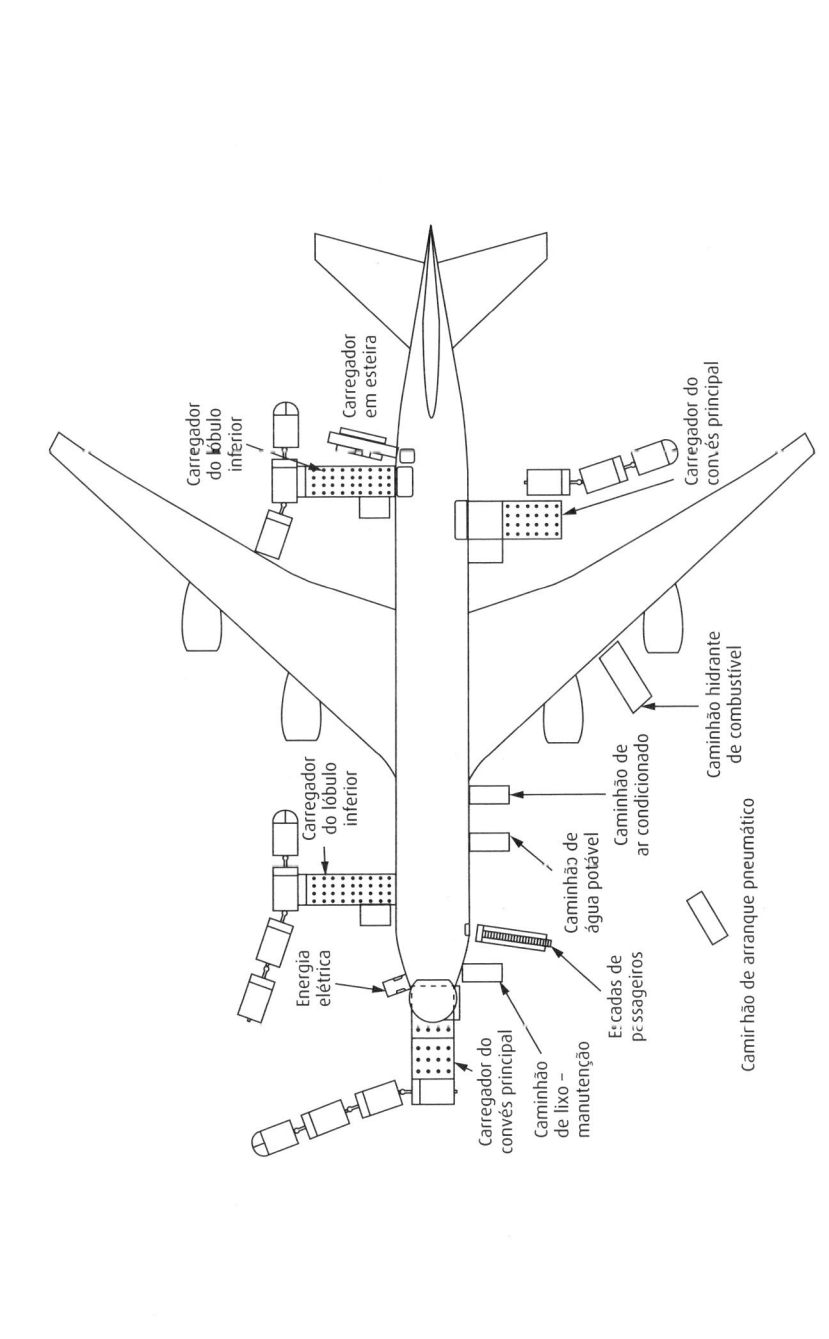

FIGURA 8.9 Configuração da manutenção de uma aeronave nos típicos procedimentos de permanência em solo de uma grande aeronave exclusivamente cargueira (Código E).

esperar a alfândega ou a inspeção de produtos agrícolas antes de qualquer descarregamento poder ser iniciado. Os tempos médios de permanência no solo são muito maiores do que os tempos mínimos, porque frequentemente as aeronaves são restringidas por horários que fornecem um tempo total de assistência em terra muito maior do que esses mínimos citados. Os seguintes tempos de permanência no solo foram citados para as operadoras da aeronave B747-F no Aeroporto de Melbourne, na Austrália:

Cargolux	2 horas
Cathay Pacific	2 horas
Lufthansa	1 hora, 45 minutos
Air New Zealand	2 horas
Singapore Airlines	2 horas

Usando contêineres, a *payload* efetiva diminui, mas obtêm-se ganhos consideráveis em eficiência operacional. Normalmente, a *payload* total de uma aeronave B747-F seria constituída da seguinte maneira:

Convés principal	168.000 libras (conteinerizada)
Lóbulo inferior traseiro	21.700 libras (conteinerizada)
Lóbulo inferior dianteiro	24.800 libras (conteinerizada)
Compartimento de carga a granel	7.500 libras
Payload total	222.000 libras

A Figura 8.9 mostra a localização dos equipamentos de assistência em terra e manutenção necessários para o descarregamento e carregamento simultâneos dos conveses superior e inferior apresentados nos gráficos de Gantt do voo grande exclusivamente cargueiro (Código E) mostrado na Figura 8.8. Tal operação exige muito dos equipamentos do pátio de aeronaves, além de ocupar muito espaço no pátio. Ao todo, a região de 48 contêineres e 14 m^3 poderia ser descarregada e uma quantidade similar carregada. Dois carregadores de baixa elevação para o convés inferior e um carregador de alta elevação para o convés superior serão necessários, cada um deles exigindo pelo menos um e possivelmente dois transportadores de contêineres ou um comboio de carrinhos de contêineres. A Figura 8.10 mostra a variedade de equipamentos do pátio de aeronaves necessários para o tempo de permanência no solo de uma grande aeronave cargueira. A carga a granel é carregada usando um carregador de granel, alimentado por uma unidade de energia que se encontra no pátio de aeronaves. Além da manutenção geral feita durante o tempo de permanência em terra, são necessários dois caminhões de combustível se não houver hidrante de abastecimento disponível, um caminhão de água potável, um caminhão para fornecer água desmineralizada para injeção de água, um caminhão sanitário para a manutenção dos toaletes, uma unidade de fornecimento de energia, uma unidade de arranque por ar comprimido e escadas de acesso da tripulação. Nas proximidades imediatas do edifício do terminal de cargas, normalmente é necessário fornecer uma esteira ou empilhadeiras para aceitar contêineres que possam chegar do pátio de aeronaves

Capítulo 8 Operações de carga **245**

FIGURA 8.10 (*a*) Carregador de contêineres de carga no convés superior. (*b*) Carregador de contêineres de carga no convés inferior (Cortesia: Aeroporto Internacional de Munique) (*c*) Carregador pelo nariz posicionado para carregar aeronave de carga. (Cortesia: Chapman Freeborn Air Chartering) (*d*) Transportador de contêineres de carga. (*continua*)

FIGURA 8.10 *Continuação*

em períodos de pico quando o terminal não for capaz de aceitar todo o fluxo. A capacidade de pico do pátio de aeronaves é geralmente maior do que a capacidade de processamento do terminal. Um sistema de ETV geralmente também é capaz de absorver os picos do pátio de aeronaves armazenando os ULDs recebidos até que eles possam ser processados no terminal.

Facilitação (ICAO 2005)

O transporte seguro e eficiente de remessas de carga só pode ocorrer quando a documentação acompanha o ritmo da movimentação física da carga. Essa é uma questão muito simples quando se tratam de pequenos volumes passando por um único edifício de cargas aéreas. Nos principais aeroportos com grandes fluxos de cargas, inúmeras empresas aéreas e múltiplas instalações de processamento, o controle da facilitação é extremamente complexo e muito necessário.

Nos primórdios do transporte de cargas aéreas, toda a documentação necessária era carregada junto com a remessa. À medida que os fluxos foram aumentando, esse sistema se tornou impraticável, e a documentação passou necessariamente a ser movimentada por meios eletrônicos. Quando os sistemas de computador *mainframe* se tornaram mais difundidos na década de 1970, os primeiros sistemas de rastreamento de carga, como o London Airport Customs and Excise System (LACES) e o Air Cargo Processing na década de 1980 (ACP80) no Londres Heathrow e o Community System for Air Cargo (COSAC) em Hong Kong, tornaram-se mais comuns. Esses sistemas conectavam a alfândega com sistemas de controle de inventário das empresas aéreas, e as empresas aéreas conectavam seus próprios computadores a um escritório central a fim de transmitir dados de controle de inventários a um arquivo comum. As informações do arquivo comum eram disponibilizadas para as empresas aéreas, agentes de expedição de frete e a alfândega, contanto que as informações buscadas estivessem ao alcance da autoridade da operadora que as solicitou. As informações eram transmitidas por sistemas especiais de comunicação de tranportes aéreos como o sistema da Société Internationale de Télécommunications Aéronautiques (SITA).

A Figura 8.11 indica, em um diagrama muito simplificado, as principais etapas da exportação e importação de carga. Um registro computadorizado da remessa é criado inicialmente ou no momento da reserva do espaço ou no recebimento da exportação. O arquivo inicial contém todos os detalhes da remessa do conhecimento de embarque aéreo, como peso, conteúdo, destino, transportadora, embarcador e consignatário. Além disso, são criados arquivos que estabelecem registros de voos com até sete dias de antecedência em relação à data de partida, indicando pesos e volumes máximos a serem alocados a cada destino específico. Quando a remessa é recebida por completo (i.e., o número de pacotes está de acordo com o conhecimento de embarque aéreo), ela é alocada a um voo ou a um ULD, que, por sua vez, será alocado a um voo. O computador, então, fornece um arquivo de inventário de voo que indica a localização de armazenagem no galpão, detalhes do ULD e quaisquer instruções sobre o manuseio. Uma vez que todas as remessas tenham sido inventa-

```
┌─────────┐  ┌──────────────┐  ┌──────────┐  ┌───────────┐  ┌───────────┐  ┌───────────┐
│ Reserva │→ │ Recebimento  │→ │ Alocação │→ │ Preparação│→ │ Preparação│→ │ Partida do│
│de espaço│  │ de documentos│  │ a voo    │  │ de inven- │  │ de mani-  │  │ voo e das │
│         │  │ e mercadorias│  │ e/ou ULD │  │ tário     │  │ festo     │  │ mercadorias│
│         │  │ do conhec. de│  │          │  │ de voo    │  │ de voo    │  │           │
│         │  │ embarque aéreo│ │          │  │           │  │           │  │           │
└─────────┘  └──────────────┘  └──────────┘  └───────────┘  └───────────┘  └───────────┘
```

┌──────────────┐ ┌──────────┐ ┌───────────┐ ┌────────────┐ ┌──────────┐
│ Recebimento │← │Recebimento│← │ Entrada e │← │Autorização │← │ Entrega │
│dos documentos│ │físico das │ │desembaraço│ │para liberar│ │   das   │
│do conhecimento│ │mercadorias│ │alfandegário│ │ou fazer a │ │mercadorias│
│de embarque   │ │   │ │   │ │trans-remessa│ │   │
│aéreo   │ │   │ │   │ │das mercadorias│ │   │
└──────────────┘ └──────────┘ └───────────┘ └────────────┘ └──────────┘

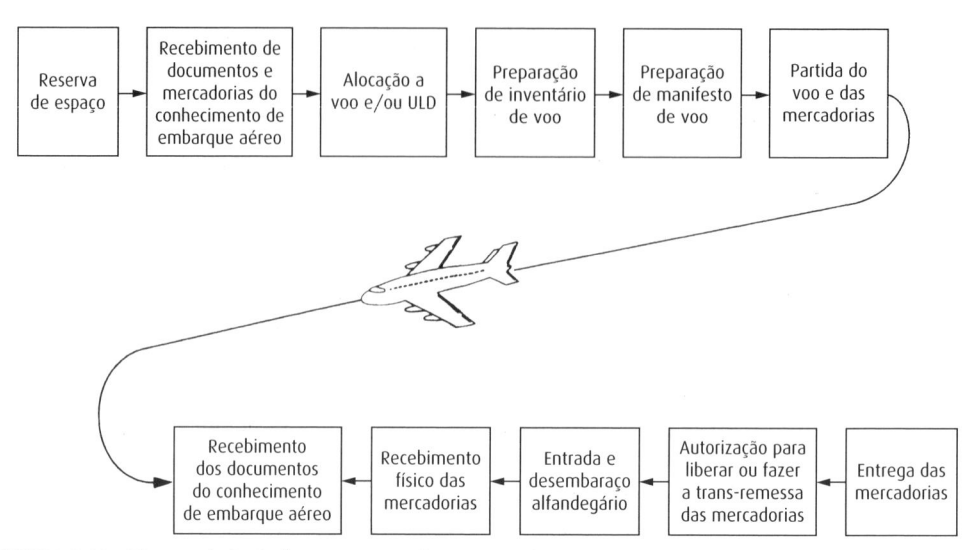

FIGURA 8.11 Etapas principais da exportação e importação de carga.

riadas, produz-se um manifesto de voo. O manifesto é o documento funcional que descreve a movimentação da carga. O manifesto é usado no controle de carga da própria aeronave. A última coisa a ser adicionada às informações é a declaração de que o voo e as mercadorias já partiram. Há também a possibilidade de modificar os dados entrados inicialmente para permitir o fracionamento ou descarregamento de remessas, e para lidar com remessas parciais quando parte dela está atrasada.

Do lado da importação, é criado um documento ao receber a documentação do conhecimento de embarque aéreo. Esse registro identifica o galpão de recebimento, a empresa aérea, o número do conhecimento de embarque aéreo, e outras informações necessárias contidas no conhecimento de embarque. Relatórios de *status* são feitos no recebimento físico das mercadorias – primeiro, de que as mercadorias foram recebidas e, segundo, de que o consignatário é idôneo. Depois da entrada e desembaraço na alfândega, ou produz-se uma nota de liberação após o desembaraço, ou concede-se uma autorização de remoção para permitir a trans-remessa a outro aeroporto para desembaraço ou a remoção para o galpão de outro aeroporto. Nessa etapa, produz-se um manifesto de transferência para remessas em trânsito. O registro final na vida do registro é que as mercadorias foram entregues. Há vários relatórios disponíveis automaticamente que registram discrepâncias, como o recebimento de mais ou menos pacotes do que o esperado. Como medida padrão de controle de inventário, são produzidos diversos relatórios diários. Tais relatórios fornecem o *status* atualizado de áreas problemáticas como:

- Remessas não recebidas dentro de 24 horas após o recebimento do conhecimento de embarque aéreo
- Remessas não entregues dentro de dois dias após o desembaraço alfandegário

- Remessas em trânsito não entregues às transportadoras seguintes dentro de seis horas
- Transremessas e remoções interaeroportos não realizada em sete dias

Em todas as etapas, os arquivos de *status* podem ser interrogados por operadoras com a autoridade necessária.

Na década de 1990, a introdução difundida dos computadores pessoais (PCs) tinha feito grandes operadores de carga estabelecer ou entrar em sistemas comunitários de cargas (CCSs, *cargo community systems*), que, usando intercâmbio de dados eletrônicos (EDI, *electronic data interchange*), permitiam que os computadores trocassem dados diretamente, sem a intervenção humana. Em meados da década de 1990, por exemplo, o sistema ICARUS, usado pela British Airways, conectava mais de 50 grandes empresas aéreas e mais de 1.500 expedidores de carga. Conectava-se também a outros CCSs como o TRAXON, na França, o Cargo Community Network (CCN), em Singapura, o Avex, nos Estados Unidos, o Cargonet, na Austrália, e outros sistemas na Áustria, Itália, África do Sul e no Reino Unido. O CCS era capaz de trocar informações entre computadores sem a necessidade de documentação em papel e podia:

- Acessar a disponibilidade de espaço nos voos
- Obter reservas eletrônicas
- Transmitir documentos eletrônicos (p. ex.: conhecimentos de embarque aéreo)
- Receber documentos eletrônicos
- Fornecer rastreamento e *status* de remessas
- Criar uma estrutura comunitária entre os expedidores
- Fornecer informações de horários

Antes de a Internet ser estabelecida, as empresas aéreas pagavam o CCSs ou outros provedores de mensagens como o SITA para transmitir os Procedimentos de Mensagens de Intercâmbio de Cargas (Cargo-IMP, *Cargo Interchange Message Procedures*). Entretanto, o EDI foi enormemente facilitado pelo desenvolvimento da Internet no final da década de 1990. A prática dos CCSs independentes comunicando-se uns com os outros por conexões telefônicas convencionais foi substituída pelos Sistemas de Gestão Logística (LMS, *Logistics Management Systems*), que se conectavam via Internet e forneciam todas as conexões necessárias entre expedidores e empresas aéreas. Esse desenvolvimento permitiu a livre comunicação usando o Protocolo de Transferência de Arquivos (FTP, *File Transfer Protocol*).

Em 2007, a IATA lançou o Projeto *e-Freight* (frete eletrônico), cujo objetivo era substituir toda a documentação em papel para o transporte de frete por mensagens eletrônicas. O objetivo era reduzir os custos, melhorar o tempo e a precisão de trânsito e melhorar a competitividade do frete aéreo. Na época, até 30 documentos podiam ser necessários para uma única remessa. Alcançar a facilitação livre de papel enfrentou dificuldades por diversos motivos:

- A partir de 2011, muitos países exigem o envio antecipado de informações eletrônicas sobre cargas para fins de avaliação de riscos

- O ambiente jurídico e técnico em muitas jurisdições era avesso a aceitar transferências sem o uso de papel
- Em muitos casos, a alfândega do país em questão não possuía plataforma eletrônica
- Nem todos os governos seguiam os padrões internacionais relativos a documentação e procedimentos
- Diferentes governos exigiam o envio de documentos em diferentes formatos (p. ex.: EDIFACT, XML, TXT, etc.)
- em algumas jurisdições, os embarcadores tinham que enviar os mesmos dados ou documentação através de diversos canais

Entretanto, em 2010, a IATA divulgou que 44 países, 380 aeroportos e 32 empresas aéreas já estavam usando o *e-Freight*. Isso representava 80% de todo o volume de cargas aéreas e um avanço significativo em três anos desde o lançamento do projeto.

Exemplos de projetos e operação de um terminal de cargas moderno

A Lufthansa reprojetou seu terminal de cargas aéreas de Frankfurt em 1995 para suportar uma capacidade de aproximadamente 1 milhão de toneladas por ano. A Figura 8.12 mostra um desenho esquemático das instalações, que, assim como a maioria dos terminais modernos, é extensamente mecanizada para o manuseio de ULDs. Frankfurt possui uma proporção muito alta de carga de conexão, o que exige a reconsolidação dentro do próprio terminal de cargas. O sistema de manuseio dentro do terminal economiza mão de obra e espaço por meio do emprego de mecanização extensiva. O sistema é projetado para lidar com a gama de tipos de contêiner que a indústria usa. Antes da consolidação, remessas de carga a granel eram colocadas em caixas roláveis em uma seção de manuseio contínuo, onde empilhadeiras verticais eram capazes de colocar as caixas roláveis em espaços de armazenamento vertical. Um ETV alimenta um sistema de empilhamento vertical de contêineres que pode receber unidades de 10 e de 20 pés. A configuração permite movimentos laterais, transversais e ao redor de cantos por sistemas de esteiras sem o uso de equipamentos móveis com rodas. A operação possui três principais objetivos:

- Minimização de acidentes envolvendo funcionários e cargas
- Minimização dos danos causados a ULDs
- Maximização do uso do espaço do terminal de cargas

Em 1998, quando Hong Kong transferiu seu aeroporto de Kai Tak para Chep Lap Kok, ele abriu um novo terminal de cargas de US$1 bilhão, o HACTL Super-Terminal 1. Trata-se de um edifício de seis andares com uma área total de $288.341m^2$ e uma capacidade declarada de 2,6 milhões de toneladas por ano, gerando um processamento de 9,0 toneladas/m^2 por ano. Isso é comparável à recomendação da IATA

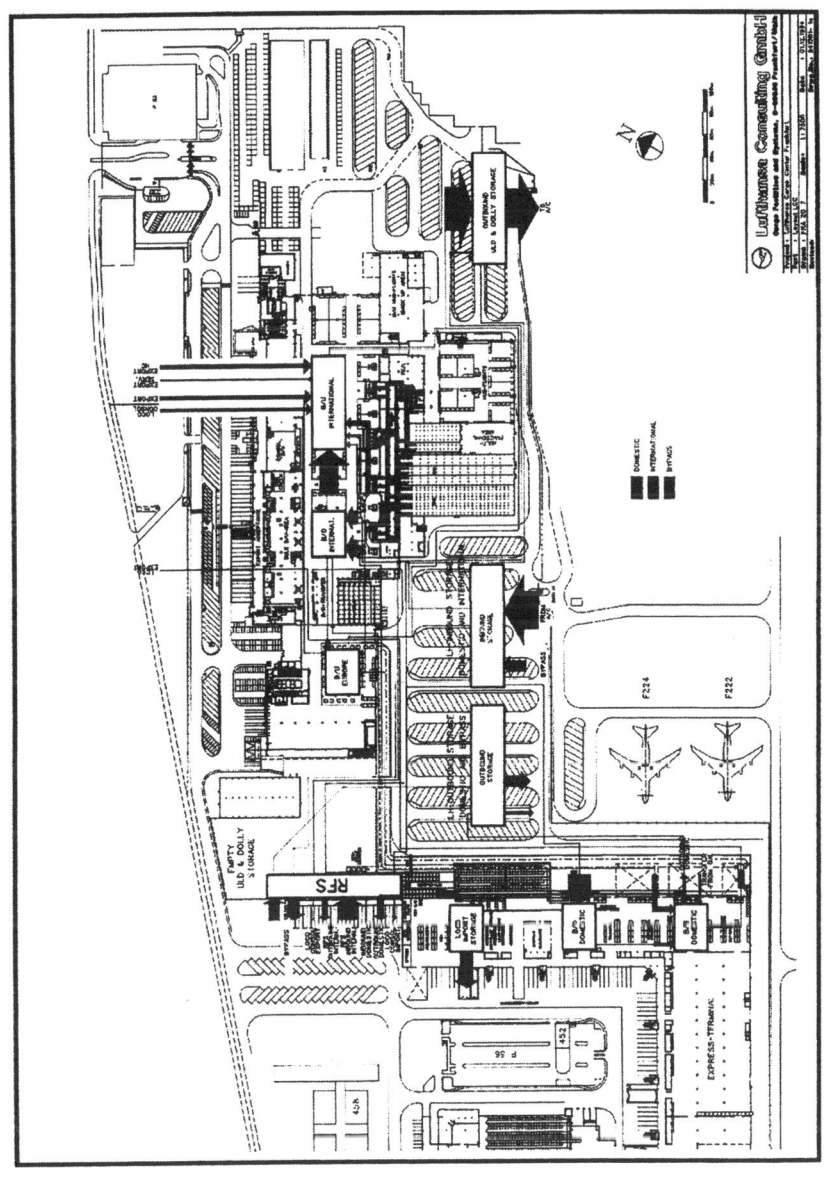

FIGURA 8.12 Desenho esquemático do terminal da Lufthansa.

de 17 toneladas/m^2 para instalações altamente automatizadas e 10 toneladas/m^2 para um nível médio de automatização (IATA 2004; Ashford et al. 2011). As instalações, exibidas na Figura 8.13, atendiam 90 empresas aéreas e 1.000 expedidores de frete em 2010, com 34 plataformas exclusivamente de carga para aeronaves de grande porte. No mesmo ano, Hong Kong pela primeira vez superou Memphis como o aeroporto com maior operação de cargas do mundo. O edifício do HACTL possui ETVs e TVs, 362 estações de composição e fracionamento de cargas, um CSS com 3.500 posições de armazenamento de contêineres e um sistema automatizado de armazenamento de caixas (BSS, *box storage system*) com 10.000 posições de armazenamento. O CSS é capaz de manusear contêineres de 10 e de 20 pés.

Além do SuperTerminal 1, as instalações do Chep Lap Kok possuem um centro expresso adjacente com uma área de 40.361m^2 e uma capacidade de 200.000 toneladas por ano. O centro expresso e o SuperTerminal 1 são construídos em uma área de 170.000m^2. É uma indicação do vigoroso crescimento do mercado asiático de cargas o fato de, em 2006, o Terminal de Frete Aéreo da Ásia (Asia Air Freight Terminal) também ter desenvolvido um novo terminal expandido em Chep Lap Kok com um sistema de armazenamento e recuperação totalmente automatizado, e de que havia planos de inaugurar, em 2013, um novo terminal de cargas para a Cathay Pacific Services Limited, também equipado com um sistema de manuseio de carga com diversos andares e tecnologia de ponta. Os terminais de carga de Hong Kong são um dos diversos na Ásia que refletem a crescente industrialização da região e o aumento no uso de cargas aéreas como um método vital de fornecimento de mercadorias para o resto do mundo.

FIGURA 8.13 Terminal HACTL, Hong Kong. (Cortesia: Aeroporto Internacional de Hong Kong)

Operações de carga por transportadoras integradas

Em 2012, 21 dos aeroportos do mundo manuseavam mais de 1 milhão de toneladas de carga. Entre eles, Memphis se classificava como o segundo aeroporto de carga mais movimentado, com Louisville em 11º lugar. O aeroporto de Memphis é a sede da FedEx e o de Louisville, da UPS, ambas chamadas de transportadoras integradas (ICs, *integrated carriers*). O crescimento das ICs nos últimos 40 anos foi extraordinariamente inconstante. Essas transportadoras oferecem serviço de entrega porta a porta, normalmente dentro de determinado limite de tempo. A FedEx, originalmente Federal Express, a maior das transportadoras integradas, é também a maior empresa aérea exclusivamente de carga do mundo, atendendo a 375 aeroportos em 220 países, com mais de 80.000 veículos motorizados e 290.000 funcionários em 2010. No mesmo ano, o número médio de remessas diárias era de 8,5 milhões.

A operação nos terminais de carga aérea das ICs é bastante diferente da dos terminais convencionais, e é difícil fazer comparações entre os dois tipos de operações mesmo se tratando de um único aeroporto. Os terminais das ICs têm picos diários muito altos e são caracterizados pela falta de espaço de armazenamento necessário porque muito pouca carga permanece no terminal por qualquer período de tempo significativo. As principais características que diferenciam esse tipo de terminal do terminal de cargas convencional incluem:

- As cargas estão sob o controle físico de uma única organização durante toda a sua jornada
- A entrega ao aeroporto de exportação e o recebimento no aeroporto de importação são realizados pela própria IC; a área de carregamento e descarregamento do lado terra é mais facilmente controlada e organizada
- Não há o envolvimento de expedidores de carga ou de agentes de desembaraço
- As ICs geralmente usam suas próprias frotas, mas podem usar outras empresas aéreas comerciais no cenário internacional (problemas da DHL e TNT com direitos de prestação de serviços aéreos internacionais)
- São usadas aeronaves exclusivamente para cargas, e as características da frota são bem conhecidas pela operadora do terminal, a própria IC
- As cargas têm garantia de entrega em determinado tempo; isso implica em um rápido desembaraço pelas instalações do aeroporto
- Documentação e facilitação passam pelo sistema de uma empresa apenas
- Alta segurança e acesso limitado ao terminal são possíveis porque não há o envolvimento de nenhuma organização de fora, exceto a alfândega

Normalmente, as grandes ICs globais estabeleceram *hubs* intercontinentais como Memphis, Newark, Hong Kong e Paris Charles de Gaulle. Atendendo a esses principais *hubs* intercontinentais há uma rede de subsidiárias. Por exemplo, a FedEx na Europa possui uma rede de suporte de 15 aeroportos *hubs* de segundo nível e 2 aeroportos menores com operações de *hub* ou *spoke*. Desses locais saem caminhões que atendem o restante da Europa.

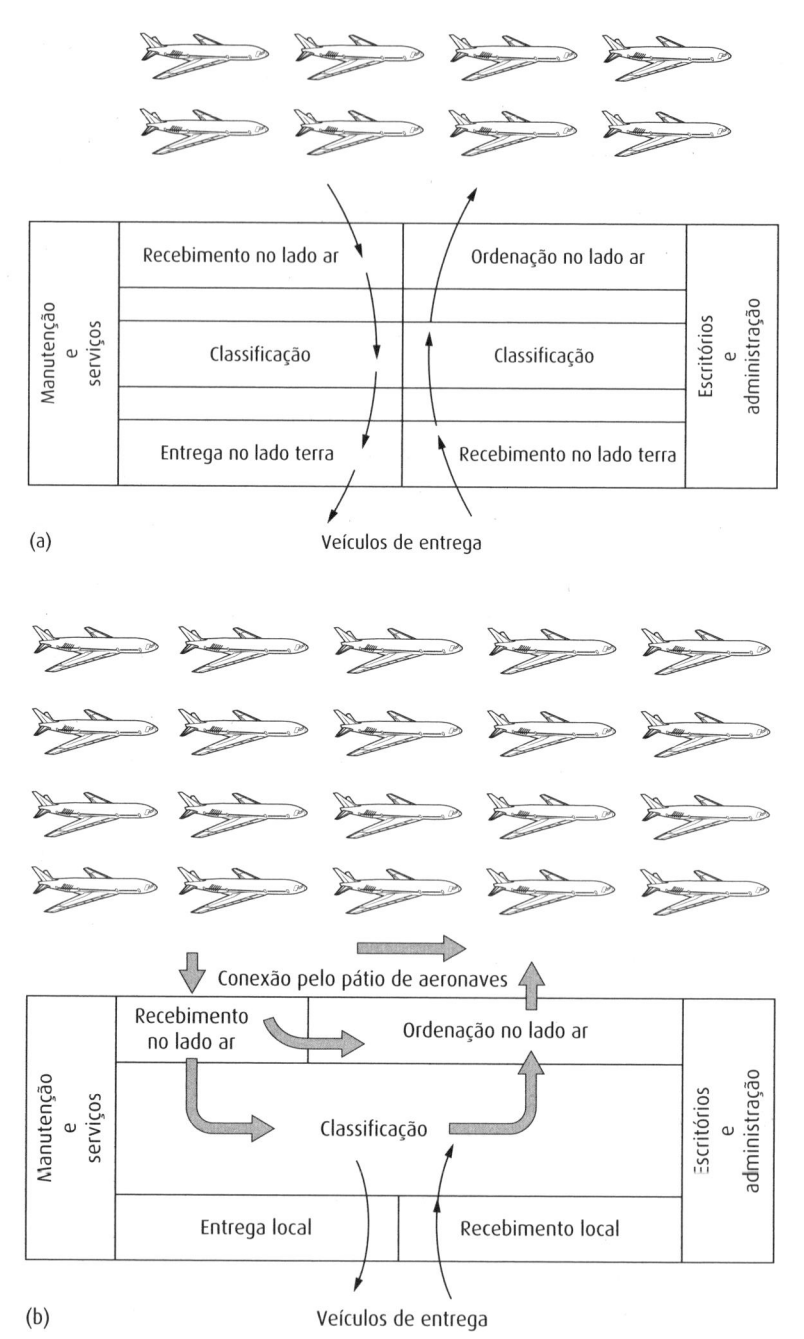

FIGURA 8.14 (*a*) Desenho esquemático dos fluxos em um terminal *spoke* de uma transportadora integrada. (*b*) Desenho esquemático dos fluxos em um terminal *hub* de uma transportadora integrada.

A localização e a operação de um terminal *hub* de uma IC têm pouca relação com a operação de qualquer instalação de passageiros nesse aeroporto. O terminal IC tende a operar isoladamente, com características de pico bastante independentes das atividades do pátio de aeronaves de passageiros. De modo geral, o terminal IC possui diversas chegadas em torno da meia-noite e diversas partidas nas primeiras horas da manhã. Como tais, os terminais IC têm muito em comum com os terminais de correspondências aéreas, embora possam ser muito maiores.

Os maiores ICs têm redes que podem ser classificadas da seguinte maneira:

1. Aeroportos *hubs* e *hubs* subsidiários
2. Aeroportos *spoke*

Aeroportos *hubs* e *hubs* subsidiários são caracterizados como aeroportos nos quais há pouco tráfego local de destino ou origem. Há uma grande quantidade de tráfego de cargas aéreas em trânsito, grande parte pelo pátio de aeronaves. O fluxo pelo terminal é pequeno, se comparado ao fluxo total. O lado terra do terminal, o estacionamento, as docas de aceitação e despacho de caminhões e as vias de acesso também são mínimas. Aeroportos *spoke* não possuem transferência no pátio de aeronaves. Para esses aeroportos, o fluxo pelo terminal é essencialmente o fluxo total. O estacionamento, carregamento/descarregamento e vias de acesso do lado terra são diretamente proporcionais à escala da operação.

A IATA recomenda a seguinte provisão de espaço no terminal (IATA 2004):

- *Hubs* regionais/terminais *hub* de entrada: 7 toneladas/m^2 por ano
- *Hubs reliever*: 5 toneladas/m^2 por ano

Em um estudo recente realizado no principal *hub* de um aeroporto europeu, foi determinado que a capacidade esperada em um nível de serviço aceitável no que diz respeito à provisão de espaço era 8 toneladas/m^2 por ano. Observou-se que o peso médio das remessas era de 15 quilos. A Figura 8.14 mostra um desenho esquemático do modo de operação de terminais em sistema radial (*hub and spoke*) de uma transportadora integrada.

Referências

Ashford, N. J., S. Mumayiz, and P. H. Wright. 2011. *Airport Engineering: Planning, Design, and Development of 21st Century Airports*, 4th ed. New York: McGraw-Hill.

Boeing. 2008. *747-8 Airplane Characteristics for Airport Planning*. Chicago: Boeing *Commercial Airplanes.*

Boeing. 2011. *World Air Cargo Traffic Forecast, 2010–11*. Seattle: Boeing Airplane *Company.*

International Air Transport Association (IATA). 1992. *Principles of Cargo Handling and Perishable Cargo Handling Guide*. Montreal, Canada: IATA.

International Air Transport Association (IATA). 2004. *Airport Development Reference Manual*, 9th ed. Montreal, Canada: International Air Transport Association.

International Air Transport Association (IATA). 2010. *ULD Technical Manual*. Montreal, Canada: IATA.

International Civil Aviation Organization (ICAO). 2001. *The Safe Transport of Dangerous Goods by Air*, 3rd ed. (Annex 18 to the Chicago Convention, Including Amendments 7 to 9). Montreal, Canada: ICAO.

International Civil Aviation Organization (ICAO). 2005. *Facilitation,* 12th ed. (Annex 9 to the Chicago Convention, including Amendment 21 of November 19, 2009). Montreal, Canada: ICAO.

International Civil Aviation Organization (ICAO). 2011. *Civil Aviation Statistics of the World.* Montreal: ICAO.

CAPÍTULO 9

Acesso ao aeroporto

Acesso como parte do sistema aeroportuário

Alguns anos atrás, as operadoras aeroportuárias consideravam que o problema de chegar até o aeroporto era, primordialmente, responsabilidade do planejador urbano ou do transporte regional e das operadoras de transportes de superfície. No entanto, o congestionamento e dificuldades em acessar aeroportos têm, como veremos, fortes implicações em suas operações. Portanto, o administrador aeroportuário tem um interesse vital e inevitável em toda a área de acesso e na acessibilidade, talvez uma das áreas mais problemáticas para a gestão aeroportuária. Uma administração pode sofrer uma severa deterioração em suas próprias operações devido a problemas fora dos limites do aeroporto propriamente dito, condições das quais a operadora aeroportuária parece ter um controle direto cada vez menor.

A Figura 9.1 é um diagrama conceitualizado que indica como possíveis passageiros de embarque e o tráfego de carga que passa pelo aeroporto estão sujeitos a restrições de capacidade nos vários pontos do sistema; uma cadeia similar opera no sentido inverso, para o tráfego de chegada. É importante perceber que, se qualquer das possíveis áreas de restrição se tornar ponto de "gargalo", a capacidade do terminal diminuirá, ocorrerão atrasos e haverá uma verdadeira perturbação no fluxo. A dificuldade de acesso está longe de ser uma ocorrência hipotética. Vários dos principais aeroportos do mundo enfrentam muitos problemas relacionados ao acesso ao terminal. Usando métodos diretos para estimar o tráfego, planejadores de transportes urbanos podem mostrar que muitos desses problemas de acesso podem ocorrer em aeroportos que se encontram em grandes áreas metropolitanas, principalmente se dependerem do acesso rodoviário. Na verdade, três dos maiores aeroportos do mundo, Los Angeles, Chicago O'Hare e Londres Heathrow, já há algum tempo exibem sintomas severos de congestionamento de acesso. Em Los Angeles, na década de 1970, antes das rodovias passarem a ter dois andares de circulação, a capacidade do aeroporto foi declarada a partir da determinação da capacidade de acesso do lado terra. Em 1980, o Departamento de Aeroportos de Los Angeles propôs que o número total de operações com aeronaves fosse determinado da seguinte maneira:

$$\text{MTAO} = \frac{365 \times 0{,}90 \times \text{RCAP} \times \text{PPV}}{\text{ASOP} \times \text{CHTF} \times \text{ANPO}} \tag{9.1}$$

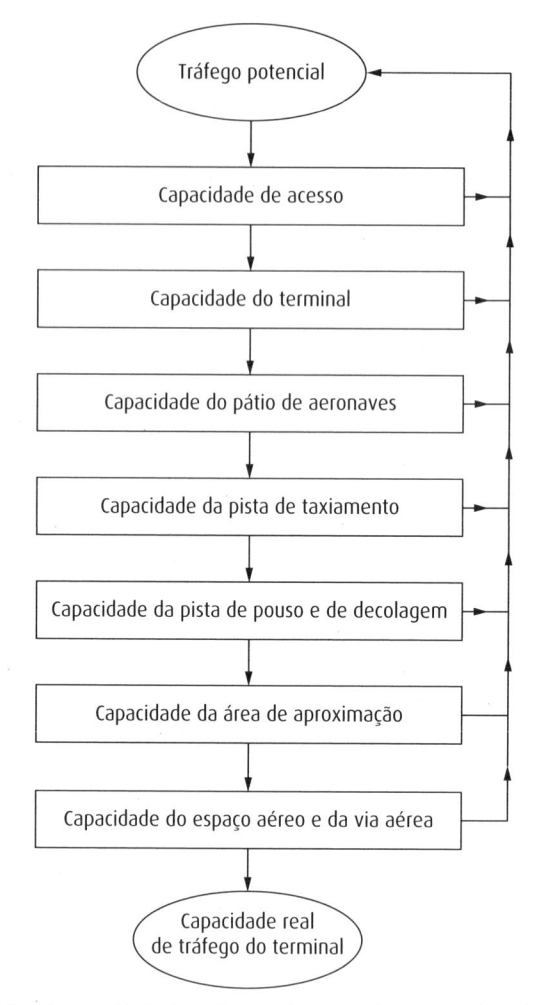

```
                    ┌─────────────────┐
                    │ Tráfego potencial│
                    └────────┬────────┘
                             ▼
                  ┌──────────────────────┐
                  │ Capacidade de acesso │◄──┐
                  └──────────┬───────────┘   │
                             ▼               │
                  ┌──────────────────────┐   │
                  │ Capacidade do terminal│◄──┤
                  └──────────┬───────────┘   │
                             ▼               │
          ┌──────────────────────────────┐   │
          │ Capacidade do pátio de aeronaves│◄┤
          └──────────────┬───────────────┘   │
                         ▼                   │
          ┌──────────────────────────────┐   │
          │ Capacidade da pista de taxiamento│◄┤
          └──────────────┬───────────────┘   │
                         ▼                   │
       ┌────────────────────────────────────┐│
       │ Capacidade da pista de pouso e de decolagem│◄┤
       └──────────────┬─────────────────────┘│
                      ▼                      │
          ┌──────────────────────────────┐   │
          │ Capacidade da área de aproximação│◄┤
          └──────────────┬───────────────┘   │
                         ▼                   │
       ┌────────────────────────────────────┐│
       │ Capacidade do espaço aéreo e da via aérea│┘
       └──────────────┬─────────────────────┘
                      ▼
             ┌──────────────────┐
             │  Capacidade real │
             │de tráfego do terminal│
             └──────────────────┘
```

FIGURA 9.1 Restrições de capacidade ao embarque de passageiros e ao tráfego de carga do aeroporto.

que é uma reformulação de

$$\text{AEDT} = \frac{\text{MTAO} \times \text{ASOP} \times \text{ANPO}}{365 \times \text{PPV}} \quad (9.2)$$

e

$$\text{CHTF} \times \text{AEDT} = \text{RCAP} \times 0{,}90 \quad (9.3)$$

onde AEDT = número médio de veículos que entraram na área do terminal central nos seis meses anteriores

ANPO = número médio anual de passageiros por operação aérea real nos seis meses anteriores

ASOP = número real de operações aéreas dividido pelo número proposto nos seis meses anteriores

CHTF = fator de tráfego em horários críticos: os trezentos horários com tráfego veicular mais alto durante os 12 meses anteriores dividido pelo número médio de veículos que entram na área do terminal central diariamente

MTAO = máximo de operações de decolagem e aproximação

PPV = número médio de passageiros aéreos por veículo que chega

RCAP = capacidade rodoviária de entrada na área do terminal central em termos de veículos por hora

0,90 = constante

Esse procedimento foi uma tentativa de garantir que as atividades programadas do lado ar não impusessem uma sobrecarga inaceitável sobre o sistema de acesso do lado terra. Embora não tenham sido adotados pelo aeroporto, devido à duplicação das pistas das rodovias de acesso (que passaram a ter dois andares) antes dos Jogos Olímpicos de Los Angeles, é possível que procedimentos similares tenham que ser adotados por outros aeroportos no futuro.

O Chicago O'Hare, que em 2011 gerou em torno de meio milhão de viagens por dia, é servido principalmente pela Kennedy Expressway, uma das mais movimentadas rodovias do mundo e que costuma estar congestionada. Consequentemente, já em 1981, o O'Hare fez planos de se conectar ao centro da cidade de Chicago se ligando à linha de trânsito urbano. O número de usuários de transportes até o aeroporto cresceu lentamente e, em 2011, tinha chegado a cerca de 21.000 passageiros, trabalhadores e visitantes por dia. O Aeroporto Londres Heathrow possui um severo problema de acesso, embora um pouco menos de 2/3 de seus passageiros cheguem por transporte público ou táxi. Dificuldades de acesso no próprio aeroporto decorrem, em parte, da configuração de três de seus terminais, que são comprimidos em uma pequena região "ilhada" entre as duas principais pistas de pouso e decolagem e que podem ser acessados por terra somente por um túnel que passa por baixo de uma das pistas. Para limitar o nível de tráfego na área do terminal, os passageiros são incentivados a utilizar áreas de estacionamento mais afastadas, cujos preços são bastante atraentes. Há também severas restrições a táxis na área do terminal central.

As rodovias, os sistemas urbanos de ônibus e trem, além de táxis, geralmente estão fora do controle do administrador do aeroporto, tanto financeira quanto operacionalmente. Entretanto, a interface do sistema de acesso está dentro do controle do administrador. Uma interface operacional deficiente pode desencorajar os viajantes a usar aquilo que, caso contrário, seria um sistema excelente e (do ponto de vista do aeroporto) desejável. Por outro lado, ao impor restrições operacionais seletivas a um modo que está se tornando menos desejável (p. ex.: automóveis em uma situação de acesso rodoviário congestionado), podem ser feitas mudanças significativas, senão grandes, na escolha modal do viajante.

Usuários do acesso e escolha do modal

Os passageiros de aeroportos geralmente constituem a maior parte das pessoas que entram ou saem de um aeroporto. Excluindo os indivíduos que fazem viagens como fornecedores ao aeroporto, a população aeroportuária pode ser dividida em três categorias:

- Passageiros – de origem, de destino, em trânsito ou conexão
- Funcionários – de empresas aéreas, do aeroporto, do governo, de concessionárias, entre outros
- Visitantes – pessoas que vão levar ou buscar passageiros ("acompanhantes"), turistas que querem visitar o aeroporto, entre outros

Todos, exceto os passageiros em trânsito ou conexão, usam o sistema de acesso. Não há estatísticas sobre a divisão da população aeroportuária entre essas categorias. A divisão varia consideravelmente de um aeroporto para outro e depende de fatores como o tamanho do aeroporto, a hora do dia, a semana e o ano, a localização geográfica do aeroporto e o tipo de serviço aéreo prestado. Aeroportos de grande porte com uma grande base de frotas de aeronaves das empresas aéreas têm extensas instalações de manutenção e engenharia. Os aeroportos de Hong Kong, Atlanta Hartsfield e Londres Heathrow possuíam entre 60.000 e 76.000 funcionários no local em 2010. A maioria deles eram funcionários de empresas aéreas. Os aeroportos que atendem operações internacionais em vez de domésticas tendem a atrair muitas pessoas que vão ao aeroporto para levar ou buscar algum passageiro, os "acompanhantes". Não há números similares de visitantes na maioria dos aeroportos dos EUA, que atendem, em sua maioria, a voos domésticos e executivos, embora haja exceções, como o JFK, que presta serviços a voos étnicos. A Tabela 9.1 lista a divisão das "populações" aeroportuárias que foram encontradas ao longo do tempo por diversas pesquisas. Pode-se ver que a dispersão dos valores é muito alta. Devido às fontes dos dados contidos na tabela e à dificuldade em obter dados homogêneos, a confiabilidade de uma das poucas pesquisas desse tipo deve ser questionada.

Nos últimos 50 anos, foram propostas diversas soluções superficiais para o problema do acesso, muitas das quais envolviam o uso de alguma tecnologia sobre trilhos de alta velocidade para ligar o aeroporto ao centro da cidade em um esforço de reduzir o uso de automóveis. Essas propostas não reconheceram que o motivo de o automóvel ser tão utilizado para acessar o aeroporto é que, exceto por algumas poucas áreas metropolitanas com distritos empresariais centrais dominantes, os viajantes aéreos, em sua grande maioria, não começam ou terminam suas viagens nos centros das cidades. A Tabela 9.2 lista o percentual de passageiros cuja origem ou destino é o distrito empresarial central (CBD, *central business district*) da cidade para uma seleção de aeroportos nos Estados Unidos e no Reino Unido. Concentrar as rotas de acesso direcionadas ao CBD pode resolver apenas uma parte do problema de acesso ao aeroporto. A Tabela 9.3 indica, para alguns aeroportos selecionados nos EUA e da Europa, a popularidade geral do automóvel ou táxi mesmo quando há presença de transporte público (Coogan 1995; TRB 2000). A conveniência do

TABELA 9.1 Proporção de passageiros, trabalhadores, visitantes e acompanhantes em aeroportos selecionados

Aeroporto	Passageiros	Acompanhantes	Trabalhadores	Visitantes
Frankfurt	0,60	0,06	0,29	0,05
Viena	0,51	0,22	0,19	0,08
Paris	0,62	0,07	0,23	0,08
Amsterdã	0,41	0,23	0,28	0,08
Toronto	0,38	0,54	0,08	Não incluído
Atlanta	0,39	0,26	0,09	0,26
Los Angeles	0,42	0,46	0,12	Não incluído
JFK	0,37	0,48	0,15	Não incluído
Bogotá	0,21	0,42	0,36	Insignificante
Cidade do México	0,35	0,52	0,13	Insignificante
Curaçao	0,25	0,64	0,08	0,03
Tóquio	0,66	0,11	0,17	0,06
Singapura	0,23	0,61	0,16	Insignificante
Melbourne	0,46	0,32	0,14	0,18
Aeroportos dos EUA	0,33–0,56	–	0,11–0,16	0,31–0,42 (inclui acompanhantes)

Fonte: Institute of Air Transport Survey 1979.

modo automóvel é o principal motivo para sua popularidade em países em que há um alto nível de propriedade de veículos particulares; o automóvel fornece a conexão mais fácil entre a origem ou o destino do viajante e o aeroporto, a menos que ambas as extremidades da viagem possam ser atendidas por transportes públicos de acesso direto e fácil.

Em países em que o transporte público intercidades (i.e., trem e ônibus) é fraco, modos privados direcionados a rodovias são essenciais para aqueles que desejam acessar o aeroporto. Com o aumento do transporte público em áreas urbanas desde a década de 1970, os padrões de acesso estão mudando lentamente nos EUA. No aeroporto Boston Logan, por exemplo, o uso combinado dos modos trem e ônibus cresceram de 16% em 1970 para 18% em 2000 (TRB 2000). Alguns aeroportos europeus, como Zurique, Amsterdã, Frankfurt, Bruxelas e Londres Gatwick, estão conectados à rede ferroviária intercidades. Teoricamente, todas essas conexões ferroviárias fornecem conexão direta com todas as partes do país, e trens de superfície devem ser uma alternativa atraente em vez do automóvel como o modo de acesso. Na realidade, a forma da rede pode afetar significativamente a eficácia do transporte ferroviário como uma alternativa viável. Em alguns aeroportos, as conexões não são boas e, consequentemente, o uso de transportes ferroviários é baixo. A ligação entre

TABELA 9.2 Percentuais de passageiros de empresas aéreas cuja origem ou destino é o Distrito Empresarial Central

	Distância do aeroporto ao CBD (milhas)	Percentual de passageiros que se direcionam ao CBD
Estados Unidos		
Nova York (LGA)	6,5	46%
Nova York (JFK)	11,5	32% (para Manhattan)
Atlanta (ATL)	7,5	7%
Chicago O'Hare (ORD)	15,5	14%
Baltimore/Washington	10,0	14% (para o centro de Baltimore)
Reagan Washington National (DCA)	2,0	33% (para o centro de Washington)
Chicago Midway (MDW)	9,0	20%
Filadélfia (PHL)	6,3	14%
Denver (DEN)	7,5	20% (de passageiros executivos não residentes)
Reino Unido		
Londres Heathrow (LHR)	16	29%
Londres Gatwick (LGW)	24	21%
Liverpool (LPL)	6	37%
Manchester (MAN)	8	11%
Glasgow (GLA)	6	28%
Birmingham (BHX)	7	25%
Newcastle (NCL)	6	17%

Fonte: ACRP e CAA.

Gatwick-Victoria, em Londres, foi bem-sucedida, não necessariamente por motivos de conectividade das redes convencionais, mas porque a Victoria Station, na Londres central, serve como ponto de ligação para o sistema de metrô que abrange toda a cidade; além disso, as conexões a outras estações ferroviárias de linhas principais e o West End são facilmente feitas de táxi. Além do Gatwick, o Zurique Kloten talvez tenha sido um dos primeiros aeroportos a ser realmente conectado com uma rede ferroviária intercidades; as autoridades suíças originalmente esperavam que 50 a 60% das viagens de acesso acabassem sendo feitas de trem. Na prática, o valor ficou abaixo dessa meta, tendo atingido apenas 34% em 2000 (TRB 2000). Um grande problema que tem que ser considerado em todas as questões de acesso é o grau de coincidência entre picos de tráfego do transporte urbano, tanto rodoviário quanto ferroviário, e do tráfego de passageiros aéreos. Isso é exemplificado na Figura 9.2, que mostra o número combinado de passageiros de chegada e partida no Aeroporto de São Francisco e as variações de tráfego veicular na Área da Baía de São Francisco. As variações nos picos do aeroporto também estão relacionadas aos ritmos diurnos da vida urbana no sentido de que os horários fornecidos pelas empresas aéreas são normalmente estabelecidos de modo a coincidir com os picos gerados pela jornada diária de trabalho de oito horas (ver Capítulo 2). Consequentemente, o viajante aéreo compete com o morador urbano por espaço nas rodovias e capacidade de trân-

TABELA 9.3 Acesso por automóvel ou táxi para aeroportos selecionados

	Percentual de automóveis ou táxis	Transporte público disponível
Oslo	37	Sim (ônibus e trem)
Hong Kong	40	Sim (ônibus e trem)
Tóquio Narita	40	Sim (ônibus e trem)
Gênova	55	Sim (ônibus e trem)
Londres Heathrow	58	Sim (ônibus e trem)
Munique	61	Sim (ônibus e trem)
Zurique	65	Sim (ônibus e trem)
Londres Gatwick	65	Sim (ônibus e trem)
Londres Stansted	68	Sim (ônibus e trem)
Paris Charles de Gaulle	69	Sim (ônibus e trem)
Frankfurt	70	Sim (ônibus e trem)
Amsterdã	70	Sim (ônibus e trem)
Bruxelas	74	Sim (ônibus e trem)
Paris Orly	77	Sim (ônibus e trem)
São Francisco	79	Sim (ônibus e trem via *shuttle*)
Boston Logan	82	Sim (ônibus e trem via *shuttle*)
Washington Reagan	83	Sim (ônibus e trem)
Los Angeles	87	Sim (ônibus e trem via *shuttle*)
Chicago Midway	88	Sim (ônibus e trem)
Chicago O'Hare	91	Sim (ônibus e trem)
Atlanta Hartsfield	92	Sim (ônibus e trem)
Nova York JFK	92	Sim (ônibus e trem via *shuttle*)
Baltimore/Washington	93	Sim (ônibus e trem)
Filadélfia	93	Sim (ônibus e trem)
St. Louis	94	Sim (ônibus e trem)
Cleveland	94	Sim (ônibus e trem)
Washington Dulles	94	Sim (ônibus e trem via *shuttle*)
LaGuardia	95	Sim (ônibus e trem via *shuttle*)

Fonte: ACRP.

sito durante os períodos de pico. Para o passageiro que está usando o automóvel, táxi e ônibus, isso significa atrasos devido a congestionamentos; para aqueles que usam os sistemas ferroviários urbanos e intercidades, significa possíveis dificuldades em encontrar assentos e em movimentar a bagagem por instalações lotadas.

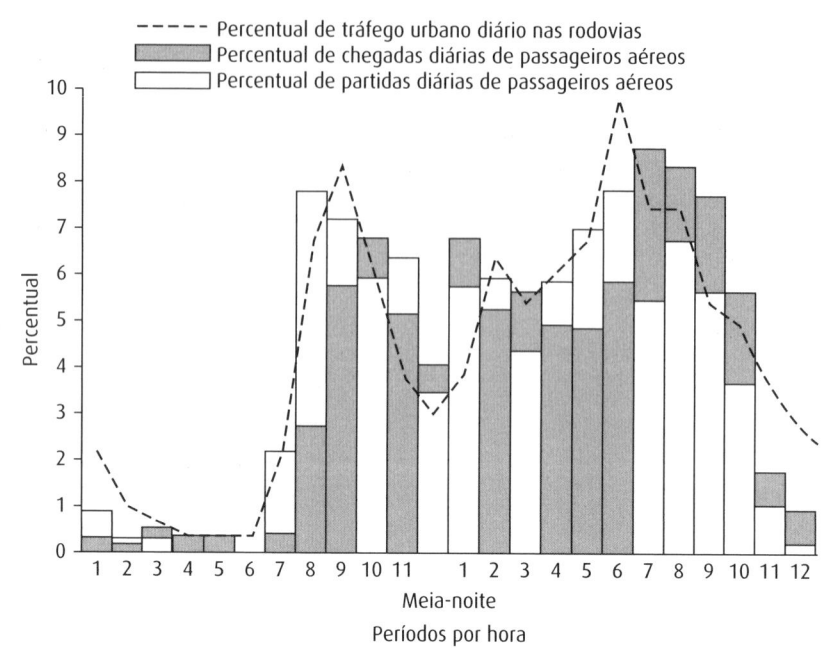

FIGURA 9.2 Padrões diários de tráfego rodoviário e de passageiros aéreos na Área da Baía de São Francisco.

As ferrovias foram usadas com êxito para conectar dois grandes novos aeroportos europeus, Munique e Oslo. Em ambos os casos, a atração de usuários para a conexão ferroviária foi alta. Os novos grandes aeroportos do leste asiático, Shanghai, Hong Kong, Seoul e Kuala Lumpur, são todos bem conectados com o sistema ferroviário nacional. A conexão ferroviária do aeroporto Changi Singapura à rede ferroviária de Singapura também foi um sucesso significativo, mas o comprimento da rede é necessariamente pequeno na república insular.

Experiências na Europa de fazer conexões diretas com os sistemas de trens de alta velocidade mostraram taxas de sucesso variáveis, mesmo dentro de um mesmo país. Na França, apesar de o uso dos Trains à Grande Vitesse (TGV) ter sido muito bem-sucedido no Paris Charles de Gaulle, a adesão ao modo no Aeroporto de Lyon foi fraca. A ligação entre Schiphol Amsterdã e Bruxelas, incluindo Roterdã e Antuérpia (250 km/h), expandiu significativamente a área de captação do Schiphol Amsterdã ao potencial tráfego de passageiros da Holanda ocidental e da Bélgica.

Interação do acesso com as operações do terminal de passageiros

O método de operação do terminal de passageiros e alguns dos problemas associados à operação do terminal dependem, em parte, do acesso, na medida em que ele pode afetar o tempo que o passageiro de embarque perde no terminal.

A permanência rápida nos terminais exige poucas instalações. Por exemplo, os terminais aéreos domésticos em cidades provincianas da Escandinávia muitas vezes substituem as estações ferroviárias ou rodoviárias intercidades. Consequentemente, eles são projetados e operados como edifícios muito funcionais e são instalações relativamente utilitárias que usam a metade das normas de espaço de muitos outros aeroportos europeus, porque não se espera que os passageiros passem muito tempo no terminal. As instalações nas quais se espera que a duração da permanência seja mais longa têm que oferecer um alto nível de conforto e conveniência (p. ex.: restaurantes, bares, cafés, áreas de relaxamento, lojas, agências postais e até mesmo cabeleireiros). Naturalmente, pode-se gerar mais receita no terminal oferecendo-se essas instalações. É o passageiro de embarque que exige mais do sistema do terminal aeroportuário. A duração da permanência dos passageiros de embarque no aeroporto depende primordialmente do tempo de acesso, da confiabilidade do tempo de acesso, das exigências do *check-in* e das inspeções de segurança, dos procedimentos das empresas aéreas e das consequências de se perder um voo.

Tempo de acesso

É provável que o tempo despendido de uma jornada de acesso específica seja uma variável aleatória com distribuição normal em torno de seu valor médio. É razoável supor que a variância do tempo da jornada individual em torno da média seja, de alguma forma, proporcional à média. Isso é exibido conceitualmente na Figura 9.3*a* e *b*, onde duas jornadas de acesso de duração média t_1 e t_2 são exibidas com seus respectivos desvios padrão de σ_1 e σ_2. Se o tempo de acesso t_1 apresentar distribuição normal em torno da média, todos os valores observados, exceto uma proporção insignificante deles (0,5%) estão contidos entre $t_1 \pm 3\sigma_1$. Como resultado, se todos menos 0,5% das viagens chegam em um horário padrão K antes do horário regular de partida (STD, *scheduled time of departure*), então a curva cumulativa (Figura 9.3*c*) mostra que o tempo médio gasto no terminal é $3\sigma_1 + K$ para o tempo de acesso mais longo e $3\sigma_2 + K$ para o tempo de acesso mais curto. Por haver fortes evidências de que os tempos de jornadas são aleatórios, observam-se com frequência padrões de chegada cumulativos na forma da Figura 9.3*c*.

Confiabilidade do tempo de acesso

O efeito da confiabilidade na duração da permanência dos passageiros no terminal de embarque é exibido na Figura 9.4. Se há duas jornadas de acesso, cada uma com o mesmo tempo de duração médio de *t*, mas com desvios padrão de σ_A e σ_B, pode-se observar que os tempos médios de permanência no terminal, supondo normalidade e 99,5% das chegadas ocorrendo K minutos antes do STD, são $3\sigma_A + K$ e $3\sigma_B + K$, respectivamente. Demonstra-se que o efeito sobre a curva cumulativa é uma inclinação mais gradual para o acesso de baixa confiabilidade. Rotas de acesso com confiabilidade muito baixa podem resultar em tempos médios de permanência dos passageiros no terminal com valores muito altos.

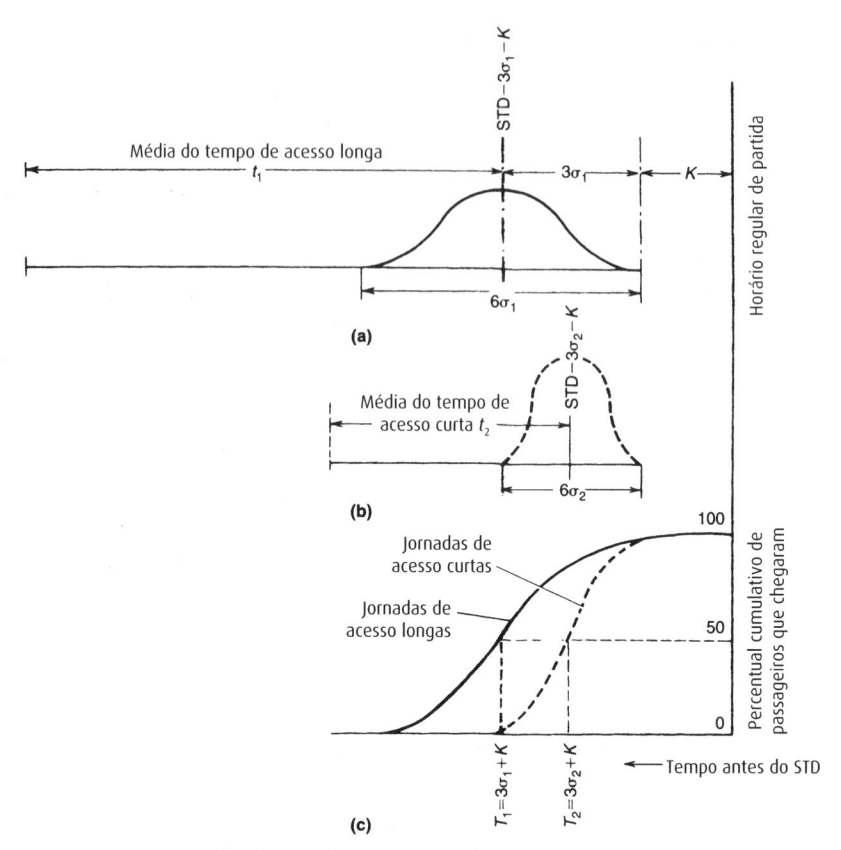

FIGURA 9.3 Comparação da duração da permanência de passageiros no terminal para jornadas de acesso longas e curtas.

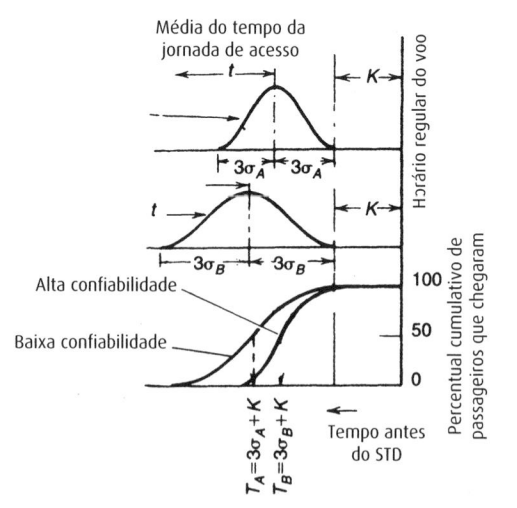

FIGURA 9.4 Efeito da confiabilidade dos tempos de acesso sobre a duração da permanência de passageiros no terminal.

Procedimentos de *check-in*

As exigências de *check-in* não são as mesmas para todos os voos. Para muitos voos internacionais de longa distância, o horário de *check-in* é até uma hora antes do horário regular do voo, enquanto que, para voos domésticos ou internacionais de curta distância, esse prazo cai para 30 minutos[1]. O efeito é um deslocamento para a esquerda da curva de chegada cumulativa; um exemplo disso pode ser visto nos dados dos passageiros do Aeroporto Internacional de Manchester (Figura 9.5), onde passageiros de voos de longa duração passam, em média, 22 minutos a mais no terminal do que os passageiros de voos de curta duração. Geralmente se observam diferenças similares entre os procedimentos de *check-in* para passageiros de voos *charter* e voos regulares. Não é incomum que passageiros de um voo *charter* sejam orientados a fazer *check-in* pelo menos 90 minutos antes do horário do voo. A Figura 9.6 mostra as diferenças nos horários de chegada no *check-in* entre passageiros de voos *charter* e regulares em um aeroporto europeu. Medidas de segurança recentes fizeram algumas empresas aéreas europeias fecharem o *check-in* 45 minutos antes da partida. A consequência é o aumento do tempo de permanência do passageiro no terminal antes da partida.

Consequências de perder um voo

Cada passageiro terá uma atitude diferente após perder o voo, o que também será influenciado pela finalidade de sua viagem e pelo tipo de voo. Isso pode ser exemplificado considerando-se viajantes hipotéticos de três diferentes voos partindo do Aeroporto Internacional de Tampa. O primeiro voo tem um bilhete de horário regular normal com tarifa integral para Miami; o segundo tem um bilhete de horá-

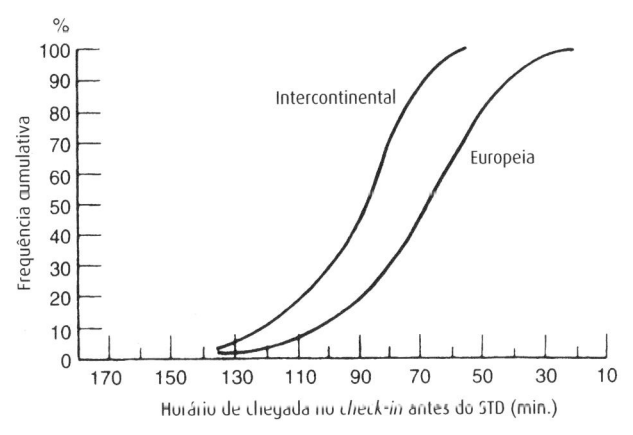

FIGURA 9.5 Efeito da duração do voo sobre a duração da permanência dos passageiros no terminal.

---

[1] Para voos internacionais nos Estados Unidos, os procedimentos da Federal Aviation Administration (FAA) em muitas partes do mundo exige que os passageiros se apresentem pelo menos duas horas antes do horário do voo.

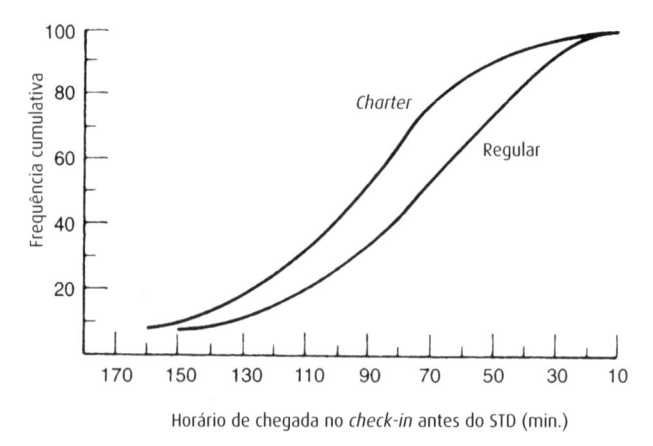

FIGURA 9.6 Efeito do tipo de voo no tempo de permanência dos passageiros no terminal.

rio regular normal com tarifa integral para Buenos Aires; e o terceiro tem um voo *charter* especial de férias para Londres. As implicações de perder os três voos não são as mesmas. Se o passageiro perder o primeiro voo, logo haverá outro, e não haverá perda financeira. No caso do segundo voo, o bilhete permanece válido, mas, como as conexões agora serão perdidas e talvez não haja um voo alternativo disponível rapidamente, há uma séria inconveniência e talvez alguma perda financeira. Perder o terceiro voo, no entanto, poderia causar muita inconveniência, estragando as férias e causando uma séria perda financeira, pois o bilhete não é mais válido. O passageiro, portanto, organizará sua chegada ao aeroporto de acordo com a finalidade de sua viagem, com o tipo de voo e com as presumíveis consequências de seu atraso.

Os níveis de risco podem muito bem ser estabelecidos em 1 em 100 para perder o primeiro voo, 1 em 1.000 para perder o segundo e 1 em 10.000 para perder o terceiro. A Figura 9.7 mostra a variação nos tempos de chegada que pode ser esperada para um tempo de acesso com duração média de 60 minutos e com um desvio padrão de 25 minutos para esses níveis de risco, supondo que cada embarque seja encerrado 20 minutos antes do STD. Pode-se observar que o tempo médio que o passageiro passa no terminal é 59, 69 e 76 minutos, respectivamente.

Na prática, os padrões de chegada a aeroportos individuais são uma mistura de todos esses fatores. A variação entre os horários de chegada pode ser vista na Figura 9.8, que mostra as curvas de chegada cumulativa de quatro aeroportos europeus. Na época em que esses dados foram coletados, antes da reunificação da Alemanha, o aeroporto Berlim Templehoff, em Berlim Ocidental, atendia um número de passageiros relativamente baixo, porque a cidade estava totalmente circundada pela Alemanha Oriental. Seus tempos de acesso eram razoavelmente previsíveis, e a maioria dos voos era de curta duração. Paris Charles de Gaulle e Amsterdã Schiphol atendiam, ambos, a uma mistura de voos de curta e longa duração, mas os tempos de acesso rodoviário variavam muito e estavam sujeitos a um congestionamento considerável. As curvas cumulativas são uma medida do impacto dessas variáveis na duração da permanência do passageiro no terminal.

Capítulo 9 Acesso ao aeroporto 269

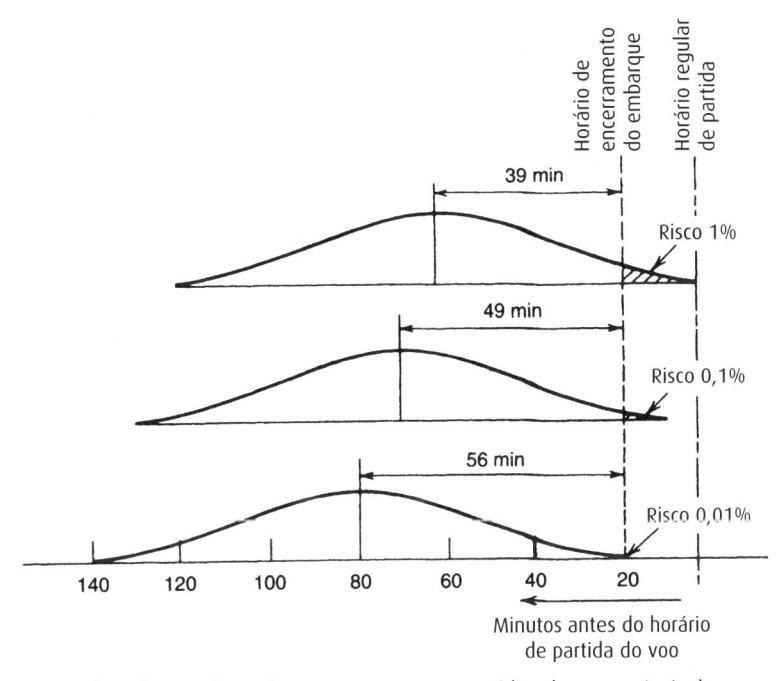

FIGURA 9.7 Efeito do risco de perder um voo nos tempos médios de permanência dos passageiros no terminal.

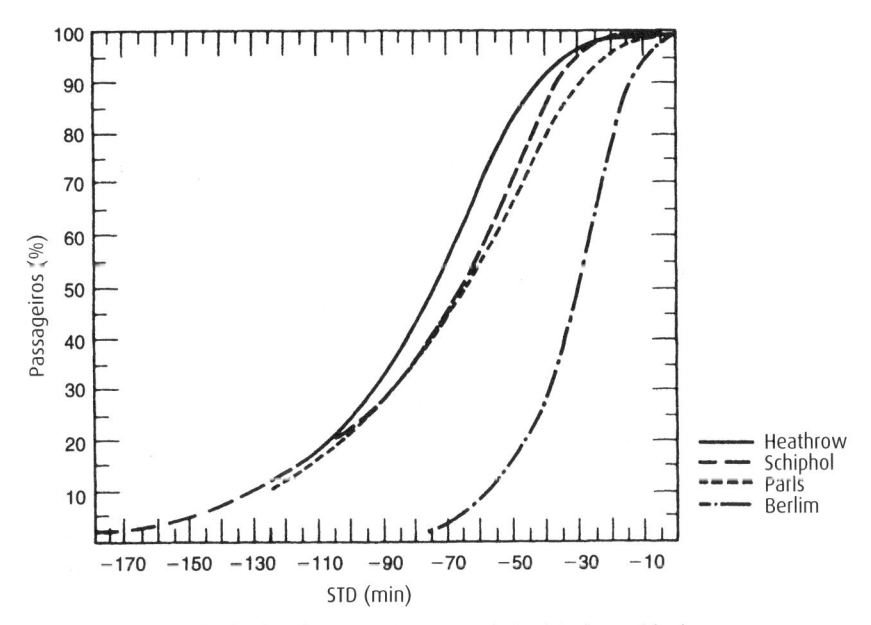

FIGURA 9.8 Horário de *check-in* de passageiros antes do horário de partida de voos europeus em quatro aeroportos selecionados.

Pesquisas que examinam o efeito da duração e da confiabilidade dos tempos de acesso confirmaram que tempos de acesso não confiáveis podem causar congestionamento nas áreas de *check-in* e longo tempo de permanência dos passageiros nas salas de espera (Ashford e Taylor 1995). Embora tais tempos de permanência possam ser favoráveis para desenvolver a renda comercial do aeroporto, eles também reduzem a capacidade do terminal de lidar com o fluxo.

A maneira como o acesso é provido ao passageiro é crucial para a operação dos terminais aeroportuários em muitos destinos de férias. Aeroportos como o de Punta Cana, na República Dominicana, e o de Palma, em Maiorca, recebem muitos passageiros chegando em horários que pouco têm a ver com o horário regular de partida de seus voos. Hotéis de férias, usados por passageiros em pacotes de viagens, têm que esvaziar as acomodações dos hóspedes que estão partindo para dar espaço à próxima leva de hóspedes que estão chegando. Consequentemente, não é incomum que passageiros sejam levados ao aeroporto por frotas de ônibus fretados várias horas antes do horário de partida de seu voo, mesmo antes de os balcões de *check-in* e as instalações de despacho de bagagem estarem abertas para seus voos. Os passageiros são "descarregados" no aeroporto, geralmente antes de o próximo fluxo de passageiros chegar às instalações e ser levado pelos mesmos ônibus. Isso pode causar uma severa superlotação das instalações, longas filas de espera e uma drástica queda do nível do serviço prestado aos passageiros.

Modos de acesso

Automóvel

Na maioria dos países desenvolvidos, o automóvel particular é o principal método de acessar os aeroportos. Isso tem ocorrido desde os primórdios do transporte aéreo comercial, e é muito improvável que a situação mude em um futuro próximo. Por esse motivo, os aeroportos têm que integrar uma capacidade substancial de estacionamento ao seu projeto e operação. Aeroportos de grande porte nos EUA, como o JFK e o Chicago O'Hare, têm amplas áreas de estacionamento tanto em locais próximos ao terminal quanto em locais remotos.

À medida que os aeroportos aumentam de tamanho, torna-se difícil oferecer espaço de estacionamento adequado dentro de uma distância razoável para ir a pé até os terminais. Esse problema se destaca em terminais muito centralizados como o Chicago O'Hare e Londres Gatwick, mas é menos comum em aeroportos com projetos descentralizados como Dallas, Paris Charles de Gaulle e Kansas City. No caso de operações centralizadas, é comum dividir as áreas de estacionamento em instalações de curto prazo próximas ao terminal e áreas de estacionamento de médio e longo prazo, geralmente atendidas por serviços de *shuttle*. Normalmente, os valores praticados no estacionamento são um incentivo suficiente para garantir que viajantes de longo prazo utilizem as áreas de estacionamento remoto. Um sério congestionamento da circulação interna pode limitar a capacidade do aeroporto se um número grande de automóveis tentar entrar nas instalações próximas ao terminal, uma condição que já causou problemas com a operação do Terminal 1 no aeroporto Paris Charles de Gaulle, onde o estacionamento é parte integrante do terminal, e o acesso é feito através de um túnel sob o pátio de aeronaves. Em Londres Heathrow, as restrições de espaço dentro da "área central" que continha os Terminais 1, 2 e 3 até 2010[2] são tão severas que os preços do estacionamento de curto prazo são muito altos e em torno de três vezes o valor do estacionamento de longo prazo. Os valores cobrados pelo estacionamento no espaço de Londres Heathrow são duas vezes e meia mais altos do que os valores cobrados no LaGuardia e no JFK. A Figura 9.9 e a Tabela 9.4 mostram critérios recomendados para oferecer estacionamento de longo e curto prazo que foram considerados úteis nos Estados Unidos e no Canadá (Whitlock e Cleary 1976; Ashford et al. 2011). Embora o estacionamento exija terreno e espaço consideráveis, oferecer esse serviço pode gerar lucros substanciais. À medida que os aeroportos aumentam de tamanho, a importância da contribuição das instalações de estacionamento em relação à receita geral também aumenta para em torno de 1/5 de todas as receitas nos aeroportos maiores. Em muitos dos principais aeroportos dos Estados Unidos, o estacionamento de automóveis contribui para a receita total quase tanto quanto o total das taxas cobradas por pouso de aeronave.

Grandes aeroportos que dependem do automóvel como principal modo de acesso acham que prover e operar estacionamentos não é a única questão que afeta significativamente a operação do terminal de passageiros. O uso do modo automóvel, que requer muito espaço, exige a provisão de comprimentos substanciais de espaço de calçada em frente ao terminal para deixar e buscar passageiros; de Neu-

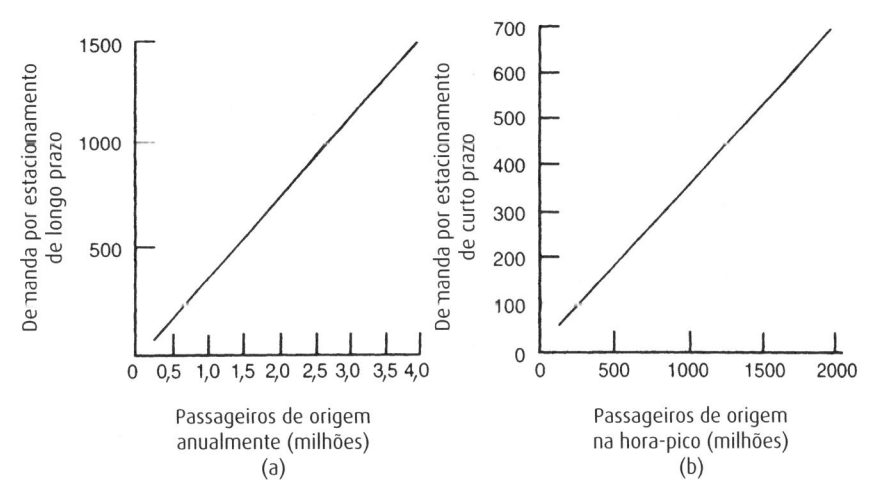

FIGURA 9.9 (*a*) Demanda por estacionamento de longo prazo relacionada a passageiros de origem anualmente. (*b*) Demanda por estacionamento de longo prazo relacionada a passageiros de origem em hora-pico. (La Magna et al. 1980)

---

[2] Em uma grande obra de reformulação do Heathrow, o Terminal 2 foi demolido em 2010, e a parte oeste do antigo terminal central foi reconstruída. Os três antigos terminais foram substituídos pelos Terminais 1 e 2 (ver Figura 9.10).

TABELA 9.4 Recomendações de provisão de estacionamento

Associação de Rodovias e Transportes do Canadá (Roads and Transport Association of Canada) – aeroportos menores	1,5 vagas por passageiro na hora-pico (curto prazo) 900 a 1.200 vagas por milhão de passageiros embarcados (longo prazo)
FAA (aeroportos não *hub*)	1 vaga por 500 a 700 passageiros embarcados anualmente

fville indicou que, para os aeroportos nos EUA, esse valor tem uma média de 1 pé por 3.000 passageiros anualmente (de Neufville 1976; de Neufville e Odoni 2003), enquanto que, para aeroportos europeus, esse valor é de 1 pé por 4.000 passageiros anualmente (Ashford 1982; Ashford et al. 2011). A Tabela 9.5 dá alguns exemplos de provisão de instalações na década de 1990. É uma prática comum em novos terminais maiores prover menos espaço de calçada e exigir que os passageiros sejam deixados ou até mesmo buscados dentro dos estacionamentos adjacentes[3]. Terminais de grande volume têm que ser projetados de duas possíveis maneiras para acomodar essa exigência de espaço de calçada: ou eles têm que se tornar longos e lineares, uma forma hoje familiar em Dallas–Fort Worth, Kansas City e no Terminal 2 do Aeroporto Charles de Gaulle, ou o espaço tem que ser provido com a separação do tráfego de embarque e desembarque em andares separados, como em Londres Gatwick, Singapura, Amsterdã e Tampa. A primeira solução leva a um complexo terminal altamente descentralizado com possíveis dificuldades em conexões *interline*, especialmente para passageiros internacionais carregando muita bagagem. É quase certo

TABELA 9.5 Comprimento da calçada de acesso por milhão de passageiros por ano na capacidade máxima declarada do terminal

	Comprimento da calçada de acesso	Comprimento da calçada de acesso por milhão de passageiros por ano na capacidade máxima
Aeroportos dos EUA	–	100
Londres Heathrow (LHR)	3.100	103
LHR Terminal 1 apenas	1.500	102
LHR Terminal 2 apenas	1.000	116
LHR Terminal 3 apenas	600	59
Amsterdã Schiphol	1.200	66
Frankfurt	900	30

Fonte: Ashford 1982.

---

[3] Isso possui a dupla vantagem para o aeroporto de reduzir a exigência de espaço de calçada e aumentar a receita proveniente das tarifas de estacionamento.

que a segunda solução quase certamente levará à segregação dos fluxos de passageiro de embarque e desembarque pelo edifício do terminal, algo desejável, de qualquer forma, por motivos de segurança. No início da década de 1980, o LAX, que antes operava com um sistema de apenas um nível e uma direção, teve que empreender um esquema de modernização muito caro que envolveu duplicar o número de níveis (andares) das pistas de acesso e uma modificação substancial dos terminais de modo que eles passassem a permitir uma operação em dois níveis. Somente dessa maneira o acesso e a capacidade do terminal aumentariam até o mesmo nível da capacidade do lado ar.

Um policiamento rígido do modo como os passageiros são buscados ou deixados do lado de fora do terminal pode ter um efeito substancial sobre as exigências de espaço de calçada. A Tabela 9.6 mostra diferenças entre os tempos de carregamento/descarregamento e de permanência no terminal de quatro aeroportos dos EUA (La Magna, Mandle e Whitlock 1980). Como esse tempo precisa ser somente de dois a três minutos (o tempo para sair do carro, voltar a entrar no carro e partir), pareceria que os veículos estão, na verdade, estacionados por um tempo curto em vez de meramente aguardando alguém. Essa variação no tempo é enfatizada quando a comparação é feita com táxis, que usam a calçada apenas para pegar e deixar passageiros. A utilização eficiente do espaço de acesso pela calçada por um grande volume de usuários exige uma presença ativa de alguma forma de policiamento de trânsito para fazer os veículos se movimentarem com rapidez (La Magna, Mandle e Whitlock, e Whitlock 1980; TRB 1987).

Táxi

Para o viajante aéreo, talvez o táxi seja o método mais prático de acessar o aeroporto, exceto pelo custo. Em geral, esse modo envolve um mínimo de dificuldade com a bagagem, é extremamente confiável, opera múltiplos destinos e fornece acesso direto ao aeroporto. Infelizmente, ele pode ser caro, embora não necessariamente, se contratado por um grupo de viajantes ou por um indivíduo que, caso contrário, consideraria usar um automóvel particular e incorreria em altas tarifas de estacionamento para uma permanência prolongada. A operadora do aeroporto normalmente tem dois principais interesses no que diz respeito às operações de táxis no aeroporto: (1) o equilíbrio entre oferta e demanda e (2) os arranjos financeiros com operadoras de serviços de táxi. É provável que essas duas questões sejam consideradas simultaneamente.

O aeroporto tem interesse em manter um equilíbrio razoável de oferta e procura por táxis. É necessário que haja táxis disponíveis em horários fora da hora-pico, como à noite, quando talvez a maior parte dos outros transportes públicos não funciona, e durante períodos de pico, para que os passageiros não tenham que esperar por muito tempo. Da mesma forma, não deve haver tantos táxis dentro da área do terminal do aeroporto de modo que eles causem um problema de congestionamento. Assim, o aeroporto precisa de controle. Muitos aeroportos não permitem que táxis peguem passageiros no aeroporto sem uma licença especial, pela qual a operadora do táxi tem que pagar anualmente. A taxa anual de licença dá a essa operadora

TABELA 9.6 Tempo gasto com atividades de acesso na calçada para quatro aeroportos dos EUA

	Miami		Denver		Nova York La Guardia		Nova York JFK	
	Tempo de carregamento/ descarregamento (min.)	Tempo de permanência do terminal	Tempo de carregamento/ descarregamento (min.)	Tempo de permanência do terminal	Tempo de carregamento/ descarregamento (min.)	Tempo de permanência do terminal	Tempo de carregamento/ descarregamento (min.)	Tempo de permanência do terminal
Partidas								
Automóvel	1,3	3,0	1,0	2,3	0,6	1,2	1,2	2,5
Táxi	1,0	1,8	0,7	1,2	0,5	1,1	0,8	1,3
Chegadas								
Automóvel	2,8	4,3	2,9	4,2	1,2	2,4	1,6	3,3
Táxi	0,9	ND	1,0	ND	0,3	ND	0,4	ND

*ND: não disponível.
Fonte: La Magna 1980.

o direito privilegiado, mas controlado, de operar em aeroportos como o Ronald Reagan Washington National, nos EUA, e o Jorge Chavez Lima, no Peru. A taxa de licença se soma à receita do aeroporto, e a operadora aeroportuária pode garantir que a oferta e a procura estejam em equilíbrio razoável. Alguns aeroportos, como o Amsterdã Schiphol, antigamente não cobravam taxa de licença, mas concediam e renovavam licenças baseados no desempenho da operadora de táxi. Esse sistema foi substituído por uma concessão controlada que pré-qualifica empresas de acordo com seu desempenho e as seleciona a partir de solicitações de proposta. A licença pode ser revogada se a operadora deixar de oferecer veículos suficientes e tiver um desempenho abaixo do esperado em diversos aspectos. No Reino Unido, é uma prática comum que os táxis incorram em uma tarifa tanto para deixar quanto para buscar alguém em um aeroporto. À medida que os aeroportos vão ficando maiores, não é incomum que eles sofram com um excesso de táxis vazios à espera de passageiros, o que causa congestionamento nas rodovias de acesso ao terminal. Em diversos aeroportos, isso é controlado por um esquema que mantém os táxis em uma área de estacionamento distante da área central até serem despachados por comunicação via rádio aos pontos solicitados na área do terminal.

Limusine

Os serviços de limusine, que são comuns nos Estados Unidos e em vários outros países, são ou micro-ônibus ou automóveis grandes que fornecem conexão entre o aeroporto e diversos centros designados (normalmente hotéis) na cidade. A empresa de limusine paga à operadora do aeroporto por um contrato exclusivo para operar um serviço de acesso de acordo com um horário pré-acordado. A forma real de prestação de serviço varia. Em cidades pequenas, a limusine geralmente opera apenas até um local central; em cidades maiores, a múltiplos locais designados. Em algumas cidades muito pequenas, mediante o pagamento de um complemento à tarifa-padrão, a limusine opera um serviço de múltiplas origens-destinos, geralmente indo até a residência dos passageiros, tornando-se, assim, um serviço muito similar ao de um táxi compartilhado.

Operacionalmente, uma limusine é similar a um ônibus, e onde serviços de ônibus são viáveis, é incomum ter limusines também. Os serviços com múltiplos pontos de subida e descida na área urbana têm desaparecido gradualmente na maioria dos países, sendo substituídos por uma combinação de serviços de ônibus e táxi. Do ponto de vista da operadora aeroportuária, as limusines exigem muito poucas instalações. Por utilizarem veículos pequenos, o carregamento e descarregamento são simples e rápidos. Eles podem ser realizados na calçada comum. As únicas instalações necessárias são placas para direcionar os passageiros para onde eles devem se reunir e esperar para serem pegos no aeroporto. Para os passageiros, o serviço de limusine de modo geral é relativamente barato, contudo lhes oferece um nível de serviço que é muito similar ao de um táxi, que pode ser até cinco vezes mais caro. Os contratos são lucrativos para a operadora de limusines, porque o índice de ocupação com passageiros é alto e, portanto, as tarifas de concessionária que são pagas à operadora aeroportuária podem ser altas em comparação ao custo de prover instalações. Como as limusines são, na verdade, uma forma de transporte público, elas aliviam o congestionamento do tráfego e a necessidade de estacionamento.

Trem

Nos últimos 20 anos, grandes aeroportos passaram a oferecer mais acesso ferroviário (TRB 2000, 2002). Aeroportos em diversos locais do mundo como Chicago O'Hare, JFK, Londres Heathrow, Hong Kong, Beijing, Singapura e Seoul Incheon são apenas alguns dos que adicionaram rotas de acesso ferroviário. As instalações de acesso ferroviário são classificadas em três categorias:

Provisão de uma conexão a um sistema ferroviário de trânsito rápido já existente – por exemplo: Atlanta, Chicago O'Hare, Ronald Reagan Washington National, Paris Charles de Gaulle e Londres Heathrow

Conexão direta a uma rede ferroviária intercidades nacional – por exemplo: Zurique Kloten, Amsterdã Schiphol, Frankfurt, Londres Gatwick e Bruxelas

Conexão dedicada do aeroporto a um local ou a locais no centro da cidade – por exemplo: Munique, Oslo, Beijing, Seoul Incheon e Xangai

A conexão de um aeroporto a um sistema ferroviário de trânsito rápido já existente supera potencialmente um grande problema de conexões dedicadas entre aeroporto-centro da cidade (i.e., o fato de a maioria dos viajantes não ter o centro da cidade como destino). A rede oferece a oportunidade de viajar a muitos destinos na área urbana. Obviamente, se a rede ferroviária de trânsito rápido urbana tiver um tamanho muito limitado, a atratividade do modo provavelmente será baixa. A conexão ferroviária subterrânea Heathrow Underground, concluída no final da década de 1970, foi inicialmente muito bem-sucedida por dois motivos: a facilidade de conexão no terminal do aeroporto e o fato de haver conexão direta com 250 estações na rede de metrô de Londres e conexões fáceis a linhas ferroviárias suburbanas e intercidades. Entretanto, à medida que o tráfego de passageiros aéreos continua a aumentar, a mistura de passageiros cheios de bagagem e usuários urbanos se tornou um problema sério (exceto para passageiros aéreos com muito pouca bagagem); novos investimentos em acesso ferroviários se tornaram necessários. Devemos observar também a acessibilidade interna da rede de trânsito rápido da área urbana. Por mais bem projetada que a estação no aeroporto seja, não é possível ampliar toda uma rede de trânsito rápido e eliminar escadas e longos corredores de conexão que são extremamente difíceis de enfrentar com muita bagagem. Provavelmente apenas algumas das muitas estações de um sistema existente de trânsito rápido na cidade sejam realmente acessíveis para alguns viajantes que sejam passageiros aéreos.

Trens convencionais dão acesso a toda a rede ferroviária convencional. Muito poucos aeroportos são servidos diretamente por trens intercidades. Frankfurt, Amsterdã, Zurique Kloten, Paris Charles de Gaulle e Londres Gatwick estão entre os melhores conhecidos. O sucesso de uma linha de trem convencional depende do nível de conexão que ela fornece com o resto do sistema de transporte de superfície.

Se as conexões forem a uma rede muito limitada ou uma rede na qual poucos trens são operados ou a um sistema insuficiente de ônibus e táxis (como era antes o caso do Paris Orly Rail), haverá poucos usuários. O ponto de conexão ferroviária do Londres Gatwick, que leva 1/5 dos passageiros do aeroporto, é bem-sucedido porque, na cidade, ele tem boas conexões com o metrô de Londres, o sistema de ônibus de Londres e táxis. A linha também se conecta a um serviço de trens metropolitano, o Thameslink, que atende a uma rede de estações suburbanas e intercidades tanto ao norte quanto ao sul de Londres.

Pontos de conexão dedicados, como aqueles construídos nos novos aeroportos de Munique, Oslo e Incheon, podem fornecer serviços de velocidade razoavelmente alta com confiáveis tempos de acesso até o centro da cidade. De modo geral, ao avaliar a viabilidade de construir e operar um ponto de conexão dedicado, deve-se considerar o custo significativo de comprar o direito de passagem através de uma área urbana existente ou de fazer amplas escavações para túnel, que pode tornar o projeto inviável. Construindo um curto ramal do aeroporto à rede ferroviária intercidades, a BAA pode conectar Heathrow ao centro de Londres praticamente com o direito de passagem ferroviário já existente. O British Rail e a BAA financiaram conjuntamente o Heathrow Express, que oferece um serviço ferroviário convencional direto e sem paradas até um terminal da linha principal no centro de Londres. A Figura 9.10 mostra a configuração da estação de trânsito rápido do aeroporto em relação aos três terminais na área central (Terminais 1, 2 e 3). Os Terminais 4 e 5, mais remotos, têm suas próprias paradas de trânsito rápido.

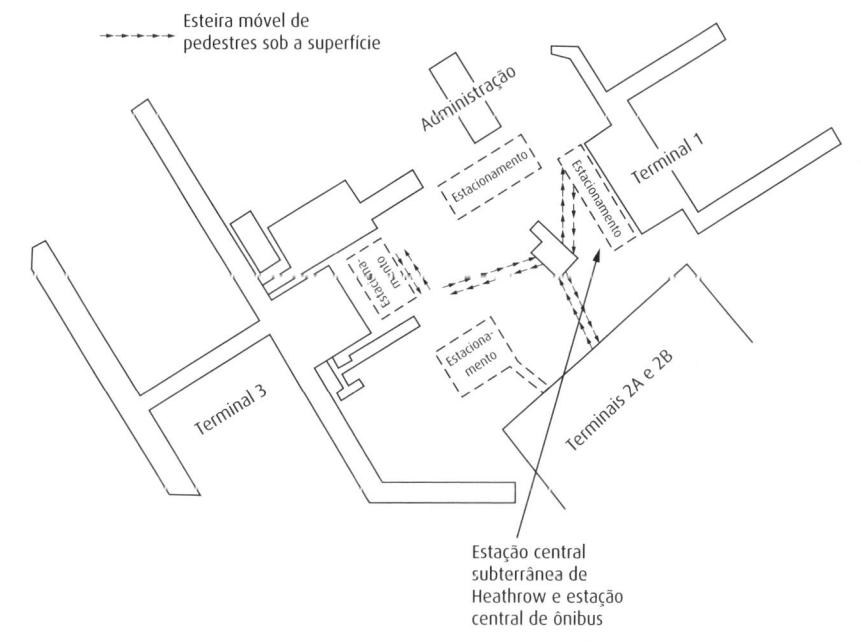

FIGURA 9.10 Localização da estação de trem subterrâneo de Heathrow (trânsito rápido) em relação aos Terminais 1, 2 e 3 no aeroporto Londres Heathrow em 2012.

Para que o serviço ferroviário seja bem-sucedido em todos os seus três modos (i.e., trânsito rápido urbano, ferrovias convencionais intercidades e pontos de conexão dedicados), é necessária uma conexão compacta no aeroporto. A introdução de um *shuttle* via ônibus ou trem diminui o nível percebido de serviço e resulta em um consequente fracasso em atrair usuários, como ocorrido originalmente, por exemplo, em Paris Orly, Paris Charles de Gaulle, Boston Logan, JFK e Birmingham[4].

O sistema de acesso ferroviário e qualquer sistema ao qual ele se conecte tem que ser capaz de acomodar armazenamento de bagagem durante a viagem. Isso mostrou ser um problema durante os períodos de pico no metrô de Londres e na rede de trânsito de Singapura, que inclui o Aeroporto Changi.

O tempo de acesso, contanto que seja razoável para a distância coberta, não é extremamente importante para os passageiros, então o custo de oferecer velocidades muito altas pode não valer a pena. O sistema Maglev, de Xangai, cobre 10 milhas (30 km) até a cidade em surpreendentes sete minutos, viajando a uma velocidade máxima de até 268 milhas/h (431 km/h). Observando outras linhas dedicadas, isso se compara a 22 minutos para uma distância de 31 milhas (50 km) em Oslo e 15 minutos para a jornada de 14 milhas (22 km) no Heathrow Express até a Heathrow Central. Linhas de trânsito rápido com múltiplas paradas têm viagens com durações muito maiores do aeroporto até o CBD (p. ex.: a Chicago blue line, 45 minutos até o CBD, e a linha subterrânea de Heathrow, 50 minutos até Londres Central).

Em projeto e operação, a transferência para o modo no aeroporto tem que ser fácil. Um exemplo de projeto mal feito foi a estação de trânsito rápido no aeroporto Ronald Reagan Washington National quando foi originalmente inaugurada. Havia uma distância considerável e inconveniente do terminal às plataformas da estação, tornando o manuseio da bagagem muito difícil. Essa falha foi corrigida na reconstrução do lado terra do aeroporto durante o início da década de 1990.

Quando são fornecidas conexões especializadas entre o aeroporto e a cidade, é essencial que o ponto final na cidade seja bem localizado. Projetistas de instalações em Oslo, Bruxelas, Zurique, Munique e Amsterdã levaram esses problemas em consideração e levam passageiros aéreos às principais estações ferroviárias intercidades, que são projetadas para passageiros carregando bagagem e são conectadas à rede urbana de táxis e ônibus.

Em geral, a construção de uma conexão ferroviária não aumenta significativamente o uso de transporte público em um aeroporto existente; ela simplesmente causa uma transferência do ônibus para o trem. Em 1978, a conexão com o Heathrow Underground foi considerada um sucesso, mas o tráfego que passou para ele veio principalmente de outros modos de transporte público, principalmente ônibus de empresas aéreas (Figura 9.11). O uso de automóveis e táxis não foi drasticamente afetado, aumentando de 60% em 1976 para 62% em 1978. Mais de 30 anos depois, mesmo com a provisão adicional do Heathrow Express, automóveis e táxis ainda representam 60% das jornadas de acesso dos passageiros aéreos.

---

[4] Todos esses aeroportos subsequentemente fizeram amplas melhorias nas conexões entre o serviço ferroviário e o terminal do aeroporto.

Antes da inauguração do metrô em 1976

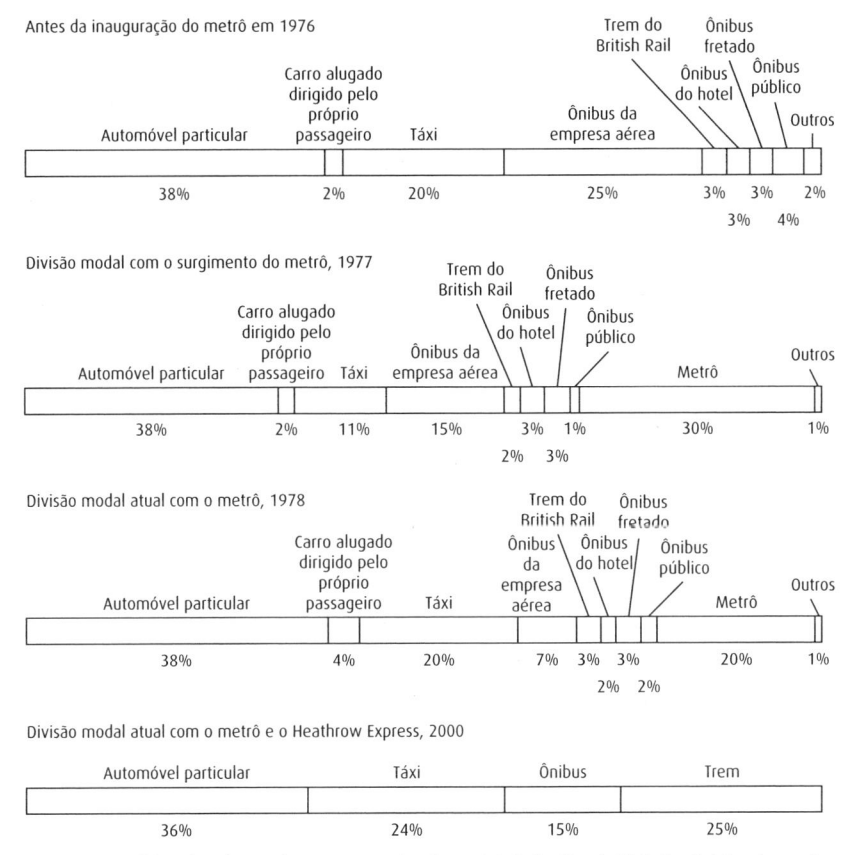

Automóvel particular	Carro alugado dirigido pelo próprio passageiro	Táxi	Ônibus da empresa aérea	Trem do British Rail	Ônibus do hotel	Ônibus fretado	Ônibus público	Outros
38%	2%	20%	25%	3%	3%	3%	4%	2%

Divisão modal com o surgimento do metrô, 1977

Automóvel particular	Carro alugado dirigido pelo próprio passageiro	Táxi	Ônibus da empresa aérea	Trem do British Rail	Ônibus do hotel	Ônibus fretado	Ônibus público	Metrô	Outros
38%	2%	11%	15%	3%	2%	1%	3%	30%	1%

Divisão modal atual com o metrô, 1978

Automóvel particular	Carro alugado dirigido pelo próprio passageiro	Táxi	Ônibus da empresa aérea	Trem do British Rail	Ônibus do hotel	Ônibus fretado	Ônibus público	Metrô	Outros
38%	4%	20%	7%	3%	2%	3%	2%	20%	1%

Divisão modal atual com o metrô e o Heathrow Express, 2000

Automóvel particular	Táxi	Ônibus	Trem
36%	24%	15%	25%

FIGURA 9.11 Efeito da criação de uma conexão de metrô (trânsito rápido) da divisão de modos de acesso para o aeroporto Londres Heathrow. (Fontes: London Transport, Civil Aviation Authority, British Airports Authority, TRB)

Conexões ferroviárias raramente atraem grandes percentuais de funcionários do aeroporto. Devido ao tamanho dos aeroportos, os destinos dos funcionários dentro deles podem estar situados a uma grande distância do terminal de passageiros; além disso, os funcionários não necessariamente selecionam uma localização residencial que lhes dê boas conexões de transporte para o aeroporto. O novo Aeroporto Internacional Incheon possui uma escala vasta. Construído para atender a 100 milhões de passageiros anualmente, o perímetro do aeroporto é de 23 milhas (37 km). Alguns funcionários que usam o sistema de acesso rápido para o terminal de passageiros se encontram a uma longa distância de seu próprio local de trabalho no aeroporto. Como a operadora aeroportuária provavelmente prefere desencorajar que grandes números de funcionários do aeroporto usassem seus carros para se dirigir ao trabalho, costuma ser necessário fornecer um sistema de *shuttles* de funcionários que os levem até as áreas mais remotas em relação ao terminal. Por exemplo, muitos funcionários do aeroporto Amsterdã Schiphol chegam ao aeroporto em trens e ônibus e usam os *shuttles* de funcionários do terminal de passageiros até seus locais de trabalho.

O tempo de duração da jornada de acesso não parece ser crucial para os passageiros aéreos, exceto em voos de muito curta duração que tenham modos de superfície competitivos. A seleção de um modo de acesso é muito mais afetada pela capacidade de lidar com bagagem inconveniente e pesada e pelo custo total para o viajante. Uma falha relativamente pequena no projeto, como uma inconveniente transferência via ônibus, uma longa caminhada ou uma escadaria ruim dificulta o uso do modo com um conforto razoável, o que resultará em baixa utilização modal. Da mesma forma, o custo de uma corrida de táxi compartilhada para cinco ou seis viajantes pode ser mais ou menos o mesmo que o custo combinado de tarifas no transporte público, mas a jornada, para quem possui muita bagagem, será consideravelmente mais fácil em um táxi.

Ônibus

Em todo o mundo, praticamente todos os aeroportos que transportam volumes razoáveis de passageiros por operadoras de voos regulares ou fretados (*charter*) são conectados por ônibus até o centro da cidade[5]. Normalmente, isso é arranjado por um contrato entre a operadora do ônibus e a autoridade aeroportuária, no qual a empresa de ônibus geralmente paga ao aeroporto uma taxa concessionária ou percentual pelo direito exclusivo de prestar um serviço com horários regulares acordados. O serviço é oferecido em vários pontos de cidades grandes, mas talvez em apenas um ponto de uma área urbana menor.

Nos grandes aeroportos europeus, os ônibus são um modo de acesso extremamente importante. Muitos aeroportos, portanto, enfatizam o acesso por ônibus e fornecem sofisticadas baias na calçada, como as do Londres Heathrow (Figura 9.12).

Os ônibus são extremamente importantes em aeroportos que atendem a muitos *resorts*. Por exemplo, em Málaga, na Espanha, e em Punta Cana, na República Dominicana, a maioria dos viajantes são turistas de férias que chegam do norte da Europa e da América do Norte, respectivamente, que viajam em grupos organizados e são trazidos e levados ao aeroporto por ônibus fretados. Pelo fato de a maioria dos passageiros ser turista de férias, e devido ao uso do automóvel pessoal ser muito baixo mesmo entre os membros desse grupo, em aeroportos "de férias" o acesso do lado terra é projetado quase que integralmente em torno da acomodação de passageiros de ônibus. As áreas de carregamento e descarregamento de ônibus são designadas e têm que ser deixadas livres por táxis e automóveis. Estacionamentos de ônibus são tão importantes quanto estacionamentos de automóveis, e a operadora aeroportuária tem interesse em garantir que os estacionamentos de ônibus sejam mantidos em operação e livres de outros veículos. A Figura 9.13 mostra um estacionamento de ônibus que recebe ônibus fretados de passageiros de turismo.

---

[5] Essa afirmação não é válida para os Estados Unidos. Praticamente todos os aeroportos de pequeno porte e muitas instalações de médio porte não possuem trânsito de ônibus ou outro serviço de ônibus com horário regulares. Os passageiros e funcionários dependem de automóveis pessoais, empresas de limusine e táxis para ir e voltar do aeroporto.

Capítulo 9 Acesso ao aeroporto 281

FIGURA 9.12 Baias de ônibus em Londres Heathrow em 2012.

FIGURA 9.13 Estacionamento remoto de ônibus de aeroporto de *resort* caribenho. (Cortesia: Aeroporto Internacional de Punta Cana, República Dominicana)

Sistemas ferroviários dedicados

Na área de acesso ao aeroporto, nada atrai mais o imaginário público do que o conceito de alguma forma de veículo sobre trilhos futurista e de alta velocidade[6] que leve os passageiros do aeroporto ao centro da cidade desimpedidos por tráfego ferroviário ou rodovias de superfície. Muitos desses esquemas já foram sugeridos e investigados em diversas partes do mundo.

A realidade da economia de sistemas dedicados, especialmente sistemas de alta velocidade, é menos saudável. Os sistemas de monotrilho, como o que liga o Aeroporto Tóquio Haneda a Tóquio Central, tiveram uma recepção pouco entusiástica, levando muito mais tempo do que o previsto para alcançar a viabilidade financeira. Estudos indicam que é improvável que sistemas dedicados alcancem viabilidade econômica se seus usuários somarem menos de 10 milhões de passageiros por ano com custos razoáveis de direito de passagem. Entretanto, com atrações no centro da cidade na ordem exibida na Tabela 9.2 e divisões modais estimadas na ordem daquelas exibidas na Tabela 9.3, um volume de usuários no nível de 10 milhões de passageiros ao ano só é viável em grandes aeroportos. Esses aeroportos normalmente são localizados a uma distância considerável dos CBDs de grandes cidades, exigindo longas extensões de caros direitos de passagem. Os custos de construção de linhas de superfície ou elevadas em áreas urbanas são muito altos, mas esses custos podem ser pequenos em comparação ao custo de comprar direito de passagem em áreas urbanas centrais. Normalmente, esses esquemas são possíveis somente se algum direito de passagem abandonado for disponibilizado, como em Chicago ou Atlanta. Em 2004, as autoridades chinesas abriram uma linha Maglev de alta velocidade do Aeroporto Xangai Pudong ao distrito financeiro de Xangai. Capaz de velocidades de até 268 mi/h (431 km/h), o trem sofreu críticas por não fazer conexões satisfatórias com a rede de trânsito existente. Os críticos afirmaram que o trem fortemente subsidiado foi uma jogada de *marketing* para promover a construção de linhas urbanas de trem de alta velocidade entre as cidades de Xangai e Beijing e Xangai e Hangzou. A economia do projeto não foi revelada pelas autoridades chinesas.

É impossível que veículos de alta velocidade sobre trilhos para acesso ao aeroporto em direitos de passagem dedicados sejam construídos em qualquer parte do mundo em que a economia dos custos de acesso seja corretamente considerada. Conexões de alta velocidade são desnecessárias, economizam pouco tempo em comparação aos trens que operam sem paradas a velocidades convencionais, provavelmente custarão metade do valor do aeroporto que elas pretendem atender e podem transportar passageiros apenas indo ou voltando do centro da cidade, para onde a maioria dos viajantes provavelmente não deseja ir. Além disso, se exigem subsídios públicos, levantam uma questão ética quanto a se os passageiros aéreos têm qualquer direito a viajar para a área urbana a uma velocidade mais alta do que qualquer outro passageiro. Mesmo assim, é provável que continuem a receber uma quantidade desproporcional de interesse do público e da mídia.

---

[6] Alta velocidade, nesse contexto, significa tecnologia capaz de velocidades de 180 mi/h (300 km/h), que são atingidas por trens convencionais modernos na Europa e na Ásia (p. ex.: TGV).

Terminais na cidade e outros tipos de terminais fora do aeroporto

A experiência com terminais na cidade com instalações de *check-in* é variada. Originalmente inauguradas em 1957, quando o West London Terminal que atendia a Heathrow foi fechado, apenas 10% dos passageiros estavam usando as instalações. Além de não serem econômicas, era difícil ter conexões confiáveis entre o terminal fora do aeroporto e o aeroporto devido a crescentes congestionamentos nas rodovias nas rotas de acesso. Da mesma forma, a Autoridade Portuária de Nova York fechou seu West Side Terminal devido ao uso insuficiente. Ao contrário, na Victoria Station na Londres central, uma operação de *check-in* na cidade muito bem-sucedida para o Aeroporto Gatwick, atendido por trem, está em funcionamento há mais de 40 anos. Por via de regra, as empresas aéreas não são a favor de instalações de *check-in* na cidade. Elas acham que a duplicação inerente de funcionários leva a altos custos operacionais que são insustentáveis no clima financeiro da empresa aérea moderna. Pode também haver problemas consideráveis com a bagagem do ponto de vista de segurança da aviação.

Exemplos de terminais de ônibus na cidade bem-sucedidos sem instalações de *check-in* são mais numerosos. Por exemplo, em Paris, a Air France tem há muitos anos terminais de ônibus muito satisfatórios em Etoile, Les Invalides e Montparnasse. Por algum tempo, os aeroportos de São Francisco e Atlanta também tinham áreas de estacionamento espalhadas em suas regiões e conectadas por um serviço de *shuttle* em micro-ônibus ao aeroporto. Essas operações estacionamento-transporte-voo foram recebidas com um sucesso razoável. No entanto, elas não envolvem o *check-in* de bagagem.

Devido à disponibilidade de bilhetagem *on-line* e *check-in on-line*, o *check-in* remoto pouco foi desenvolvido pelas empresas aéreas recentemente. Em todos os Estados Unidos, em áreas que atendem os grandes aeroportos, várias empresas especializadas iniciaram um serviço de *check-in* remoto de bagagem, no qual a mala pode ser despachada em um local distante do aeroporto. A empresa de manuseio de bagagem transporta-a até o aeroporto e faz seu *check-in* no voo correspondente, garantindo que passe pela segurança e levando-a até a aeronave. Ao contrário dos *check-ins* remotos das empresas aéreas, esse serviço é prestado mediante o pagamento de uma tarifa.

Pelo fato de o uso do terminal de ônibus na cidade ser parte do processo de escolha modal, ele depende dos fatores que afetam a escolha de modo enumerados na Seção "Fatores que afetam a escolha do modo de acesso", neste capítulo. É importante perceber, ao examinar como os terminais fora do aeroporto operam, que custo e tempo não parecem ser fatores muito relevantes na escolha do modo de acesso. Um serviço que, caso contrário, seria atraente, pode ter um mau desempenho se o nível de conveniência do viajante for diminuído por longas distâncias de caminhada com bagagem, mudanças frequentes de nível através de escadas, veículos lotados e espaço inadequado de armazenagem de bagagem.

Fatores que afetam a escolha do modo de acesso

O nível de tráfego atraído a qualquer modo de acesso depende da percepção do viajante de três principais tipos de variáveis:

- Custo
- Conforto
- Conveniência

As decisões em termos dessas variáveis são tomadas não somente em relação ao nível de serviço prestado por determinado modo, mas também em relação ao nível comparativo de serviço oferecido por modos de acesso concorrentes. Além de fazer uma comparação em termos do valor a ser desembolsado, o viajante toma uma decisão baseado no nível de conveniência e conforto oferecidos pelos vários modos. As principais considerações são exibidas na Tabela 9.7.

Em trabalhos realizados no Reino Unido que avaliava as percepções dos passageiros sobre o nível de serviço prestado para o acesso a um grande aeroporto, descobriu-se que os passageiros davam mais importância a fatores como facilidade de manuseio da bagagem, conveniência com que o modo de acesso se conecta à área de *check-in* e tempo de duração da jornada (Ashford, Ndoh e Bolland 1993). Atrasos e congestionamentos, o custo da jornada e custos de estacionamento não foram classificados como mais importantes ao avaliar o nível do serviço. A Tabela 9.8 mostra as classificações expressas por viajantes do Londres Heathrow.

TABELA 9.7 Fatores que afetam a escolha de modo de acesso

Automóvel	Ônibus	Trem
Facilidade de carregar e descarregar	Localização do terminal de ônibus	Localização do terminal dentro do aeroporto
Distância pela qual a bagagem tem que ser carregada e dificuldades como escadas	Velocidade e confiabilidade do serviço	Necessidade de usar um ônibus *shuttle* para chegar ao terminal do aeroporto
Facilidade de encontrar estacionamento de longo ou curto prazo	Se é um serviço expresso especializado ou parte de uma rede urbana de ônibus	Dificuldade de manuseio da bagagem
Congestionamento da rota de acesso e confiabilidade da duração da jornada	Dificuldade no manuseio da bagagem	Localização da estação ou estações na cidade em relação ao destino final ou a táxis, ônibus e outros terminais ferroviários
Arranjos de *shuttle* para estacionamentos de automóveis de longo prazo	Localização do terminal na cidade em relação ao destino final ou a táxis, ônibus e trens	
Vulnerabilidade do carro a vandalismo e furto		

TABELA 9.8 Atributos selecionados na escolha dos passageiros pelo modo de acesso por ordem de importância

Atributo	Classificação
Facilidade de manuseio da bagagem	1
Conveniência de conexão para a área do *check-in*	2
Tempo de duração esperado da jornada de acesso	3
Conforto do modo	4
Disponibilidade de vagas no estacionamento	5
Conveniência de intercâmbios quando mais de um veículo ou modo é utilizado	6
Tempo de duração real da jornada	7
Atraso e congestionamento	8
Custo do modo	9
Opinião geral sobre o acesso	10
Informações sobre o acesso	11
Custo do estacionamento	12

Fonte: Ashford 1993.

Os planejadores da área de transportes possuem inúmeros modelos que variam do mais simples ao mais complexo para explicar o procedimento de seleção modal. Para detalhes sobre a abordagem de modelagem, o leitor deve consultar as referências relativas a planejamento (Kanafani 1983; Ashford et al. 2011).

Conclusão

A partir da discussão anterior, pode-se perceber que as condições de acesso observadas em qualquer aeroporto são específicas daquele local. Em um país grande, com um acesso difuso a transportes aéreos por meio de muitos aeroportos grandes e pequenos, as condições em muitos aeroportos de pequeno e médio portes são muito similares, e o que seu acesso oferece, consequentemente, é muito parecido. Em geral, no entanto, as condições de acesso dependem da natureza e do volume do tráfego do aeroporto, da localização e do cenário geográfico do aeroporto, das áreas urbanas a que ele atende e das estruturas econômica, social e política do país em que se situa. A diversidade das provisões de acesso ferroviárias e rodoviárias em vários dos maiores aeroportos do país (Tabela 9.9) indica que, no que diz respeito aos modos de transporte públicos, nenhuma generalização pode ser feita. É possível, porém, perceber que os modos de acesso rodoviários são vitais para a operação da maioria dos aeroportos e, provavelmente, continuarão sendo em um futuro próximo. Exceto em alguns poucos aeroportos de grande porte em grandes áreas metropolitanas onde o congestionamento do tráfego urbano é severo, o automóvel e o táxi continuarão a dominar todos os outros modos de acesso ao aeroporto.

TABELA 9.9 Exemplos de divisão modal para ônibus em aeroportos de grande porte dos EUA e de outros países

Aeroportos nos EUA	Percentual de ônibus	Aeroportos em outros países	Percentual de ônibus
Baltimore Washington	6	Oslo	18
Chicago Midway	3	Hong Kong	36
Chicago O'Hare	4	Tóquio Narita	24
		Londres Heathrow	10
		Paris Orly	17

Fonte: ACRP.

Referências

Ashford, N. J. 1982. *Heathrow Terminal 5 Inquiry* (BA8I). London: British Airways.

Ashford, N. J., and R. Taylor. 1998. "Effect of Variability of Access Conditions on Airport Passenger Terminal Requirements," unpublished report, AAETS, Loughborough University, Loughborough, UK.

Ashford, N. J., S. Mumayiz, and P. H. Wright. 2011. *Airport Engineering: Planning, Design, and Development of 21st Century Airports*, 4th ed. Hoboken, NJ: Wiley.

Ashford, N. J., N. Ndoh, and S. Bolland. 1993. "An Evaluation of Airport Access Level of Service," *Transportation Research Record 1423*. Washington, DC: Transportation Research Board, National Research Council.

Coogan, M. 1995. "Airport Ground Access by Rail at Various International Airports: Report to the FAA," Federal Aviation Administration, Washington, DC.

de Neufville, R. 1976. *Airport Systems Planning*. Boston: MIT Press.

de Neufville, R. and A. Odoni. 2003. *Airport Systems Planning, Design, and Management*. New York: McGraw Hill.

Kanafani, A. 1983. *Transportation Demand Analysis*. New York: McGraw-Hill.

La Magna, F., P. B. Mandle, and E. M. Whitlock. 1980. "Guidelines for Evaluating Characteristics of Airport Landside Vehicular and Pedestrian Traffic," *Transportation Research Record No. 732*. Washington, DC: Transportation Research Board.

Transportation Research Board (TRB). 1987. "Measuring Airport Landside Capacity" (Special Report 215). Washington, DC: TRB, National Research Council.

Transportation Research Board (TRB). 2000. "Improving Public Transportation Approach to Large Airports" (TCRP Report No. 62). Washington, DC: Transit Cooperative Research Program, TRB, National Research Council.

Transportation Research Board (TRB). 2002. "Strategies for Improving Public Transportation Access to Large Airports" (TCRP Report 83). Washington, DC: TRB, National Research Council.

Whitlock, E. M., and E. F. Clearly. 1976. "Planning Ground Transportation Facilities" (Transportation Research Record No. 732). Washington, DC: TRB, National Research Council.

CAPÍTULO 10
Administração e desempenho operacionais

Contexto estratégico

Operações aeroportuárias ou *logística aeroportuária* podem ser definidas como todas as atividades que devem ocorrer para o processamento de passageiros e mercadorias envolvendo os modos de transporte de superfície e aéreo até a aeronave. Essas atividades também podem se estender de modo a acomodar usuários e mercadorias que estejam em trânsito no aeroporto aguardando voos de conexão.

Entre outras, as operações aeroportuárias incluem:

- Guiar a aeronave para aterrissagem, decolagem e manobra pelas pistas de pouso, decolagem e taxiamento até posições de estacionamento em várias seções do aeroporto
- Realizar a manutenção da aeronave
- Realizar o desembaraço de passageiros e mercadorias internacionais pelos serviços governamentais de inspeção
- Fazer o *check-in* de passageiros e bagagens
- Cuidar de processos de inspeção de segurança
- Cuidar dos serviços VIP
- Realizar a manutenção das instalações para segurança e conveniência dos usuários
- Remover a neve e fazer o degelo (em algumas partes do mundo)
- Prestar serviços de transporte terrestre

As atividades operacionais cobrem todo o espaço físico dos aeródromos, como ilustra a Figura 10.1.

Embora a responsável pelas operações aeroportuárias seja a operadora do aeroporto, os vários processos envolvidos fazem diversos participantes que possuem jurisdição obrigatória prestar partes dos serviços necessários. É claro também que os aeroportos hoje operam em um ambiente de negócios cada vez mais complexo, com uma rápida comercialização dos empreendimentos do aeroporto, restrições ao crescimento da capacidade, o papel cada vez maior do setor privado, novas tecnologias, a consolidação de empresas aéreas e o advento de empresas aéreas de baixo custo, a responsabilidade corporativa por promover um ambiente sustentável e, na última

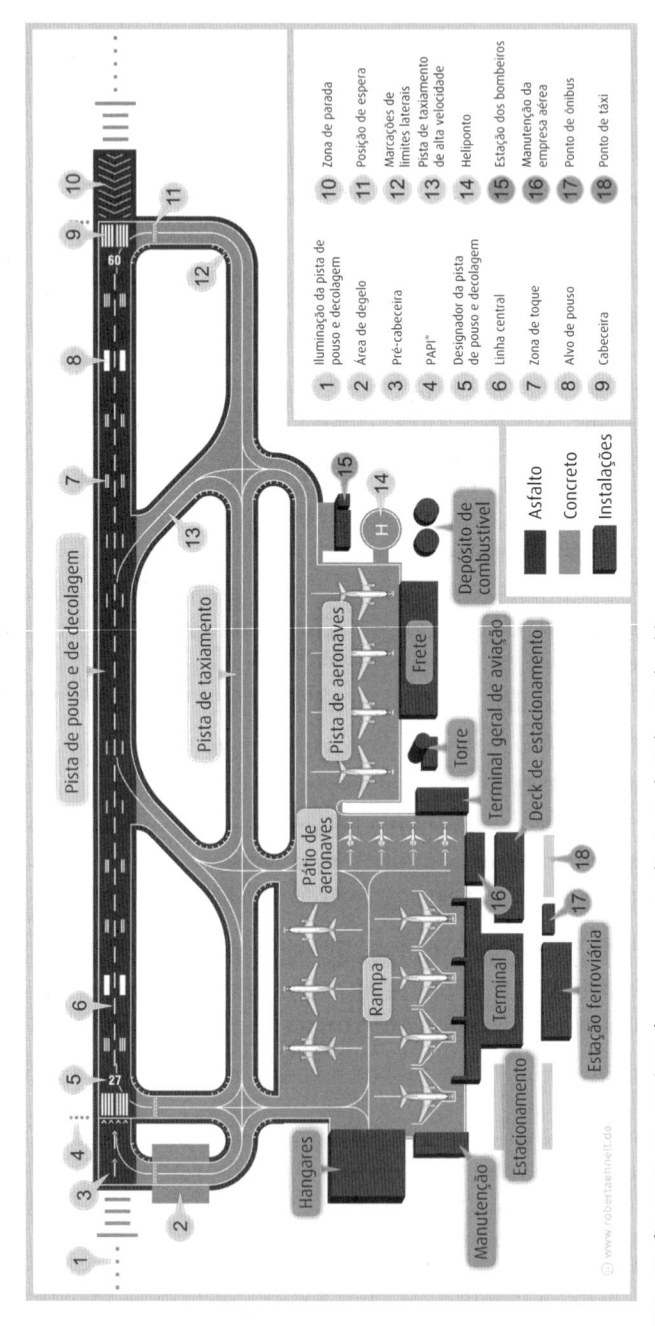

FIGURA 10.1 Configuração esquemática de um aeroporto. (Cortesia de Robert Aehnelt).
* Indicador de trajetória de aproximação de precisão (*Precision Approach Path Indicator*).

década, a necessidade óbvia de priorizar a segurança. Esse contexto exige especialistas com um conhecimento maior, mais amplo e mais sofisticado para garantir o sucesso da gestão aeroportuária.

O cenário de tudo isso tem sido uma forte evolução nos modelos de propriedade e governança dos aeroportos. Um relatório publicado recentemente (Momberger Airport Information, *Who Owns and Operates Airports*, March 2012 – divulgou que há mais de 200 empresas detendo ou operando aeroportos em todo o mundo. Elas incluem entidades há muito estabelecidas como a Aéroports de Paris, a British Airports Authority (BAA), a Fraport AG, a Vancouver Airport Services e outras que entraram nesse campo mais recentemente, como a GMR, da Índia, a Malaysia Airports Holding Berhad e a TAV, da Turquia. É quase certo que a privatização total ou parcial foi essencialmente promovida pela necessidade de amplos investimentos em infraestrutura com os quais os governos não mais podiam arcar devido a outras demandas urgentes da sociedade, como saúde e educação. Consequentemente, o quadro da governança das empresas do setor de aviação evoluiu de modo radical, principalmente no setor aeroportuário. A princípio, em alguns casos, essa mudança assumiu a forma de privatização integral seguida por acordos de concessão de longo prazo como esquemas do tipo construir-explorar-transferir (BOT, *build-operate-transfer*) e, mais recentemente, uma variedade cada vez maior de arranjos de parcerias público-privado (PPP) segundo os quais o desenvolvimento e as decisões gerenciais são tomadas de maneira cooperativa, com o objetivo de fornecer infraestrutura e serviços de qualidade aos usuários, equilibrando, ao mesmo tempo, imperativos sociais e motivos voltados ao lucro.

Com certeza não existe uma solução única, como foi evidenciado por algumas empresas estatais que gerem aeroportos extremamente bem-sucedidos. A interação entre os modelos de governança e o desempenho é um assunto complexo, que tem atraído cada vez mais interesse da pesquisa acadêmica e empírica. Apesar disso, a adoção de modelos empresariais tem gerado um desempenho avançado. Embora esse assunto seja relevante para a discussão das operações aeroportuárias, como definido anteriormente, sua análise precisa ser tratada em outro momento.

Independentemente da governança, o desempenho operacional dos aeroportos em termos de nível de serviço (LOS, *level of service*) prestado aos usuários é, em essência, uma função bidimensional: a qualidade/adequação da infraestrutura e a eficiência da gestão logística de modo geral. A questão da otimização da infraestrutura está fora do escopo deste livro. Os leitores que estiverem interessados nesse assunto podem encontrar mais informações em outras referências especializadas, como *Airport Engineering*, 4ª edição, de N. Ashford et al.

Este capítulo visa examinar os determinantes do desempenho operacional que estão relacionados ou surgem da estrutura de gestão da logística aeroportuária. A nosso ver, vale a pena tratar o assunto fora das considerações de infraestrutura do aeroporto. Na verdade, há casos de utilização subótima de infraestruturas modernas devido a uma gestão operacional ineficiente, enquanto que, por outro lado, pode-se argumentar também que os efeitos negativos de infraestruturas obsoletas ou extremamente congestionadas podem ser em grande parte mitigados por uma gestão de logística aeroportuária de qualidade superior.

De uma perspectiva estratégica, deve-se reconhecer que a finalidade e a missão dos aeroportos variam muito. Por exemplo, alguns aeroportos são grandes *hubs* com uma alta proporção de passageiros de conexão, outros existem primordialmente para oferecer acesso a grandes destinos turísticos, alguns são localizados em importantes centros políticos ou financeiros, alguns oferecem uma conexão vital a áreas remotas e outros servem como base para grandes empresas aéreas globais. Obviamente, as exigências infraestruturais e operacionais de cada aeroporto variam dependendo de suas particularidades, embora exista um objetivo comum no que diz respeito à provisão de um nível ótimo de serviço (i.e., os melhores LOS possíveis a um custo adequado).

Reconhecer o ambiente empresarial e a missão de cada aeroporto é a peça fundamental do *plano estratégico empresarial* (SBP, *strategic business plan*) do aeroporto. O desenvolvimento e a implementação desse plano fazem parte da série de melhores práticas e, possivelmente, as mais fundamentais a serem implementadas como o caminho determinante do alto desempenho do aeroporto.

Um *plano estratégico empresarial* pode ser definido como:

> Um plano corporativo abrangente, de alto nível, voltado a ações que define de maneira clara, seguindo uma análise detalhada do ambiente empresarial em que opera, a visão, a missão e as áreas de excelência específicas e os objetivos cruciais da missão da empresa, os meios de realizá-las e de medir resultados, bem como as implicações financeiras da estratégia corporativa de modo geral. (P. Coutu, *Airport Strategic Business Planning Module Course Notes*, Aviation MBA, Krems Danube University, Austria).

Como ilustra a Figura 10.2, os SBPs determinam a formulação e a coordenação de planos funcionais de nível mais baixo que sustentam a realização da estratégia corporativa geral, no contexto de áreas de excelência predeterminadas e específicas de cada aeroporto.

A finalidade de cada aeroporto influenciaria sua orientação estratégica, mas quando é gerido de forma empresarial, o denominador comum é a determinação de satisfazer os clientes. Tradicionalmente, aeroportos de propriedade e operação estatal são subsidiados, e seu foco seria prestar um "serviço público", enquanto que, em um ambiente comercializado, os padrões de influência aos poucos passam do "proprietário-patrocinador" aos clientes, que requerem os serviços e se beneficiam diretamente deles.

O escopo da função "operações" da empresa aeroporto é planejar, executar e monitorar a transferência de passageiros e mercadorias pelo aeroporto de maneira segura, ecológica, eficiente em termos de custo e financeiramente sustentável, para o benefício dos usuários do aeroporto sob condições normais e emergenciais. As realizações normalmente são medidas segundo *indicadores-chave de desempenho* (KPIs, *key performance indicators*), como será discutido mais tarde, neste capítulo.

O sucesso é alcançado pelo desenvolvimento de políticas, procedimentos e processos descritos no *programa* (i.e., um plano integrado de prestação de serviços)

Plano estratégico empresarial do aeroporto
(estratégia geral)
- Visão
- Missão
- Objetivos estratégicos
- Áreas de excelência
- Estratégias funcionais
- Estrutura financeira

Contribuindo com
Criada a partir de

Planos de nível funcional

Master plan (infraestrutura)
Plano gerencial
Plano de tecnologia da informação

Plano de desenvolvimento comercial

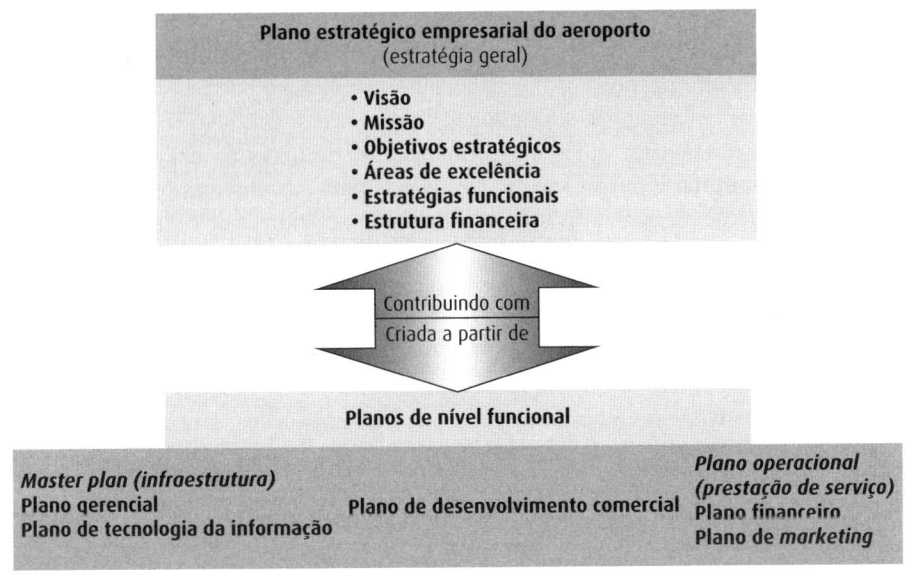

Plano operacional
(prestação de serviço)
Plano financeiro
Plano de *marketing*

FIGURA 10.2 Plano estratégico empresarial do aeroporto: relação com planos de nível funcional. (Aviation Strategies International)

do plano de mais alto nível das operações aeroportuárias e alinhado à estratégia corporativa geral prevista no SBP do aeroporto. Se feita a partir da perspectiva do cliente, a formulação do plano operacional de um aeroporto será inspirada por vários determinantes de eficiência de serviços como definido, por exemplo, na Figura 10.3.

Como foi afirmado, um desafio contemporâneo crucial enfrentado pelas operadoras aeroportuárias ao prestar um serviço de qualidade é a presença de muitas entidades que têm jurisdição sobre segmentos específicos do sistema de processamento do aeroporto. Na ausência de fortes mecanismos de coordenação e incentivos de cooperação, isso pode levar a situações caóticas e possivelmente conflitantes em que as tarefas dos aeroportos como "senhorio" poderiam acarretar em questões significativas de responsabilidade que não podem ser ignoradas ou atribuídas a terceiros. Um outro desafio é a tendência dos departamentos funcionais do aeroporto operarem na forma hierárquica de "silos", na qual otimizar cada função de maneira separada não necessariamente levará a uma experiência ótima para o usuário. Esse contexto multijurisdicional, junto com a tendência natural a uma gestão funcional estreita/segregada, costuma aumentar as ineficiências de gerenciamento de custos, o que dificulta, de modo geral, que se alcance um equilíbrio ótimo em todo o aeroporto entre prestar um bom LOS e o seu custo. A maioria dos aeroportos enfrenta problemas dessa natureza. Aeroportos de alto desempenho podem aplicar uma série de melhores práticas para lidar com esses desafios, alguns dos quais estão descritos aqui, incluindo estruturas de liderança, estratégias de gestão das partes interessadas e sistemas de suporte a decisões.

Determinantes	Definição	Exemplos
Confiabilidade	Consistência do desempenho e dependabilidade	Precisão do faturamento Manter registros Realizar o serviço no prazo determinado
Receptividade	A disposição ou prontidão dos funcionários a prestar o serviço	Chamar o cliente de volta rapidamente Prestar o serviço imediatamente
Competência	Posse das habilidades e conhecimento necessários para prestar o serviço	Conhecimento e habilidade do pessoal de contato Conhecimento e habilidade do pessoal de suporte operacional
Acesso	Acessibilidade e facilidade de contato	Tempo de espera razoável para receber o serviço Horário de funcionamento conveniente
Cortesia	Educação, respeito, consideração e amistosidade do pessoal de contato	Consideração pela propriedade do cliente Aparência limpa e arrumada do pessoal de contato
Comunicação	Manter os clientes informados em idioma que eles possam compreender e escutá-los	Explicar o serviço propriamente dito Garantir ao cliente que um problema será solucionado
Credibilidade	Confiança, credibilidade, honestidade	Reputação da empresa Características pessoais do pessoal de contato
Segurança	Livre de perigos, riscos ou dúvidas	Segurança física Segurança financeira
Compreender o cliente	Fazer um esforço para compreender	Descobrir as exigências específicas dos clientes Dar atenção individualizada
Tangíveis	Evidências físicas	Instalações físicas Aparência do pessoal Ferramentas ou equipamentos utilizados para prestar os serviços Representações físicas do serviço

FIGURA 10.3 Determinantes da eficiência de serviços. (D. E. Bowen, R. B. Chase, T. G. Cummings, et al., *Service Management Effectiveness*. Copyright © 1990. Reproduzido com permissão da John Wiley & Sons, Inc.)

Abordagem tática da administração de operações aeroportuárias

A implementação de um programa de gestão de operações aeroportuárias bem-sucedido, que gere resultados de alto desempenho com parâmetros geralmente aceitos pela indústria, precisa lidar com os desafios descritos anteriormente e coordenar os esforços de todas as partes para que haja a otimização dos serviços prestados. A partir de uma perspectiva tática, a administração das operações aeroportuárias deve ser subdividida em duas dimensões diferentes, atribuídas, de preferência, a duas unidades organizacionais distintas:

1. *Dimensão um.* O desenvolvimento e o monitoramento do programa de operações aeroportuárias incorporando políticas, procedimentos e processos de LOS e sua correspondente alocação de recursos.
→ Atribuída ao departamento de operações do aeroporto.
2. *Dimensão dois.* A execução contínua do programa de operações aeroportuárias e a integração, otimização e geração de relatórios sobre a prestação dos serviços.
→ Atribuída ao centro de controle de operações aeroportuárias (AOCC, *airport operations control center*; ver Capítulo 12).

A abordagem tática recomendada defende a separação do planejamento/controle do programa de operações aeroportuárias, que é uma função administrativa, de sua execução, que é uma função operacional. Essas duas dimensões exigem diferentes tipos de conhecimento especializado e foco sobre tarefas separadas, interconectadas, mas discretas. Elas se baseiam em diferentes áreas de excelência. Uma analogia seria a diferença entre arquitetos e gerentes de construção.

Essa abordagem tática da criação do programa de operações aeroportuárias também se baseia:

- Na necessidade de utilizar especialistas extremamente capacitados/atualizados para criar políticas, programas e procedimentos em áreas funcionais cada vez mais complexas (p. ex.: segurança, gestão de emergências, varejo, utilização das instalações operacionais, entre outras)
- Na necessidade de dispor de um pessoal de logística aeroportuária com funções multidisciplinares especializado na gestão de respostas operacionais a incidentes e ocorrências sob condições normais e de emergência, além da coordenação/integração de todas as fases do processamento de passageiros e mercadorias pelo sistema aeroportuário
- Nas ineficiências que resultariam do fato de os especialistas em funções operacionais terem que tentar resolver incidentes em tempo real
- Nas ineficiências que resultariam de fazer o pessoal das funções operacionais do aeroporto desconsiderar formalmente políticas e procedimentos funcionais promulgados, a não ser em circunstâncias especiais em que a segurança ou a experiência do cliente fosse ser comprometida além dos níveis de tolerância predeterminados

Embora não haja abordagem padronizada para isso, o desenvolvimento do programa de operações do aeroporto deve ser de responsabilidade do líder de operações, normalmente um vice-presidente ou diretor de operações. No nível administrativo, o programa deve ter como objetivo integrar todos os procedimentos funcionais para otimizar a experiência do usuário do aeroporto aderindo, ao mesmo tempo, às exigências regulamentares (algumas das quais, inclusive as relacionadas à segurança, e considerações ambientais, são discutidas em detalhe em outros capítulos deste livro). Os componentes do programa de operações do aeroporto podem incluir:

- Plano de serviços de tráfego aéreo
- Plano de emergência aeroportuária
- Plano de serviços comerciais
- Plano de instalações de uso comum
- Plano de gestão ambiental
- Plano de gestão das operações de assistência em terra
- Plano de serviços de transporte terrestre
- Gestão de incidentes/ocorrências e sistema de geração de relatórios
- Plano de serviços de inspeção internacional
- Plano operacional de envolvimento das partes interessadas
- Plano de gestão de manutenção do suporte operacional
- Plano de relações públicas e comunicações
- Sistema de gestão de segurança
- Plano de segurança
- Plano de gestão das operações do terminal

Deve-se observar que alguns desses planos podem não estar sob o controle direto da operadora do aeroporto e, consequentemente, exigirão consulta das entidades individuais responsáveis. Além disso, alguns desses planos são partes componentes do manual do aeródromo exigido pelas normas e práticas recomendadas da International Civil Aviation Organization (ICAO – ver ICAO Annex 14: *Aerodromes*).

Devem-se implementar mecanismos de coordenação para todos os aspectos das operações, bem como meios formais com o intuito de envolver todas as partes interessadas do aeroporto em um esforço integrado para alcançar um bom desempenho. Devem ser desenvolvidas e formalizadas estruturas colaborativas para que se atribuam devidamente as responsabilidades, e deve ser considerada a responsabilidade da operadora pela integridade e pelo desempenho geral do aeroporto no que diz respeito à sua licença, concedida pela reguladora nacional de aviação civil.

A responsabilidade por gerenciar operações cotidianas dentro da estrutura das orientações funcionais fornecidas pelo departamento de operações aeroportuárias por meio do programa de operações aeroportuárias, além dos planos e procedimentos que ele incorpora, normalmente recai sobre o centro de controle operacional do aeroporto, cujo papel é discutido no Capítulo 12.

Considerações organizacionais

Tradicionalmente, as estruturas organizacionais do aeroporto são projetadas em torno de áreas funcionais essenciais como operações, manutenção e engenharia, finanças e administração, como ilustrado esquematicamente na Figura 10.4.

Como as entidades aeroportuárias têm passado a adotar um modelo mais empresarial, a estrutura tradicional tem sido cada vez mais criticada por não ser favorável à otimização de resultados comerciais e por não levar a um foco centrado no cliente. Isso fez alguns aeroportos implementarem uma estrutura baseada em *unidades estratégicas empresariais* (SBUs, *strategic business units*), que podem ser definidas como "uma unidade organizacional autônoma, pequena o suficiente para ser flexível e grande o suficiente para controlar a maioria dos fatores que afeta seu desempenho de longo prazo" (BusinessDictionary.com; www.businessdictionary.com/definition/strategic-business-unit-SBU.html#ixzz1zV4BjRX9).

No contexto de aeroportos, as SBUs correspondem a uma série de áreas físicas da propriedade, como o lado ar ou setores do terminal sobre os quais os gerentes sênior têm autoridade individual para lidar com o escopo integral da zona do aeródromo que lhes é atribuída. Esse tipo de estrutura é ilustrada na Figura 10.5.

Possivelmente, o impulso voltado a resultados comerciais associados a esse tipo de estrutura motivaria de maneira indireta a gerência do aeroporto a ser mais responsiva aos seus clientes por meio da criação de uma série mais ampla de pontos focais que são responsáveis pelo equilíbrio dos custos e a satisfação do cliente. Entretanto, está claro que a aplicação dessas estruturas em aeroportos menores é limitada. Por consequência, diversos aeroportos acabam adotando projetos organizacionais híbridos, isto é, uma mistura entre estruturas baseadas em SBU e estruturas funcionais.

Como definimos anteriormente, a partir da perspectiva das operações aeroportuárias, qualquer estrutura que se baseie em um objetivo de serviço aos clientes seria bem-vinda (p. ex.: no Aeroporto Internacional Toronto Pearson, o líder de operações carrega o título de vice-presidente de operações e experiência do consumidor). Ao focalizar a satisfação do cliente, espera-se que os processos de negócios minimizem a burocracia desnecessária. O estabelecimento de estruturas eficientes

FIGURA 10.4 Estrutura organizacional tradicional de um aeroporto.

```
                    ┌─────────────────┐
                    │  CEO do aeroporto │
                    └─────────────────┘
         ┌──────────────┬──────────┴───┬──────────────┐
┌────────────────┐ ┌────────────────┐ ┌────────────────┐ ┌────────────────┐
│   SBU da área  │ │   SBU da área  │ │   SBU da área  │ │   SBU da área  │
│   do lado ar   │ │   do terminal  │ │    de carga    │ │    industrial  │
└────────────────┘ └────────────────┘ └────────────────┘ └────────────────┘
```

FIGURA 10.5 Estrutura organizacional de gestão aeroportuária baseada em SBUs.

alinhando pessoas, processos e tecnologia com necessidades dos clientes documentadas ajudaria a evitar má coordenação, má comunicação e baixos níveis de motivação. Devem-se aprofundar as pesquisas nessa área, pois ainda não surgiu um modelo que seja reconhecido de modo geral como a melhor prática.

Muitos aeroportos têm realizado avaliações de impacto organizacional e implementado planos de gerenciamento das partes interessadas, mas geralmente ainda se perde a perspectiva de uma genuína orientação ao cliente. Um mapeamento sistemático da experiência do cliente específica em cada local poderia inspirar estruturas organizacionais inovadoras. Segundo http://desonance.wordpress.com/2010/06/16/customer-experiencemapping/, um site que discute serviços de atendimento ao cliente, um *mapa de experiência do cliente* (ver exemplo na Figura 10.6) é uma "representação gráfica da jornada dos clientes ao receber o serviço. Ele mostra a perspectiva dos clientes no início, meio e fim de seu envolvimento com um serviço para alcançar seu objetivo, mostrando a variedade de interações tangíveis e quantitativas, acionadores e pontos de contato com o cliente, além das motivações intangíveis e qualitativas, frustrações e intenções" (http://desonance.wordpress.com/2010/06/16/customer-experience-mapping/; acessado em junho de 2012).

Diversos aeroportos, independentemente de sua estrutura, já inovaram na área de serviço de atendimento ao cliente, reconhecendo-o como uma ferramenta de alavancagem estratégica na busca pelo melhor desempenho operacional "de sua classe". Por exemplo, o Aeroporto de Auckland estabeleceu cargos de representantes do serviço de atendimento ao cliente dentro de seu centro de controle de operações aeroportuárias (ver Capítulo 12), e o Aeroporto Internacional Changi implementou uma série de iniciativas centradas no cliente, como a "Transformação por Feedback Instantâneo da Força de Trabalho de Serviços" (SWIFT, *Service Workforce Instant Feedback Transformation*), um sistema interativo que permite que os clientes do aeroporto digam à gerência o que eles acham do serviço do aeroporto em vários pontos de contato com o cliente, de modo que problemas possam ser identificados com agilidade e providências corretivas sejam tomadas em tempo real.

Outro elemento que provavelmente contribuirá com melhorias no desempenho operacional é a introdução de um sistema de remuneração de desempenho para gerentes e funcionários. A Greater Toronto Airports Authority (GTAA) divulgou que um sistema baseado em desempenho também contribuiu para a melhoria dos resultados de desempenho. O sistema de remu-

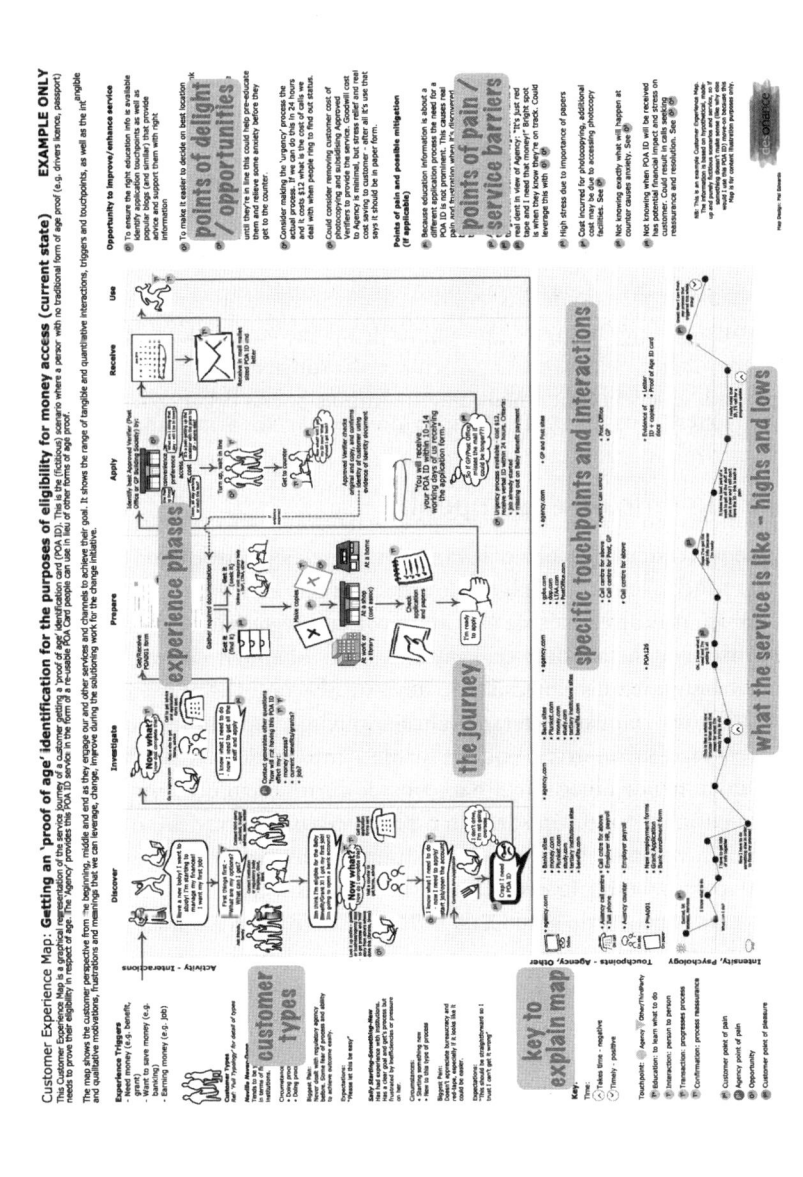

FIGURA 10.6 Amostra de um mapa de experiência do cliente.

neração no GTAA leva em consideração o aspecto individual e coletivo para evitar a competição entre funcionários e incentivar o trabalho em equipe. Na avaliação, 40% se baseiam no desempenho de grupo; portanto, há um incentivo para que um gerente individual e toda sua equipe atinjam as metas e melhorem o resultado organizacional. Junto com essas melhorias, o aeroporto Toronto Pearson vivenciou um aumento nos esforços de comunicação entre as unidades organizacionais quando o sistema de mensuração de desempenho foi implementado [Transportation Research Board, Airport Cooperative Research Program, *Developing an Airport Performance-Measurement System*, Report 19, April 22, 2011].

Gestão do desempenho operacional

O sucesso da gestão do desempenho operacional exige que as operadoras aeroportuárias atuem em três frentes. O programa de operações aeroportuárias deve ser *planejado*, *executado* e *controlado*. O principal tema subjacente é a criação de uma cultura empresarial que seja fundamentalmente impulsionada pela prestação de um serviço aos usuários do aeroporto como clientes.

Planejamento do desempenho

O desenvolvimento de um programa de operações baseado em desempenho tem que ser fundamentado no plano de estratégia de negócios do aeroporto. A visão, a missão, as áreas de excelência e os objetivos estratégicos específicos da empresa têm que propiciar a força motriz e a lógica do desenvolvimento de políticas, planos, procedimentos, processos e medidas de desempenho no nível operacional.

Muitos planos que afetam os usuários do aeroporto têm que estar sob uma estrutura regulatória, como aqueles que fazem parte do manual do aeródromo, que é um documento obrigatório para fins de certificação do aeroporto. Outros são criados para fins específicos, como o plano de comunicações e o plano de serviços comerciais. Mesmo planos que tenham uma finalidade técnica existem, em última análise, para o benefício dos passageiros e outros usuários dos aeroportos, além de outros componentes do sistema de transporte aéreo. Em essência, o que é necessário é uma mudança de perspectiva. Com um forte ímpeto estratégico de criar uma experiência positiva para o cliente, todos os planos devem conter uma declaração clara de sua intenção e plano de ação no que diz respeito à sua contribuição com a satisfação do cliente, sendo a ideia organizar os aspectos operacionais do negócio aeroportuário *em torno* dos clientes.

Uma forma eficiente de alcançar essa meta é criar um *plano de prestação de serviço* que é hierarquicamente posicionado logo abaixo do plano de estratégia empresarial do aeroporto, mas acima de todos os planos de nível operacional, focalizando diretamente a prestação de uma *experiência do cliente* otimizada para todos os usuários, inclusive passageiros, expedidores de frete e também empresas aéreas nesse contexto (Figura 10.7).

É bem sabido que, com o tempo, os usuários do aeroporto passam a ver a experiência do cliente de uma forma holística. Uma experiência ruim em um ponto de inspeção de segurança ou na fila de uma praça de alimentação congestionada podem macular sua percepção de todo o aeroporto, independentemente do fato de outros passos no processo terem sido realizados sem problemas. Isso justifica a necessidade de uma abordagem holística da prestação de serviço da empresa aeroporto como a *prestadora de serviços*.

Geralmente, um plano de prestação de serviços incluiria os seguintes elementos:

- Declaração da finalidade
- Descrição da conexão hierárquica e lógica entre visão → missão → objetivos estratégicos → áreas de excelência → áreas de LOS → KPIs de nível estratégico da empresa aeroporto
- Mapa de experiência do cliente cobrindo todo o aeroporto
- Índice de serviços prestados em tempo real e painéis de KPI
- Sistema de prestação de serviços, tomada de decisões e suporte
- Declarações da experiência do cliente para todas as áreas funcionais (trechos de planos funcionais)
- Comitê de facilitação e mecanismos consultivos da prestação de serviços
- Acordos de LOS entre aeroporto e parceiros
- Carta de direitos dos passageiros
- Programa de treinamento de conscientização da gerência e funcionários de atendimento ao cliente
- Matriz de responsabilização dos serviços de atendimento ao cliente
- Tecnologia de suporte à gestão da experiência do cliente

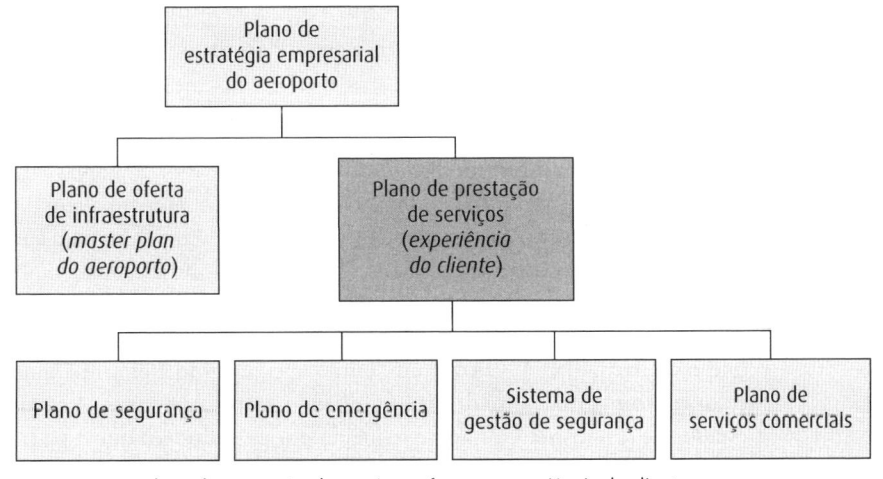

FIGURA 10.7 Plano de prestação de serviços – foco na experiência do cliente.

Outro recurso importante ao planejar resultados de alto desempenho em um aeroporto é o uso de *contratos baseados em desempenho* criados para quando terceiros são responsáveis por vários elementos do programa de operações do aeroporto. Essa abordagem costuma ser muito diferente dos arranjos contratuais tradicionais, pois:

- Enfatiza resultados relativos ao rendimento, qualidade e resultados, em vez de como o trabalho é realizado
- Possui uma orientação a resultados e objetivos e prazos claramente definidos
- Usa padrões de desempenho mensuráveis e planos de garantia da qualidade
- Oferece incentivos de desempenho e atrela o pagamento a resultados

De modo geral, ela também traz os seguintes benefícios (adaptado de *Best Practices and Trends in Performance-Based Contracting*, FCS Group, estudo realizado para o Office of Financial Management of the State of Washington, em dezembro de 2005):

- Encoraja e estimula que os prestadores de serviço sejam inovadores e encontrem maneiras de prestar os serviços que sejam eficientes em termos de custos
- Resultados em preços e desempenho melhores
- Maximiza a concorrência e a inovação
- Obtém economias de custo
- Espera que os prestadores de serviço controlem os custos
- Cria mais valor e um melhor desempenho
- Dá mais flexibilidade em geral aos prestadores de serviço para alcançarem os melhores resultados
- Transfere o risco aos prestadores de serviço de modo que eles sejam responsáveis por alcançar os objetivos
- Oferece incentivos a melhorar o desempenho dos prestadores de serviço e atrela a remuneração dos prestadores de serviço ao bom desempenho
- Permite que os prestadores de serviço tenham autonomia e interesses compartilhados
- Exige menos monitoramento no dia a dia

Esse método provou ser muito influente no LOS oferecido em áreas cruciais do aeroporto que tenham um impacto no serviço de atendimento ao cliente.

Um exemplo disso é um contrato baseado em desempenho para a manutenção mecânica de escadas rolantes, esteiras móveis, elevadores e esteiras de bagagem no qual empresas pré-qualificadas que cumprem exigências de competência mínima são convidadas a propor uma taxa de disponibilidade garantida das instalações (período mínimo de inatividade). O contrato, então, é concedido à empresa que propuser a melhor combinação de taxa de disponibilidade garantida e preço. A remuneração do prestador de serviço selecionado é reduzida por períodos em que o padrão estabelecido não for alcançado, mas aumenta se o mesmo padrão for excedido. O desempenho nessa área afeta diretamente a conveniência do passageiro.

Outro exemplo de alto impacto é no campo de serviços de assistência em terra, quando a operadora aeroportuária decide abrir o mercado a prestadores de serviços terceirizados. Em vez de a operadora desenvolver especificações detalhadas para os equipamentos, procedimentos operacionais e estoques de suprimentos, solicita aos prestadores de serviços que participem da licitação, mais uma vez após uma fase de pré-qualificação, que enviem uma série de planos detalhados abordando segurança, equipamentos, níveis de serviço, gestão, recuperação de incidentes e assim por diante, além de uma proposta financeira se comprometendo com um valor fixo e geralmente um percentual do rendimento bruto. Um número cada vez maior de aeroportos em todo o mundo pode testemunhar o enorme impacto dos contratos baseados em desempenho. Resultados nessa área afetam diretamente o desempenho da pontualidade dos voos e da conveniência do passageiro em várias etapas do processo.

Tendo dito isso, apesar de todos os planos e procedimentos implementados a favor de uma abordagem de operações aeroportuárias orientadas ao cliente, o sucesso deles dependerá do comprometimento da liderança sênior do aeroporto em transformar os planos em uma realidade.

Execução do programa operacional

A parte da *execução* do programa operacional de um aeroporto tem que reconhecer que os aeroportos diferem de muitas outras empresas em diversos aspectos que afetam seu desempenho:

1. O produto final é um serviço em vez de bens manufaturados
2. Lidam com um processo de transformação que é relativamente complexo e exige a participação de um grande número de partes interessadas
3. Operam em um ambiente altamente regulamentado (p. ex.: segurança, meio ambiente, alfândega, imigração, saúde pública, etc.)
4. Prestam serviços usando ferramentas e sistemas de informação tecnologicamente sofisticados
5. Operam em uma estrutura altamente política
6. Operam em um ambiente internacional (diretamente ou como aeroporto alimentador)
7. Sua operação frequentemente se dá de maneira contínua, 24 horas por dia
8. Emergências podem ser rotineiramente esperadas a qualquer momento
9. Embora prestem serviços terrestres relacionados ao aeródromo para o viajante ou o embarcador de cargas, a relação contratual para o transporte aéreo está nas mãos das empresas aéreas. Além disso, muitos serviços terminais são prestados por concessionárias e outras partes terceirizadas
10. As decisões de investimento são relativamente infrequentes e cíclicas por natureza. Os custos envolvidos (p. ex.: para pistas de pouso e decolagem, pistas de taxiamento, pátios de aeronaves, terminais e acesso) são muito altos, e os resultados de decisões de investimento são duradouros

Ainda assim, a principal finalidade da operadora aeroportuária é atender aos seus clientes e, no fim das contas, são os usuários do aeroporto que avaliam o desempenho operacional, mesmo no que diz respeito aos aspectos regulamentados das atividades aeroportuárias, que são controladas por partes externas, em teoria para o benefício dos usuários.

Sabe-se que a satisfação dos usuários de aeroportos está altamente relacionada com questões relativas a eficiência, conforto, ausência de perigos, cortesia e disponibilidade dos funcionários, etc. Portanto, segue que as melhores operadoras aeroportuárias "de sua classe" fazem da gestão em tempo real da logística aeroportuária uma *área estratégica de excelência* formalmente identificada.

A melhor prática para alcançar a excelência nessa área é a implementação de um conceito AOCC, que será descrito no Capítulo 12. Em essência, o AOCC é o sistema nervoso central do aeroporto. Sob a supervisão dos gerentes do aeroporto que recebem total autoridade da gerência sênior e com controladores com treinamento específico no uso de *software* especializado e equipamentos de telecomunicações, o principal propósito do centro é supervisionar todas as fases das atividades aeroportuárias, a fim de otimizar o emprego de recursos e de gerenciar as operações em tempo real sob condições normais e de emergência. O ativo mais importante do AOCC é o capital humano, compreendendo pessoal especialmente qualificado e treinado que está familiarizado com a infraestrutura do aeroporto, seus sistemas e partes interessadas, e qualificado para prever e/ou resolver incidentes operacionais de forma competente.

O pessoal do AOCC tem que ser multidisciplinar e capaz de trabalhar sob pressão. Sua obrigação é implementar os planos e procedimentos que foram desenvolvidos pelos departamentos funcionais especializados da equipe administrativa do aeroporto, fazer relatórios sobre incidentes e ocorrências que permitam análises, determinação de tendências e a tomada de medidas corretivas pelas unidades ou entidades externas responsáveis. Grande parte do trabalho pode envolver consultas a diversas partes interessadas que têm jurisdição sobre vários elementos essenciais da experiência do passageiro.

Controle do programa operacional

O monitoramento do desempenho operacional de um aeroporto pode ser dividido em avaliações internas e externas. A finalidade do primeiro tipo de controle é informar à gerência do aeroporto e ao seu conselho diretor (ou equivalente) se os objetivos estratégicos e táticos da empresa estão sendo alcançados, e o impulso por trás do segundo tipo de avaliação normalmente é responder a uma exigência regulatória ou comparar o desempenho de um aeroporto a outra instalação comparável, com a finalidade de realizar uma análise competitiva ou mesmo de puro *marketing*, como no caso de resultados proeminentes.

A maioria dessas avaliações depende do uso de KPIs ou seu equivalente, como *indicadores-chave de sucesso* (KSIs, *key success indicators*). Os KPIs podem ser definidos como uma série de medidas que uma organização utiliza para medir suas realizações em relação a seus objetivos estratégicos essenciais no contexto de suas áreas de excelência escolhidas. Nem todas as medidas devem ser chamadas de KPI, e ao usar esse conceito, a ênfase deve ser colocada na noção do que é *chave*. Não pode haver muitos KPIs genuínos, pois devem estar diretamente atrelados aos objetivos estratégicos de uma empresa aeroporto como se refletem em seu plano estratégico empresarial. Além disso, se projetados adequadamente, os KPIs irão, na verdade, resultar da integração de muitos fatores, considerações e medidas mais detalhadas.

W. Wayne Eckerson (*Performance Dashboards: Measuring, Monitoring and Managing Your Business*. Hoboken, NJ: Wiley, 2006, p. 201) desenvolveu uma lista das 12 características de KPIs eficientes, que são:

"1. *Alinhados*. Os KPIs estão sempre alinhados com a estratégia e os objetivos corporativos.

2. *Próprios*. Todo KPI é "próprio" de um indivíduo ou grupo do lado empresarial que é responsável por seu resultado.

3. *Preditivos*. Os KPIs medem os determinantes de valor empresarial. Assim, eles são os indicadores *orientadores* do desempenho desejado pela organização.

4. *Acionáveis*. Os KPIs são populados com dados atualizados e acionáveis, de modo que os usuários possam intervir no sentido de melhorar o desempenho antes que seja tarde demais.

5. *Pouco numerosos*. Os KPIs devem focalizar os usuários em algumas poucas tarefas de alto valor, e não dispersar sua atenção e energia em itens demais.

6. *Fáceis de compreender*. Os KPIs devem ser diretos e fáceis de compreender, e não baseados em índices complexos que os usuários não sabem como influenciar diretamente.

7. *Equilibrados e conectados*. Os KPIs devem equilibrar e reforçar uns aos outros, e não prejudicar um ao outro e subotimizar processos.

8. *Estimulam mudanças*. O ato de medir um KPI deve estimular uma reação em cadeia de mudanças positivas na organização, principalmente quando é monitorada pelo CEO.

9. *Padronizados*. Os KPIs baseiam-se em definições, regras e cálculos padrão de modo que eles possam ser integrados em painéis por toda a organização.

10. *Direcionados a contextos*. Os KPIs colocam o desempenho em contexto aplicando alvos e limites, de modo que os usuários possam avaliar seu progresso com o passar do tempo.

11. *Reforçados com incentivos*. As organizações podem ampliar o impacto dos KPIs atrelando compensações ou incentivos a eles. Entretanto, elas devem fazê-lo com cuidado, aplicando incentivos apenas a KPIs bem compreendidos e estáveis.

12. *Relevantes*. Os KPIs perdem gradualmente seu impacto com o passar do tempo, então, têm que ser periodicamente revisados e revigorados."

Embora todas essas características ofereçam informações valiosas sobre a questão da mensuração do desempenho por meio dos KPIs, os itens 1 ("Alinhados"), 2

("Próprios"), 4 ("Acionáveis") e 5 ("Pouco numerosos") são particularmente relevantes para seu uso na indústria aeroportuária, tendo em vista as tendências atuais. De qualquer forma, aparentemente temos uma enorme variedade de KPIs sugeridos. Uma maneira de os aeroportos lidarem com essa questão específica é "testar" os sistemas de suporte de decisão de qualquer KPI que esteja sendo considerado, como "Que tipo de decisões cruciais (caso haja alguma) serão mais bem informadas pelas informações fornecidas por esse KPI específico?". Obviamente, o custo de coletar os dados também deve ser menor do que os ganhos financeiros ou econômicos gerados com a disponibilização das informações.

Avaliação interna

Exemplos interessantes de medidas de desempenho aeroportuário podem ser encontrados nas cinco fontes a seguir:

> Doganis, R., *The Airport Business*. London: Routledge, 1992. *Embora esse livro tenha sido publicado há mais de 20 anos, muitas das medidas de desempenho sugeridas pelo autor ainda perduram hoje e, em parte, inspiraram a recente publicação do* Guia ACI (ACI Guide) *sobre o mesmo assunto.*

> Airport Cooperative Research Program, "Developing an Airport Performance Measurement System", Report 19, preparado por Infrastructure Management Group et al., Transportation Research Board, Cambridge, MA, 2010. *Esse relatório fornece um guia passo a passo sobre como desenvolver e implementar um sistema eficiente de mensuração do desempenho. O material é do interesse de empresas aeroportos que desejam projetar um sistema interno de gestão do desempenho e também de partes interessadas externas para fins de benchmarking.*

> Airport Cooperative Research Program, "Resource Guide to Airport Performance Indicators," Report 19A, preparado por Jan Blais, Robert Hazel, et al., Transportation Research Board, Cambridge, MA, 2011. *Esse guia de recursos fornece descrições de 840 indicadores de desempenho aeroportuário (APIs – airport performance indicators) dentre os quais os aeroportos podem selecionar APIs específicos para usar no* benchmarking, *um componente importante de um sistema bem-sucedido de mensuração de desempenho. Os indicadores são divididos em três categorias, a saber:*

> - *APIs centrais: importantes para a operação geral do aeroporto ou, caso contrário, importante para o nível executivo do aeroporto (CEO e diretor de aviação) e/ou o órgão que rege o aeroporto.*
> - *APIs essenciais (Departmentais): importante para as operações dos departamentos ou funções essenciais do aeroporto (p. ex.: finanças e manutenção).*
> - *Outros APIs: não considerados tão úteis para a operação geral do aeroporto, para o nível executivo, ou para os departamentos/funções essenciais do aeroporto. Entretanto, esses APIs podem ser úteis como APIs secundários das unidades departamentais no nível do gerente ou abaixo dele.*

Airports Council International, "Guide to Airport Performance Measures", preparado por Oliver Wyman, Montreal, 2011. *Esse guia aborda o desempenho no contexto de seis áreas de desempenho essenciais (KPAs,* key performance areas*): central, segurança, qualidade dos serviços, produtividade/eficiência de custos, financeira/comercial e ambiental. Os indicadores de desempenho (PIs,* performance indicators*) são listados e descritos sob cada um dos KPAs. Conselhos úteis e a necessidade de cuidado são discutidos em relação ao uso do* benchmarking.

Os KPIs apresentados nessas referências são numerosos demais para listar aqui. Muitos deles podem ser usados igualmente para avaliações internas ou *benchmarking* externos da indústria. Deve-se observar também que apenas um subconjunto das medidas contidas nas referências listadas pertencem a operações aeroportuárias *per se*, mesmo ao incorporar a perspectiva de serviços prestados a clientes. Por fim, o principal desafio para as empresas aeroportos é usar somente um número limitado de indicadores de desempenho extremamente relevantes.

Avaliação externa

Impacto da comercialização da indústria aeroportuária

A necessidade de avaliações externas do desempenho operacional do aeroporto cresceu muito desde que a segunda edição deste livro foi lançada, em 1996. Isso ocorreu principalmente devido a uma mudança progressiva, mas importante, da governança e, em muitos casos, também na estrutura de propriedade de aeroportos, envolvendo o setor privado. Em muitas partes do mundo, a escassez de fundos públicos e a urgente necessidade de infraestrutura social como escolas e hospitais levaram os governos a buscar financiamentos para aeroportos no setor privado por meio da venda direta de ativos ou de uma variedade de esquemas de parceria público-privada.

Isso gerou algumas preocupações relativas à privatização aeroportuária para partes interessadas, como a International Air Transport Association (IATA), que assumiu um forte posicionamento em relação à necessidade de uma robusta regulamentação dos aeroportos:

Dez lições fundamentais para o sucesso na privatização de aeroportos

1. Os clientes, como partes interessadas essenciais, devem ser envolvidos desde o início e de modo contínuo e regular por meio de processos acordados.
2. Deve-se focar, antes de qualquer coisa, o alcance de uma gestão mais eficiente dos ativos do aeroporto com a transferência para a propriedade privada.
3. Uma boa governança é extremamente importante para que a privatização seja do interesse do público.
4. Uma regulamentação econômica independente e robusta é essencial para que se criem incentivos para melhorias na eficiência. A interferência governamental na regulamentação aeroportuária cria automaticamente um conflito de interesses inaceitável.

5. O regulador econômico também deve ser supervisionado por uma autoridade independente de concorrência à qual os aeroportos e seus clientes têm o direito de apelar.
6. Os reguladores econômicos, até o momento, foram melhores em extrair eficiências de ativos existentes do que em garantir a eficiência de custo de novos investimentos.
7. Os mecanismos para incentivar a eficiência de custo têm que ser incorporados ao processo desde o início. A regulamentação tem que evitar preservar lucros de monopólio ou ineficiências desde o início.
8. Acordos sobre o nível de serviço (ou sistemas similares) também têm que entrar em vigor para prestar um serviço tanto de boa qualidade quanto eficiente em termos de custo.
9. Devem-se colocar em vigor controles para evitar reavaliações injustificadas de ativos ou mudanças estruturais regulatórias que onerem as empresas aéreas e seus passageiros com aumentos substanciais nos preços.
10. O envolvimento do cliente em novos investimentos é essencial para garantir que eles sejam apropriados, eficientes em termos de custos e concluídos dentro do prazo e do orçamento original. Deve-se evitar o "embelezamento" dos investimentos.

Airport Privatisation, IATA Economics Briefing No. 1; disponível em www.iata.org/SiteCollectionDocuments/890600_Airport_Privatisation_ Summary_Report.pdf; visitada em 25 de junho de 2012.

Em uma escala global, a regulamentação de segurança dos aeroportos entrou em vigor desde a assinatura da Convenção de Chicago e da criação da ICAO, próximo ao fim da Segunda Guerra Mundial (ver abaixo).

> **ICAO.** Em novembro de 1944, na Convenção de Chicago sobre Aviação Civil, na qual estavam presentes 52 países, foi determinada uma estrutura fundamental para a aviação civil. A Convenção estabeleceu essa estrutura na forma de 96 artigos que previam o estabelecimento de práticas recomendadas internacionalmente. A convenção foi ratificada por 26 estados nacionais (hoje, a ICAO possui 191 Estados-membros), e em 4 de abril de 1947, a Organização da Aviação Civil Internacional, ICAO, passou a existir, com sede em Montreal. A ICAO funciona com um órgão soberano, a Assembleia, e um órgão de governo, o Conselho. Uma das principais tarefas do Conselho é adotar normas internacionais e práticas recomendadas de segurança, meio-ambiente e infraestrutura (ATC e aeroportos). Uma vez adotadas, elas são incorporadas aos Anexos da Convenção sobre Aviação Civil Internacional. Há 18 Anexos. Os administradores aeroportuários consideram que o Anexo 14, "Aeródromos", o Anexo 9, "Facilitação", o Anexo 16, "Proteção Ambiental" e o Anexo 17, "Segurança", são de extrema importância para a operação de suas instalações.

Não há dúvidas de que a comercialização dos aeroportos tenha criado certo desconforto e incerteza sobre a motivação do setor privado para fazer investimentos com a finalidade de cumprir as regulamentações ambientais e de segurança, a menos que seja mantido sob forte escrutínio. Houve um aumento global perceptível em auditorias baseadas nas normas e práticas recomendadas pela ICAO relativas a questões de segurança e ambientais. A ICAO é hoje obrigada a conduzir auditorias de segurança periódicas de seus Estados-membros.

Além disso, a ICAO publicou orientações econômicas em questões como a necessidade de transparência na determinação de tarifas para o estabelecimento de valores cobrados por serviços aeronáuticos. Também ofereceu orientações sobre gestão do desempenho solicitando que os Estados garantissem que os aeroportos tivessem sistemas de gestão de desempenho em funcionamento em áreas de desempenho essenciais. Essas orientações podem ser encontradas nas *Políticas sobre Tarifas Aeroportuárias e Serviços de Navegação Aérea da ICAO* (*Policies on Charges for Airports and Air Navigation Services* – Documento 9082) e no *Manual de Economia Aeroportuária da ICAO* (*Airports Economics Manual* – Documento 9562). A maioria dos Estados-membros da ICAO adotou suas orientações para segurança e considerações ambientais, o que se reflete em sua estrutura regulatória nacional.

Panorama econômico regulatório dos aeroportos

Não existe abordagem comum quanto ao modo como os Estados regulamentam ou monitoram o LOS prestado por aeroportos corporatizados. Na maioria dos casos, os níveis de serviço são definidos nos acordos de parcerias público-privadas, que não são documentos públicos. Entretanto, há casos em que é o regulador de concorrência (ou antimonopólio) que age sobre considerações de serviços. Foi isso que aconteceu recentemente no Reino Unido, quando a Comissão de Concorrência decidiu dissolver o monopólio da BAA (ver abaixo).

> **Dissolução da BAA – histórico e resumo de questões regulatórias**
> Em 1987, a segunda maior operadora aeroportuária do mundo (depois da AENA, da Espanha), a Autoridade Aeroportuária Britânica, foi privatizada em uma oferta de ações, passando a se chamar BAA plc. Essa transação foi um divisor de águas na história da estrutura de propriedade e governança aeroportuária como o primeiro verdadeiro reconhecimento pelos mercados privados de que os aeroportos podiam ser investimentos sólidos. Essa ação levou, consequentemente, à aquisição da BAA em 2006 por uma empresa estrangeira, sua subsequente deslistagem da Bolsa de Valores de Londres e, mais recentemente, uma dissolução parcial da empresa, forçada pela Comissão de Concorrência do Reino Unido devido a uma percebida *falta de concorrência* (monopólio) e a redução dos padrões, especialmente os dos serviços de atendimento ao cliente.

> Antes da determinação da Comissão, a BAA plc era proprietária de sete aeroportos. A privatização da BAA pode ser considerada um sucesso inicial, uma vez que a BAA plc foi muito além de sua tarefa anterior e começou a diversificar os fluxos de receita. A BAA foi considerada uma das operadoras aeroportuárias mais bem-sucedidas em termos de geração de renda de fontes não aeronáuticas, particularmente de vendas a varejo no aeroporto. A empresa abriu uma subsidiária que gerenciava operações de varejo em diversos aeroportos da América do Norte. Os lucros operacionais aumentavam uniformemente.
>
> Os bons resultados financeiros da BAA acabaram contribuindo para sua dissolução como empresa, quando uma bem-sucedida aquisição hostil ocorreu em 2006, liderada pelo conglomerado espanhol de imóveis e construção Group Ferrovial (participação de 56%), que preparou uma proposta de sucesso e adquiriu a BAA por GBP£10,3 bilhões. A BAA foi deslistada da Bolsa de Valores e passou a ser BAA Limited, uma empresa limitada de capital fechado com uma participação proprietária majoritária estrangeira.
>
> A BAA plc foi uma empresa incomparável no mundo dos aeroportos. Ela se beneficiava da força do maior mercado de aviação do mundo, a área da grande Londres, onde seus três aeroportos atendiam a quase 120 milhões de passageiros em 2009. No entanto, um grande número de críticas foi direcionado tanto à BAA plc por seu modelo empresarial quanto ao Governo Britânico pela maneira como tratou a privatização inicial.
>
> Em resumo, os principais comentários sobre a BAA plc eram de que ela assumira muitos riscos fora de seu negócio central, acabando por se dispersar demais. Os níveis de atendimento ao cliente se tornaram fracos após a privatização, só voltando a ser respeitáveis quando se iniciou um regime de entrevistas de passageiros em grande escala para obter *feedback*. Para o governo do Reino Unido, o grande problema foi o fato de o processo de privatização não ter concedido ao governo do Reino Unido uma "participação privilegiada" (*golden share*) na BAA plc. Essa "participação privilegiada" seria, essencialmente, um poder de veto sobre uma aquisição hostil como a realizada pela Ferrovial. Os reguladores, incluindo a Comissão de Concorrência e a CAA, "super-regulamentaram" a BAA, criando ineficiências e alto custos para a empresa, que tinha que manter um grande departamento somente com a finalidade de responder a solicitações de informações do governo.

Há também o caso da Índia, onde o monitoramento do desempenho aeroportuário se classifica em duas categorias: (1) aeroportos com tráfego anual de 1,5 milhão de passageiros ou mais e (2) aeroportos com menos de 1,5 milhão de passageiros. A primeira corresponde à jurisdição da Airport Economic Regulatory Authority (AERA), e a segunda, à jurisdição da Airport Authority of India (AAI). Em ambos os casos, os padrões de serviços são determinados pelo Ministério de Aviação Civil e monitorados pela AERA e AAI. O desempenho dos aeroportos que ficam sob a jurisdição da AERA é monitorado com pesquisas sobre a qualidade de serviço aeroportuário (ASQ, *airport service quality*) da ACI. Os aeroportos governados pela

AAI são monitorados usando um sistema que é similar à ASQ, mas administrado por outro provedor. O não cumprimento de níveis de serviço pré-acordados leva à imposição de multas.

Benchmarking da indústria

No que diz respeito ao *benchmarking* da indústria, a finalidade é geralmente diferente. Uma das motivações dos aeroportos é alcançar o reconhecimento de "melhor de sua classe" que melhora a imagem de vencedores de prêmios, lhes dá uma ferramenta adicional para fazer seu próprio *marketing* como destino e, no caso de operadoras aeroportuárias globais, lhes fornece uma interessante vantagem de venda ao buscar novos mercados. O *benchmarking* pode ser alcançado pelo menos de três maneiras diferentes: (1) um aeroporto pode entrar em uma competição na qual os resultados são determinados por pesquisas de passageiros (há duas grandes prestadoras globais – e um tanto concorrentes – desse serviço, a ACI-ASQ [www.airportservicequality.aero/] e a SKYTRAX [www.worldairportawards.com/index.htm]), (2) um aeroporto pode contratar uma empresa especializada para realizar um estudo de *benchmarking* sobre alguns aspectos de sua atividade, ou (3) um aeroporto pode participar de pesquisas confidenciais, cujos resultados são divulgados apenas aos participantes da pesquisa (a ACI Europe realiza um serviço confidencial de *benchmarking* com 39 medidas de desempenho diferentes; www.aci-europe.org/key-performance-indicators.html).

Vários aspectos dos sistemas atuais de *benchmarking* da indústria são criticados de tempos em tempos pela fraqueza em sua elaboração, sua política, suas tendências culturais e por serem usados como se eles medissem verdadeiramente a experiência do passageiro de uma perspectiva holística. Parece que é necessário que se desenvolvam mais pesquisas e consultas ao usuário nessa área.

Fatores essenciais para o sucesso das operações aeroportuárias de alto desempenho

A lista a seguir fornece alguns dos fatores de sucesso essenciais necessários para se alcançar um alto desempenho nas operações aeroportuárias:

- Reconhecer as implicações estratégicas das mudanças no ambiente de negócios do aeroporto, inclusive do crescente papel do setor privado, na abordagem da gestão das operações aeroportuárias e da avaliação do desempenho relacionado.
- Alinhar o programa de operações do plano de estratégia empresarial do aeroporto, mais especificamente a visão, missão, objetivos estratégicos e áreas de excelência da empresa aeroporto.
- Criar e implementar as políticas, planos, procedimentos e processos operacionais e a estrutura organizacional em torno das necessidades dos clientes e usuários do aeroporto.

- Implementar planos de prestação de serviços para atacar a gestão do serviço de atendimento ao cliente de forma holística/integrada (desenvolver mapas de experiência do cliente específicos para cada aeroporto).
- Delinear claramente a diferença entre as tarefas de planejamento/monitoramento das operações aeroportuárias e as do programa de execução das operações em campo. Otimizar ambos os aspectos e sua interface.
- Aplicar melhores práticas comprovadas na seleção de indicadores-chave de desempenho (i.e., "Alinhados", "Próprios", "Acionáveis", e "Pouco numerosos"). Priorizar avaliações internas ao longo do tempo em esquemas de *benchmarking* da indústria.
- Implementar mecanismos eficientes de liderança, coordenação e consulta para criar uma interface com as entidades envolvidas em várias fases da prestação de serviços aos usuários do aeroporto.
- Criar um ambiente de trabalho operacional que esteja aberto a processos de melhorias contínuas e inovação.
- Estudar as práticas dos aeroportos de melhor classificação em relação à prestação de serviços de atendimento ao cliente e como eles nutrem suas "áreas de excelência".

CAPÍTULO 11
Sistemas de gestão de segurança dos aeroportos

Estrutura do sistema de gestão de segurança

A segurança* nas atividades de aviação sempre foi uma das principais considerações da International Civil Aviation Organization (ICAO). O Artigo 44 da Convenção de Chicago de 1944 encarrega a ICAO de garantir o crescimento seguro e ordenado da aviação civil internacional em todo o mundo.

Mas por que a segurança é tão importante em um contexto da indústria da aviação? O que a diferencia de outras indústrias? É apenas o modo de transporte e o fato de que se algo der errado, pode dar muito errado? Poderia-se responder que, aparentemente, trata-se de uma questão de confiança se analisada a retração significativa no número de viajantes por algum tempo depois dos trágicos ataques terroristas aos Estados Unidos em 11 de setembro de 2001. Desde então, medidas de segurança aumentaram em taxas exponenciais – tudo por uma questão e em nome da segurança –, e a confiança acabou sendo, em grande parte, restaurada.

Se considerássemos uma amostra do público viajante, observaríamos que as implicações diretas e indiretas de um incidente de segurança podem ser extremas, seja pelo modo de transporte terrestre, ferroviário ou aéreo. Perder a vida de uma pessoa já é demais, e a intensidade dessa perda (ou consequência) pode ser mais extrema ainda, dependendo do modo de transporte. Certas regras se aplicam em todos esses meios específicos, com normas para garantir a segurança que se esperam que sejam seguidas por todas as partes interessadas.

Há também uma forte inter-relação entre fatores como custo, benefício, risco e oportunidade, particularmente quanto à certificação de aeródromos. Em torno de 44% dos aeroportos de todo o mundo ainda não têm certificação. Por que isso ocorre? Será porque os aeroportos, em algumas partes do mundo, evoluíram mais rapidamente em termos de planejamento específico e critérios de localização? É importante observar, no entanto, que um aeroporto pode ser certificado apesar de desvios observados das normas, tendo em vista que ele passaria a

---

* N. de R.T.. Do inglês *safety*, diferente do tópico do Capítulo 7 (*security*), que aborda os riscos que vêm de fora da aviação, como o terrorismo, por exemplo. A palavra *safety* se refere aos riscos de origem interna, e existem duas vertentes: a *safety* operacional, relacionada à própria tarefa com o impacto na operação, e a *safety* não operacional, relacionada também à tarefa, mas preocupada com a segurança dos trabalhadores.

cumpri-las em algum momento – embora, na realidade, em alguns casos o aeroporto possa nunca vir a cumpri-las devido à sua localização física (p. ex.: terreno montanhoso). (Nota: *O Manual sobre Certificação de Aeródromos* [Documento 9774 da ICAO – *The Manual on Aerodrome Certification*] aborda assuntos dessa natureza.)

Em termos mais simples, um aeroporto desses pode decidir (junto com seu Estado) não proceder com a certificação do aeródromo baseado em uma questão de custos e benefícios relacionados ao risco residual identificado a ser gerenciado. As empresas aéreas, obviamente, podem decidir não operar nesses aeroportos, mas, de modo geral, elas ainda aceitam fazê-lo com base em seu cálculo e aceitação de risco, junto com sua própria lógica empresarial. A ICAO está bem ciente da questão da gestão de risco em sua tentativa de dar suporte aos Estados-membros e aeroportos em toda a comunidade da aviação. Em particular, a ICAO reconhece a natureza potencialmente catastrófica dos acidentes de aviação (durante o voo e nas incursões e excursões da pista de pouso e decolagem) que levou os Estados-membros a focar operações de voo e operações terrestres na área de manobra.

As aeronaves são fáceis de danificar, mas seu conserto é caro e atrasos podem resultar em custos indiretos pesados, seja pela quebra do *schedule* ou pela inconveniência aos passageiros. Mesmo pequenos danos causados a uma aeronave, se não forem relatados, podem ser a causa de uma subsequente emergência durante o voo.

Estrutura regulatória

De uma perspectiva regulatória, o papel da ICAO é fornecer procedimentos e orientações para a condução segura das operações internacionais de aeronaves e estimular o planejamento e o desenvolvimento do transporte aéreo. Isso é alcançado em grande parte pelo desenvolvimento de normas e práticas recomendadas (SARPs, *standards and recommended practices*), que estão contidas nos Anexos da Convenção de Chicago e refletem a melhor experiência operacional dos Estados-membros.

As operações aeroportuárias consistem nas atividades necessárias para se expedir o tráfego aéreo, inclusive a movimentação de aeronaves, passageiros, bagagem, carga e correspondências. Para que as operações aeroportuárias sejam bem-sucedidas, essas atividades precisam ser *seguras, eficientes e ambientalmente sustentáveis*.

É importante que os Estados-membros tenham a prerrogativa de determinar a estrutura da aviação civil dentro de suas fronteiras. Eles também podem estabelecer diferentes graus de controle do Estado-membro na estrutura de propriedade do aeroporto e em seus arranjos de gestão. Esses arranjos invariavelmente afetam o escopo dos serviços atribuídos à operadora do aeroporto.

Normas e práticas recomendadas da ICAO

A ICAO define *norma* da seguinte maneira:

> Qualquer especificação de características físicas, materiais, de desempenho, de pessoal ou de procedimento, cuja aplicação uniforme é reconhecida como necessária para a segurança ou a regularidade da navegação aérea internacional e à qual os Estados contratantes se conformarão de acordo com a Convenção; no evento de impossibilidade de cumprimento, a notificação ao Conselho é compulsória segundo o Artigo 38.

Normas, portanto, são especificações que são *necessárias* à navegação aérea internacional e, no caso de desvios, é *compulsório* notificar outros Estados contratantes.

A ICAO define *práticas recomendadas* da seguinte maneira:

> Qualquer especificação de características físicas, de configuração, de material, de desempenho, de pessoal ou procedimento cuja aplicação uniforme é reconhecida como desejável e do interesse da segurança, regularidade ou eficiência da navegação aérea internacional, e a qual os Estados contratantes se esforçarão para cumprir, de acordo com a Convenção.

Práticas recomendadas, portanto, são consideradas especificações *desejáveis* que os Estados-membros *se esforçarão* para cumprir.

Anexo 14 da ICAO – Aeródromos (Volume 1: *Projeto e Operações do Aeródromo*)

Esse documento estabelece as especificações mínimas para aeródromos com base nas características das aeronaves que lá operam, atual ou futuramente (aeronaves são classificadas por códigos de acordo com envergadura da asa, distâncias entre os trens de pouso principais e comprimento). Assim, as SARPs aplicáveis a um aeródromo com aeronaves menores pode diferir, até certo ponto, de um aeródromo com aeronaves maiores, mas ambos são abordados no Anexo 14.

No início de seu primeiro capítulo, o Anexo 14 estabelece as exigências para os Estados-membros certificarem aeródromos para operação de acordo com as SARPs aplicáveis. Um certificado de aeródromo tem que ser emitido pela autoridade apropriada sob a regulamentação aplicável para a operação de um aeródromo. O Anexo 14 também estabelece que os aeródromos têm que ter um sistema de gestão de segurança (SMS, *safety management system*) documentado no manual de operações aeroportuárias (ver Anexo 14, Capítulo 15: "O manual de operações aeroportuárias").

No Capítulo 2, o Anexo 14 aborda as normas para *relatórios aeronáuticos e de dados sobre o aeródromo*, indo desde a localização geográfica aos níveis de serviço para serviços de emergência. Os relatórios desses dados são cuidadosamente padronizados e apresentados na *Publicação de Informações Aeronáuticas* (AIP, *Aeronautical Information Publication*), de modo que mesmo operadoras de aeronaves que não estejam familiarizadas com determinado aeródromo tenham as informações essenciais para realizar operações seguras no local.

Os Capítulos 3 a 8 do Anexo 14 apresentam *detalhes técnicos* para a configuração do aeródromo, restrição e eliminação de obstáculos, auxílios visuais à navegação, marcação de obstáculos, auxílios visuais e sistema elétricos.

O Capítulo 9 aborda *serviços aeroportuários*, incluindo serviços de emergência, remoção de deficientes de aeronaves, redução de risco de pássaros, administração do pátio de aeronaves, operações de reabastecimento, operação de veículos, sistemas de orientação de superfície para o tráfego aéreo, entre outros.

O Capítulo 10 oferece *orientações gerais sobre programas de manutenção de aeródromos*.

Posição da ICAO sobre a implementação de um programa de segurança em um Estado-membro

As SARPs de gestão de segurança da ICAO estão incluídas no Anexo 1: *Licenciamento de pessoal*, no Anexo 6: *Operação de aeronaves*, no Anexo 8: *Aeronavegabilidade*, no Anexo 11: *Serviços de tráfego aéreo*, no Anexo 13: *Investigação de acidentes e incidentes com aeronaves* e no Anexo 14: *Aeródromos*.

Os Anexos 1, 6, 8, 11, 13 e 14 incluem a exigência de que os Estados-membros estabeleçam um *programa nacional de segurança* (SSP, *state safety program*) a fim de alcançar um nível aceitável de segurança na aviação civil. Um SSP é um sistema de gestão da segurança aplicado pelo Estado-membro.

Um SSP é definido como um conjunto integrado de regulamentações e atividades cujo objetivo é aumentar a segurança. Inclui atividades de segurança específicas que têm que ser realizadas pelo Estado-membro, além de regulamentações e diretivas promulgadas por ele para oferecer suporte ao cumprimento de suas responsabilidades relativas à segura e eficiente realização de atividades de aviação no Estado-membro.

Claramente, há a necessidade de se compreender a relação entre um SSP e o SMS do prestador de serviço. Primeiro, o SSP.

A introdução de exigências relativas a um SSP é uma consequência da crescente conscientização de que os princípios de gestão de segurança afetam a maioria das atividades de uma autoridade de aviação civil, inclusive a criação de regras de segurança, o desenvolvimento de políticas e a supervisão. Sob um SSP, a criação de regras de segurança se baseia em uma análise abrangente do sistema de aviação do Estado membro; políticas de segurança são desenvolvidas com base na identificação de riscos e da gestão de riscos à segurança; e a supervisão da segurança focaliza as áreas de preocupações de segurança significativas ou de riscos de segurança mais altos. Um SSP, assim, oferece o meio de combinar atividades prescritivas e outras criadas pelos próprios Estados.

Pretende-se, ainda, que os Estados-membros que desenvolverem recursos internos cooperem para auxiliar outros Estados-membros na implementação de seus SSPs e no desenvolvimento de capacidades de gestão de dados de segurança, alcançando, dessa forma, a parceria sinérgica reconhecida como necessária para a implementação global de práticas de gestão de segurança.

Sistemas de gestão de segurança e aeródromos

Introdução de sistemas de gestão de segurança em aeródromos

Os SMSs não são novos e são encontrados em diversas indústrias que gerenciam risco como parte integral de suas operações, como as indústrias de produtos químicos, nuclear, manufatureira e de construção. Historicamente, os SMSs se voltavam à segurança e saúde ocupacional (OH&S, *occupational health and safety*), em vez de à aplicação específica da segurança na aviação como eles existem nos aeródromos. Em muitos aeroportos, adota-se hoje uma abordagem mais holística para tratar não somente das questões obrigatórias de segurança na aviação, mas também de OH&S. A aplicação de SMSs a aeródromos é mais complexa do que para outras indústrias e ambientes, dado que aeroportos possuem um grande número de funcionários. Os modelos tradicionais de SMS se baseiam em um empregador que, essencialmente, tem controle direto sobre todas as atividades dentro de um único local de trabalho. Eles também podem se estender, incluindo os prestadores de serviços, mas não se estendem a outros empregadores.

De fato, todos os prestadores de serviços do aeródromo precisam ter uma abordagem organizada para a gestão da segurança, incluindo as estruturas organizacionais, responsabilidades, políticas e procedimentos necessários. A ICAO se refere à abordagem e estrutura de suporte identificada acima como *Sistema de Gestão de Segurança* (SMS, *Safety Management System*), cuja implementação passou a ser uma exigência obrigatória para a certificação de um aeródromo desde novembro de 2005.

No mínimo, segundo a ICAO, um SMS deve:

- Definir linhas de responsabilidade, inclusive a responsabilidade direta por parte da gerência sênior
- Implementar e ampliar o programa de segurança do Estado-membro no aeródromo, incluindo a definição de objetivos e procedimentos de segurança apropriados para relatórios de incidentes, investigações de segurança, auditorias de segurança e promoção da segurança
- Identificar riscos à segurança
- Garantir que sejam implementadas medidas remediais necessárias para mitigar os riscos/perigos
- Fornecer monitoramento contínuo e avaliação regular do nível de segurança alcançado

As SARPs de gestão de segurança têm como alvo dois grupos: Estados-membros e prestadores de serviços. Nesse contexto, o termo *prestador de serviço* se refere a qualquer organização que preste serviços de aviação. O termo, assim, engloba organizações de treinamento aprovadas que estejam expostas a riscos à segurança durante a prestação de seus serviços, operadoras de aeronaves, organizações de manutenção aprovadas, organizações responsáveis por tipo, projeto e/ou manufatura de aeronaves, prestadores de serviços de tráfego aéreo e aeródromos certificados, conforme o caso.

As SARPS de gestão de segurança da ICAO tratam de três exigências distintas:

1. Exigências relativas ao SSP, incluindo o Nível Aceitável de Segurança (ALoS, *Acceptable Level of Safety*) de um SSP
2. Exigências relativas aos sistemas de gestão de segurança (SMSs, *safety management systems*), incluindo o desempenho de segurança de um SMS
3. Exigências relativas à responsabilização da gerência no que diz respeito à gestão da segurança durante a prestação de serviços

As SARPs de gestão de segurança da ICAO introduzem a noção de um ALoS como a forma de expressar o grau mínimo de segurança que foi estabelecido pelo Estado-membro que tem que ser assegurado por um SSP, além da noção do desempenho de segurança como a maneira de medir o desempenho de segurança de um prestador de serviço e seu SMS.

Ao estabelecer as exigências de um Estado-membro para a gestão da segurança, a ICAO diferencia entre programas e SMSs. Especificamente:

1. Um *programa de segurança* é um conjunto integrado de regulamentações e atividades dedicadas a melhorar a segurança.
2. Um *sistema de gestão de segurança* é uma abordagem organizada para gerir a segurança, incluindo as estruturas organizacionais, políticas e procedimentos necessários.

As SARPs da ICAO exigem que os Estados-membros estabeleçam um *programa de segurança* para alcançar um nível aceitável de segurança nas operações de aviação. O nível aceitável de segurança deve ser estabelecido pelo(s) Estado(s)--membro(s) envolvido(s). Com efeito, os Estados-membros dentro de regiões podem diferir nas especificidades de um ALoS. A operadora aeroportuária, as empresas aéreas, as empresas de manutenção e o prestador de serviços de tráfego aéreo também têm que ser consultados em relação ao estabelecimento de um ALoS e, em alguns casos, os aeroportos dentro de Estados-membros podem ter visões diferentes.

O escopo de um programa de segurança será amplo, incluindo muitas atividades de segurança cujo objetivo é cumprir os objetivos do programa. O programa de segurança de um Estado-membro aborda as regulamentações e diretivas de manutenção de serviços, aeródromos e aeronaves. O programa de segurança pode incluir cláusulas para atividades tão diversas quanto relatórios de incidentes, investigações de segurança, auditorias de segurança, promoção da segurança, e assim por diante. A implementação de tais atividades de segurança de maneira integrada exige um SMS coerente.

Uma compreensão clara da relação entre um SSP e um SMS é essencial para uma ação orquestrada de gestão de segurança dentro dos Estados-membros. Essa relação pode ser expressa nos termos mais simples, como a seguir: os Estados são responsáveis por desenvolver e estabelecer um SSP; os prestadores de serviço são responsáveis por desenvolver e estabelecer um SMS. Portanto, de acordo com as cláusulas do Anexo 14, os Estados-membros devem exigir que empresas aéreas individuais, empresas de manutenção, prestadoras de serviços de tráfego aéreo e operadoras de aeródromos certificados implementem *sistemas de gestão de segurança* aprovados pelo Estado-membro. A Figura 11.1 ilustra algumas dessas interdependências.

O conceito de um SMS pode ser decomposto nos seguintes componentes:

- O termo *segurança* é usado no sentido da condição em que os riscos são geridos em níveis aceitáveis
- O termo *gestão* pode ser definido como a alocação de recursos
- O termo *sistema* refere-se a um conjunto organizado de coisas que interagem de modo a formar um todo que é necessário para a entrega de mercadorias ou a prestação de serviços

Pode-se dizer que um SMS é um conjunto organizado de processos inter-relacionados de alocação de recursos a fim de alcançar a condição em que os riscos são geridos em níveis aceitáveis. Em um nível mínimo, esses SMSs devem:

- Identificar perigos à segurança reais e potenciais
- Garantir que sejam implementadas as medidas remediais necessárias para manter um nível aceitável de segurança
- Fornecer monitoramento contínuo e avaliação regular do nível de segurança alcançado

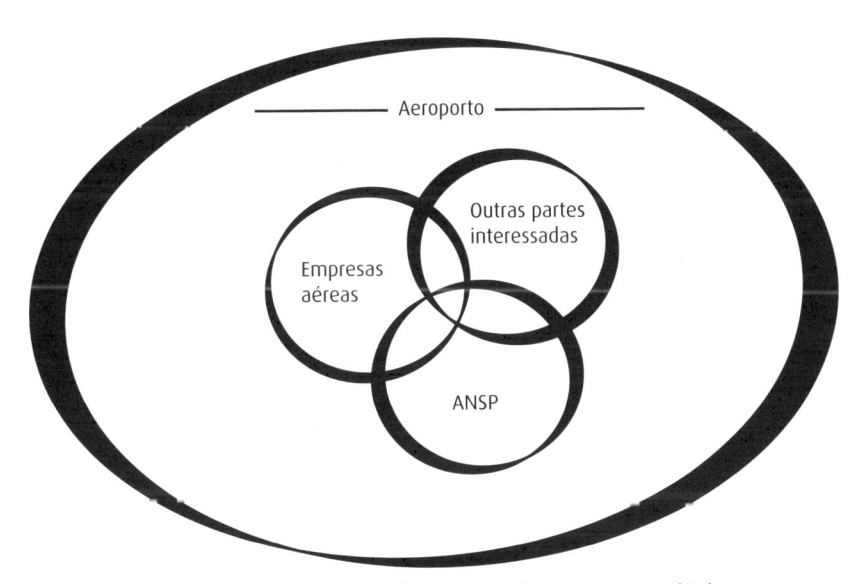

FIGURA 11.1 Modelo de sistema de gestão de segurança de um aeroporto. (Embora as empresas aéreas, a ANSP e outras partes interessadas possam ter seus próprios SMSs, o objetivo final é que elas operem independentemente, como exigido, mas que se articulem e sejam de fato integradas com o SMS do aeroporto).

Avaliação do nível de segurança atual

A fim de avaliar o nível de segurança atual, há uma necessidade de se empreender um exercício minucioso de análise de lacunas. Obviamente, alguns sistemas e processos já existem, como o registro de incidentes e outros dados relacionados. Alguns passos simples a serem dados são:

- Que sistemas e processos existem agora?
- Todos os perigos relativos às operações foram identificados?
- Dos perigos identificados, os riscos de cada um deles foram avaliados?
- Existem controles para os riscos?
- Que lacunas de riscos residuais existem?
- Como isso está relacionado ao resto das operações do aeroporto?
- Há algo em comum com outras partes interessadas?
- Que impactos os outros têm sobre nós e nós sobre eles?
- Como ajudamos uns aos outros em vez de trabalhar isoladamente?
- Como integramos os SMSs existentes e algum SMS novo?

Avaliações da posição atual podem estimular melhorias em equipamentos ou infraestrutura, em políticas, procedimentos, pessoal e treinamento ou mesmo na estrutura organizacional geral. *O SMS deve refletir a situação atual e, então, ser ajustado quando algo mudar.*

Um SMS vai além de ser uma mera ferramenta com a qual gerir o cumprimento de normas de segurança. Deve refletir também o que está sendo feito de maneira proativa para gerir a segurança e reduzir os riscos.

O SMS de uma organização, aprovado pelo Estado-membro, também deve definir claramente linhas de responsabilidade pela segurança, incluindo uma responsabilidade direta pela segurança por parte da gerência sênior. A ICAO produziu um manual sobre gestão de segurança (Documento 9859 da ICAO: *Manual de Gestão de Segurança – Safety Management Manual*). Esse manual inclui uma estrutura conceitual para gerir a segurança e estabelecer um SMS além de alguns dos processos e atividades sistêmicos usados para alcançar os objetivos do programa de segurança do Estado-membro.

- A *supervisão* deve incluir *auditorias* do SMS de *cada* prestador de serviços certificado. Quem deve fazer isso? A Autoridade de Aviação Civil (CAA, Civil Aviation Authority), uma equipe interna, uma equipe independente, ou todos os três?
- A eficiência dos programas de segurança do Estado-membro, por sua vez, é auditada periodicamente pela ICAO pelo *Programa Universal de Auditoria da Supervisão de Segurança* (USOAP, *Universal Safety Oversight Audit Program*), que logo será complementado pela implementação de uma Abordagem de Monitoramento Contínuo (CMA, *Continuous Monitoring Approach*). Isso também se estende à auditoria ICAO de um aeroporto dentro de um Estado-membro.

- O Anexo 14 da ICAO estabelece que os Estados-membros exigem que o manual do aeródromo apresentado para a certificação do aeródromo contenha detalhes do SMS. Para reforçar a ligação entre a certificação e o SMS, o Documento 9774 da ICAO afirma que a "suspensão do certificado de um aeródromo pode ser considerada se o SMS da operadora do aeródromo for considerada inadequada."[1]

Nível de segurança aceitável

Em qualquer sistema, é necessário estabelecer e medir resultados de desempenho para determinar se o sistema está operando de acordo com as expectativas e identificar quando podem ser necessárias medidas a fim de melhorar os níveis de desempenho para que eles possam alcançar essas expectativas. O conceito de ALoS é, com efeito, um acordo sobre o desempenho de segurança que os prestadores de serviço devem alcançar ao conduzir seus negócios centrais. Ao determinar um ALoS, é necessário considerar fatores como o nível de risco aplicável, os custos/benefícios de melhorias ao sistema e as expectativas públicas sobre a segurança da indústria da aviação. O ALoS, portanto, passa a ser a referência em relação à qual a autoridade de supervisão (p. ex.: CAA), a indústria de aviação e o público podem determinar o desempenho de segurança do sistema de aviação.

Na prática, o conceito de um ALoS é expresso em duas medidas: indicadores de desempenho de segurança e metas de desempenho de segurança – e implementado por meio de várias exigências de segurança.

Indicadores do desempenho de segurança são uma medida do desempenho de segurança de uma organização de aviação, componentes do programa de segurança de um Estado-membro, ou o SMS de uma operadora/um prestador de serviço. Os indicadores de segurança, portanto, diferem segundo os segmentos da indústria de aviação, empresas aéreas, operadoras de aeródromos e prestadores de serviço de tráfego aéreo.

Metas de desempenho de segurança são determinadas considerando-se que níveis de desempenho de segurança são desejáveis e realistas para operadoras/prestadores de serviço individuais. As metas de segurança devem ser mensuráveis, aceitáveis para as partes interessadas e consistentes com o programa de segurança do Estado-membro.

Exigências de segurança são necessárias para alcançar as metas de desempenho de segurança e os indicadores de desempenho de segurança. Elas incluem os procedimentos operacionais, tecnologias, sistemas ou programa aos quais as

---

[1] No momento em que este livro foi escrito, a ICAO estava no processo de desenvolvimento de uma nova edição do *Manual de Gestão de Segurança* e um novo Anexo (Anexo 19). O novo Anexo reunirá em um único documento todas as exigências de gestão de segurança que hoje se encontram dispersas em várias publicações de referência e orientação. A ICAO também está empreendendo a transformação de seu sistema de inspeção de supervisão de segurança em uma prática CMA.

medidas de confiabilidade, disponibilidade, desempenho e/ou precisão podem ser aplicadas.

Uma variedade de diferentes indicadores e metas de desempenho de segurança fornecem uma melhor compreensão sobre o ALoS de uma organização ou setor da indústria do que o uso de um único indicador ou meta.

A relação entre um ALoS, indicadores de desempenho de segurança, metas de desempenho de segurança e exigências de segurança é a seguinte: o ALoS é o conceito predominante. Indicadores de desempenho de segurança e metas de desempenho de segurança são as medidas usadas para determinar se o ALoS foi alcançado. As exigências de segurança são os meios para se alcançar as metas de segurança e os indicadores de segurança.

Raramente existe um ALoS nacional porque cada ALoS acordado deve ser proporcional à complexidade do contexto operacional da operadora/prestadora de serviço individual. Estabelecer um ALoS para seu programa de segurança não desobriga o Estado-membro do cumprimento das normas e práticas recomendadas da ICAO. Da mesma forma, estabelecer um ALoS para seu SMS não desobriga uma operadora ou um prestador de serviço do cumprimento de normas e práticas recomendadas aplicáveis e/ou de regulamentações e exigências nacionais.

Exemplos típicos de indicadores de segurança no sistema de aviação incluem, entre outros:

1. Acidentes aéreos fatais
2. Incidentes sérios
3. Eventos de saída de pista de uma aeronave
4. Eventos de colisão em terra
5. Desenvolvimento/ausência de uma legislação fundamental da aviação
6. Desenvolvimento/ausência de regulamentações operacionais
7. Nível de cumprimento regulatório

Exemplos típicos de metas de segurança no sistema de aviação incluem:

1. Redução no número de acidentes aéreos fatais
2. Redução no número de incidentes sérios
3. Redução no número de eventos de saída de pista de uma aeronave
4. Redução no número de eventos de colisão em terra
5. O número de inspeções concluídas trimestralmente

Uma aviação segura e eficiente exige uma infraestrutura e serviços aeronáuticos significativos, incluindo aeroportos, auxílios de navegação, gestão do tráfego aéreo, serviços de informações sobre voos, e assim por diante. Alguns Estados-membros possuem e operam seus próprios serviços de navegação aérea e aeroportos importantes; outros, possuem e operam sua própria empresa aérea nacional. Entretanto, muitos Estados-membros corporatizaram essas operações, passando a operar sob a supervisão do Estado. Independentemente da abordagem adotada, os Estados-

-membros têm que garantir que a infraestrutura e os serviços de suporte à aviação sejam mantidos de forma a cumprir as obrigações internacionais e as necessidades dos Estados-membros.

Quando a função regulatória e a prestação de determinados serviços estão ambos sob o controle direto de um órgão do Estado-membro (como a CAA), há que se manter uma clara distinção entre essas duas funções, a saber, o prestador de serviço e o regulador.

Manual de SMS

Panorama

As diretrizes para o desenvolvimento de um manual de SMS propriamente dito são fornecidas no Documento 9859 da ICAO. Esse documento fornece a teoria correspondente por trás de programas e sistemas de segurança bem-sucedidos, além de uma grande variedade de material de suporte, incluindo listas de verificação úteis para a gestão de riscos.

Primeiro, deve haver uma *abordagem sistemática à segurança*. Segundo, a segurança *deve ser gerida e controlada com uma gestão proativa*. Terceiro, deve haver uma *organização estruturada com responsabilidades definidas*. Quarto, deve haver *procedimentos*. Quinto, deve haver uma *política de segurança*. Sexto, o *objetivo máximo* do SMS deve ser *a operação segura do aeródromo*.

A operadora do aeródromo tem a obrigação de garantir que a organização, as instalações, os equipamentos e os sistemas sejam projetados e operados de modo a controlar os perigos e manter os riscos em um nível aceitável. Por exemplo, nas operações do pátio de aeronaves, a maioria dos serviços do dia a dia geralmente não é prestada pela operadora do aeródromo. Um SMS eficiente deve garantir que o nível de segurança do aeródromo não seja degradado pelas *atividades, equipamentos e suprimentos* fornecidos por organizações externas.

O Documento 9774 da ICAO exige que todas as partes que operam no aeródromo cumpram suas exigências de segurança e participem do SMS (ver Figura 11.2). Em outras palavras, o SMS é aplicável a todos os níveis e campos da aviação, inclusive a um subcontratante no aeródromo, a terceiros que operem no aeródromo, à própria operadora do aeródromo e a outros prestadores de serviços.

Os elementos-chave de um manual de SMS

Política, organização, estratégia e planejamento

- Declarar e promulgar uma política de segurança e um processo de gestão de segurança.
- Organizar a estrutura do SMS, incluindo a seleção de funcionários e responsabilidades individuais/de grupo.
- Conduzir a estratégia e planejamento do SMS, incluindo o estabelecimento de metas de desempenho e recursos alocados.

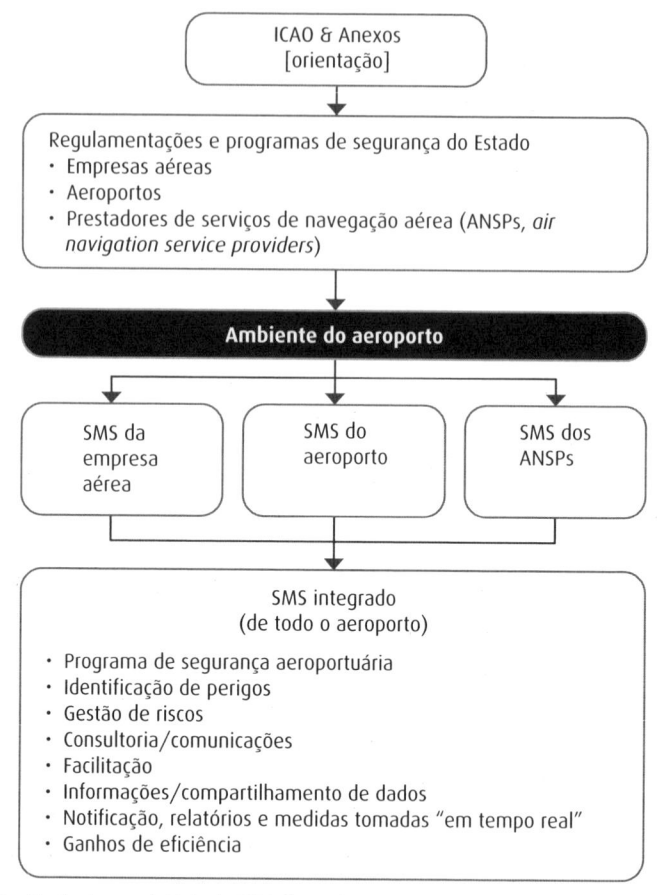

```
┌─────────────────┐
│  ICAO & Anexos  │
│   [orientação]  │
└────────┬────────┘
         ▼
┌──────────────────────────────────────────────────────┐
│ Regulamentações e programas de segurança do Estado   │
│  • Empresas aéreas                                   │
│  • Aeroportos                                        │
│  • Prestadores de serviços de navegação aérea (ANSPs,│
│    air navigation service providers)                 │
└──────────────────────┬───────────────────────────────┘
                       ▼
        ███ Ambiente do aeroporto ███
         │            │            │
         ▼            ▼            ▼
    ┌────────┐   ┌────────┐   ┌────────┐
    │SMS da  │   │SMS do  │   │SMS dos │
    │empresa │   │aeroporto│  │ANSPs   │
    │aérea   │   │        │   │        │
    └────┬───┘   └────┬───┘   └────┬───┘
         │            │            │
         └────────────┼────────────┘
                      ▼
┌──────────────────────────────────────────────────────┐
│              SMS integrado                           │
│          (de todo o aeroporto)                       │
│  • Programa de segurança aeroportuária               │
│  • Identificação de perigos                          │
│  • Gestão de riscos                                  │
│  • Consultoria/comunicações                          │
│  • Facilitação                                       │
│  • Informações/compartilhamento de dados             │
│  • Notificação, relatórios e medidas tomadas         │
│    "em tempo real"                                   │
│  • Ganhos de eficiência                              │
└──────────────────────────────────────────────────────┘
```

FIGURA 11.2 Contexto regulatório do SMS do aeroporto.

Gestão de riscos

- Desenvolver uma estrutura de análise e controle de riscos, incluindo o estabelecimento de um ALoS.
- Identificar procedimentos, instalações e áreas críticas totalmente relacionadas à segurança, incluindo a identificação de perigos e a determinação de riscos.
- Desenvolver medidas de mitigação a serem implementadas para os riscos que forem maiores do que os níveis aceitáveis.

Garantia de segurança

- Fazer cumprir as exigências de segurança.
- Promover um contínuo monitoramento de segurança.
- Inspecionar instalações relacionadas à segurança e resultados de documentos.

- Processar acidentes, incidentes, reclamações, defeitos, problemas, discrepâncias e falhas.
- Conduzir auditorias de segurança internas do SMS propriamente dito.

Promoção da segurança
- Criar uma cultura de segurança positiva.
- Comunicar mensagens de segurança com eficiência, incluindo relatórios.
- Garantir o treinamento e a competência adequadas da equipe.

A eficiência de um SMS é alcançada mais facilmente por meio da aceitação, coordenação e implementação adequadas em toda a comunidade do aeródromo, e por meio de promoção e treinamento contínuos sobre o SMS necessários para sustentá-la.

Nesse ponto, pode-se passar a cada uma dessas áreas principais e examinar as melhores práticas da forma em que elas se encontram em campo e na literatura relevante.

Política, organização, estratégia e planejamento

- Implementar um SMS além dos inúmeros programas individuais relacionados à segurança que provavelmente já estão em funcionamento no aeroporto não é fácil e exige um comprometimento muito forte por parte da gerência.
- A gerência precisa se interessar ativamente pela segurança e *assumir responsabilidade* pela conduta segura das operações que estão sob seu controle. Esse compromisso deve ser expresso na política de segurança da organização.
- Objetivos de segurança específicos (i.e., metas concretas com indicadores mensuráveis) devem ser propostos para operacionalizar a política de segurança no nível da tarefa. A gerência tem a responsabilidade de analisar os indicadores, avaliar o desempenho do sistema e decidir sobre formas para melhorar.

Política de segurança

Uma política de segurança é a expressão máxima do compromisso de uma organização com a segurança. A política de segurança deve ser desenvolvida pela *gerência e equipe de funcionários* e *assinada pelo CEO*. Ela representa um valor central da organização, igualmente importante a outras políticas. Ela também:

- Declara a meta de segurança que, por sua vez, é consistente com os objetivos e a eficiência operacional da organização
- É relevante para a indústria – inclui-se o cumprimento das normas de segurança exigidas
- É aplicável a todos os funcionários no local de trabalho, inclusive àqueles de outras organizações, quando for o caso
- Declara as responsabilidades de diretores, gerentes e funcionários
- Fornece orientações para a implementação da política

Uma vez desenvolvida, a política de segurança tem que ser comunicada eficientemente a toda a equipe de funcionários e, então, revisada periodicamente para garantir que ela se mantenha atualizada.

Organização da segurança

- A segurança é de responsabilidade de todos os funcionários. É crucial que as descrições de funções especifiquem as responsabilidades de segurança, porque as principais responsabilidades permanecerão e sempre terão que permanecer na organização linear.
- O SMS é uma ferramenta com a qual gerenciar a segurança e nada mais. O SMS exige uma organização explícita além da organização linear tradicional para que possa funcionar eficientemente como um sistema. Tal organização inclui um representante de segurança (o gerente de segurança), uma estrutura de comitê eficiente e uma capacidade de auditoria/análise.
- A estrutura organizacional facilita (1) as linhas de comunicação entre o gerente de segurança e o CEO e com os gerentes de linha, (2) uma clara definição de autoridades e responsabilidades, evitando, assim, mal-entendidos, sobreposições e conflitos (p. ex.: entre o gerente de segurança e o gerente de linha), e (3) identificação de perigos e supervisão da segurança.
- A organização linear tem que ser sustentada por um comitê de segurança de nível superior.
- O aeródromo também precisa de um comitê de segurança operacional, que inclua todas suas operadoras essenciais. Um comitê de segurança externo em pleno funcionamento expande enormemente a visão dos gerentes sênior e gera um compromisso de segurança da parte de terceiros.

Planejamento de segurança

O planejamento de segurança envolve diversas atividades inter-relacionadas, incluindo a alocação de recursos, a adoção de normas de segurança operacional, o estabelecimento de metas de segurança organizacional, um consenso sobre que indicadores usar para medir o desempenho em relação a essas metas e o estabelecimento de procedimentos para o controle das informações e documentação de segurança. Alguns exemplos incluem (1) acesso a todas as publicações de segurança relevantes, incluindo anexos e manuais da ICAO, legislações nacionais e normas e regulamentações da CAA, (2) treinamento técnico para dar suporte às responsabilidades relacionadas à avaliação de riscos, medidas de mitigação e investigação de acidentes e (3) suporte administrativo para gerir as informações de segurança e a documentação de segurança.

Normas de segurança

Durante todo o processo de estabelecimento de um SMS, a gerência sempre deve ter em vista as exigências das normas e práticas recomendadas da ICAO, além das *regulamentações, normas, regras ou ordens nacionais*. Como parte do processo de certificação do aeródromo, o cumprimento dessas normas tem que ser verificado e qualquer desvio tem que ser comunicado à CAA. Sob algumas circunstâncias, o Estado-membro pode suspender a necessidade de cumprimento de algumas normas se os níveis de risco forem considerados aceitáveis depois de um estudo aeronáutico formal.

Muitas dessas normas, como as distâncias declaradas, a condição do pavimento, uma capacidade de combate a incêndios e categorias de auxílios de navegação, têm que ser publicadas na *Publicação de Informações Aeronáuticas* (AIP, *Aeronautical Information Publication*). Normas e condições também podem ser modificadas temporariamente por meio de *Avisos aos Aviadores* (NOTAMs, *Notices to Airmen*) quando atividades de construção ou outros possíveis perigos afetem as operações de voo.

O programa de segurança do Estado-membro também deve estabelecer objetivos gerais de segurança e podem incluir orientações sobre atividades específicas, como relatórios de incidentes, investigações de segurança, auditorias de segurança, e promoção da segurança. Essas diretivas também passam a ser normais e devem ser incorporadas ao SMS.

Metas e indicadores

Dadas as normas estabelecidas, é importante medir o grau de cumprimento em alguns casos em que elas não sejam claramente uma exigência prescritiva. Por exemplo, com um sistema de segurança baseado no desempenho, isso pode incluir ocorrências (acidentes e incidentes), colisões com pássaros, eventos de fragmentos de corpos estranhos (FOD, *foreign object debris*), níveis de fricção da pista de pouso de decolagem, e assim por diante, em que o cumprimento pode ser medido de acordo com indicadores.

Uma das melhores abordagens aos relatórios de acidentes e incidentes em um aeródromo é oferecida pelo Airports Council International (ACI). Acidentes e incidentes são divulgados em relatórios nas seguintes categorias:

1. Danos a aeronaves estacionadas causados pelos equipamentos do pátio
2. Danos causados a aeronaves em movimento
3. Danos a propriedades/equipamentos causados por *jet blast*
4. Equipamentos/danos causados a equipamentos
5. Equipamentos/danos causados às instalações
6. Vazamentos (combustível e outros)
7. Ferimentos causados aos funcionários ou passageiros relativos a incidentes relatados

As categorias definidas pelo ACI de um acidente/incidente no pátio de aeronaves diferem da definição da ICAO no Anexo 13, que se aplica a acidentes na aviação. O Anexo 13 define um *acidente* como uma ocorrência, durante a operação de uma aeronave, que acarrete (1) uma fatalidade ou ferimento sério, (2) danos substanciais à aeronave envolvendo problema estrutural ou que exija grandes consertos, ou (3) a aeronave está desaparecida ou completamente inacessível.

O *modelo de causas de acidentes* de James Reason também desempenha um papel fundamental na investigação reativa de acidentes de segurança da aviação, mas também já foi usado de maneira proativa por muitos praticantes de segurança para ajudar a compreender melhor como acidentes podem ocorrer quando todas as coisas (mesmo as aparentemente sutis no momento) se alinham (Figura 11.3).

Informações e documentação de segurança

É crucial dedicar atenção a como as informações de segurança devem ser geridas e protegidas. O SMS propriamente dito deve ser bem documentado em um manual de gestão de segurança atualizado e prontamente disponível. Outras exigências existentes de documentação são extensas, sobretudo aquelas relacionadas a registros de treinamento, investigações de acidentes/incidentes e medidas de acompanhamento, análise de risco e propostas de mitigação e acompanhamento de indicadores de segurança (especialmente ocorrências e infrações). *A gestão do banco de dados se torna cada vez mais importante à medida que o sistema amadurece a fim de oferecer um suporte adequado à análise de segurança e ao monitoramento do desempenho.*

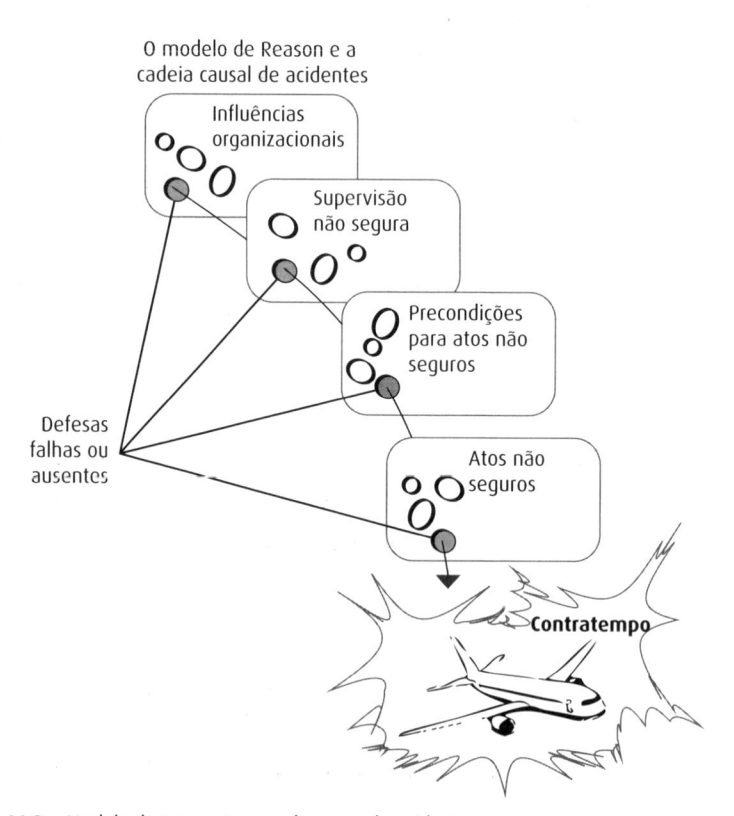

FIGURA 11.3 Modelo de James Reason da causa de acidentes.

Gestão de riscos

Definição

- O que é um perigo?
- O que é um risco?
- Como eles estão relacionados entre si?
- Quando se aplica a gestão de riscos?

De acordo com as *melhores práticas*, o risco é gerido até o nível "mais baixo que seja razoavelmente viável". A combinação da *probabilidade* de um evento e suas possíveis *consequências* define o risco associado ao evento. Um exemplo de análise de risco, metas e indicadores ajudará a explicar o processo.

No caso de colisões com pássaros, por exemplo, o executivo responsável por animais selvagens deve ter um arquivo contendo um estudo atualizado das espécies de pássaros que circundam o aeroporto, incluindo o tamanho e peso aproximados, padrões de voo e de formação de bandos, densidade da população, locais de nidificação, entre outros. A partir dessas informações, podem-se estimar a probabilidade de ocorrência de uma colisão com pássaros (durante uma estação ou em certa hora do dia) e o grau de danos que podem ser causados a uma aeronave.

A segurança é definida basicamente em termos de risco. *Não existe segurança absoluta.* A pergunta que deve ser feita é se um sistema possui um nível de risco aceitável ou não. A avaliação da aceitabilidade de determinado risco associado a um perigo tem que levar em consideração a probabilidade de sua ocorrência e a severidade de suas possíveis consequências. Alguns perigos já possuem controles de risco em funcionamento, mas eles são adequados? O risco pode ser reduzido ainda mais?

A combinação de *consequência* e *probabilidade* produz três níveis de risco (normalmente com códigos de cor vermelha, amarela e verde). O *Manual de Gestão de Segurança* da ICAO define esses níveis de risco como (1) riscos tão altos que são inaceitáveis, (2) riscos tão baixos que são aceitáveis e (3) riscos que exigem alguma medida de mitigação para reduzi-los a um nível que seja aceitável, tendo em mente a relação entre custos e benefícios.

O nível de risco é considerado tolerável se os três critérios a seguir forem atendidos:

- O risco é menor do que o limite inaceitável predeterminado.
- O risco foi reduzido a um nível mais baixo razoavelmente viável.
- Os benefícios do sistema ou mudanças propostas são suficientes para justificar a aceitação do risco.

Identificação de perigos

A seguir temos uma lista parcial de *perigos* na área do pátio de aeronaves, adaptada de uma lista compilada a partir do *Manual de Gestão de Segurança* da ICAO:

- Volume e *mix* de tráfego (incluindo períodos de alta densidade)
- Vulnerabilidade da aeronave no solo (frágil, etc.)

- Abundância de fontes de alta energia (inclusive *jet blast*, turbinas, combustíveis, etc.)
- Situações extremas causadas pelo tempo (i.e., temperaturas, ventos, precipitação e má visibilidade)
- Perigos relacionados a animais selvagens (i.e., pássaros e outros animais)
- Configuração do aeródromo (especialmente itinerários das pistas de taxiamento, áreas congestionadas do pátio de aeronaves, *hot spots* conhecidos, e design do edifício e estruturas que limitem a linha de visão, possivelmente levando a incursões na pista de pouso e decolagem)
- Inadequação de auxílios visuais (i.e., placas, marcações e iluminação)

A *identificação de perigos* é específica a cada local e pode não somente envolver algo *físico*, mas também pode estar relacionada a um *processo*. Um perigo não precisa ser visível.

- Por exemplo, a configuração do aeródromo pode apresentar um pátio de aeronaves com espaço mínimo entre posições de estacionamento e uma faixa ativa de taxiamento. Isso claramente complicaria a circulação de aeronaves e tornaria um controle positivo das operações de *pushback* algo crucial para a segurança das operações.
- Um exemplo físico e de processo poderia ser a operação de barras limitadoras e a orientação e sistemas de controle avançados do movimento na superfície (A-SMGCS, *advanced surface movement guidance and control systems*) para controlar e monitorar o movimento de aeronaves e veículos na área de manobra.
- Em aeroportos de uso dual, uma presença militar pode criar desafios devido às atividades militares que são potencialmente perigosas para a aviação civil, como treinamentos de voo militar. O mero fato de uma outra agência poder estar gerindo parte da área de movimento do aeródromo poderia criar problemas relativos ao acesso, controle de animais selvagens, *mix* de tráfego e resposta a emergências, entre outros.
- Os padrões de tráfego, horários de funcionamento, diferenças culturais e de idiomas, questões de governança e interfaces podem todos intensificar a incidência de perigos e complicar os esforços de mitigação.

Mitigação de riscos

O *Manual de Gestão de Segurança* da ICAO descreve três níveis de mitigação de risco:

- *Nível 1 (ações de engenharia)*. A ação de segurança elimina o risco. Isso envolve equipamentos, ferramentas ou infraestrutura.
- *Nível 2 (ações de controle)*. A ação de segurança aceita o risco, mas ajusta o sistema para mitigá-lo, reduzindo-o a um nível gerenciável. Por exemplo, aumentando as restrições operacionais, colocando sinalização adequada ou aumentando a frequência da manutenção preventiva de equipamentos mais antigos.

- *Nível 3 (ações de pessoal)*. A ação de segurança tomada aceita que o risco não pode nem ser eliminado (nível 1) nem controlado (nível 2), então deve-se ensinar ao pessoal o modo de lidar com ele, por exemplo, por meio de procedimentos e instruções de trabalho.

Fatores que aumentam o risco incluem a introdução de pessoal sem treinamento, o uso de acessos temporários por meio de projetos de construção ou obras e os riscos de acesso não autorizado, que permitem incursões na pista de pouso e decolagem. Controlar esses riscos exige um plano de trabalho detalhado com rotas de movimentação, comunicações, procedimentos de evacuação, *briefings* agendados, inspeções, procedimentos de *turnover* e medidas de controle detalhadas.

Quando se aplica a gestão de riscos?

Não há regras específicas sobre quando a gestão de riscos deve ser aplicada, mas deve-se considerar aplicá-la dentro do contexto das operações aeroportuárias em várias etapas:

- A introdução de qualquer coisa nova ou uma mudança a um processo, infraestrutura ou instalações/equipamentos
- Uma modificação em algo que já exista
- A concepção (analisar tanto riscos quanto oportunidades) e, então, o planejamento
- O projeto seguido pela construção (para executá-la corretamente)
- O comissionamento seguido pela entrega (para uso e manutenção)
- Reavaliação de vida de ativos

Há uma necessidade de considerar a sobreposição entre *operações* e *manutenção*, além de *quem* será afetado.

Garantia de segurança

Garantia de segurança é o conjunto de atividades inter-relacionadas que garante que os controles operacionais criados para mitigar riscos esteja funcionando adequadamente. As atividades de garantia de segurança variam do cumprimento rotineiro de regulamentações do aeródromo a auditorias externas de todo o SMS.

Embora nenhum acidente normalmente resulte de uma única causa, é possível fazer algumas afirmações gerais:

1. Regulamentações e procedimentos às vezes não são seguidos
2. Pode haver má disciplina
3. Pode ocorrer a perda de consciência situacional
4. Podem existir limitações causadas por intempéries
5. Existem funcionários inexperientes e inadequadamente treinados
6. Fatores humanos gerais podem contribuir com a ocorrência de acidentes

Quase todos esses fatores podem ser mitigados em grande parte por uma supervisão e uma liderança de segurança adequadas.

Implementação

Problemas

Embora todas as partes interessadas concordem com a necessidade de um SMS que englobe todo o aeroporto, conforme a exigência da ICAO citada anteriormente neste capítulo, há inúmeros fatores que afetam a eficiência de sua implementação, como discutido aqui.

Complexidade

Uma importante consideração na implementação de SMSs integrados no aeroporto é a complexidade gerada pelo grande número de entidades que realizam, na propriedade do aeroporto, atividades de suporte ao processamento de passageiros, carga e aeronaves, além das várias autoridades que possuem jurisdição regulatória ou de aplicação regulamentar relacionadas. A Tabela 11.1 ilustra a variedade de partes interessadas envolvidas nos aeroportos e suas jurisdições.

Além disso, as normas da ICAO exigem que certos prestadores de serviços de aviação como aeroportos, empresas aéreas e serviços de navegação aérea implementem os SMSs. Isso cria uma situação de superposição *de facto* entre várias entidades, a despeito do fato de algumas organizações terem sistemas relativamente estruturados em funcionamento que têm que ser modificados para criar uma interface com os SMSs do aeroporto, que são exigidos no contexto da certificação do aeródromo. Hoje em dia, muitos países e um grande número de prestadores de serviços de aviação relatam problemas de implementação generalizados. Diversos Estados-membros informaram a ICAO que atrasos são esperados em relação à conformidade. Não surpreende, portanto, que ainda se observem e relatem em muitas avaliações de segurança em todo o mundo, regularmente, deficiências nesse campo, como:

- Responsabilidades que não ficam claras para as partes interessadas
- Perspectivas de "silo" das partes interessadas
- Falta de coordenação tanto para o planejamento quanto para a resposta operacional
- Treinamento inadequado da gerência

Muitos especialistas acreditam que não seja possível implementar um SMS seguindo um modelo rígido único. Os ambientes institucionais locais e o escopo das atividades, além do número de agências envolvidas, influencia a abordagem de implementação a ser adotada. O foco tem que ser na implementação eficiente de todos os elementos do SMS, não somente alguma forma de conformidade administrativa.

É nesse contexto que nos Estados Unidos, por exemplo, a Federal Aviation Administration (FAA) lançou um programa piloto em 2007 para fazer os aeroportos reunirem dados iniciais, completarem uma análise de lacunas e escreverem um rascunho de manuais de SMS. Vinte e dois aeroportos participaram do programa inicial, em sua maioria aeroportos de grande porte. Reconhecendo a importância da escalabilidade do programa, a FAA iniciou um segundo programa piloto compreendendo, em sua grande maioria, aeroportos menores. Nove aeroportos participaram, e as mesmas exigências gerais para uma análise de lacunas e o desenvolvimento de um manual de SMS se aplicavam. Com mais de 30 aeroportos norte-americanos que tinham manuais de SMS seguindo as orientações do programa piloto da FAA, iniciou-se um terceiro estudo piloto com a intenção de identificar desafios e lições aprendidas ao implementar programas de SMS. Catorze aeroportos participaram do terceiro programa piloto, e as descobertas foram enviadas à FAA no fim de 2011.

Alguns aeroportos, como o Aeroporto Internacional de San Antonio (SAT), um *hub* de porte médio, participaram do primeiro e do terceiro estudos de programa piloto, reconhecendo o valor do SMS logo de início, com um desejo de participar no modo como ele seria implementado nos Estados Unidos. Como tal, o SAT implementou práticas de SMS em todo o aeroporto (incluindo o lado ar e o lado terra) antes de isso ser determinado pela regulamentação e integrou, ao programa de SMS, programas adicionais como gestão de objetos estranhos e perigos causados por animais selvagens.

A partir de junho de 2012, a FAA estava no processo de criação de regras. Foi previsto que alguma forma de orientação de SMS seria determinada e a regulamentação seria emitida no fim de 2012. Enquanto isso, as descobertas dos programas piloto indicavam que a fim de alcançar uma integração e adoção de processos de SMS de maneira gradual, procedimentos e processos existentes em vigor deveriam ser usados o máximo possível; além disso, foi determinado que a adoção de processos de SMS não acarretam e não devem acarretar uma completa reformulação das práticas existentes no aeroporto.

Promoção de cultura da segurança

Outro fator fundamental na implementação de SMSs em aeroportos está relacionado à cultura do ambiente organizacional. Mesmo o sistema mais bem projetado não pode funcionar adequadamente a menos que seja possibilitado por uma cultura no local de trabalho que apoie e seja consistente com as metas do SMS. A cultura é de importância primordial, porque o SMS, independentemente de quão detalhadas sejam suas listas de verificação e procedimentos, depende, em grande parte, do relatório voluntário de informações de segurança. Uma cultura que apoia o SMS é chamada de *generativa*, um termo que capta o ambiente proativo positivo que leva à segurança nas operações.

James Reason (criador do *modelo do queijo suíço de causa de acidentes;* ver Figura 11.3) identificou alguns dos principais elementos de uma *cultura de segurança positiva:*

- Cultura informada (i.e., conhecimento dos fatores de segurança no local de trabalho)
- Cultura justa (i.e., atmosfera de confiança)
- Cultura de relatórios (i.e., uma disposição a relatar erros e pequenas falhas)
- Cultura flexível (i.e., a segurança é de responsabilidade de todos, não apenas dos líderes)
- Cultura de aprendizagem (i.e., uma capacidade de tirar as conclusões corretas a partir de dados de segurança e tomar as medidas corretivas necessárias)

O desenvolvimento de tal cultura não acontece da noite para o dia. Normalmente, resulta de decisões conscientes por parte da gerência.

TABELA 11.1 Áreas de jurisdição

Entidade	Determinação	Operações aeroportuárias	Sistemas e instalações	Segurança	Proteção	Controle de tráfego aéreo	Experiência do cliente	Serviços de inspeção internacional	Atividades comerciais
Administração da aviação civil	Segurança da aviação e aplicação de proteção. Emissor do certificado do aeródromo. Emissor de outras licenças e permissões regulatórias da aviação	◆	◆	◆	◆	◆		◆	
Empresa aeroporto	Detentor da licença de aeródromo. Instalações de manutenção	◆	◆	◆	◆	◆	◆	◆	◆
Serviços de tráfego aéreo	Controle positivo de aeronaves e veículos em áreas de manobra	◆	◆	◆	◆	◆			
Empresas aéreas	Operação de aeronaves. Processamento de passageiros, bagagem e cargas	◆	◆	◆	◆		◆	◆	◆
Serviços de proteção	Proteção física do aeroporto e inspeção de passageiros/cargas	◆		◆	◆		◆		
Polícia	Prevenção, manejo e investigação de atividades criminosas	◆		◆	◆			◆	

Capítulo 11 Sistemas de gestão de segurança dos aeroportos

		◆	◆	◆	
	◆	◆		◆	◆
		◆	◆	◆	◆
		◆		◆	◆
		◆		◆	◆
	◆	◆		◆	◆
	◆	◆	◆	◆	◆
Serviços de inspeção governamental	Inspeção de passageiros e mercadorias internacionais na chegada (imigração, alfândega, saúde e agricultura)	Prestadores de serviços de assistência em terra	Assistência a aeronaves, passageiros e cargas mediante contrato	Empresas de transporte terrestre	Transporte de passageiros de e para aeroportos

Sindicatos dos trabalhadores — Representações de condições de trabalho

Regulador de saúde ocupacional — Regulação/inspeção de segurança no trabalho

Legenda: Papel primário ◆
Papel secundário ◆

Comunicação

A comunicação desempenha um papel crucial na implementação eficiente de qualquer programa de segurança e, no contexto do SMS de um aeroporto, ela é muito multifacetada. É interessante que, em outra área da segurança da aviação (gestão da tripulação), Kanki e Palmer (1993, p. 112) desenvolveram uma classificação de comunicação baseada na finalidade que poderia ser útil ao planejar e gerir sistemas de gestão da segurança:

- A comunicação gera informações
- A comunicação estabelece relações interpessoais
- A comunicação estabelece padrões de comportamento previsíveis
- A comunicação mantém a atenção em tarefas e monitoramento
- A comunicação é uma ferramenta de gestão

Uma comunicação eficiente é uma via de mão dupla. Exige constante incentivo e acompanhamento para que todas as partes envolvidas sejam alcançadas. Envolver todas as operadoras cria a sensação de propriedade do SMS, um passo importante em direção à criação de uma cultura generativa.

Uma comunicação eficiente é essencial para a disseminação de lições de segurança aprendidas em um aeródromo. Os sistemas de relatório têm que incentivar a geração oportuna de relatórios e as informações devem alcançar os níveis mais altos da organização rapidamente e sem filtros.

Treinamento e competência do pessoal

Há duas amplas categorias de treinamento a serem considerados no contexto de implementação de um SMS: (1) treinamento no próprio SMS e (2) treinamento de competências em tarefas relevantes para a segurança. De fato, para facilitar o SMS do aeroporto, o treinamento não é o único aspecto a ser considerado em termos de recursos humanos, mas é importante avaliar a competência do pessoal em relação a tarefas realizadas e obrigações cumpridas, particularmente aquelas com um foco operacional central.

As necessidades operacionais devem ser analisadas com cuidado em relação ao organograma e às descrições de cargos em formato matricial para garantir que as necessidades de treinamento específico sejam identificadas adequadamente para cada cargo. Na maioria dos casos, os indivíduos que serão recrutados para cargos já possuem conhecimento, habilidades, qualificações e atributos pessoais necessários para ocupar o cargo. Entretanto, isso talvez seja uma questão vocacional, daí a importância de um treinamento baseado em lacunas de competências* cujo cerne seja o SMS e as tarefas relevantes para a segurança do aeroporto.

---

* N. de T.: O gerenciamento da lacuna (também conhecida como *gap*) de competências, que busca aproximar as competências do capital humano de uma organização daquelas que são necessárias para atingir suas metas, é o foco da metodologia de gerenciamento de capital humano conhecida como Gestão por Competências.

O treinamento no SMS deve ser conduzido em todos os níveis, com apresentações adaptadas ao nível hierárquico a que se direciona. Esse treinamento precisa ser documentado e sujeitado a uma auditoria. Treinamentos de atualização também devem ser realizados sobre (1) familiarização com o aeroporto, (2) procedimentos específicos e (3) comunicações aeroportuárias, incluindo procedimentos para relatar condições inseguras.

Orientação e recursos

O material de orientação fundamental para os SMSs de aeroportos pode ser encontrado no Anexo 14 da ICAO, Documento 9774: *Manual de Certificação de Aeródromos* (*Manual on Certification of Aerodromes*) e Documento 9859: *Manual de Gestão de Segurança* (*Safety Management Manual*). Alguns conselhos práticos para a implementação, embora um tanto direcionados a um contexto norte-americano, foram publicados pela Diretoria de Pesquisas de Transporte dos EUA (Transportation Research Board) como parte do programa de cooperação entre aeroportos (*Airport Cooperative Research Program*) como *Safety Management System for Airports, Vol. 1: Overview* e *Vol. 2: Guidebook*. Além disso, o Conselho Internacional de Aeroportos (ACI, Airports Council International) publicou a *Análise de Lacunas e a Ferramenta de Auditoria do Sistema de Gestão de Segurança (SMS) das Melhores Práticas da Indústria* (*ACI Best Industry Practice Safety Management System (SMS) Gap Analysis and Audit Tool*).

Os aeroportos começaram a cooperar compartilhando documentos e lições aprendidas relativas à implementação dos SMSs por meio de comitês da indústria e da disseminação de seus próprios SMSs pela Internet. Por exemplo, o Aeroporto Internacional de Bangaluru, Índia (BLR), e o SAT colocaram versões integrais de seus manuais de SMS na Internet.

Como um ponto de referência, pode-se considerar o sumário da Tabela 11.2 relativamente típico para o SMS de um aeroporto.

TABELA 11.2 Manual de sistema de gestão de segurança aeroportuária: sumário típico

Sistema geral de gestão aeroportuária: sumário típico
Seção 1: Geral
1.1 Acrônimos, abreviações e definições
1.2 Introdução
1.3 Declaração da ICAO
1.4 Declaração da Autoridade de Aviação Civil
1.5 Controle do Manual
1.6 Estrutura organizacional do SMS

(continua)

TABELA 11.2 Manual de sistema de gestão de segurança aeroportuária: sumário típico (*continuação*)

Sistema geral de gestão aeroportuária: sumário típico

Seção 2: Política e objetivos de segurança

2.1 Declaração da política de segurança

2.2 Objetivos de segurança
- Responsabilidade da gerência
- Consulta
- Alcance de objetivos
- Operações da empresa
- Organograma do aeroporto

2.3 Estrutura e responsabilidade
- Geral
- Principal executivo (CEO)
- Subcomitê de segurança da diretoria
- Gerentes gerais
- Escritório de serviços de segurança
- Gerente de segurança aeroportuária
- Outros gerentes e supervisores
- Executivo de comunicações e relatórios do aeródromo
- Executivo de segurança no trabalho
- Todos os funcionários
- Subcontratantes
- Visitantes e outros não funcionários

2.4 Grupos de ação de segurança (SAGs, *Safety Action Groups*)
- Comitê de segurança
- Outros grupos/comitês de segurança
- Reuniões das partes interessadas
- Comitê de operações de rampa ou pátio de aeronaves
- Comitê de operações do terminal
- Workshops de gestão de riscos
- Reuniões com prestadores de serviços à Autoridade Aeroportuária

2.5 Controle de documentos e dados
- Geral

(continua)

TABELA 11.2 Manual de sistema de gestão de segurança aeroportuária: sumário típico (*continuação*)

Sistema geral de gestão aeroportuária: sumário típico

- Elementos centrais do SMS
- Manual de saúde ocupacional
- Estratégia ambiental do aeroporto
- Prestadores de serviços à Autoridade Aeroportuária
- Manual de segurança dos prestadores de serviços
- Manual de aluguel de lojas de varejo
- Guia dos usuários do terminal

2.6 Prevenção e resposta de emergências
- Geral
- Equipamentos de emergência/segurança
- Lado ar
- Terminal
- Lado terra
- Vazamentos

2.7 Exigências jurídicas e de outras naturezas
- Atualização de exigências jurídicas e de outras naturezas

Seção 3: Gestão de riscos à segurança

3.1 Panorama de gestão de riscos à segurança
- Lista de riscos
- Avaliações de riscos
- Perfil de risco corporativo
- Subcomitê de segurança da diretoria

3.2 Ferramentas de gestão de riscos
- Ferramenta de avaliação de risco
- Métodos de avaliação de riscos
- Ferramenta de procedimentos de segurança no trabalho (SWPs, *Safe Work Procedures*)
- Manual de Operações Aeroportuárias (AOM, *Airport Operations Manual*)
- *Workshops* de gestão de risco

3.3 Gerenciando os riscos operacionais
- Geral
- Gestão de riscos à segurança: tarefas do aeroporto/riscos baseados em atividades

(continua)

TABELA 11.2 Manual de sistema de gestão de segurança aeroportuária: sumário típico (*continuação*)

Sistema geral de gestão aeroportuária: sumário típico

- Procedimentos de segurança no trabalho (SWPs, *Safe Work Procedures*)
- *Workshops* de riscos para projetos
- Categorias de risco
- Matriz de riscos e classificações de probabilidade e consequência

3.4 Eficiência nos relatórios de segurança
- Relatórios do desempenho da segurança
- Relatórios de incidentes e falhas de sistema
- Relatórios sobre identificação de perigos
- Relatórios sobre avaliação de perigos/riscos
- Subcomitê de segurança da diretoria
- Dados da rampa ou pátio de aeronaves
- Responsabilidade civil
- Plano de emergência do aeroporto
- Ocorrências de segurança
- Vazamentos
- Conselho Internacional de Aeroportos

3.5 Relatórios gerais
- Relatórios estatutários
- Relatórios para a Autoridade de Aviação Civil
- Relatórios para a Autoridade de Saúde Ocupacional

Seção 4: Garantia de segurança

4.1 Objetivos, metas e planos
- Nível de segurança aceitável
- Indicadores de desempenho de segurança
- Metas de desempenho de segurança
- Exigências de segurança

4.2 Monitoramento e mensuração
- Investigação de incidentes, medidas corretivas e preventivas

4.3 Investigações gerais
- Processo de investigação

(*continua*)

TABELA 11.2 Manual de sistema de gestão de segurança aeroportuária: sumário típico   (*continuação*)

Sistema geral de gestão aeroportuária: sumário típico

- Investigações internas
- Manutenção de registros

4.4 Auditorias
- Auditorias gerais
- Medidas de acompanhamento
- Substâncias perigosas
- Auditorias ambientais

4.5 Análise gerencial
- Geral

Seção 5: Promoção da segurança

5.1 Treinamento e educação
- Comprometimento com o treinamento
- Provisão de treinamento em segurança
- Treinamento inicial
- Treinamento de conscientização
- Treinamento especializado
- Treinamento específico para tarefas/identificação de perigos
- Treinamento para atender a obrigações de conformidade
- Treinamento na função
- Manutenção de registros de treinamento

5.2 Comunicação de segurança
- Comitê de segurança
- Internet e Intranet
- Brochuras de publicação
- Sinalização e pôsteres
- Cartões de consulta rápida
- Mensagens de alerta
- Alertas/Boletins de segurança
- Análise de obras de infraestrutura
- Procedimentos operacionais no pátio de aeronaves

Fonte: Cortesia de Aviation Strategies International.

Fatores essenciais para o sucesso da implementação do SMS em aeroportos

Como inferido em várias partes deste capítulo, diversas variáveis podem afetar o sucesso da implementação de um SMS em todo o aeroporto alinhado às normas e práticas recomendadas da ICAO. No entanto, ao olhar adiante, dois elementos se destacam por ter um papel determinante: a integração e a tecnologia de comunicação.

Integração

O fator primordial de sucesso para a implementação do SMS de qualquer aeroporto é a *integração*. Embora outros fatores como liderança, comprometimento, responsabilidade e responsabilização também sejam importantes, sem a verdadeira integração, tanto interna (p. ex.: operadora aeroportuária) quanto externamente (p. ex.: outros prestadores de serviços), o SMS do aeroporto pode estar fadado ao fracasso.

De diversas formas, o problema é que o SMS foi desenvolvido e implementado isoladamente por vários prestadores de serviço presentes no aeroporto.

O momento dessas implementações também é um complicador, porque nenhum SMS possui uma influência significativa ou controladora sobre os outros. Como afirmado anteriormente, o Documento 9774 da ICAO exige que todas as partes que operam no aeródromo cumpram as exigências de segurança do mesmo e que elas devem participar do SMS. Ainda resta a pergunta: "De qual SMS?". Assim, se o aeroporto criou seu próprio SMS, como determinado pela ICAO, então estaria participando *do SMS*.

A melhor forma de alcançar a eficiência de um SMS é por meio de coordenação e implementação adequadas em toda a comunidade do aeródromo e da promoção e do treinamento contínuos sobre o SMS necessários para sustentá-la. O melhor método para alcançar isso seria por meio de uma consulta apropriada e *mensurada*. Presume-se que cada SMS existente no aeroporto tenha princípios em comum. A dificuldade seria a operadora aeroportuária conseguir o comprometimento de outras entidades para que elas possam compartilhar informações e dados não sensíveis com a finalidade de estabelecer uma posição holística para a segurança aeroportuária.

O sistema de segurança aeroportuária é composto de um conjunto integrado de processos relacionados à segurança que se estendem, cruzando muitos limites, incluindo as empresas aéreas e outras partes terceirizadas certificadas para prestar os serviços. Devido a essa complexidade, o sistema tem que ser gerenciado de modo sistemático para que seus riscos possam ser controlados ou mitigados e para que as operações seja seguras.

Na análise final, a operadora aeroportuária deve ser obrigada a obter a certificação do aeródromo atendendo às exigências relacionadas que incluem a obrigação de registrar um manual de um aeródromo como prevê o Documento 9774 da ICAO: *Manual de Certificação de Aeródromos*. Desde 2005, os SMSs têm sido uma parte integral dos documentos do manual do aeródromo que as operadoras aeroportuárias têm que enviar à reguladora da aviação civil para garantir ou manter a certificação de seu aeródromo.

Tecnologia de comunicação

Seguindo a necessidade de comunicações eficientes, tem se tornado cada vez mais importante reconhecer o valor de avanços tecnológicos em termos de implementação do SMS. Por exemplo, existem muitas soluções de *software* de SMS para dar suporte à sua implementação, mas elas são muitas vezes criadas sem relação com os SMSs de outros aeroportos, além de não serem verdadeiramente automatizadas, dependendo, ainda, de entradas de dados seletivos.

A tendência a desenvolver soluções móveis para muitas exigências operacionais, com uma versatilidade para compartilhar dados "em tempo real", poderia criar eficiências significativas para os aeroportos – não somente melhorando a eficiência, mas também produzindo o benefício de resultados mais seguros. O valor dessas abordagens não pode ser subestimado, e esse é um campo em que mudanças esperadas e avançadas ocorrerão no futuro.

Soluções emergentes tornarão obrigatório para todos os prestadores de serviços de um aeroporto usar uma única plataforma comum de comunicação e isso provavelmente criaria verdadeiras oportunidades para o advento dos e-SMSs.

Referências

ACI Operational Safety Subcommittee. 2010. *ACI Best Industry Practice Safety Management System (SMS) Gap Analysis and Audit Tool.* Montreal, Canada: ACI.

International Civil Aviation Organization (ICAO). 2009. *Chicago Convention, Anexo 14, Aerodromes, Volume I-Aerodrome Design and Operations.* 5th edition, incorporating Amendments 1–10-A. Montreal: ICAO.

International Civil Aviation Organization (ICAO). 2001. *Manual on Certification of Aerodromes* (Document 9774). 1st edition. Montreal: ICAO.

International Civil Aviation Organization (ICAO). 2006. *Safety Management Manual* (SMM) (Document 9859). 1st edition. Montreal: ICAO.

Kanki, B. G., and M. T. Palmer. 1993. "Communication and Crew Resource Management." In E. Wiener, B. Kanki, and R. Helmreich (eds.), *Cockpit Resource Management* (pp. 99–136). San Diego: Academic Press.

Raman, R. C. 2010. "Problems and Solutions in the Implementation of Safety Management Systems," submission for the ACI Asia-Pacific Young Executive Award 2010, November 30, 2010. Available: http://aciasiapac.aero/upload/ page/817/ photo/4f2fa5b9b8ed5.pdf; retrieved June 17, 2012.

CAPÍTULO 12

Centros de controle de operações aeroportuárias

O conceito de centros de controle de operações aeroportuárias

Introdução

Ao discutir as questões pertinentes a aeroportos e seu ambiente de negócios, é importante relembrar o papel que eles ocupam na rede de transporte geral. Os aeroportos são, assim como outros terminais de transporte, "frações do sistema de transporte total que estão relacionados à transferência de passageiros e sua bagagem entre veículos e entre modos" (Peat, Marwick, Livingston & Co., *Terminal Interface System, Northeast Corridor Transportation Project*, relatório preparado para USDOT em dezembro de 1969). Nesse sentido, a principal finalidade de um *terminal aéreo* é atender a uma interface entre os meios de transporte terrestres e aéreos, nos quais diferentes participantes do aeroporto são envolvidos no processamento de usuários e mercadorias de um modo ao outro.

O tamanho das instalações necessárias para acomodar o crescimento exponencial do tráfego aumentou enormemente com o passar dos anos e alcançou proporções surpreendentes desde o início da década de 1970, como ilustrado pelo desenvolvimento de vários novos aeroportos de grande porte (p. ex.: Athens, Bangkok, Buenos Aires, Dallas–Fort Worth, Denver, Dubai, Durban, Hong Kong, Incheon, Kuala Lumpur, Cidade do México, Munique, Oslo e Shanghai), e também do empreendimento de grandes programas de expansão em locais existentes (p. ex.: Atlanta, Beijing, Delhi, Frankfurt, Joanesburgo, Londres Heathrow, Moscou Domededovo, Paris Charles de Gaulle, São Paulo Guarulhos e Vancouver).

Seguindo esse crescimento, surgiram novos problemas, principalmente relacionados a congestionamento, utilização de ativos, considerações ambientais e logística operacional, e as consequentes preocupações com o acesso por terra, transporte interno e eficiência de processamento levaram a importantes mudanças na filosofia do planejamento aeroportuário. Por exemplo, muitas novas configurações de aeroportos se baseiam em uma configuração multiterminal, na qual unidades terminais individuais formam abrangentes módulos operacionais e administrativos com seu próprio pátio de aeronaves e instalações de estacionamento de automóveis.

A maioria dos aeroportos se tornou mais difícil de administrar eficientemente na tentativa de estabelecer e manter um equilíbrio ótimo entre um nível de serviço aceitável (ou mais do que aceitável) e considerações de custo. Ao mesmo tempo, as empresas aéreas foram pressionadas a reformular seus próprios processos operacionais para implementar uma eficiência mais alta, tendo em vista a intensificação da concorrência e do rápido aumento dos custos de equipamentos, mão de obra e combustível, o que resultou em demandas por aeroportos com melhor custo-benefício. Com esse efeito, as práticas de gestão foram, em muitos casos, modificadas para facilitar o uso comum pelas empresas aéreas de instalações como balcões de *check-in*, portões de embarque e dispositivos de devolução de bagagem, reduzindo, dessa forma, a extensão dos desembolsos de capital gerais necessários para oferecer um nível de serviço aceitável aos usuários. Todas essas mudanças resultaram em uma maior responsabilidade para a operadora aeroportuária em seu papel de coordenadora e integradora das atividades do lado ar e do lado terra. A necessidade de que uma gestão mais sistemática e proativa de processos, procedimentos, instalações e equipamentos cada vez mais complexos, que envolve inúmeras entidades e diversas jurisdições, funcionasse em tempo real cresceu muito rapidamente e deu início ao que foi chamado, de modo geral, de *centros de controle das operações aeroportuárias* (AOCCs, *airport operations control centers*).

Um AOCC pode ser definido como o centro de comando e controle cuja tarefa é supervisionar a integridade das operações diárias do aeroporto com a finalidade de otimizar o estacionamento eficiente de aeronaves, a utilização de ativos, a segurança, a proteção, os níveis de serviço e o desempenho geral, para o benefício dos clientes e parceiros do aeroporto.

A American Association of Airport Executives acredita que as operadoras aeroportuárias devem implementar um "mecanismo eficiente de coordenação das comunicações" a fim de supervisionar as atividades aeroportuárias de um modo geral. Ela observa também que esses "sistemas nervosos centrais do aeroporto" são chamados de muitos nomes, como centro de comunicações, centro de operações de emergência, centro de operações do aeroporto, centro de despacho, e centro de comunicações do aeroporto. Entretanto, está claro que esses nomes não são sinônimos, porque os centros aos quais eles se referem geralmente focalizam algumas das funções que representam apenas um subconjunto do escopo mais abrangente das atividades de um AOCC.

A IBM, uma empresa que esteve envolvida no desenvolvimento de vários centros de controle em diferentes indústrias, oferece uma perspectiva interessante sobre o que são os AOCCs:

> A finalidade de um AOCC é supervisionar e alinhar todos os processos do aeroporto a partir de uma única fonte confiável, criando um foco comum sobre a pontualidade, qualidade de processos e melhoria contínua.

> Os AOCCs apresentam sistemas operacionais aeroportuários modulares e flexíveis e uma arquitetura de informação que pode receber informações de

qualquer parte do aeroporto e direcioná-las ao ponto em que elas precisam estar para dar suporte a todos os processos operacionais do aeroporto. Por exemplo, a equipe de funcionários e os sistemas de planejamento de recursos empresariais pode receber um volume previsto de tráfego de partida de passageiros de modo que eles possam adequar os níveis de recursos à demanda. Tal alinhamento pode ajudar a reduzir o alto custo de excesso de funcionários e corrigir níveis de serviço ruins. O AOCC também pode usar os canais de comunicação como os portais seguros da Web para compartilhar informações que possam ajudar a integrar processos financeiros criando uma visão situacional e analítica unificada para a gestão do aeroporto (ftp://public.dhe.ibm.com/common/ssi/ecm/en/ttw03003usen/ TTW03003USEN.PDF; acessado em junho de 2012).

Das origens ao presente

A necessidade de centros de comando e controle para otimizar o desempenho de sistemas multifacetados e complexos não é nova. Eles existem em contextos militares há muito tempo e se tornaram populares na gestão de grandes empresas de prestação de serviços com ativos fisicamente distribuídos. Mesmo antes do surgimento dos primeiros desses centros nos aeroportos, no fim da década de 1970, diversas organizações já tinham centros de coordenação logística relativamente sofisticados em funcionamento 24 horas por dia, como a Bell, para redes de sistemas de telefonia em toda a América do Norte, e a British Columbia Hydro, no Canadá, para suas extensas instalações de geração e distribuição de energia em todos os tipos de terrenos, incluindo as Montanhas Rochosas, EUA. No setor de aviação, muitas das empresas aéreas maiores também possuíam sofisticados centros de comando em funcionamento. A United Airlines, por exemplo, tinha um "centro de controle de rede" em sua sede de Chicago, onde executivos seniores da empresa, inclusive seu CEO, recebiam *briefings* diários sobre o desempenho operacional preparados por uma equipe de uma dúzia de analistas que focalizavam as causas de problemas e a projeção de várias tendências em áreas cruciais.

À medida que as tecnologias de informação e telecomunicação evoluíram e *software*, *hardware* e soluções mais baratas para o monitoramento e para as atividades de suporte a decisões de sistemas complexos se disponibilizaram mais prontamente, os centros de controle se multiplicaram em muitas indústrias. Hoje, alguns centros constituem *benchmarks* em todo o mundo para esse tipo de instalação. Dois exemplos excepcionais são o AT&T Global Network Operations Center (GNOC) localizado em Bedminster, Nova Jérsei, e os SITA Command Centers (SCCs), mais especificamente relacionados à aviação, localizados em Singapura e em Montreal, Canadá (Figuras 12.1 e 12.2). Esses centros têm como objetivo primordial prever, prevenir, oferecer soluções alternativas prioritárias e/ou solucionar problemas nos serviços que eles oferecem aos seus clientes globalmente, de preferência antes que esses clientes sofram qualquer inconveniente significativo.

FIGURA 12.1 Centro de operações da AT&T. (Cortesia da AT&T Archives and History Center)

FIGURA 12.2 Centro de comando do SITA (Montreal). (Cortesia do SITA)

A AT&T descreve o papel de seu centro da seguinte maneira:

> O AT&T GNOC é o maior e mais sofisticado centro de comando e controle de seu tipo em todo o mundo. A equipe do GNOC monitora e gere proativamente o tráfego de dados e de voz que flui pelas redes domésticas e globais da AT&T 24 horas por dia, 7 dias por semana. A partir de suas estações de trabalho no GNOC, eles podem rapidamente fazer uma varredura em uma enorme parede com 141 telas gigantes que mostram diferentes aspectos da atividade de rede, da topografia da rede e de últimas notícias. Em seus consoles, cada membro da equipe monitora um diferente segmento ou tecnologia na rede, usando as mais avançadas ferramentas de diagnóstico e gestão disponíveis. A condição da rede global da AT&T é continuamente monitorada no GNOC. Quando ocorre uma anomalia que ameaça ou realmente afeta o desempenho de nossa rede, a resposta é gerenciada pela equipe do GNOC por meio de um processo de comando de incidentes praticado e comprovado, chamado 3CP (Comando, Controle e Comunicações). A equipe de comando de incidentes é liderada por um Oficial de Serviço de Redes no GNOC, uma função que é ocupada 24 horas por dia, todos os dias do ano. O GNOC coordena a rede de resposta a incidentes em todas as organizações da AT&T, avaliando o impacto do evento quase em tempo real e priorizando os esforços de restauração. Em resposta a um evento catastrófico, o GNOC ativaria a Equipe de Recuperação de Desastres da AT&T e coordenaria sua resposta (http://www.corp.att.com/gnoc/; acessado em maio de 2011).

O SITA explica o papel de seus centros de comando baseado no seguinte raciocínio:

> À medida que as necessidades operacionais dos clientes continuam a evoluir, eles esperam um suporte aos serviços cada vez mais consistente, responsivo e proativo, com pouca tolerância para interrupções ou inatividade. Os clientes precisam ter seus incidentes resolvidos de maneira rápida e eficiente, independentemente de onde a falha se encontra – seja no nível da infraestrutura, seja no nível do aplicativo. A Air Transport Industry (ATI) precisa de uma abordagem de gestão de ponta a ponta (*end-to-end*), que possa garantir um tempo máximo de atividade dos sistemas operacionais e serviços. Para atender a essas expectativas e para oferecer um melhor suporte global ao cliente para seus produtos e serviços, o SITA possui dois centros de comando (SCCs, SITA Command Centers). Os SCCs produzem excelência operacional graças ao monitoramento proativo de aplicativos e serviços de rede e uma gestão completa de ponta a ponta dos serviços prestados – tudo tratado por uma equipe central unificada de operações. Localizados em Montreal, América do Norte, e Singapura, Ásia, os SCCs trabalham em um modo de operações em qualquer lugar e horário (modo *follow-the-sun*) para garantir uma total continuidade dos negócios.
>
> O SITA é o único provedor de comunicações de transportes aéreos e soluções de TI que focaliza somente a ATI, então os SCCs são dedicados 100% aos

clientes da ATI. Eles são operados por pessoas que combinam suas especialização técnica específica com conhecimentos sobre a ATI. Tanto solucionadores de incidentes quanto prestadores de serviços, os SCCs identificam proativamente questões de desempenho e as resolvem antes que elas afetem o serviço. Isso significa que os clientes do SITA se beneficiam com uma experiência de serviço aprimorada, maior continuidade nos negócios, maior responsividade e prazos de resolução mais curtos. Ao mesmo tempo, o SITA também dá um passo à frente em direção à sua meta principal: prover inatividade zero para a ATI (correspondência do SITA, 9/5/12).

Filosofia da gestão

A principal finalidade de um AOCC é facilitar o alcance de altos níveis de desempenho operacional. Sob as condições adequadas, como será discutido mais adiante, a implementação eficiente de um AOCC amplia a qualidade da transferência de passageiros e mercadorias por um aeroporto, resultando em maior satisfação do usuário e na prestação de um serviço mais eficiente em termos de custos, mensurável em termos de sua consistência de desempenho, confiabilidade, minimização de congestionamentos e atrasos, interface de qualidade com o cliente, comunicações eficientes, segurança, proteção e relativo conforto.

Parte da importância crucial de um centro de controle em um aeroporto surge do fato de que, a partir de uma perspectiva sistêmica, a empresa aeroporto ou a operadora aeroportuária, que é a entidade que dirige o aeroporto, nunca está na posição de poder controlar diretamente sozinha todos os aspectos da facilitação de passageiros e mercadorias, ao contrário do que geralmente ocorre em um aeródromo militar. Os serviços governamentais de inspeção como a alfândega e a imigração, serviços de polícia, serviços de segurança, empresas aéreas, prestadoras de serviços de assistência em terra e agências de controle de tráfego aéreo (ATC, *air traffic control*), entre outros, que têm jurisdições legais e funcionais sobre elementos das operações aeroportuárias, precisam estar todos envolvidos em conseguir aeroportos eficientes. Na prática, as operadoras aeroportuárias têm que aproveitar sua posição como "senhorio", além de vários elementos das responsabilidades de segurança e proteção a elas conferidos pelas autoridades regulatórias, para orquestrar os esforços de todas as partes interessadas em questão em busca da otimização da logística do aeroporto.

Os centros de comando e controle apresentam uma solução tática lógica quando alcançar os alvos de desempenho está diretamente ligado à qualidade da coordenação de sistemas complexos que operam sob uma grande diversidade de jurisdições gerenciais. Além disso, para que um aeroporto se sobressaia na prestação de serviços, ele normalmente exige um conjunto excepcional de infraestruturas físicas, mas se a gerência da logística do dia a dia for deficiente, ele não será capaz de atender às expectativas últimas de desempenho. Poderia-se discutir, no entanto, que, até certo ponto, inadequações na infraestrutura física poderiam ser compensadas por uma gestão operacional excepcional. Esse é o contexto dentro do qual os AOCCs encontram sua justificativa.

Importância estratégica

Da perspectiva da gestão estratégica do aeroporto, seu desempenho operacional é um indicador crucial de sucesso. A experiência em todo o mundo até hoje mostra que a implementação de um AOCC possui uma influência determinante no nível de serviço prestado aos usuários, segundo a mensuração por meio de indicadores-chave de desempenho (KPIs, *key performance indicators*) aceitos pela indústria relativos às operações aeroportuárias. Além disso, AOCCs com melhores práticas não somente captam e alimentam dados de alta importância nas exigências de relatório dos KPI, mas também são projetados para contribuir com a inovação baseados nos resultados de análises integradas de tendências.

Ademais, supondo que uma das principais metas de uma operadora aeroportuária seja a de maximizar o serviço prestado aos usuários, minimizando, ao mesmo tempo, o custo de prestá-lo, a gerência tem que saber

- Que nível de serviço está sendo oferecido
- Quanto custa oferecê-lo

Uma gestão eficiente de todas as organizações, inclusive empresas prestadoras de serviços como os terminais de transporte, logicamente deve se basear, entre outros fatores-chave, na disponibilidade de um *feedback* significativo sobre custos e produtos, sendo os produtos, no caso de um aeroporto, o serviço de transferir passageiros e mercadorias entre modos. Os aeroportos líderes hoje também têm como objetivo oferecer ao usuário uma experiência total de viagem, envolvendo serviços secundários como uma grande variedade de ofertas de compras de varejo e entretenimento.

Ainda assim, todas as operadoras aeroportuárias precisam tomar decisões continuamente com o objetivo de alcançar um equilíbrio ótimo entre serviços e custos. A melhor prática corrente para tratar esse assunto é o desenvolvimento e a implementação de abrangentes sistemas de informação da gerência (MIS, *management information systems*) que lidem com o desempenho operacional e custos além de com a inter-relação entre cada uma dessas dimensões. Esses sistemas de suporte a decisões levam muitos nomes genéricos e de marcas comerciais que, em essência, constituem o sistema de controle de operações aeroportuárias (AOCS, *airport operations control system*) que, na verdade, constitui o MIS, que integra informações em tempo real sobre todos os elementos das atividades gerais do aeroporto necessárias para que se tomem decisões eficientes e oportunas dentro do AOCC. Conceitualmente, o AOCC é o mais alto componente de uma hierarquia de AOCS com outros elementos do sistema focalizados em diferentes setores do aeroporto.

O AOCS em sua forma ótima deve fazer a interface com o sistema de administração financeira da empresa para permitir a emissão de faturas de serviços operacionais que a operadora aeroportuária presta a seus usuários, mas, mais importante, para permitir a análise contínua dos custos operacionais.

O AOCS e seu principal componente, o AOCC, encaixam-se no conceito de *controle* com uma das cinco mais importantes funções gerenciais junto com o planejamento, a organização, a congregação de recursos e a supervisão. A relação cíclica entre essas atividades é de uma natureza contínua, mas linear, onde as informações de *feedback* são continuamente enviadas ao passo de planejamento inicial para permitir reajustes e ações corretivas uma vez que o sistema de controle tenha identificado desvios dos resultados esperados.

Nesse contexto, quatro importantes considerações geralmente influenciam a decisão de uma operadora aeroportuária de implementar um AOCC:

- A necessidade de administrar o funcionamento adequado de um complexo sistema aeroportuário envolvendo múltiplos prestadores de serviços a fim de prestar um serviço integrado aos usuários do aeroporto
- A necessidade de otimizar o uso comum de instalações cruciais do aeroporto, como portões, balcões e guichês de *check-in*, sistemas de manuseio de bagagem, sistemas de exibição de informações sobre voos, áreas de estacionamento de aeronaves, serviços de transporte do lado terra, etc.
- A exigência de que a gerência seja sistematicamente informada sobre o nível de serviço oferecido aos usuários do aeroporto
- As eficiências de custo associadas à centralização, em um único local físico, da gestão de várias atividades de coordenação que são tradicionalmente distribuídas, como o controle das operações, emergências, trabalho crucial de manutenção, segurança e controle de acesso, além da segurança do lado ar

Exigências regulatórias para os AOCCs

Uma análise das orientações da ICAO sobre operações de aeródromos não indica qualquer referência direta aos AOCCs, como se encontra em muitos aeroportos e como definido neste capítulo. Entretanto, há duas exigências relevantes que cobrem parte das funções normalmente atribuídas aos AOCCs.

O Documento 9137 da ICAO: *Manual de Serviços Aeroportuários*, Parte 8: *Serviços Operacionais Aeroportuários,* Capítulo 2, Seção 2.4, "Sala de Operações", declara:

- **2.4.1** Um centro de coordenação no qual as informações relativas à operação do aeroporto possam ser recebidas e distribuídas deve ser estabelecido. Isso pode combinar as funções da Unidade de Gestão do Pátio de Aeronaves e da Unidade de Segurança da Área de Movimentação.
- **2.4.2** A sala deve ser equipada com linhas telefônicas diretas para a ATC e quaisquer outras salas de controle operacional, como também para os Serviços Meteorológicos (MET, *Meteorological Services*) e os Serviços de Informações Aeroportuárias (AIS, *Airport Information Services*). Devem ser oferecidas comunicações via rádio para que a equipe operacional possa ser contatada esteja ela a pé ou em veículos. Devem ser feitos arranjos para a preparação e emissão de Avisos aos Aviadores (NOTAMs, *Notice to Airmen*).
- **2.4.3** Devem-se estabelecer comunicações com qualquer sala de controle de gestão de serviços, que serve para cobrir a operação geral do aeroporto.

E o Documento 9137 da ICAO: *Manual de Serviços Aeroportuários*, Parte 7: *Planejamento de Emergências Aeroportuárias*, Capítulo 5, Seção 5.2, "Centro de Operações de Emergência", declara:

5.2.1 Os principais elementos dessa unidade são:
- Sua localização fixa
- Ela age em suporte do coordenador responsável no posto de comando móvel de acidentes/incidentes envolvendo aeronaves
- Ela é o centro de comando, coordenação, e comunicação sobre apoderamento ilícito de aeronaves e ameaças de bombas
- Ela está operacionalmente disponível 24 horas por dia

5.2.2 A localização do centro de operações de emergência deve oferecer uma clara visão da área de movimentação e da posição isolada de estacionamento de aeronaves, sempre que possível.

5.2.3 O posto móvel de comando normalmente será adequado para coordenar todas as funções de comando e comunicação. O centro de operações de emergência é uma área designada do aeroporto que normalmente é usada para oferecer suporte e coordenar operações em caso de acidentes/incidentes, apoderamento ilícito de aeronaves, e incidentes de ameaça de bombas. A unidade deve possuir o pessoal e os equipamentos necessários para se comunicar com as agências apropriadas envolvidas na emergência, inclusive com o posto móvel de comando, quando houver um. Os dispositivos de comunicação eletrônicos devem ser verificados diariamente.

Sistema de controle das operações aeroportuárias

A dinâmica do AOCS

Um aeroporto é um sistema físico dedicado à transferência de pessoas e mercadorias por meio de transporte aéreo e terrestre. A demanda exercida sobre seu *sistema de processamento físico* depende de uma variável específica, o cronograma de voos da empresa aérea, pois ele se traduz em um número de pessoas e de toneladas de carga que passam pelo aeroporto por unidade de tempo. Um monitoramento próximo e contínuo desse cronograma é requerido para que se façam os ajustes necessários ao plano de alocação das instalações do aeroporto. Devemos lembrar que a utilização ótima de todos os seus recursos existentes permite que o sistema de um aeroporto atinja sua capacidade máxima.

O uso contínuo das instalações do aeroporto é uma situação dinâmica que precisa ser monitorada e otimizada para garantir um alto desempenho. Nos principais aeroportos, isso é alcançado com a implementação do que pode ser chamado de *sistema de controle das operações aeroportuárias* (AOCS, *airport operations control system*; Figura 12.3). O AOCS é, na verdade, um sistema de suporte a decisões que permite que a gerência do aeroporto seja informada sobre o *status* das operações

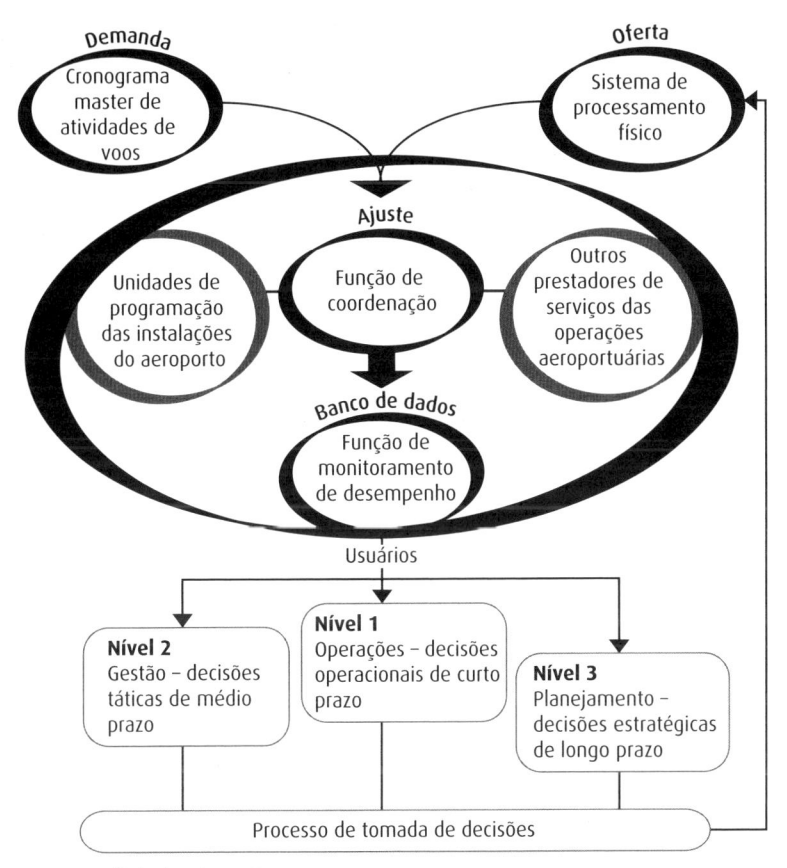

FIGURA 12.3 A dinâmica do AOCS.

aeroportuárias em tempo real. Ele prevê e detecta problemas e oferece meios que permitem uma resolução oportuna de situações por meio de ações preventivas e corretivas.

O AOCC, em seu papel como a unidade central de AOCS, ajusta a "oferta" até o nível da "demanda" realizando sua função de coordenação com a ajuda das unidades de programação das instalações da empresa aeroporto (i.e., as unidades, subordinadas ao AOCC, que lidam com a alocação de instalações cruciais do aeroporto, como os portões de estacionamento de aeronaves e rampas remotas, salas de espera, balcões de *check-in*, dispositivos de despacho de bagagem, transporte terrestre, etc.) e outros prestadores de serviços das operações aeroportuárias (i.e., alfândega e imigração, equipes de assistência em terra, ATC, etc.). Na prática, os cronogramas sazonais de empresas aéreas individuais são fornecidos ao computador do AOCS, que gera um cronograma mestre geral, distribuído diariamente às diferentes unidades responsáveis pela alocação de instalações específicas, como os portões de estacionamento de aeronaves, ônibus do lado ar que fazem o transporte até posições remotas, carrosséis de bagagem, ônibus e táxis, balcões de informação ao público, entre outros. Alterações de última hora relativas ao atraso ou cancelamento de voos ou à adição de voos extras também são comunicadas pelo AOCC às outras partes envolvidas na prestação dos serviços cruciais às operações aeroportuárias, depois de atualizações de dados do cronograma mestre feitas pelas empresas aéreas. Muitos outros serviços aeroportuários, como serviços governamentais de inspeção, equipes de assistência em terra, varejistas e serviços de informação ao público envolvidos no processamento de passageiros ou em atividades relacionadas, também mantêm um contato contínuo com o centro, o que lhes permite melhorar o uso de seu pessoal e oferecer um serviço melhor ao público.

Na maioria dos aeroportos, as informações relacionadas à atividade de voos e características como número do voo, origem, destino, tipo de aeronave, horários de partida/chegada, quantidade de passageiros, etc., são armazenadas no que é normalmente chamado de banco de dados operacionais do aeroporto (AODB, *airport operations database*). Os dados de atividades de voos são usados para planejar as alocações das instalações do aeroporto como os balcões de *check-in*, portões e dispositivos de devolução de bagagem para cada voo diariamente. O AODB serve como o mecanismo para captar alterações das informações do voo fornecidas pelas empresas aéreas no momento em que elas ocorrem (através de uma interface entre sistemas operacionais computadorizados das empresas aéreas e o AODB) para integrá-las e via AOCS para exibir a alocação das instalações do aeroporto a voos e disseminar as informações a todas as partes interessadas, inclusive os passageiros e seus acompanhantes, por meio do sistema de exibição de informações de voos (FIDS, *flight information display system*) e o sistema de exibição de informações sobre bagagem (BIDS, *baggage information display system*) nos edifícios dos terminais.

As unidades de programação da facilitação aeroportuária encarregada dos portões, balcões, dispositivos de devolução de bagagem, entre outros, têm que manter o AOCC informado o tempo todo sobre os detalhes atualizados de alocação de instalações e problemas de processamento. Outros incidentes importantes ou situações de emergência também têm que ser informados ao centro, que, então, passaria de seu papel de monitoramento de atividades a um controle positivo e direto das instalações/serviços do aeroporto até que as condições voltassem ao normal. Esses procedimentos aprimoram muito a coordenação de tarefas e melhoram muito os tempos de resposta a problemas.

É interessante que, como o AOCC coordena e canaliza uma grande quantidade de dados que reúne, filtra e analisa, ele facilita uma avaliação prática do desempenho do aeroporto, uma questão que será discutida mais adiante, neste capítulo.

Um exemplo disso seria o cálculo dos *indicadores de atrasos no processamento* (i.e., atrasos em minutos em um passo de facilitação do processo multiplicado pelo número de passageiros afetados). Considerando que a eficiência pode ser expressa em termos de *serviço* relativo à satisfação do usuário e que os passageiros são muito sensíveis ao tempo de processamento, podem-se identificar possíveis *zonas* de atraso no processo de transferência (p. ex.: *check-in*, inspeção de segurança, embarque, imigração, alfândega, taxiamento da aeronave, acesso terrestre aos terminais, etc.). Os procedimentos implementados garantirão que qualquer problema nos fluxos de processamento que pudessem causar inconveniência aos passageiros seja informado. O AOCC pode fazer um histórico de todos os atrasos que excedam os padrões conhecidos de nível de tolerância e analisá-los em termos de tendências ao longo do tempo ou repassar suas descobertas às unidades funcionais relevantes da empresa aeroporto para estudos mais aprofundados.

Usuários do AOCS

O AOCS é projetado para dar suporte à ação de diferentes níveis de tomadores de decisões dentro da organização da operadora aeroportuária. Normalmente, há três categorias de usuários das informações fornecidas pelo AOCS, as operações, a gestão e o planejamento, pois os processos de tomada de decisões da operadora aeroportuária são supostamente distribuídos entre as três categorias de níveis de intervenção ilustradas na Figura 12.3 como operacional, tática e estratégica.

A fim de esclarecer as características dessa distribuição, usaremos o exemplo de um congestionamento que ocorre no principal estacionamento de automóveis de um aeroporto. Suponhamos que, em uma ensolarada tarde de sábado, o estacionamento principal alcance a capacidade máxima de modo que o congestionamento se estenda em longas filas de espera até a via de acesso ao aeroporto. As informações sobre o problema são armazenadas pelo AOCS como interessantes para os três níveis de usuários. O gerente de plantão do aeroporto (categoria de usuário nível 1) será informado do problema pelo AOCC assim que ele ocorrer e exigirá informações sobre a atividade de voos, o número de funcionários em serviço nos estacionamentos de automóveis e assim por diante. Com base nos dados, ele tomará providências imediatas para minimizar os efeitos do congestionamento. Os líderes dos departamentos funcionais em questão da equipe de gestão do aeroporto (categoria de usuário nível 2) serão informados da ocorrência do problema, sua extensão e as tentativas que foram feitas pela equipe de operações para solucioná-lo; tirarão as conclusões apropriadas e darão os passos necessários para evitar a recorrência de uma situação similar, principalmente na forma de mudanças nos procedimentos operacionais padrão e no número de funcionários em serviço. Finalmente, os planejadores do aeroporto (categoria de usuário nível 3) terão que ser informados se esse tipo de problema de capacidade do estacionamento tende a se repetir sob as mesmas condições, apesar de mudanças nos procedimentos operacionais e na alocação de funcionários; usando, entre outras fontes, as informações recuperadas do banco de dados AOCS, eles determinarão que modificações políticas ou físicas podem ser necessárias no estacionamento. Casos como esses tendem a ser tratados eficientemente em termos de tomada de decisão, tendo em vista o possível impacto sobre o resto do terminal e sobre o processamento de passageiros.

Esse exemplo mostra que as mesmas informações podem ser usadas e filtradas para se adequarem a necessidades específicas dos usuários do sistema. O objetivo do AOCS é facilitar esse processo localizando as áreas problemáticas com precisão. Ele avalia a eficiência das operações aeroportuárias por meio do contínuo monitoramento do nível de serviço oferecido a usuários.

A função de coordenação das operações aeroportuárias

Finalidade

A função de coordenação do AOCC (Figura 12.4) repousa sobre a centralização do poder de decisão operacional em um local físico onde dados pertinentes sobre as atividades do aeroporto são continuamente enviados para informar gerentes, que emitem orientações aos diferentes serviços aeroportuários.

Durante situações de emergência, o AOCC normalmente assumiria o papel de centro de operações de emergência (EOC, *emergency operations center*), como discutido anteriormente na seção de orientação do ICAO neste capítulo. Uma *sala de diagnóstico de situação* também seria ativada, onde executivos sênior da gerência do aeroporto e outras entidades envolvidas pudessem se reunir para supervisionar a situação. O AOCC garantiria que um posto móvel de comando fosse estabelecido em campo para gerenciar a resposta na cena do incidente. Também se deve observar que um *AOCC alternativo* deve ser estabelecido, e procedimentos para essa ativação

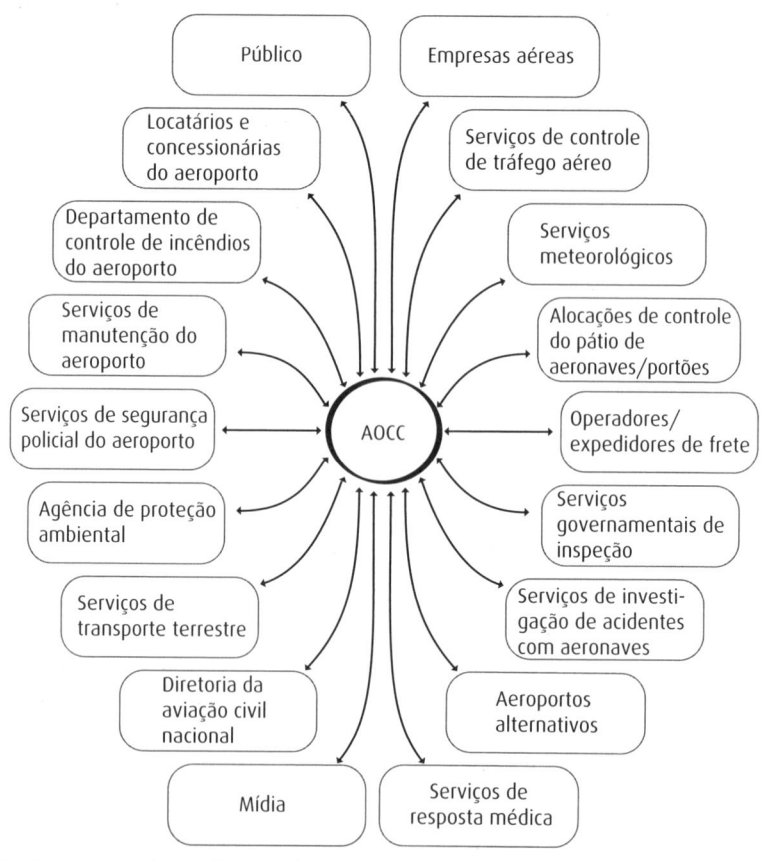

FIGURA 12.4 Função de coordenação do AOCC.

devem estar claramente descritos no manual de emergência do aeroporto no caso de uma situação que impossibilitasse a operação do AOCC.

A determinação desse papel de coordenação do AOCC durante condições normais e emergenciais foi profundamente inspirada pela filosofia de gestão de redes da indústria de telecomunicações, segundo a qual um ponto de controle central dotado de executivos em serviço supervisiona a operação de transmissões e transferências de redes de linhas fixas e celulares por meio da coordenação contínua a partir de centros regionais e fornece orientações técnicas quando ocorrem problemas importantes ou incomuns, garantindo uma rápida recuperação do sistema após emergências. A organização hierárquica e o ambiente operacional dos sistemas de telecomunicações são, de fato, bastante similares às de um sistema aeroportuário, com seus múltiplos terminais.

Os objetivos da função de coordenação são os seguintes:

- Permitir uma coordenação extremamente eficiente de todos os serviços aeroportuários, reduzindo os tempos de resposta e aumentando a qualidade da intervenção sob condições normais e emergenciais
- Fornecer à gerência informações em tempo real sobre a movimentação de aeronaves, pessoas e veículos dentro do aeroporto a fim de oferecer suporte ao processo de tomada de decisões
- Otimizar a utilização das instalações do aeroporto
- Fornecer ao público geral e a outras partes interessadas informações adequadas sobre voos e bagagem

Esses objetivos são alcançados por meio

- Da supervisão/coordenação de todos os serviços envolvidos no processamento de passageiros, frete e aeronaves
- Da coordenação das atividades de manutenção na medida em que selas se relacionam com a operação de sistemas e instalações cruciais
- Da coordenação da ação policial, da segurança e de forças de emergência de acordo com as necessidades operacionais
- Da supervisão do controle do acesso para o lado ar e outras áreas restritas
- Da execução de todos os procedimentos como o plano de emergência do aeroporto, o programa de controle da neve (quando apropriado), entre outros
- Da retransmissão de informações entre unidades de serviços dos terminais, a disseminação de ações diretivas da gerência para o pessoal de operações
- Da atualização de mostradores de informações, coleta de horários sazonais de voos das empresas aéreas para pré-planejamento da alocação das instalações do aeroporto, supervisão da alocação em tempo real de instalações de uso comum, monitoramento dos sistemas de mostradores de informações sobre voos e bagagem
- Da análise contínua do impacto dos níveis atuais e previstos de atividade de passageiros sobre os sistemas operacionais

Aplicações

Exemplo de função de coordenação: previsão de problemas no processamento de passageiros

O exemplo a seguir explica como incidentes de processamento de passageiros relacionados à capacidade de alguns componentes do sistema aeroportuário podem ser previstos e evitados. Fazendo uso do cronograma mestre de voos do AODB e das emendas correspondentes fornecidas pelas empresas aéreas, o AOCC é mantido informando sobre os horários estimados de chegada e partida. Os dados do sistema também incluem o número correspondente de passageiros embarcando e desembarcando. Essas informações podem ser exibidas em telas digitais ou impressas.

Mediante solicitações, um programa de computador do AOCC calcula a atividade do período de pico de passageiros (PHP, *peak hour for passenger*) para qualquer dia no futuro baseado em dados de previsão. Se necessário, os números podem ser subdivididos em PHPs de embarque e desembarque. Geralmente, o programa calcula o número previsto de passageiros desembarcando para cada período de 60 minutos que segue a chegada de um voo e indica, por exemplo, as três horas do dia que serão as mais movimentadas. Essas informações têm que ser atualizadas e baseadas em revisões dos horários estimados de chegada e do número estimado de passageiros.

Esse tipo de análise gera informações valiosas e fornece à gerência uma ideia geral de que nível de demanda/pressão será exercida sobre as instalações de chegada do aeroporto durante um período de tempo específico. Conforme seu papel de coordenação, o AOCC informará todas as unidades operacionais relevantes, incluindo as partes interessadas, quanto aos períodos de pico esperados. Isso, por exemplo, deve possibilitar que a alfândega e a imigração, os despachantes de transportes terrestres, as operadoras dos estacionamentos, os serviços policiais, entre outros, reajam proativamente a qualquer circunstância especial, fornecendo, assim, o melhor serviço possível ao público viajante.

Os dados sobre os períodos de pico de desembarque podem ser combinados a uma distribuição padrão de fluxos de passageiros expressos em percentuais e validados com pesquisas periódicas (i.e., como os passageiros costumam "estatisticamente" passar pelo terminal e deixar o aeroporto ao desembarcar). Por exemplo, saber que 985 passageiros desembarcarão entre 19h45min e 20h44min (segundo os dados projetados por computador de horário de pico de passageiros) e que aproximadamente 19,5% deles provavelmente usarão transporte de ônibus até a cidade, ou que 69,9% serão recebidos por motoristas cujos veículos estão estacionados no estacionamento de curto prazo dá uma ideia interessante de possíveis áreas problemáticas, supondo que a capacidade de fluxo dos subsistemas relacionados do aeroporto tenham sido predeterminados.

A mesma abordagem analítica pode ser igualmente aplicável aos fluxos de partida, usando as informações sobre os horários de pico de passageiros de embarque (EPHP, *enplaning peak hour for passenger*). Em alguns casos, pode até ser desejável considerar o valor do total de passageiros do horário de pico (TPHP, *total peak-hour passenger*) com o intuito de prever problemas de processamento ligados ao uso simultâneo das instalações do aeroporto por passageiros de chegada e partida.

É compreensível que se tenha que ter cautela no uso da técnica analítica precedente, embora seu valor previsto seja considerado aceitável, como evidenciado por alguns aeroportos que avaliam o nível de demanda/pressão que será exercido sobre suas instalações por operações de voos *charter* (i.e., irregulares).

Exemplo da função de coordenação: controle de operações de remoção de neve

Uma das funções atribuídas ao AOCC é o controle das operações de remoção de neve em muitos aeroportos que operam em condições climáticas mais frias. Os aeroportos que entram nessa categoria normalmente desenvolvem planos detalhados de remoção da neve com o objetivo de manter as operações em um nível ótimo sob condições de tempestade. Esses planos cobrem a atribuição de responsabilidades a várias unidades, prioridades de remoção por setor e protocolos de comunicação. As responsabilidades do AOCC e da seção de manutenção em campo são, respetivamente, ligadas à execução do plano de prioridade ("o que") e às operações de remoção propriamente ditas ("como"). O plano de prioridade normalmente é acordado pelas partes envolvidas antes do início da temporada de neve e garante que as instalações cruciais como pistas prioritárias de pouso e decolagem, pistas de taxiamento e estrados de acesso terrestre sejam as primeiras a serem cuidadas. O controle das operações de remoção da neve envolve uma complexa coordenação de tarefas. A Figura 12.5 fornece uma ideia geral dos diferentes serviços e organizações que participam ou que são afetados por essas condições operacionais especiais.

O AOCC é mantido informado sobre as previsões do tempo pelo escritório de meteorologia do aeroporto e repassa os detalhes relevantes ao supervisor em serviço da manutenção em campo. Desde o início da precipitação, a central de neve do AOCC é ativada e o plano de prioridade é colocado em vigor. O ATC informa o centro sobre quaisquer mudanças no uso das pistas e transmite quaisquer comentários de pilotos sobre as condições da área de manobragem. Os controladores do AOCC mantêm contato via rádio com as equipes de manutenção e acompanham o progresso do trabalho. Emitem-se NOTAMs apropriados sobre as condições da superfície das pistas de pouso e decolagem além de relatórios sobre a ação dos freios. Relatórios sobre as condições em campo são registrados em uma linha telefônica dedicada e atualizados regularmente. As condições do tempo e do campo de aeroportos "vizinhos" que servem como áreas de pouso alternativas também são verificadas periodicamente para dar um aviso preliminar de possíveis aumentos no tráfego devido a acronaves desviadas da rota. Informações contínuas sobre o *status* do aeroporto são fornecidas ao público viajante e à mídia pelo departamento de relações públicas do aeroporto.

FIGURA 12.5 Diagrama de comunicação: remoção da neve.

Função de monitoramento do desempenho aeroportuário

Finalidade

O segundo papel do AOCC está relacionado à sua função de monitoramento do desempenho (Figura 12.6), que consiste em coletar e registrar todas as informações necessárias para realizar uma análise do nível de serviço oferecido aos usuários do aeroporto.

É importante colocar em perspectiva o papel que a gerência deve desempenhar no estabelecimento dos níveis de serviço adequados nos aeroportos:

> O papel da gerência, além de analisar a validade dos padrões de serviço e a aplicabilidade local desses padrões, é equilibrar as necessidades declaradas de todos os usuários de acordo com a sua percepção dessas necessidades. O gerente é quem equilibra, por definição e por função, as facções concorrentes cujos interesses pecuniários podem ter uma forma de fazer a situação pender para algo que se afasta do bem comum. Embora possa ser natural e, em alguns casos, aceitável, simplesmente não é possível para a gerência do aeropor-

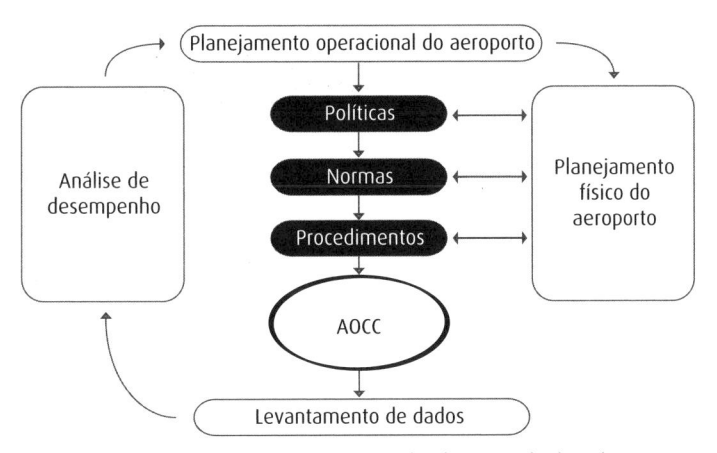

FIGURA 12.6 Função de monitoramento de desempenho desempenhada pelo AOCC.

to ignorar ou subestimar a importância do papel de mensuração dos serviços (Robert S. Michael, *Airport Landside Capacity: Role of Management* [Special Report No. 159]. Washington, DC: Transportation Research Board, National Research Council, National Academy of Sciences, 1975).

Os objetivos a seguir ressaltam a importância do monitoramento positivo do desempenho do aeroporto como parte das responsabilidades do AOCC:

- Monitorar o desempenho das instalações e o nível dos serviços prestados
- Manter um banco de dados confiável e justificável em termos de custo-benefício contendo informações detalhadas e abrangentes relacionadas às operações aeroportuárias como estatísticas sobre aeronaves e passageiros
- Servir como uma ferramenta de planejamento, oferecendo capacidades adequadas de exibição das informações

Esses objetivos são alcançados por meio

- Do registro de todas as solicitações operacionais importantes feitas pelos usuários e suas ações subsequentes
- Do registro da movimentação de aeronaves, veículos e passageiros no aeroporto
- Da produção de relatórios estatísticos sobre a atividade operacional (i.e., *mix* de aeronaves, períodos de pico de atividade, etc.)
- Da produção de relatórios analíticos que permitam
  - A avaliação do nível de serviço prestado aos usuários à luz de critérios de custo benefício
  - A avaliação do nível de utilização das instalações
  - A apreciação da adequação das melhorias de infraestrutura planejadas em relação às tendências observadas no desempenho de sistemas e instalações aeroportuárias

- A geração de dados que sirvam de suporte ao planejamento de longo prazo da viabilidade financeira do aeroporto

Aplicação

Exemplo da função de monitoramento do desempenho: busca automatizada de dados, histórico de operações

Como mencionado na seção anterior, o AOCC normalmente mantém um histórico de todos os eventos relacionados às operações que ocorrem no aeroporto para fins de gestão de incidentes. As informações são alimentadas em ordem cronológica em um banco de dados computadorizado pelos controladores em serviço do AOCC. A Figura 12.7 apresenta a típica estrutura de um banco de dados de sistema de gestão de incidentes (IMSD, *incident management system database*).

As informações contidas no banco de dados englobam categorias relativamente padrão, como

- Data
- Hora
- Autor da solicitação/relatório
- Codificação do evento (natureza do evento)
  - Código 1: Emergência
  - Código 2: Colisão no lado ar
  - Código 3 Incidentes de processamento (aeronaves, passageiros, cargas)
  - Código 4: Instalações inutilizáveis, relacionadas às operações de aeronaves
  - Código 5: Instalações inutilizáveis; equipamentos de operações aeroportuárias
  - Código 6: Instalações inutilizáveis: outros equipamentos
  - Código 7: Condições climáticas adversas
- Descrição da ocorrência/incidente

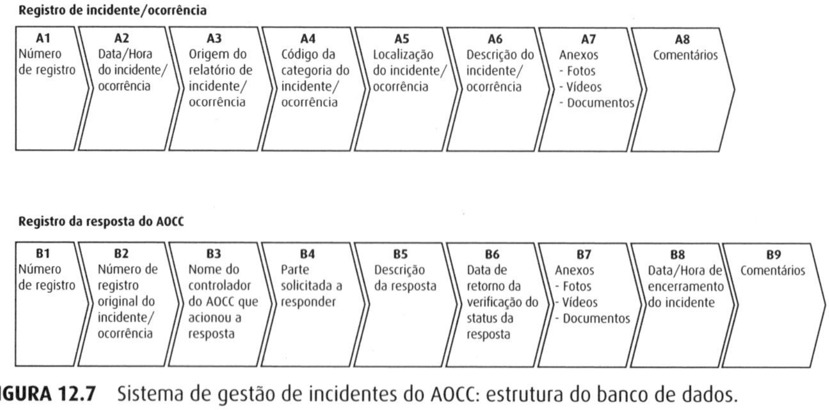

Registro de incidente/ocorrência

A1	A2	A3	A4	A5	A6	A7	A8
Número de registro	Data/Hora do incidente/ocorrência	Origem do relatório de incidente/ocorrência	Código da categoria do incidente/ocorrência	Localização do incidente/ocorrência	Descrição do incidente/ocorrência	Anexos - Fotos - Vídeos - Documentos	Comentários

Registro da resposta do AOCC

B1	B2	B3	B4	B5	B6	B7	B8	B9
Número de registro	Número de registro original do incidente/ocorrência	Nome do controlador do AOCC que acionou a resposta	Parte solicitada a responder	Descrição da resposta	Data de retorno da verificação do status da resposta	Anexos - Fotos - Vídeos - Documentos	Data/Hora de encerramento do incidente	Comentários

FIGURA 12.7 Sistema de gestão de incidentes do AOCC: estrutura do banco de dados.

- Anexo de foto, vídeo ou documentação
- Parte responsável por tomar medidas
- Descrição da resposta
- Data de retorno da verificação do status da resposta

Buscas de dados podem ser adaptadas para se adequarem a todos os tipos de exigências (i.e., eventos e períodos de tempo), selecionando qualquer campo ou uma combinação dos campos supralistados. Por exemplo, no que diz respeito à apreciação do desempenho, uma indicação qualitativa do nível de serviço oferecido a pilotos em termos de segurança e disponibilidade de instalações relacionadas a operações de manobra de aeronaves, as operações podem ser obtidas buscando-se "código 4" no campo de "Código do evento". Os resultados da busca também poderiam revelar, em determinada data, eventos como "o sistema de orientação luminosa do portão 121 esteve fora de serviço de 16:00 às 17:02", "informou-se que as luzes da pista de taxiamento do lado ocidental de Bravo 3 não estavam funcionando às 18:12" e que provavelmente não serão consertadas antes de determinada data no futuro "devido à indisponibilidade de peças sobressalentes", e, finalmente, "às 20:40, serviços de manutenção e emergência em campo foram despachados para o portão 6 para cuidar de um incidente de derramamento de combustível".

Buscas de todos os tipos podem ser feitas sobre qualquer período de tempo desejado; no caso anterior, se a busca por "código 4" tivesse sido solicitada algumas horas antes, outros detalhes teriam sido fornecidos sobre o derramamento de combustível no portão 6.

É possível também buscar no histórico com base em uma combinação de campos. Um exemplo desse recurso seria uma busca por uma situação na qual os eventos pertencessem a "incidentes de processamento – código 3" (primeiro critério de busca) envolvendo, digamos, a Air France (segundo critério de busca) e exigindo ações subsequentes da "Unidade de Serviços do Terminal 2" (terceiro critério de busca) ao longo de determinado ano (quarto critério de busca) para o preparo da reunião anual entre a operadora aeroportuária e a empresa aérea.

Finalmente, outra característica interessante do sistema está relacionada a uma "data de retorno" da verificação do status de um incidente/ocorrência. Por exemplo, toda vez que uma instalação operacional sai de serviço e não pode ser consertada imediatamente, uma data de retorno pode ser inserida no campo apropriado do banco de dados e, a cada 24 horas, em torno de 8h da manhã, uma busca é feita pela data do dia atual naquele campo, permitindo que todas as condições de defeitos anteriores marcadas para verificação de status seja listada.

Considerações de projeto e equipamentos

Configuração física

Normalmente, a configuração física de um AOCC (Figura 12.8) inclui três salas: a sala de controle, onde posições dedicadas a diferentes funções estão localizadas, o escritório do gerente em serviço do aeroporto (i.e., o escritório do supervisor de

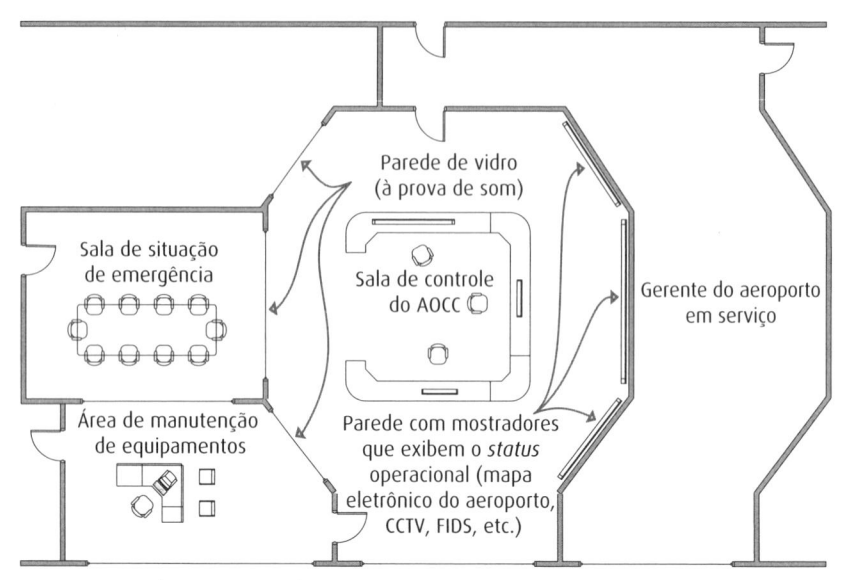

FIGURA 12.8 Configuração típica de um AOCC.

turno do AOCC) e a sala de situação de emergência. Geralmente, a sala de controle possui uma grande parede com mostradores que contêm informações resumidas de *status* que podem ser vistas por qualquer membro da equipe, além do escritório do gerente em serviço e da sala de situação de emergência. Se a linha de visão direta dos mostradores for um problema devido a restrições de altura da sala, as posições de controle podem estar inseridas no chão da sala de controle de 2 a 3 pés (aproximadamente 0,6 a 1,0 metro).

O número de posições na sala de controle depende do tamanho do aeroporto. O escritório do gerente em serviço é normalmente equipado com sistemas de telecomunicações que duplicam as posições do AOCC de onde as situações também poderiam ser controladas, quando necessário. Finalmente, a sala de situação de emergência tem a intenção primeira de servir como um ponto de encontro para o pessoal da gerência sênior do aeroporto e outras entidades envolvidas na resolução de emergências e quando um segmento do AOCC tem que assumir o papel do EOC. Todas as três salas geralmente são divididas por paredes transparentes à prova de som. As comunicações entre as salas são realizadas por um interfone.

Entre outras instalações, a sala de controle normalmente contém equipamentos tecnológicos de telecomunicações e tecnologia da informação (TI) relativamente sofisticados. Exigências típicas serão descritas na próxima seção.

Sistemas e equipamentos do AOCC

Uma típica lista de equipamentos do AOCC incluiria (sem se limitar a eles)

- Sistema de controle de acesso
- Mapa eletrônico do aeroporto

- Banco de dados das instalações do aeroporto, incluindo plantas digitalizadas dos edifícios
- Sistema de controle das operações aeroportuárias com painéis mostradores de *status*
- Banco de dados das operações aeroportuárias
- Sistema de gravação de áudio e vídeo
- Sistema de mostrador de informações sobre bagagem
- Sistema de circuito fechado de televisão
- Histórico computadorizado das operações aeroportuárias
- Sistema de monitoramento de equipamentos cruciais
- Fotografias aéreas digitais do aeroporto e redondezas
- Mapa topográfico eletrônico da área
- Sistema de mostradores de informações sobre voos (canais operacionais e canais públicos) – chegadas e partidas
- Interfones e *hotlines* para unidades e locais estratégicos
- Relógio-mestre
- Sistemas de telecomunicações operacionais, de segurança e de emergência
- Sistema de comunicações com o público
- Telas de televisão com cabo
- Suprimento ininterrupto de energia elétrica
- Transceptor VHF aeronáutico

O grau de sofisticação dos equipamentos supracitados varia de acordo com o tamanho do aeroporto e também depende de políticas, recursos e estruturas em funcionamento. Esses fatores influenciam se os sistemas realmente servem para gerir ou monitorar as atividades.

Deve-se observar que o sistema mais crucial é o histórico computadorizado de operações aeroportuárias, que está, em essência, no cerne do sistema de gestão de incidentes/ocorrências do aeroporto e constitui uma ferramenta essencial para a gestão eficiente das operações aeroportuárias. Claramente, além disso, obtêm-se recompensas máximas se esse sistema for de natureza inteligente.

Finalmente, como demonstrado em inúmeros aeroportos menores que processam menos de 500.000 passageiros, um conceito de AOCC pode ser implementado com um custo mínimo e pode ser limitado a equipamentos básicos de telecomunicações dedicados ao manejo das operações e da manutenção (sob condições normais e emergenciais), mapas e desenhos para fins de consulta, e possivelmente um sistema de circuito fechado de televisão (CCTV, *closed-circuit television*).

Ergonomia

Uma consideração essencial ao se estabelecer um AOCC é a questão da *ergonomia*, que "envolve o 'encaixe' entre o usuário, o equipamento e seus ambientes... e leva em consideração as capacidades e limitações do usuário ao tentar garantir que tarefas, funções, informações e o meio ambiente sejam adequados a cada usuário" ("Ergonomics", Wikipedia.com; acessado em maio de 2012) (Figura 12.9).

A questão é suficientemente importante para a International Organization for Standardization (ISO) ter desenvolvido um padrão de sete partes intitulado "Projeto ergonômico de centros de controle" ("Ergonomic Design of Control Centers", ISO 11064), que cobre em grande nível de detalhes questões como a configuração das salas de controle e estações de trabalho, mostradores e controles, além de exigências ambientais.

Deve-se lembrar que os AOCCs normalmente operam 24 horas por dia, 7 dias por semana, com um pessoal que possui longas jornadas de trabalho e se senta em posições de comunicação realizando tarefas que exigem períodos prolongados de concentração mental e atenção visual.

Como mencionado anteriormente, a maioria dos AOCCs também assume a função dos EOCs durante crises, quando configurações otimizadas e posicionamento de equipamentos geralmente são de importância ainda maior. Em todos os casos, as configurações das estações de trabalho devem ser baseadas na adjacência funcional além de no nível de prioridade de utilização para equipamentos de comunicações e mostradores visuais.

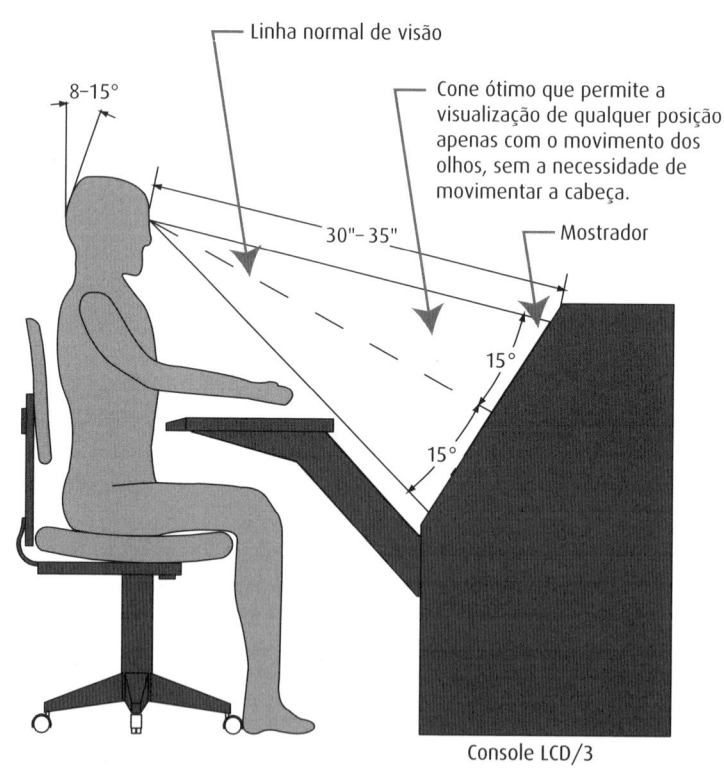

FIGURA 12.9 Ergonomia – Critérios simples de configuração de console. (Cortesia da Windsted Corporation)

A Figura 12.10 apresenta um fluxograma do caminho ideal para a introdução sistemática da ergonomia do projeto de centros de controle.

Considerações organizacionais e de recursos humanos

A estrutura de gestão do AOCC e relações hierárquicas

Com a introdução do conceito do AOCC, um problema digno de atenção que pode surgir está relacionado ao fato de toda a tomada de decisões operacionais estar concentrada nas mãos do gerente do aeroporto em serviço. Esse processo centralizado poderia ser recebido com certa resistência por supervisores técnicos do campo. Além disso, gerentes funcionais intermediários e de níveis hierárquicos mais baixos podem sentir que estão perdendo o controle sobre prioridades de trabalho preestabelecidas que eles delegaram aos seus subordinados. Além disso, até certo ponto, a abordagem do centro pode ser percebida como indo de encontro à regra sagrada de *unidade de comando* ao instituir um sistema de gestão matricial formal (i.e., uma gestão que separa especialistas operacionais de especialistas administrativos/funcionais).

Há vários métodos comprovados para superar esses problemas, inclusive um processo educacional no qual se explica que o AOCC está lá para dar suporte àque-

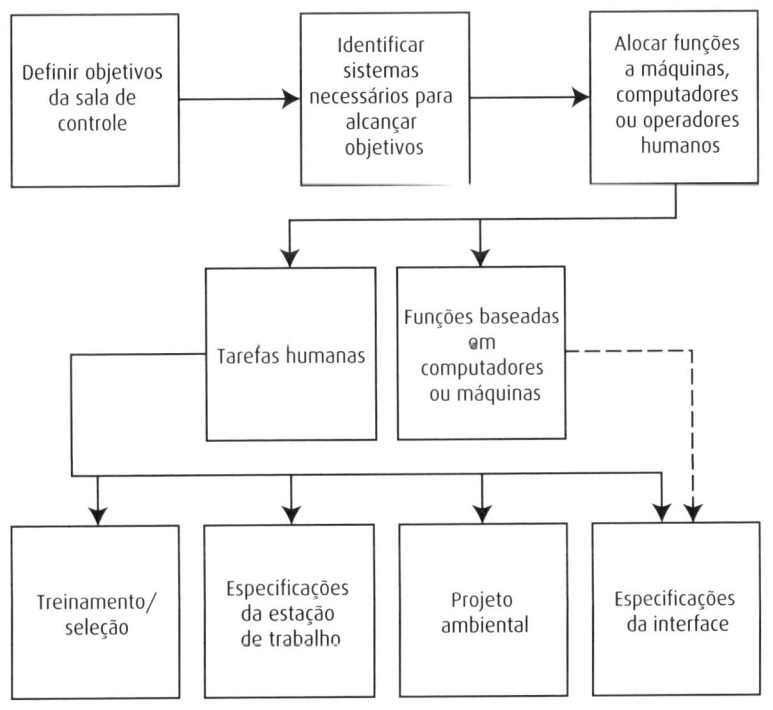

FIGURA 12.10 Ergonomia – fluxograma do projeto do centro de controle. (Cortesia da Windsted Corporation)

les que estão envolvidos nas atividades operacionais e promover a coordenação do trabalho que é essencial para atender adequadamente aos clientes do aeroporto. Com a adesão de toda a organização ao centro e seu comando, o aeroporto como um todo provavelmente sairá ganhando em termos de desempenho e reputação.

Recomenda-se que a unidade do AOCC se reporte ao CEO da empresa aeroporto (i.e., o gerente geral do aeroporto); caso contrário, a abordagem terá boas chances de deixar a desejar no sentido de alcançar a maioria de seus resultados pretendidos. Por exemplo, a experiência nos mostra que fazer o centro se reportar ao chefe de operações aeroportuárias, o que pareceria lógico, poderia criar sérios problemas de comunicação e autoridade com o departamento de manutenção, a menos que a manutenção se reporte às operações, como ocorre em alguns aeroportos. Além disso, por sua própria natureza, o AOCC está envolvido na avaliação do desempenho das operações aeroportuárias de um modo geral e, portanto, deve ser associado a um "terreno neutro". Deve-se notar também que uma relação hierárquica direta com o AOCC pode criar uma carga de trabalho adicional para o CEO e a equipe de gestão sênior que deve, no entanto, ser contrabalançada pelos benefícios de ser mais rápida e mais bem informada dos problemas por meio do estreito monitoramento de indicadores-chave de desempenho.

Em segundo lugar, deve-se estabelecer um abrangente conjunto de regras operacionais baseadas na diferenciação entre as cadeias de comando operacional e administrativa. Normalmente, ao AOCC seria atribuída a responsabilidade de aplicar os procedimentos (*linha operacional*) desenvolvidos pelos gerentes funcionais (*linha administrativa*). Na prática, isso significa que, ao coordenar as ações dos serviços do aeroporto, o AOCC se restringe a seguir procedimentos estabelecidos e, nesse sentido, está sujeito a uma apreciação formal "depois dos fatos" de gerentes funcionais em suas respectivas áreas de competência. Em resumo, todos os funcionários do aeroporto devem se conscientizar de que o centro está lá primordialmente para garantir operações eficazes e eficientes e que a finalidade da gerência sênior ao implementar um AOCC não é de centralização, mas de otimização do desempenho.

Em terceiro lugar, o objetivo de controle de qualidade deve ser transparente, mas a gerência de nível intermediário e inferior deve ser informada dos resultados e encorajada a propor medidas corretivas relativas a problemas de desempenho. Isso pode ser feito, por exemplo, distribuindo-se dados relevantes do histórico do AOCC aos diferentes gerentes e permitindo que eles verifiquem a precisão das informações.

Em resumo, as regras fundamentais devem ser o mais claras possível para todos; o pessoal do AOCC deve ser treinado na arte da diplomacia e, acima de tudo, todos os esforços devem ser feitos para implementar uma atmosfera de trabalho em equipe.

Seleção da equipe e competências essenciais

De um ponto de vista organizacional, o AOCC deve se sujeitar à supervisão do gerente sênior do aeroporto em serviço, que deve se reportar ao CEO do aeroporto (Figura 12.11).

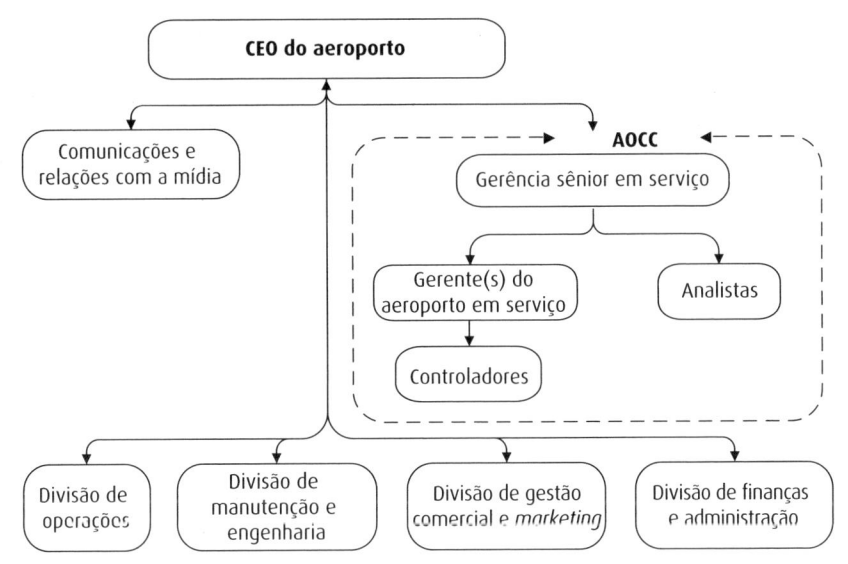

FIGURA 12.11 Posição/estrutura organizacional do AOCC.

Essa estrutura é garantida por dois fatores essenciais:

- O tipo de serviço que o centro oferece aos usuários do aeroporto e que, de tempos em tempos, exige a agregação de recursos de diferentes áreas
- O comando de controle de qualidade do centro, que vem de seu papel de análise do desempenho

Alinhados às considerações e objetivos da gerência já mencionados, os recursos de pessoal do AOCC devem ser adequados para dar suporte aos papéis de análise de desempenho descritos anteriormente. Os analistas devem desenvolver e manter sistemas de relatório de desempenho, enquanto que os gerentes em serviço e os agentes do AOCC, que trabalham em turnos, devem garantir o monitoramento, a supervisão e a solução de problemas relacionados às operações aeroportuárias. A seguir, temos um breve resumo das tarefas típicas do pessoal do AOCC.

Gerência sênior em serviço

Sob a direção geral do CEO, o gerente sênior em serviço é o membro executivo da equipe de gerência sênior responsável pela gestão operacional do aeroporto no dia a dia; o encarregado se concentra em estabelecer ligações com os colegas que gerem áreas funcionais, como a manutenção, segurança, planejamento, serviços de emergência e serviços comerciais para garantir que o AOCC esteja operando dentro das diretrizes funcionais estabelecidas e para informar, além de fazer recomendações sobre questões que possam instigar modificações a essas diretrizes. A gerência sênior em serviço também é responsável pela seleção e treinamento dos gerentes do aeroporto, os controladores do AOCC e os analistas, e esse papel é de extrema importância tendo em vista a natureza de missão crítica das posições do AOCC.

Gerente do aeroporto em serviço

Sob a supervisão do gerente sênior em serviço do aeroporto e em turnos alternados, o gerente em serviço do aeroporto dirige a operação do aeroporto em nome do CEO e da equipe de gestão sênior do aeroporto; supervisiona e programa as atividades do AOCC a fim de oferecer à gerência do aeroporto informações em tempo real relativas a movimentações de aeronaves, pessoas e veículos dentro do aeroporto; mantém um programa eficiente de relações públicas a fim de lidar com reclamações e de oferecer um serviço de recepção VIP; coordena todos os serviços do aeroporto para o processamento eficaz e eficiente de aeronaves, cargas, passageiros e sua bagagem; supervisiona a implementação no dia a dia dos programas de segurança e de proteção contra incêndio do aeroporto para a segurança dos passageiros, do público, e das propriedades do aeroporto; e realiza outras tarefas, conforme for necessário.

Controlador do AOCC

Sob a supervisão direta do gerente em serviço do aeroporto, o controlador do AOCC coordena, em turnos alternados, todas as fases do processamento de passageiros, bagagem, frete e aeronaves no aeroporto, por meio do monitoramento das instalações e equipamentos do AOCC, atua como assistente do gerente em serviço e realiza outras tarefas, conforme for necessário.

Analista de operações

Sob a supervisão do gerente sênior em serviço do aeroporto, o analista de operações analisa a eficiência das operações aeroportuárias e prepara relatórios relacionados para serem analisados pela gerência; dirige e coordena os acontecimentos e atividades necessárias para o desempenho eficiente do sistema informatizado operacional e administrativo; recomenda melhorias no aeroporto e aconselha a comunidade de usuários (i.e., operações, gerência) no uso ótimo dos recursos dos sistemas; garante que a documentação do AOCC seja mantida e atualizada quando for necessário; permanece atualizado no que diz respeito aos avanços tecnológicos no campo de sistemas de gestão de banco de dados; e cria e mantém arquivos históricos sobre as atividades do aeroporto.

O papel singular dos controladores do AOCC merece maior atenção. Primeiro, o sucesso geral do conceito repousa sobre eles, pois eles são aqueles que lidam fisicamente com todas as comunicações de primeira linha. Segundo, eles mais ou menos cumprem o papel de recurso de suporte para outros funcionários do aeroporto, e a própria natureza de seu trabalho os coloca no cerne das atividades aeroportuárias. Além disso, eles são capazes de discernir tendências operacionais de curto prazo com um surpreendente grau de rapidez e precisão e, portanto, podem prever seu impacto ou mesmo prevenir a ocorrência de incidentes. Eles desenvolvem um conhecimento prático de situações problemáticas e os métodos para solucioná-las. Muito frequentemente, tornam-se inestimáveis para a organização.

Por outro lado, a natureza de suas funções determina que eles possuam algumas habilidades e aptidões muito especiais a fim de reagir positivamente quanto ao suporte que é buscado neles. Uma análise mais aprofundada de seu trabalho diário revela que as tarefas que eles desempenham são bastante similares àquelas do despachante industrial. Normalmente, pessoas que assumem responsabilidades de despachante são altamente experientes em sua área de competência, tendo "subido na carreira"; isso nem sempre é possível de se alcançar exatamente da mesma maneira para agentes do AOCC devido ao amplo escopo de conhecimento que eles precisam ter. Todos os esforços devem ser feitos para preencher os cargos de agente do AOCC com a contratação de pessoas com diferentes históricos técnicos que englobem segurança, manutenção elétrica e de campo, meteorologia, ATC, programação de computadores e operações de empresas aéreas. Mesmo quando são experientes, os agentes do AOCC devem passar por um programa de treinamento de competência que exija sua conclusão bem-sucedida e inclua assuntos na área de familiarização com o aeroporto e as operações além de procedimentos e equipamentos do AOCC.

AOCCs líderes

Embora nenhuma pesquisa ampla tenha sido realizada em relação à extensão da implementação dos AOCCs em aeroportos de todo o mundo, diversas dessas instalações foram visitadas ou examinadas por meio de documentação e entrevistas telefônicas. A partir disso, pode-se concluir que a implementação desses centros da forma abrangente descrita anteriormente ainda está em suas fases iniciais. Isso ocorre devido ao número de fatores que complicam a implementação de AOCCs completos, como a crescente complexidade do negócio aeroporto e a multiplicidade de entidades com jurisdição sobre elementos-chave do sistema de processamento do aeroporto (resultando em certa confusão sobre como operacionalizar a noção de tomada de decisões colaborativa no contexto das responsabilidades e obrigações das partes interessadas). Além disso, está claro que o desenvolvimento de soluções de *software* para a gestão integrada/inteligente das operações aeroportuárias ainda é amplamente fragmentada e ainda está dando seus primeiros passos, o que é ampliado pela incerteza relativa à usabilidade das tecnologias de telecomunicação móvel para oferecer soluções operacionais eficientes em termos de custos em um ambiente aeroportuário.

A questão da multiplicidade de participantes, por exemplo: ATC, polícia, alfândega, imigração, serviços de saúde, empresas aéreas, prestadores de serviços de assistência em terra, serviços de segurança e resgate, o órgão de investigação de acidentes, o regulador da aviação civil, entre outros, com comandos legítimos que estão relacionados a vários aspectos cruciais das operações aeroportuárias, apresenta particularmente um sério desafio. Isso é devido ao fato de que todas essas entidades tendem a focalizar a otimização do segmento de atividades pelo qual são responsáveis, mas, como explicado na literatura sobre teoria de sistemas, a otimização das partes individuais de um sistema raramente leva à otimização do sistema como um todo. Nesse contexto, a empresa aeroporto, como senhorio das premissas e o detentor da licença do aeródromo (i.e., certificação), tem que exercer uma liderança decisiva para garantir que todas as atividades sejam geridas de forma integrada para gerar bom desempenho, segurança e proteção a todos os usuários. Ao fazê-lo, ela deve garantir o apoio ativo de todas as partes interessadas. O AOCC é o mecanismo privilegiado para buscar essa meta e para conciliar, em tempo real, uma diversidade de exigências.

Apesar desses desafios, diversos aeroportos e seus AOCCs atualmente se destacam em termos de algumas de suas características e/ou realizações.

Aeroporto de Auckland: foco no serviço de atendimento ao cliente

O Aeroporto Internacional de Auckland Ltda (Auckland Airport; AKL) foi formado em 1988, quando o governo da Nova Zelândia corporatizou a gestão do Aeroporto Internacional de Auckland. Como o principal *hub* de transporte da Nova Zelândia, o aeroporto está investindo na experiência do viajante para apoiar a crescente popularidade do país como um dos principais destinos de turismo do mundo. É interessante que essa força motriz corporativa se reflita até mesmo na natureza das operações do AOCC, em que algumas posições são ocupadas por uma equipe de representantes do serviço de atendimento ao cliente que recebe ligações externas feitas pelo público – inclusive reclamações, etc. Essa equipe também recebe ligações de telefones gratuitos espalhados pelos terminais. Além disso, a gerência está desenvolvendo seu AOCC para assumir uma posição mais proativa, permitindo que ele preveja situações operacionais adversas e supere a ocorrência (Figura 12.12).

FIGURA 12.12 Aeroporto de Auckland. (Cortesia da Auckland International Airport Limited)

Aeroporto Internacional de Beijing: alinhado às melhores práticas

O Aeroporto de Beijing é de posse e operação da Beijing Capital International Airport Company, Limited, uma empresa estatal regida pela Civil Aviation Administration of China (CAAC). Em 2011, ele processou mais de 78 milhões de passageiros e foi o segundo aeroporto mais movimentado do mundo, perdendo apenas para o Aeroporto Internacional de Atlanta Hartsfield-Jackson. Ele possui instalações complexas, com três terminais. O Terminal 3 abriu oficialmente em escala total no dia 26 de março de 2008, alguns meses antes das Olimpíadas de Beijing de 2008, que ocorreram em agosto daquele ano. Em termos de tamanho, com seus 10,6 milhões de pés quadrados (aproximadamente 986.000 m^2), ele é maior do que os cinco terminais do Aeroporto Londres Heathrow juntos. Realizar sem percalços a abertura de instalações complexas dessa natureza e de um evento logisticamente exigente como as Olimpíadas requer mecanismos de coordenação de alto nível que só podem ser garantidos com um forte e eficiente sistema de comando e controle gerado por um AOCC de última geração. A abertura de um novo terminal e a resposta do aeroporto às Olimpíadas também exigia o desenvolvimento e a implementação de planos de prontidão operacional. Esses planos são quase impossíveis de executar adequadamente sem a existência de um AOCC eficiente, sobretudo no caso em que novas instalações estão sendo construídas em um aeroporto que já existe e deve ser mantido em operação durante a fase de construção (Figura 12.13).

FIGURA 12.13 AOCC do Aeroporto da Cidade de Beijing. (Cortesia do BCIA)

Dos aeroportos pesquisados para a escrita deste capítulo, parece que o AOCC do Aeroporto de Beijing é o que mais se aproxima dos critérios de melhores práticas descritos aqui. É interessante observar que as funções do AOCC do Aeroporto de Beijing não são reagrupadas primordialmente de acordo com as localizações físicas do aeroporto (p. ex.: lado ar, terminal, lado terra, etc.), mas de acordo com a finalidade, o que parece facilitar uma abordagem sistêmica e, por configuração, mais integrada da gestão das operações aeroportuárias. Isso é ilustrado na Figura 12.14.

O cargo de gestão de informações é responsável por obter e disseminar todos os dados necessários para coordenar a logística aeroportuária; o cargo de controle operacional é responsável pela tomada de decisões e a resolução de incidentes; o cargo de gestão de emergências é responsável pela coordenação de todas as atividades de resposta a emergências; o cargo de gestão de recursos lida com a implementação no aeroporto de equipes de funcionários e outros ativos de acordo com as necessidades em tempo real; o cargo de análise de dados focaliza o estudo de tendências, gestão de riscos e planejamento de cenários; e, finalmente, o cargo de otimização de sistemas focaliza a gestão do desempenho por meio do monitoramento de desvios em relação a padrões e de relatórios baseados em indicadores-chave de desempenho (KPIs, *key performance indicators*).

Aeroporto de Dublin: mensuração automatizada e em tempo real do nível de serviço

O Aeroporto de Dublin é de posse do governo da Irlanda e é operado pela Dublin Airport Authority (DAA). Processou mais de 18,5 milhões de passageiros em 2011, sendo que o novo Terminal 2, em seu primeiro ano de operação, processou 8 milhões do total.

Assim como em Beijing, a logística de ter que construir e lançar a operação de um novo terminal desempenhou um importante papel na decisão da DAA de implementar um AOCC mais abrangente. Isso foi feito no contexto de quatro objetivos específicos:

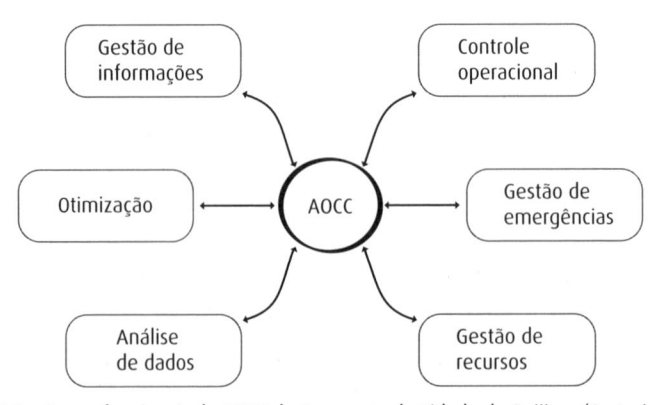

FIGURA 12.14 Cargos funcionais do AOCC do Aeroporto da Cidade de Beijing. (Cortesia do BCIA)

FIGURA 12.15 Painel de gestão de filas do AOCC do Aeroporto de Dublin. (Cortesia da Dublin Airport Authority)

(1) Racionalizar o dia a dia da gestão das operações; (2) possibilitar uma melhor recuperação após transtornos; (3) melhorar a tomada de decisões e as comunicações fazendo todas as funções serem coalocadas, trabalhando lado a lado; (4) melhorar a percepção da DAA pelo público e ilustrar um alto nível de profissionalismo (Hughes, John, Dublin Airport Authority, comunicação pessoal, 30/4/12, e Murphy, Gráinne, Dublin Airport Authority, comunicação pessoal, 22/6/12).

O quarto objetivo declarado é particularmente interessante, porque implica em uma conexão direta entre o conceito do AOCC, o impacto sobre o nível de serviço realmente prestado e a percepção das partes interessadas. Em Dublin, uma das características importantes do sistema de gestão das operações ligadas ao AOCC é a capacidade de monitorar em tempo real as filas de passageiros para as inspeções de segurança e criar alertas. Isso é conseguido com o posicionamento de sensores nos terminais que captem a atividade de *bluetooth* nas áreas de formação de filas e do uso de *software* de painéis para exibir os dados relevantes no AOCC, como ilustrado na Figura 12.15.

Aeroporto Internacional de Fort Lauderdale – Hollywood: auto-auditoria e plano de melhorias

O Aeroporto Internacional de Fort Lauderdale – Hollywood, que é de posse e operação do Condado de Broward, no sul da Flórida, processou aproximadamente 23,5 milhões de passageiros em 2011. O AOCC do aeroporto supervisiona operações que englobam quatro terminais e um aeródromo que compreende três pistas de pouso e decolagem.

A gerência do aeroporto realizou recentemente uma avaliação completa das futuras exigências do AOCC considerando todas as partes envolvidas.

As descobertas geraram recomendações para a implementação de novos equipamentos e tecnologias que são bastante representativas do que muitos aeroportos de todo o mundo estão contemplando na área de melhorias na gestão das operações, embora, às vezes, de forma *ad hoc*. Alguns dos recursos sendo considerados incluem:

- Sistema automático de notificação de funcionários
- Compartilhamento de informações entre todas as entidades envolvidas nos processos de operações aeroportuárias
- Sistema de rastreamento de funcionários
- Integração completa dos bancos de dados
- Integração completa dos equipamentos de telecomunicações
- Integração da função de serviços de atendimento ao cliente
- Interface com o sistema de gestão de manutenção do aeroporto
- Localização conjunta do AOCC e do centro de operações de emergência
- Sistema de reconhecimento de voz
- Gravação de voz

A Figura 12.16 mostra o AOCC existente em FLL.

FIGURA 12.16 Aeroporto Internacional de Fort Lauderdale–Hollywood. (Cortesia do Condado de Broward, Flórida)

Aeroporto Internacional de Kuala Lumpur: monitorando uma rede de aeroportos

O Aeroporto Internacional de Kuala Lumpur (KLIA) é de propriedade do governo da Malásia e operado pelo Malaysia Airports Holdings Berhad (MAHB). A empresa também opera 38 outros aeroportos na Malásia compreendendo portais internacionais, domésticos e de decolagem e pouso curtos (STOL, *short-takeoff-and-landing*).

Desde sua inauguração, em 1998, o KLIA foi pioneiro no uso de uma tecnologia de ponta em gestão aeroportuária conhecida como sistema de gestão aeroportuária total (TAMS, *total airport management system*), que consiste em mais de 40 sistemas e funções aeroportuárias que são monitoradas pelo AOCC, que foi modernizado recentemente (Figura 12.17).

Um recurso interessante do AOCC do KLIA é que ele agora está sendo utilizado para monitorar incidentes e o desempenho em outros aeroportos da rede MAHB, incluindo a docagem em pontes telescópicas e o comprimento de filas no *check-in*, segurança e imigração.

FIGURA 12.17 AOCC do Aeroporto Internacional de Kuala Lumpur. (Cortesia da Malaysia Airports Holdings Berhad)

Aeroporto Internacional de Los Angeles: o mais recente e abrangente

Em 2011, o Aeroporto Internacional de Los Angeles (LAX) foi o 6º aeroporto mais movimentado do mundo, com mais de 62 milhões de passageiros (Figura 12.18). O aeroporto é de propriedade da Cidade de Los Angeles e é operado pela Los An-

FIGURA 12.18 AOCC do Aeroporto Internacional de Los Angeles. (Cortesia da Los Angeles World Airports)

geles World Airports (LAWA), que também administra o LA/Ontario International (ONT) e o Van Nuys (VNY). O Van Nuys é atualmente o aeroporto mais movimentado de aviação geral do mundo.

O AOCC do LAX, localmente chamado de Centro Aeroportuário de Coordenação de Respostas (ARCC, *Airport Response Coordination Center*), foi totalmente modernizado recentemente e transformado em um aeroporto *high-tech* que provavelmente servirá como um dos principais centros *benchmark* por muitos anos. Seu papel é definido da seguinte maneira:

> O ARCC do LAX foi criado para melhorar a eficiência operacional e as capacidades de gestão de crises por meio da centralização das comunicações e da otimização da gestão de todas as muitas operações aeroportuárias, melhorando, ao mesmo tempo, o serviço aos passageiros, empresas aéreas, concessionárias, prestadores de serviços a locatários, agências governamentais e a comunidade das redondezas. O Centro oferece suporte operacional 24 horas por dia, todos os dias da semana, além da gestão das instalações, informações sobre voos e coordenação da segurança, e garante o cumprimento de todas as regulamentações federais da aviação (Yaft, J., Los Angeles World Airports, entrevista via telefone, 11/4/12).

Por meio do ARCC, o LAX foi capaz de implementar uma abordagem de "comando unificado" com os seguintes cargos funcionais presentes no centro:

- Gerente do aeroporto em serviço

- Gerente de instalações de uso comum (p. ex.: portões, balcões de *check-in* e esteiras de devolução de bagagem)
- Base de operações (comunicações e histórico de operações aeroportuárias)
- Balcão de solicitação de trabalhos de manutenção (conexão com as unidades de gestão das instalações)
- Operações de ônibus no aeródromo
- Departamento de Segurança em Transportes (TSA, Transportation Security Administration)
- Polícia do aeroporto (garantia da segurança e proteção)
- Comunicações/informações (sistema de notificação em massa para mensagens relacionadas a incidentes/emergências)

No LAX, o papel do gerente do aeroporto em serviço está de acordo com as várias noções discutidas anteriormente neste capítulo:

> Os gerentes em serviço supervisionam um grupo de funcionários envolvidos na direção das operações do lado ar e do lado terra no Aeroporto Internacional de Los Angeles; eles dirigem funcionários do Centro Aeroportuário de Coordenação de Respostas (ARCC) para oferecer uma resposta coordenada e conveniente a questões cotidianas de segurança, proteção e operações; eles assumem o papel de Diretores de Incidentes em um incidente de emergência para formar um Comando Unificado; e podem agir como a Gerência do Aeroporto na ausência da mesma (Tenelle, Regina M., Los Angeles International Airport, comunicação pessoal, 16/4/12).

Aeroporto de Munique: impacto direto nos tempos mínimos de conexão

Nos últimos anos, o Aeroporto de Munique (MUC) obteve reconhecimento global como um *benchmark* de alto desempenho na categoria de aeroporto *hub* de conexão (em 2011, aproximadamente 40% do total dos passageiros do MUC estavam em trânsito). A Flughafen München GmbH (FMG) é a empresa de responsabilidade limitada, de copropriedade da Cidade de Munique, do estado da Baváría e do governo alemão, que opera o aeroporto.

No aeroporto de Munique, o AOCC localizado no Terminal 1 funciona como uma ligação constante com o Centro de Controle do *Hub* no Terminal 2 para garantir tempos mínimos de conexão (MCTs, *minimum connecting times*): 35 minutos para o Terminal 1, 30 minutos para o Terminal 2 e 45 minutos entre os Terminais 1 e 2 incluindo a transferência de bagagem despachada.

Como indicado no site do aeroporto de Munique:

> O HCC é um esforço de equipe extremamente bem-sucedido entre o Aeroporto de Munique, a Lufthansa e o "centro de comando" do Terminal 2 para maximizar a conectividade, cheio de atividade dia e noite, onde uma ocupada equipe de 35 especialistas é responsável por coordenar toda a gama de proces-

sos de assistência em terra. Isso garante que todas as interações sejam diretas, face a face e imediatas. Um elemento-chave do HCC é o Connex Center, onde uma equipe de especialistas está encarregada de garantir que os passageiros e sua bagagem cheguem aos seus voos de conexão. Eles mantêm um contato constante com o controle de tráfego aéreo, podem solicitar autorização de aterrissagem prioritária e redistribuir posições de portão para minimizar a distância que os passageiros de conexão têm que percorrer. Mesmo quando os voos de chegada se atrasam, deixando menos do que os 30 minutos necessários para fazer conexões, a equipe do HCC retira todos os impedimentos, despachando o especial "serviço direto de rampa" para pegar passageiros e sua bagagem no portão e levá-los diretamente ao seu voo de conexão (http://www.munich-irport.de/en/consumer/aufenthalt_trans/airportstop/ minconntime/hcc/index.jsp; acessado em junho de 2012).

Está claro que conseguir um desempenho operacional tão espetacular não pode ser realizado sem um AOCC e sistemas auxiliares muito eficientes.

Aeroporto de Zagreb: exemplo de conceito para aeroportos de pequeno e médio porte

O Aeroporto de Zagreb (ZAG) é o principal aeroporto internacional da Croácia, e fornece acesso à capital do país. Em 2011, processou mais de 2,3 milhões de passageiros e é o principal *hub* da empresa aérea nacional, a Croatia Airlines. O aeroporto é de propriedade do governo da Croácia, mas está para embarcar em uma

FIGURA 12.19 AOCC do aeroporto de Zagreb. (Cortesia do governo da Croácia)

grande fase de renovação a partir de 2012, facilitada por um grande investimento estrangeiro*.

Apesar de seus baixos níveis de tráfego em relação aos outros aeroportos discutidos neste livro, o aeroporto de Zagreb, assim como outros aeroportos internacionais do país, como o aeroporto de Split e o aeroporto de Dubrovnik, possui um longo histórico de uso de AOCCs para gerir a logística aeroportuária de uma maneira integrada, resultando em um desempenho operacional mais alto. Esses aeroportos têm sido bem-sucedidos em implementar AOCCs eficientes e sistemas operacionais automatizados adaptados à categoria de aeroportos pequenos/médios (Figura 12.19).

Melhores práticas na implementação de centros de controle de operações aeroportuárias (principais fatores de sucesso)

Em resumo, a implementação bem-sucedida de centros de controle das operações aeroportuárias (AOCCs) para atender às finalidades definidas neste capítulo depende de diversos fatores mínimos que podem ser descritos da seguinte maneira:

- O papel do AOCC tem que ser definido e reconhecido como o ponto focal de comando e controle encarregado de orquestrar todos os recursos do aeroporto de maneira coordenada, com a finalidade de otimizar a assistência a aeronaves, passageiros e mercadorias por meio dos processos e serviços do aeroporto da maneira mais eficiente e segura possível sob condições normais e de emergência.
- O AOCC tem que ser autorizado pelo CEO e os executivos sênior do aeroporto a desempenhar seu papel com toda a autoridade delegada para implementar todos os procedimentos operacionais e planos de contingência e, na ausência de planos e procedimentos aplicáveis, usar seu melhor julgamento para tomar decisões com o objetivo de prevenir ou solucionar incidentes operacionais de maneira otimizada; idealmente, ele deve ter uma posição organizacional de um departamento que se reporta ao CEO e que executa sua missão em nome de toda a equipe de gestão.
- As funções de tomada de decisões operacionais do aeroporto, incluindo aquelas consideradas em uma jurisdição diferente daquela do aeroporto (p. ex.: segurança e controle de tráfego aéreo em muitos aeroportos), devem ser integradas de modo físico ou conectadas de modo virtual ao AOCC para garantir que o processo geral de operações do aeroporto seja integralmente otimizado.
- O AOCC deve ter um nível mínimo de equipamentos, mesmo em aeroportos menores. Isso deve incluir uma rede confiável de comunicação por rádio ou celular no aeroporto, possibilitando o acesso a membros-chave da equipe,

---

* N. de T.: Em 05 de Dezembro de 2013, a MZLZ (Zagreb International Airport Jsc.), uma companhia croata operada pela Aéroports de Paris Management (ADPM) e pela Bouygues Bâtiment International, assumiu a gestão do Aeroporto de Zagreb. Um de seus primeiros compromissos foi a construção de um novo terminal de passageiros, iniciada em Dezembro de 2013 e com conclusão prevista para 2016.

acesso a redes de telefonia móvel e fixa, mapas detalhados da configuração do aeroporto e das cercanias, além de desenhos de todos os edifícios dentro da propriedade do aeroporto (idealmente em formato digital que possa ser projetado em uma parede para que várias pessoas vejam), e um computador/banco de dados para manter um histórico de todos os incidentes/ocorrências do aeroporto, possibilitando análises de tendências.

- Deve haver um AODB em uso no aeroporto para permitir que o AOCC monitore o *status* de voos em tempo real, de modo a facilitar a distribuição eficiente de instalações como portões e dispositivos de devolução de bagagem, e a disseminação de informações relevantes para todas as unidades interessadas envolvidas nas operações aeroportuárias, além de para passageiros, acompanhantes e outros usuários do aeroporto.

- O AOCC deve ter em sua equipe competentes gerentes do aeroporto em serviço, controladores e analistas, que possuam um misto de experiência/competências funcionais e que sejam intimamente familiarizados com todas as características físicas, sistemas e equipamentos do aeroporto; esses funcionários devem passar por treinos rigorosos em gestão de operações aeroportuários sob condições normais e de emergência.

Além dos fatores anteriores, as melhores práticas do AOCC estão evoluindo e, assim, passando a incluir:

- Sistemas de comunicação sofisticados que cada vez mais tiram proveito da tecnologia de comunicação móvel que permite melhorias na gestão de incidentes/ocorrências.

- Aspectos baseados em ergonomia avançada para todas as paredes de exibição de *status* que possibilitam o comando, salas contíguas para supervisão operacional (p. ex.: gerente em serviço), e gestão de emergência com acesso imediato a informações críticas em formatos visuais e de áudio.

- *Software* inteligente e interativo além de sistemas de captação/disseminação de informações integrados a um sistema de suporte a decisões (DSS, *decision-support system*) de alto desempenho e que permitem a gestão de risco em tempo real.

- Banco de dados histórico computadorizado para gestão de incidentes/ocorrências que permita análise de tendências e que seja alimentado ao sistema de relatórios de indicadores chave de desempenho da empresa aeroporto.

- Incentivos ao comitê de operadores do aeroporto para que eles ofereçam suporte ao trabalho do AOCC, para o benefício de todas as partes interessadas, e para que se trabalhe rumo à melhoria contínua da segurança e dos níveis de serviço de atendimento ao cliente.

CAPÍTULO 13

Desenvolvimento sustentável e capacidade ambiental dos aeroportos[1]

Introdução

No último meio século, a indústria de transporte aéreo passou por um crescimento notável, resultando em significativos benefícios econômicos e sociais (ACI 2004; ATAG 2008; ICAO 2002; OEF 2006). Entretanto, os adversos custos ambientais e sociais associados a esse crescimento também são significativos e, à medida que crescem, podem restringir a operação de aeroportos e seu potencial para responder à demanda e, assim, apoiar o desenvolvimento regional (Thomas et al. 2004). Eles podem ter implicações financeiras substanciais para as operadoras aeroportuárias quando investimentos são necessários a fim de mitigar esses impactos (p. ex.: emissões) ou assegurar recursos adequados (p. ex.: energia) para garantir operações eficientes e atender às expectativas dos passageiros e de parceiros de serviços. Vários aeroportos não conseguiram obter aprovação para o desenvolvimento de nova infraestrutura em decorrência das implicações ambientais da construção propriamente dita ou do tráfego adicional que dela resultaria (Upham et al. 2003). Finalmente, quando um aeroporto é colocado à venda ou quando uma operadora aeroportuária busca fundos para novos desenvolvimentos de infraestrutura, seus impactos ambientais, seu legado ambiental e sua capacidade ambiental podem ter implicações significativas para o valor de mercado do ativo (Thomas 2005).

As questões ambientais podem impactar diretamente a capacidade operacional dos aeroportos e seu potencial de crescimento futuro quando

- Ruídos ou emissões excedem os limites regulatórios, as cláusulas dos acordos de planejamento ou a tolerância dentro das comunidades circundantes (Thomas et al. 2010a; Bennett e Raper 2010)
- As implicações relativas a mudanças climáticas do planejamento da aprovação de alguma nova infraestrutura em um aeroporto (p. ex.: uma nova pista de pouso e decolagem) vai de encontro aos objetivos do governo (p. ex.: metas de redução de dióxido de carbono) (CCC 2009)

---

[1] Este capítulo foi escrito por Callum Thomas e Paul Hooper.

- As implicações de um clima em modificação (p. ex.: intempéries extremas) têm um impacto nas operações aeroportuárias (Eurocontrol 2010)
- Os aeroportos não podem assegurar recursos suficientes para garantir operações e crescimento normais
- Novas adições à infraestrutura são restringidas por hábitats ecologicamente importantes ao redor dos limites do aeroporto (Eurocontrol 2003)

Uma pesquisa envolvendo aeroportos de médio e grande porte em toda a Europa revelou que quase 2/3 deles estavam sujeitos a *restrições da capacidade por motivos ambientais* reais ou potenciais, sendo que em torno de 80% preveem que ficará cada vez mais difícil assegurar a aprovação de planejamento de crescimento em decorrência direta de questões ambientais. Esses desafios agora estão se espalhando para aeroportos menores em todas as partes do mundo. Isso ocorre devido a

- Aumento do tráfego
- Concorrência com outros setores por recursos cada vez mais limitados
- Crescente afluência, democratização e mudança das atitudes do público
- Maior rigidez da regulamentação (p. ex.: relativa à qualidade do ar local [Bennett e Raper 2010])
- Descobertas científicas (p. ex.: relativas aos efeitos de ruídos [WHO 2011] ou de mudanças climáticas [Lee et al. 2009a, 2009b] sobre a saúde)
- Consequências de um clima em modificação (Eurocontrol 2010, 2011)

Este capítulo introduz as principais questões ambientais associadas à operação e ao desenvolvimento sustentável dos aeroportos, explica como elas podem restringir a capacidade operacional e o crescimento e descreve os direcionadores de ações e possíveis respostas para minimizar ou mitigar esses impactos. Os princípios subjacentes ao desenvolvimento dos sistemas de gestão ambiental adequado para aeroportos também serão explicados.

O desafio do desenvolvimento sustentável

O termo *desenvolvimento sustentável* está recebendo cada vez mais atenção dentro de todos os setores da economia, inclusive o transporte aéreo, mas sua definição precisa não está clara. Embora tenha sido popularizado pela Comissão de Brundtland (WCED 1987) como "desenvolvimento que atendem às necessidades do presente sem comprometer a capacidade de futuras gerações atenderem às suas próprias necessidades", o termo teve muitas interpretações diferentes (ver International Institute for Sustainable Development [IISD], www.iisd.org), e muitas vezes há dificuldade em determinar exatamente o que isso significa para um setor individual como o de transporte aéreo e, dentro dele, uma única parte interessada como a operadora aeroportuária.

Em resumo, *sustentabilidade* é a manutenção de importantes funções ambientais (Ekins e Simon 1998) para gerações presentes e futuras, mas sem levar em consideração a necessidade de tirar milhões de pessoas da pobreza, o que, por si só, pode resultar em degradação ambiental. Segundo a *The Natural Step**, as consequências práticas de um comprometimento com o desenvolvimento sustentável podem ser determinadas. A organização define uma sociedade sustentável como aquela na qual a natureza não está sujeita a aumentos nas concentrações de substâncias extraídas da crosta terrestre ou produzidas pela sociedade, na qual a degradação por meios físicos é minimizada e na qual as necessidades humanas são atendidas em todo o mundo (Natrass e Altomare 1999). Essa perspectiva aborda os conceitos de recursos limitados, impacto ambiental e equidade social em um nível global e, dessa forma, estabelece critérios ambientais como os principais limites ao crescimento.

As implicações para os aeroportos é que, ao buscar o desenvolvimento sustentável, há a necessidade de compensar o crescimento com a introdução de uma infraestrutura, tecnologias e sistemas operacionais mais ecoeficientes (Upham 2001). É somente por meio dessas ações que os aeroportos serão capazes de continuar a operar lucrativamente e evitar ou aliviar as restrições ambientais à capacidade.

Os problemas

A operação de aeroportos gera uma série de impactos nas comunidades locais e no ambiente natural, com o potencial de restringir o desenvolvimento do aeroporto. Dessa forma, precisa ser avaliada estratégica e sistematicamente para maximizar as oportunidades de crescimento.

Impactos de ruídos

Os benefícios do crescimento do aeroporto são distribuídos por diversas regiões, mas há impactos adversos que são sofridos pelos residentes das comunidades que vivem nas proximidades do aeroporto e ao longo de rotas de aproximação e partida (Thomas et al. 2010). Eles podem gerar uma oposição significativa, levando a restrições operacionais, à não garantia da aprovação do planejamento de novas mudanças e, em casos extremos, ao potencial fechamento de aeroportos e sua transferência para locais mais afastados (p. ex.: Atenas, Munique e Hong Kong). Consequentemente, os problemas causados por ruídos se tornaram a mais importante restrição ambiental local ao crescimento do transporte aéreo.

Como indicado no Capítulo *Airport Noise Control*, disponível no site do Grupo A, a exposição a ruídos está relacionada ao número e ao horário de movimentação de aeronaves, ao nível de ruído gerado por cada uma delas e à proximidade da aeronave de áreas construídas (e pessoas), e todos podem ser medidos e modelados com certo grau de precisão (Ashford et al. 2011; ICAO 2008). O impacto desse ruído na vida das pessoas e a resposta resultante das comunidades são, no entanto, específicos de

---

* N. de T.: *The Natural Step* (TNS) é uma organização sem fins lucrativos que trabalha na construção de uma sociedade ecológica e economicamente sustentável. Com mais de 25 anos auxiliando organizações e indivíduos a compreender a importância da sustentabilidade e aplicá-la, *The Natural Step* tem escritórios, associados e parceiros estratégicos em 13 países. Por meio de instrução, diálogo, treinamento e aconselhamento, a organização compartilha com seus parceiros e clientes o profundo conhecimento de que dispõe sobre sustentabilidade, inovação orientada a soluções e processos que transformam.

cada aeroporto e influenciados por percepções pessoais (Hume et al. 2001). Isso cria um desafio para os aeroportos em termos do que eles devem medir e controlar.

Os impactos causados por ruídos não podem ser medidos em decibéis porque podem afetar uma ampla variedade de atividades influenciadas por fatores como o estilo de vida (p. ex.: tempo gasto em casa e a natureza das atividades realizadas [Hume et al. 2003]). O incômodo é influenciado por uma variedade de fatores sociais e econômicos não acústicos como a expectativa da qualidade de vida e os níveis de propriedade residencial (que, muitas vezes, são influenciados pela renda) (DfT 2007; Eurocontrol 2009). É influenciado também por outros impactos de aeroportos nas comunidades locais que possam aumentar a sensibilidade e exacerbar ainda mais as relações com a operadora aeroportuária (Tabela 13.1).

A resposta ao incômodo varia de reclamações, por meio de ações jurídicas (p. ex.: Chicago, Heathrow), a protestos públicos (p. ex.: Frankfurt, Sidney, Tóquio Narita). O resultado pode ser a interrupção das operações aeroportuárias, intervenção externa, publicidade negativa e aumento dos custos operacionais.

Quaisquer que sejam as causas de incômodo e medo, os aeroportos claramente precisam se envolver com partes interessadas externas para abordar essas questões e demonstrar seu comprometimento em minimizá-las. Envolver-se com partes interessadas externas e permitir que elas contribuam com o desenvolvimento aeroportuário garante que o aeroporto possa se tornar mais aceitável para o maior número de pessoas possível. Isso também pode ser importante ao construir a confiança necessária para um diálogo produtivo. Para isso, talvez seja necessário estabelecer comitês formais de consultoria sobre a comunidade (site do Liaison Group of UK Airport Consultative Committees: www.ukaccs.info), o desenvolvimento de metas de desempenho de ruídos junto com partes interessadas externas (Thomas et al.

TABELA 13.1 Impactos das operações de tráfego aéreo em comunidades próximas a aeroportos, segundo relatos de residentes locais em linhas telefônicas de reclamações

- Incômodo para dormir, lazer, ver TV, ler, etc.
- O cheiro de combustível não queimado da aviação e as preocupações associadas relacionadas à saúde
- Aeronaves voando "fora do caminho" – onde elas não deveriam estar
- Intrusão visual de aeronaves sobrevoando ou de rastros de condensação
- Perda de tranquilidade em áreas remotas causadas por sobrevoos
- Congestionamento do tráfego rodoviário e estacionamento de carros em ruas nas redondezas dos aeroportos
- Medo de crescimento futuro e dos impactos resultantes de ruídos
- Medo de acidentes aéreos
- Medo de perda do valor da propriedade ou a incapacidade de vender a casa
- O impacto do ruído na educação e na aprendizagem de crianças

Fonte: Hume et al. (2003).

2010) e a realização de *benchmarking* independentes para demonstrar a adoção das melhores práticas adequadas (Francis et al. 2002).

Como jamais será possível eliminar completamente o ruído gerado por aeronaves, as operadoras aeroportuárias precisam tomar novas medidas para reduzir a oposição da comunidade. Ao direcionar os benefícios das operações aeroportuárias e do crescimento (p. ex.: empregos ou investimentos na comunidade) para áreas sujeitas a altos níveis de ruído e ao conscientizar os residentes dos benefícios do desenvolvimento aeroportuário, alguns aeroportos foram capazes de engendrar maior tolerância (ver MAG 2007a). Dessa forma, as operadoras aeroportuárias podem alcançar um equilíbrio mais sustentável entre a maximização dos benefícios do crescimento do aeroporto, que podem ser desfrutados por milhões, e a minimização dos custos arcados primordialmente por dezenas de milhares de residentes locais.

Qualidade do ar local

As emissões de gases da operação de aeroportos (i.e., a movimentação de aeronaves, passageiros e veículos de funcionários, as atividades do pátio de aeronaves como o reabastecimento e outras fontes no local como a geração de energia), quando combinadas com as emissões de outras fontes poluentes próximas, como áreas industriais ou grandes rodovias, podem ter um impacto significativo na qualidade do ar local. Evidências sugerem que a operação de um aeroporto pode ser a fonte mais significativa de alguns poluentes em determinada localidade e que, embora no aeroporto propriamente dito as emissões das aeronaves predominem, nas proximidades dos aeroportos, é o tráfego rodoviário que pode ser a principal fonte de poluentes.

Os controles regulatórios na Europa, na América do Norte e em outros lugares que estabelecem padrões de emissões ou limites de qualidade do ar para determinada localidade (Culberson in Ashford et al. 2011; Bennett e Raper 2010) têm o potencial de limitar o crescimento aeroportuário com restrições no tráfego rodoviário ou nas movimentações de aeronaves. Uma pesquisa de aeroportos europeus realizada em 2002 confirmou que na Suécia e na Suíça (nos aeroportos Arlanda, Gotemburgo, Zurique e Geneva), a qualidade do ar local (ou as emissões locais) apresentam uma genuína ameaça à futura capacidade operacional (ACI 2010). Enquanto isso, a decisão tomada em 2010 pelo governo do Reino Unido de não aprovar uma terceira pista de pouso e decolagem no aeroporto Heathrow foi devido, em parte, a preocupações de que a qualidade do ar local passaria a deixar de cumprir as exigências legislativas da União Europeia.

Diversos aeroportos investiram em serviços de transportes públicos (i.e., ônibus, trem e bonde) para reduzir o uso de automóveis pelos funcionários e passageiros (TRB 2008) e, dessa forma, cortar as emissões locais. Para incentivar as empresas aéreas a operarem aeronaves mais "limpas", em 1997[2], o aeroporto de Zurique introduziu um sistema de taxas de pouso relativas às emissões que, subsequentemente, espalharam-se para outros países e se tornaram o assunto da documentação de orientação da International Civil Aviation Organization (ICAO 2007). Melhorias na infraestrutura

---

[2] *Airport Emissions Charges at Zurich Airport*; disponível em www.zurich-airport.com.

(pátio de aeronaves e pista de taxiamento) que permitem o manejo mais eficiente de aeronaves, a introdução de novas tecnologias (como energia elétrica fixa e sistemas de ar pré-condicionado nos pontos de estacionamento) e a operação de veículos movidos a gás ou a eletricidade contribuem com a gestão eficiente da qualidade do ar local e, portanto, reduzem o risco de que se desenvolvam restrições à capacidade.

O Departamento de Transporte do Reino Unido realizou um grande estudo sobre a qualidade do ar local em torno do aeroporto de Heathrow em resposta à proposta da operadora de construir uma pista de pouso e decolagem adicional (DfT 2006). Tal estudo gerou uma série de relatórios que estão disponíveis *on-line* (http://webarchive.nationalarchives.gov.uk/+, http:/www.dft.gov.uk/pgr/aviation/environmentalissues/heathrowsustain) e examinam a qualidade do ar local no aeroporto. Enquanto isso, a ICAO (2011a) e a Federal Aviation Administration (FAA 2007) publicaram uma documentação de orientação para apoiar a implementação de boas práticas na gestão de qualidade do ar em aeroportos.

Gestão de carbono do aeroporto

A ameaça do aquecimento global estimulou governos de todo o mundo a tomarem medidas urgentes, muitas das quais estabeleceram metas de redução de emissões de carbono muito rígidas, a fim de evitar "mudanças climáticas perigosas" (UNFCCC 2011). Apesar de tais medidas criarem desafios significativos para cada parte da economia, o transporte aéreo enfrenta uma ameaça específica, porque tem grandes chances de ser um usuário legado de combustíveis fósseis. As previsões sugerem que as emissões de dióxido de carbono desse setor não diminuirão, mas aumentarão, pelo menos no curto ou médio prazo (CCC 2009; Lee et al. 2009b). Isso sugere que a aviação permanecerá sob os holofotes políticos no futuro próximo e, com esse histórico, cada setor da indústria terá que demonstrar medidas para minimizar as emissões de carbono.

A ICAO ainda não possui qualquer papel regulatório ou determinador de metas de emissões de gases do efeito estufa (GHGs), além de um compromisso de "limitar ou reduzir" as emissões do setor (ICAO 2010) (embora novos padrões estivessem sendo desenvolvidos em 2012). A Convenção-Quadro das Nações Unidas sobre Mudança do Clima (UNFCCC), por meio do Protocolo de Kioto, estabelece metas de redução das emissões de carbono, mas essas metas não são específicas de cada setor e atualmente se aplicam somente a emissões de voos domésticos. Em parte como decorrência disso, em 2012, a União Europeia ampliou o esquema de comércio de emissões (ETS, *emissions trading scheme*), passando a incluir o setor de transporte aéreo. O ETS da União Europeia determina um valor máximo para as emissões a partir de uma crescente proporção de voos no espaço aéreo europeu desde 2012, sendo que novos crescimentos exigiriam a compra de créditos de dióxido de carbono de outros setores, modernização da frota ou melhorias operacionais eficientes em termos de carbono. Alguns Estados-membro da ICAO se opõem a essa ação, tornando o esquema de comércio global de emissões improvável no curto a médio prazo. Enquanto não surge uma resposta regulatória global, a ICAO oferece suporte e orientação aos seus Estados-membro (ICAO 2011b).

Esses direcionadores para reduzir o consumo de combustível e as emissões de dióxido de carbono pelas empresas aéreas poderiam ter importantes implicações para os aeroportos:

- Melhorias operacionais em terra exigirão potencialmente novos procedimentos de assistência em terra, tecnologias e até mesmo infraestrutura (p. ex.: melhor configuração da pista de taxiamento).
- Mudanças no espaço aéreo ou na trajetória de voo podem ser introduzidas para reduzir os comprimentos de arco, com impactos potenciais na exposição a ruídos em comunidades ao redor desses aeroportos.

Isso é importante porque, enquanto o transporte aéreo permanecer sob os holofotes políticos, os aeroportos terão cada vez mais chances de se tornar o foco de esforços para reduzir as emissões de dióxido de carbono. Por exemplo, na Suécia, onde o aeroporto de Estocolmo Arlanda possui um valor máximo para as emissões de dióxido de carbono incluído em sua licença ambiental, esse valor máximo inclui emissões de arranque e pouso de aeronaves; transporte terrestre de, para e no aeroporto; e o aquecimento e resfriamento dos edifícios do aeroporto (Wigstrand 2010). O aeroporto de Arlanda teve que apoiar o desenvolvimento de serviços de transporte terrestre para reduzir o uso de automóveis e, portanto, as emissões de dióxido de carbono das viagens de acesso dos passageiros como uma forma de compensar o aumento nas emissões devido ao aumento do tráfego aéreo. Além disso, no Reino Unido, há previsões de uma legislação que exigirá que os aeroportos respondam por suas emissões de carbono além das medidas do mercado estabelecidas atualmente (*Carbon Reduction Commitment Energy Efficiency Scheme* [DECC 2008]). Pode ser uma mera questão de tempo, portanto, até que legislações e/ou instrumentos de mercado em outros países forcem os aeroportos a reduzir a quantidade de dióxido de carbono emitida com suas operações. É por esse motivo que as operadoras aeroportuárias têm que compreender os princípios de gestão de carbono operacional e estratégica, e, dado que tais atividades podem ter um custo muito alto, elas levantam a questão de por quais fontes de emissões de dióxido de carbono um aeroporto pode ser responsabilizado.

Um estudo no aeroporto de Manchester (Sutcliffe et al. 2005) enumerou todas as emissões de dióxido de carbono provenientes de suas operações e das de empresas que lá operam, prestam serviços e fornecem produtos para o aeroporto. As principais fontes são

- Movimentos de tráfego aéreo
- Jornadas de acesso dos passageiros
- Jornadas de acesso dos funcionários e viagens de negócios
- Veículos de transporte terrestre
- Movimentos do centro de cargas
- Consumo de energia direta (gás e eletricidade)
- Produção e processamento de lixo
- Consumo de alimentos e água

- Consumo de capital e receita material
- Uso de terras

Essa lista claramente inclui fontes sobre as quais o aeroporto possui controle direto e outras geradas por terceiros, sobre as quais o aeroporto pode ser capaz de exercer apenas alguma influência. O Conselho Empresarial Mundial para o Desenvolvimento Sustentável (WBCSD) e o Instituto de Recursos Mundiais (WRI) oferecem orientações intituladas *Corporate Accounting and Reporting Standards* (WBCSD e WRI 2004) para o dióxido de carbono. Esse documento define *emissões diretas* como fontes que são de propriedade ou controle da entidade que relata as informações (a operadora aeroportuária). *Emissões indiretas* são uma consequência das atividades da entidade que relata as informações (a operadora aeroportuária), mas ocorrem em fontes de propriedade ou controle de uma outra entidade (parceiros de serviços do aeroporto).

Isso significa que um aeroporto pode reduzir o impacto de suas operações no clima:

- Reduzindo as emissões GHG de atividades sobre as quais possui controle direto (p. ex.: o consumo de energia de sua infraestrutura e o uso de combustível de veículos – conhecidos como *emissões de escopo 1*).
- Reduzindo as emissões indiretas que resultam da energia usada por outros no local (p. ex.: em edifícios de propriedade e operação da empresa no aeroporto – *emissões de escopo 2*).
- Trabalhando com e influenciando seus parceiros de serviços (p. ex.: para reduzir a demanda de energia de sua infraestrutura ou melhorar a eficiência operacional das aeronaves – *emissões de escopo 3*).
- Trabalhando com e influenciando seus clientes e o público viajante (p. ex.: promovendo o uso de transporte público para acessar o aeroporto – *emissões de escopo 3*).

Como as emissões de escopo 3 representam uma proporção muito alta de todo o dióxido de carbono emitido pelas operações aeroportuárias, o ACI aconselha os aeroportos a incluí-las em seus inventários de emissões de carbono, apesar de elas não estarem sob seu controle direto. De fato, a definição de *emissões aeroportuárias* do ACI (2009, p. 6) inclui

> Todas as emissões de atividades associadas à operação e ao uso de um aeroporto, incluindo equipamentos de suporte terrestre, de geração de energia e de transporte terrestre. Tais atividades podem ocorrer dentro e fora do perímetro do aeroporto, e podem ser de responsabilidade da operadora aeroportuária ou de outras partes interessadas. As emissões de aeronaves devem ser incluídas no inventário de um aeroporto, embora, dependendo do motivo de criação do inventário, a operadora possa escolher incluir o ciclo de pouso e decolagem ou as emissões de voos de partida como um todo.

Em 2011, o aeroporto de Manchester publicou um inventário de carbono que identificou os seguintes contribuidores-chave para sua emissão de carbono e, portanto, o foco de sua estratégia de gestão:

- Viagens dos passageiros de e para o aeroporto (responsáveis por aproximadamente 60% das emissões de dióxido de carbono)
- Energia usada para iluminação e aquecimento do terminal (aproximadamente 20%)
- A movimentação de aeronaves no solo (aproximadamente 20%) (MAG 2011)

O aeroporto de São Francisco também publicou um extenso plano de ação sobre mudanças climáticas detalhando esforços para reduzir as emissões de dióxido de carbono de suas próprias operações e das de seus parceiros de serviços (SFO 2011).

A necessidade de maior envolvimento na gestão e relato de informações sobre o carbono recebeu ainda maior reconhecimento com o lançamento do esquema de Acreditação de Carbono de Aeroportos (ACA, *Airport Carbon Accreditation*) (www.aci.org/aca) do ACI das regiões da Europa e da Ásia-Pacífico em 2009 e 2011, respectivamente. A iniciativa europeia testemunhou um rápido aumento de participação nos quatro anos desde sua introdução, com 59 aeroportos já acreditados, o que representa 54% do tráfego aéreo europeu[3]. Uma situação similar está surgindo na região da Ásia-Pacífico, onde quatro grandes aeroportos (Abu Dhabi, Mumbai, Singapura e Bangalore) foram acreditados nos seis primeiros meses de operação do esquema.

O foco principal para muitos desses aeroportos é reduzir as emissões de dióxido de carbono de:

- Veículos do aeroporto, mudando a frota de veículos de uso de combustível convencional para veículos de uso de biocombustível, gás e eletricidade, e por meio de eficiências operacionais
- Infraestrutura do aeroporto (primordialmente os terminais) com:
  - *Diminuição de emissões de carbono* – reduzindo o uso de energia (p. ex.: por meio do *design* da infraestrutura)
  - *Redução das emissões de carbono* (p. ex.: por meio de programas de eficiência energética)
  - *Substituição de carbono* (p. ex.: gerando ou comprando energia de fontes renováveis)

Essas ações, no entanto, não estão restritas a essas regiões, e exemplos de boas práticas atuais na gestão de carbono podem ser encontradas em diversos relatórios e em vários sites (p. ex.: ACI NA 2010). O aeroporto de Estocolmo Arlanda adotou uma abordagem particularmente inovadora usando o aquífero sobre o qual o aeroporto é construído para armazenar água quente durante o verão, a fim de aquecer

---

[3] Uma lista dos aeroportos acreditados pelo esquema ACA do ACI Europa pode ser encontrada em www.airportcarbonaccreditation.org/about.html.

os terminais no inverno, e água fria durante o inverno, a fim de resfriar os edifícios no verão. Isso reduz as necessidades de aquecimento do aeroporto em 20% e suas necessidades em termos de energia de resfriamento em pelo menos 60% (www.aviationbenefitsbeyond-borders.org). Enquanto isso, o estacionamento coberto do aeroporto internacional de Denver não somente oferece estações de recarga gratuita para veículos híbridos e elétricos, mas também gera sua própria eletricidade com painéis solares e turbinas eólicas, além de fazer uso de fontes de energia geotérmica (www.solaripedia.com).

Além dos benefícios comerciais imediatos, essas ações ajudam a preparar esses aeroportos para um mundo cada vez mais restrito em termos de emissões de carbono. Consequentemente, pode-se prever que os aeroportos que demonstram uma gestão eficiente das emissões de carbono serão vistos com mais interesse por bancos e credores, e, assim, terão mais facilidade para garantir aprovação de planejamentos de crescimento.

Energia

Os aeroportos exigem um suprimento de energia garantido (e que tenha preços apropriados) para poder atender à demanda de pico de seus parceiros de serviços e de passageiros e, portanto, maximizar sua capacidade operacional. A manutenção da temperatura ambiente e a qualidade do ar dentro dos edifícios do terminal para garantir o conforto de passageiros representa a contribuição mais significativa de uso de energia na maioria dos aeroportos. Isso está sob o controle direto das operadoras aeroportuárias, mas apresenta um desafio de gestão específico dada a crescente dependência dos aeroportos de atividades comerciais e de varejo.

Apesar da crescente eficiência energética, o aumento do número de passageiros está resultando em um aumento do consumo de energia em muitos aeroportos, e isso está ocorrendo paralelamente a uma crescente demanda por energia em todos os setores da economia, estimulada pelo desenvolvimento econômico. Em alguns países, os aeroportos exercem uma pressão considerável sobre as redes elétricas, tornando-se vulneráveis a faltas de energia elétrica e falhas na rede (o que já aconteceu até mesmo nas economias mais avançadas, como nos Estados Unidos, no Reino Unido e na Itália).

Para reduzir os custos operacionais de longo prazo e garantir que a demanda energética possa ser medida no momento em que surge, os aeroportos estão dando maior atenção a medidas de conservação de energia no projeto arquitetônico dos edifícios de novos terminais[4]. Por exemplo, o novo complexo Midfield Terminal em construção no aeroporto de Abu Dhabi será um dos primeiros da região a alcançar o nível mais alto de projeto arquitetônico e operação sustentáveis com o prêmio de Liderança em Projetos Energéticos e Ambientais (LEED, *Leadership in Energy and Environmental Design*) *status* platina (o LEED foi desenvolvido pelo U.S. Green

---

[4] *Sustainable Airports Benefiting from UK World Class Expertise*, Department for Trade and Industry, London (DTi 2009); disponível em www.ukti.gov.uk.

Building Council e fornece sistemas de classificação para o projeto, construção e operação de edifícios de alto desempenho; www.usgbc.org).

Alguns aeroportos também investiram em seus próprios sistemas de geração de energia. Por exemplo, o Aeroporto Internacional de Atenas, na Grécia, construiu uma instalação fotovoltaica compreendendo quase 29.000 painéis fotovoltaicos com uma potência de 8,05 MW, respondendo por uns 20% de sua demanda de energia (www.aia.gr).

As operadoras aeroportuárias trabalham com seus locatários e parceiros de serviços para reduzir o uso de energia por meio da introdução de equipamentos e sistemas operacionais de baixa energia. Alguns dos elementos-chave de um programa bem-sucedido de gestão de energia inclui a promoção de maior conscientização e adesão por parte da equipe de funcionários, a introdução de mensurações extensivas no local e o desenvolvimento de contratos de energia que promovam o uso reduzido de energia, em vez de aumentar a renda (por meio de recargas) para a operadora aeroportuária.

Uso de água

Os aeroportos consomem grandes quantidades de água para manter serviços essenciais. Por exemplo, em 2012, o consumo de água do aeroporto internacional de Delhi – Indira Gandhi foi estimado em 20 milhões de litros por dia. O aeroporto de Paris Charles de Gaulle consome em torno de 2.500 milhões de litros de água potável por ano. As consequências ambientais e financeiras disso são significativas.

As operadoras aeroportuárias, os parceiros de serviços e os passageiros precisam de água para beber, para o preparo de alimentos, varejo, limpeza, descarga de banheiros, manutenção e engenharia de sistema e também para a manutenção do terreno e paisagismo. A capacidade operacional de um aeroporto e a qualidade dos serviços que ele presta aos seus clientes e parceiros de serviços podem ser severamente restringidas se ele não for capaz de garantir um suprimento de água seguro, adequado e de baixo custo para atender à demanda de pico.

O desenvolvimento econômico é associado ao aumento do consumo de água em todos os setores da economia (www.unwater.org). Para os aeroportos, atender a crescente demanda por água, portanto, está se tornando mais desafiador devido à crescente concorrência de outros setores, especialmente em partes do mundo em que os suprimentos de água estejam sob estresse ou diminuindo, em decorrência do uso excessivo, do derramamento excessivo ou de uma queda do nível de precipitação resultante dos efeitos de mudanças climáticas (Eurocontrol 2011).

O princípio de uma gestão sustentável da água envolve uma abordagem hierárquica, sendo a mais eficiente em termos ambientais e econômicos minimizar o uso de água na fonte:

- Aumentando a conscientização e promovendo programas que convidem a "fechar a torneira"
- Instalando sistemas automáticos de desligamento e de coleta

- A introdução de simples práticas operacionais com baixo uso de água como o uso de areia em vez de água e detergentes para lidar com derramamentos de combustível
- O uso de equipamentos de baixo consumo de água como máquinas varredoras que não empreguem água

Por meio dessas abordagens, os aeroportos foram capazes de cortar seu uso de água de forma significativa. O aeroporto de Atlanta, por exemplo, usou 86,7 milhões de galões de água a menos em 2009–2010 do que em 2007–2008 (www.atlanta-airport.com).

Historicamente, os aeroportos foram projetados para fazer uso de suprimentos de águas subterrâneas ou suprimentos municipais que atendam aos padrões de qualidade adequados. Quando essa água era usada apenas para fins não industriais (p. ex.: lavagem, limpeza e lavanderia), as águas residuais podiam ser coletadas, tratadas e reutilizadas para atividades como descarga dos banheiros, lavagem e, em alguns casos, irrigação de plantas. Isso pode exigir a introdução de um sistema dual de drenagem e instalações de purificação de águas. Essas opções podem exigir investimentos altos, mas normalmente são eficientes em termos de custos no longo prazo.

Em 2010–2011, a estação de tratamento de águas residuais do aeroporto internacional de Hong Kong processou 1,37 milhão de metros cúbicos de águas cinzas de restaurantes, *catering* e limpeza de aeronaves e pias de banheiro, das quais uma parte foi usada para irrigação paisagística (http://www.hkairport2030.com). Já o aeroporto internacional de Beijing produz 10 milhões de litros de água reutilizável todos os dias por meio do tratamento de águas de esgoto, e esse volume é usado para descargas de banheiro, paisagismo e resfriamento na estação de energia do aeroporto.

Outra fonte de água vem da coleta (captura) e do armazenamento de águas pluviais, uma abordagem que pode reduzir significativamente a quantidade de água retirada de fontes convencionais e agir como uma reserva para se resguardar contra falta de água. No aeroporto de Singapura Changi, a coleta de águas pluviais supre quase 1/3 das necessidades de água do aeroporto, economizando para a empresa aproximadamente US$390.000 por ano em custos operacionais (www.changiairportgroup.com).

Assim como com qualquer abordagem de gestão, pode-se fazer uma análise de custo-benefício para revelar a maneira mais apropriada de lidar com a demanda de água em determinado local, dependendo das condições locais. Um exemplo comparativamente de baixo custo, mas altamente eficiente é dado pelo aeroporto internacional de Portland, onde 400 vasos sanitários usam, em média, 80.000 descargas, que consomem 280.000 galões de água todos os dias. O simples ato de instalar sistemas duais de descarga reduziu o consumo de água em 117.000 galões de água por dia (www.portofportland.com).

Historicamente, sendo ativos nacionais e de valor significativo para o desenvolvimento econômico, supunha-se que sempre que houvesse concorrência por recursos (como a água), a demanda do aeroporto teria prioridade. Entretanto, no futuro, à medida que a pressão e a concorrência aumenta entre o aeroporto e outros setores cruciais (especialmente o setor doméstico e o agrícola), isso pode deixar de acontecer. A abordagem mais sustentável de gestão de água é, portanto, os aeroportos tentarem se tornar autossuficientes em abastecimento de água, maximizando as oportunidades de coleta, reciclagem e minimização do consumo de água.

A gestão de resíduos sólidos

O desenvolvimento sustentável reconhece o fato de que os recursos da Terra são limitados e de que sua extração, seu consumo e seu descarte causam impactos ambientais significativos. A história demonstra que o crescimento econômico leva a um maior consumo de recursos e produção de resíduos, uma tendência que é insustentável. Isso é drasticamente ilustrado pela estimativa de que "99% dos materiais originais usados na produção de, ou contidos em, mercadorias produzidas nos Estados Unidos se transformam em resíduos dentro de seis semanas após sua venda" (Von Weizsäcker et al. 1998).

As operações aeroportuárias, aeronaves e o processamento de passageiros têm todo o potencial de gerar grandes quantidades de resíduos. A magnitude do desafio para os aeroportos de maior porte é considerável, como ilustra o aeroporto internacional de Atlanta Hartsfield-Jackson, que processou 89 milhões de passageiros em 2010 e gerou mais de 60 toneladas de resíduos sólidos por dia (Hartsfield-Jackson Atlanta International Airport 2010 Environment Report; disponível em www.atlanta-airport.com/; acessado em junho de 2012).

Os direcionadores da gestão de resíduos incluem exigências regulatórias internacionais e nacionais, o crescente custo do tratamento e descarte de resíduos, os aspectos práticos de manejar grandes quantidades de resíduos e o reconhecimento da responsabilidade corporativa. Embora as regulamentações de gestão de resíduos difiram de um país para o outro, e até mesmo de um estado para outro, elas têm elementos em comum relativos:

- Ao manuseio de resíduos "especiais" que são prejudiciais aos humanos ou ao meio ambiente ou foram transportados entre fronteiras nacionais, incluindo substâncias químicas, resíduos clínicos e radioativos e resíduos alimentares
- À priorização da minimização de resíduos a fim de reduzir a geração de resíduos em primeiro lugar, antes de outras opções de gestão serem consideradas
- À necessidade de promover a reutilização e a reciclagem de materiais e dissuadir o descarte de resíduos em aterros sanitários

A gestão sustentável de resíduos procura, em primeiro lugar, minimizar a quantidade de resíduos gerada, mas então reconhece que os materiais residuais, se adequadamente separados, são valiosos recursos que podem gerar retornos financeiros significativos, além de benefícios ambientais.

O processo de estabelecimento de uma estratégia de gestão começa com uma auditoria de resíduos. O fluxo de resíduos do aeroporto compreende uma ampla variedade de materiais, incluindo vidro, papel, madeira, metais, substâncias químicas e resíduos clínicos e alimentares. Diferentes tipos de resíduos são provenientes de diferentes atividades e influenciam o tipo de equipamento e práticas operacionais que precisam ser introduzidos em diferentes partes do aeroporto. A Figura 13.1 ilustra os princípios do que é conhecido como a *hierarquia da gestão de resíduos*, que procura minimizar a produção de resíduos em primeiro lugar, maximizar oportunidades para a reutilização e a reciclagem de materiais e minimizar a quantidade de resíduos que é subsequentemente descartada nos aterros sanitários.

Uma solução para *reduzir os resíduos na fonte* é a minimização no ponto de compra por meio da cadeia de suprimento. Isso exige uma revisão de contratos existentes e novos a fim de minimizar a embalagem de produtos e maximizar as oportunidades para a devolução da embalagem. O simples processo de compras no atacado pode trazer importantes economias financeiras e ambientais.

A *separação de resíduos* no local permite que a operadora aeroportuária reutilize materiais, venda materiais a subcontratantes externos e os use para compostagem ou geração de energia em contraste a ter que pagar empresas externas para coletar e, então, processar os resíduos não tratados.

A gestão de resíduos pelo aeroporto exige o envolvimento com um grande número de empresas, inclusive a operadora aeroportuária, empresas aéreas, agentes de assistência em terra, empresas de manutenção, estabelecimentos de venda a varejo e outros parceiros de serviços. Ela precisa tratar também dos desafios específicos apresentados pela segurança do lado ar (p. ex.: danos por objetos estranhos) e questões de segurança que surgem da transferência de materiais pelo limite entre lado ar e lado terra. Por esses motivos, foi demonstrado que um sistema de gestão de resíduos que englobe todo o local é o mais eficiente em termos econômicos e operacionais, sendo a operadora aeroportuária o senhorio e a única entidade corporativa de todo o local que lidera os sistemas de desenvolvimento da estratégia, gestão, monitoramento e divulgação. A operadora aeroportuária também pode assumir a liderança em garantir um contrato adequado de tratamento/descarte de resíduos para o aeroporto como um todo, assegurando, assim,

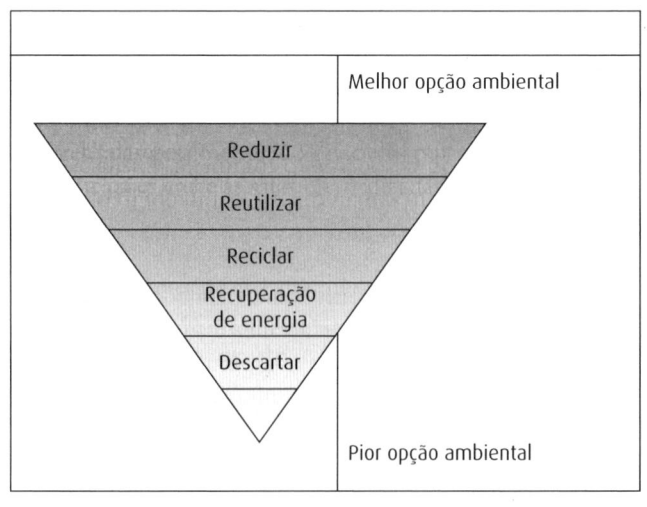

FIGURA 13.1 A hierarquia da gestão de resíduos.

economias e eficiências operacionais e ambientais diretas. Os programas de gestão de resíduos nos aeroportos de Frankfurt (www.fraport.om) e Londres Heathrow (www.heathrowairport.com) servem como outros exemplos de abordagens abrangentes adotadas por operadoras aeroportuárias.

Poluição de água superficial e de água subterrânea

Os principais direcionadores de ações para prevenir a poluição de água superficial e de água subterrânea incluem exigências regulatórias, a necessidade de minimizar os custos operacionais e, no evento de derramamentos, taxas de limpeza ambiental associadas. Embora a fonte de poluição possa ser um parceiro de serviço de um aeroporto (p. ex.: uma empresa de engenharia), a operadora aeroportuária, enquanto senhorio, pode ter responsabilidade jurídica em alguns países por prevenir a poluição da água. Preocupações de saúde pública, especificamente sobre a contaminação de sistemas aquíferos que são usados como água potável para consumo humano ou irrigação de plantações, são politicamente muito sensíveis, e a abordagem do aeroporto a essa questão pode ser um importante indicador de responsabilidade corporativa. Bancos e seguradoras estão cada vez mais relutantes em aceitar clientes com maus históricos de poluição ou cobram valores abusivos para fazer negócio com eles, e o valor de mercado de um aeroporto, ao ser colocado à venda, pode ser adversamente afetado por esse legado de poluição de águas subterrâneas (Thomas 2005).

A contaminação de água superficial pode resultar na morte de plantas e animais em rios e pode ameaçar a saúde humana se a água for, posteriormente, extraída para uso agrícola ou doméstico. Danos à água superficial ou a sistemas hidrológicos podem levar muitos anos e ser muito caros para reparar. A qualidade da água (ou seus níveis de poluição) que pode ser liberada em sistemas de água superficial é regulamentada na maioria dos países, com multas aplicadas quando os níveis de poluição são excedidos. Evitar a contaminação de águas subterrâneas é particularmente importante; de fato, é crucial em áreas onde há falta de água, onde é necessário proteger os aquíferos. Por exemplo, o Aeroporto de Tucson, nos Estados Unidos, localiza-se no limite do deserto de Sonora, onde a água é um recurso escasso. A Cidade de Tucson retira sua água potável de um aquífero que se estende por baixo do aeroporto. A operadora aeroportuária investiu em sistemas projetados para garantir que a água do aquífero seja protegida das atividades do aeroporto. Esses sistemas incluem a retirada periódica de partes do aquífero para garantir um abastecimento de água limpa (www.azdeq.gov/environ/waste/sps/download/tucon/tucsona.pdf).

A maioria das atividades associada à operação de aeroportos possui implicações potencialmente significativas para a poluição de água superficial e subterrânea, particularmente aquelas que ocorrem ao ar livre (Tabela 13.2). Os poluentes resultantes são igualmente diversos e exigem uma variedade de sistemas de tratamento. Assim como com outros impactos ambientais, diferentes parceiros de serviço causam diferentes impactos. A operadora aeroportuária possui um papel central em coordenar o sistema de gestão ambiental com o qual todos os parceiros de serviços têm que se envolver.

TABELA 13.2 As principais atividades ao ar livre associadas às operações aeroportuárias que causam a contaminação de água superficial ou subterrânea e as medidas essenciais para minimizar a poluição

Atividade	Possíveis fontes de poluição das águas
Manuseio de aeronaves em terra	Combustível, óleos, esgoto
Lavagem de aeronaves, veículos e pontos de estacionamento	Detergentes, óleos, sólidos, resíduos de carbono, metais pesados
Manutenção do aeródromo	Resíduos de borracha das pistas de pouso e decolagem Óleos, substâncias químicas de remoção de tinta, querosene, solventes Atividades agrícolas, incluindo fertilizantes, pesticidas e herbicidas
Operações de inverno	Degelo de aeronaves e da pista de pouso e decolagem, substâncias químicas usadas no degelo, ureia
Treinamento de serviços de bombeiros	Óleo e espumas anti-incêndio

O controle eficiente da poluição de água superficial e subterrânea inclui o desenvolvimento de uma infraestrutura específica e práticas operacionais, a seleção de materiais apropriados e a implementação de procedimentos rígidos de manuseio e resposta a derramamentos. Deve-se tentar minimizar o uso de mais substâncias químicas tóxicas por meio do planejamento. Por exemplo:

- As quantidades de materiais usados no degelo nas operações de inverno podem ser minimizadas com uma melhor previsão do tempo e a aplicação de substâncias químicas somente quando e onde elas forem necessárias.
- Podem ser introduzidas mudanças nas práticas operacionais para reduzir o uso de substâncias químicas, por exemplo, recolhendo restos de lubrificantes em vez de usar agentes desengordurantes, sugando derramamentos de óleo ou usando areia em vez de solventes.
- A compra de materiais e produtos menos danosos em termos ambientais (ecológicos) que podem ser identificados a partir das informações técnicas dos fabricantes ou da especificação de critérios ambientais específicos ao selecionar fornecedores (*Schiphol Airport Purchase and Supply Chain Management*; disponível em www.schiphol.nl/SchipholGroup/CorporateResponsibility/ CRAtSchiphol/PurchaseAndSupplyChainManagement1.htm; acessado em junho de 2012). É importante, no entanto, que esses novos produtos tenham as mesmas características de desempenho (ou características apropriadas), sejam adequados para o uso em aeródromos e sejam usados de acordo com as instruções dos fabricantes.

Os procedimentos de armazenamento e manuseio precisam ser claramente e rigidamente documentados, com treinamentos e conscientização oferecidos aos principais membros da equipe de funcionários. Isso pode reduzir o risco de poluição devido a derramamentos acidentais de substâncias químicas armazenadas.

A propriedade do aeroporto é dividida em diferentes áreas de drenagem que alimentam sistemas de drenagem subterrâneos. A distribuição geográfica dos pátios de aeronaves, pistas de taxiamento, pistas de pouso e decolagem, edifícios dos terminais e manutenção, e outros elementos infraestruturais em todo o local pode determinar que áreas de drenagem provavelmente estarão sujeitas a diferentes riscos em termos de poluição de águas de superfície e subterrâneas. Tanques reservatórios subterrâneos podem ser designados para reter água e permitir a hidrólise de substâncias químicas antes de elas serem liberadas no local. Essas mesmas instalações podem coletar água altamente poluída proveniente da carga de lavagem ou *first flush* (leve precipitação intermitente) e armazená-la até que uma precipitação mais pesada dilua os poluentes.

O monitoramento automatizado de sistemas de desvio de fluxos podem permitir que a água seja liberada em rios e riachos quando os níveis de poluentes estiverem dentro de padrões aceitáveis. A alternativa pode ser descarregá-la no esgoto de águas pluviais, mas isso pode incorrer em custos significativos; consequentemente, o tratamento no local pode ser mais eficiente. Na busca de soluções mais sustentáveis, os aeroportos estão cada vez mais recorrendo a sistemas naturais de tratamento de águas, como plantar leitos de juncos, através dos quais a água de superfície é canalizada (Revitt et al. 1997), reduzindo, dessa forma, tanto o uso de substâncias químicas quanto os processos industriais.

Adaptação a mudanças climáticas

O relatório *Stern Review* (Stern 2007) concluiu que as evidências de mudanças climáticas são impressionantes, que as mudanças climáticas apresentam uma séria ameaça global à humanidade e que as atividades humanas estão contribuindo para o fenômeno. Hoje é amplamente aceito por cientistas e políticos que, para evitar mudanças irreversíveis e perigosas no clima do planeta Terra, o aumento médio da temperatura global precisa se limitar a um máximo de 2ºC acima dos níveis pré-industriais (UNFCCC 2011). Dessa forma, a conferência da ONU em Bali, em 2007, conseguiu que toda a comunidade internacional chegasse a um consenso pela primeira vez sobre a necessidade de cortar as emissões globais de dióxido de carbono em 50% até 2050. Além disso, alguns governos começaram a orientar todos os setores da economia para que eles façam planos para um clima em modificação, e então começaram a surgir estratégias de adaptação às mudanças climáticas. Por exemplo, em 2010, o governo do Reino Unido publicou uma ordem exigindo que seus sete maiores aeroportos e todos os aeroportos escoceses avaliassem o risco de mudanças climáticas para suas responsabilidades estatutárias e apresentassem planos de adaptação a essas ameaças (DEFRA 2009). Diversos desses planos foram publicados na Internet e oferecem uma metodologia de avaliação de riscos de mudanças climáticas (http://archive.defra.gov.uk/environment/climate/documents/ adapt-reports/08aviation/stansted-airport.pdf).

Fatores-chave ao determinar as respostas apropriadas a esse desafio são:

- As consequências das mudanças climáticas
- O grau de certeza das mudanças e as escalas de tempo ao longo das quais elas provavelmente ocorrerão

- Implicações para a infraestrutura aeroportuária, operações e capacidade
- A magnitude do impacto sobre os negócios
- O tempo levado com ações de mitigação e seu custo

Existe um considerável volume de pesquisas sobre o impacto das emissões dos motores de uma aeronave no clima, e a atenção agora está se voltando para as prováveis implicações das mudanças climáticas propriamente ditas para o crescimento e desenvolvimento futuro da indústria e, portanto, dos aeroportos (Eurocontrol 2010, 2011; NATS 2011).

Embora seja difícil generalizar mudanças prováveis no clima que ocorrerão em todo o mundo, as principais consequências estão resumidas na Tabela 13.3, junto com os níveis atuais de certeza científica.

É digno de atenção que, embora alguns desses impactos (como o aumento do nível do mar) possam não se tornar extensos nos próximos 50 a 100 anos, alguns aeroportos costeiros já estão testemunhando evidências desse fenômeno. Outras mudanças listadas na tabela também já estão se manifestando em aeroportos de diferentes partes do mundo; todas elas provavelmente terão um impacto nas operações aeroportuárias dentro de um horizonte de planejamento de 30 anos e precisam ser consideradas agora.

Os níveis globais do mar provavelmente aumentarão de 0,2 a 0,5 metros até 2100 (no cenário de um nível médio de emissões) (IPCC 2007). Isso, quando associado à maior quantidade de temporais, resultaria em inundações mais frequentes e temporais repentinos causariam a erosão costeira e a subsidência do solo. Essa ameaça pode se aplicar não somente à infraestrutura de aeroportos costeiros, mas também ao longo das rotas de acesso de transportes terrestres. Um estudo realizado pela Eurocontrol (2009), trabalhando com o U.K. Met Office, revelou 34 aeroportos em toda a

TABELA 13.3 Consequências prováveis das mudanças climáticas e seu nível de certeza

Implicações das mudanças climáticas	Nível de certeza
Aumento do nível do mar	Praticamente certo
Aumento da temperatura (particularmente em regiões árticas)	Praticamente certo
Início tardio do gelo, degelo precoce	Praticamente certo
Aumento do número de dias muito quentes	Praticamente certo
Aumento de ondas repentinas de calor	Muito provável
Maior número de eventos de precipitação extrema	Muito provável
Aumento das secas em algumas áreas	Provável
Mudanças nos padrões de precipitação, nas estações e inundações	Provável
Aumentos na intensidade de furacões	Provável
Aumento na intensidade de temporais de estações frias	Provável
Aumentos nos ventos, ondas e temporais repentinos	Provável

Fonte: Adaptado de IPCC (2007).

Europa que seriam afetados; ao mesmo tempo, a ICAO identificou em torno de 150 aeroportos em todo o mundo que potencialmente seriam afetados (ICAO 2010), inclusive alguns aeroportos de grande porte situados em capitais. Surgiram relatórios de danos significativos que já estão sendo causados a aeroportos costeiros de terrenos baixos na Noruega e de propostas para transferir o aeroporto de São Francisco, nos EUA, para um novo local, devido à ameaça de longo prazo do aumento do nível do mar.

O aumento das temperaturas, ondas de calor prolongadas e invernos mais curtos terão uma ampla variedade de implicações para os aeroportos:

- Novas especificações de projeto serão necessárias para futuros terminais de aeroportos e para a modernização de terminais existentes para melhorar a eficiência térmica e reduzir as exigências energéticas para o conforto dos passageiros
- A infraestrutura existente terá que ser reformada com novos materiais de construção, como, por exemplo, pistas de taxiamento e outras instalações que derretem em períodos de calor prolongado (já relatado por um aeroporto no Reino Unido).
- O derretimento da base do gelo permanente do subsolo resultará na subsidência de pistas de pouso e decolagem e outras instalações de infraestrutura aeroportuária – particularmente nas regiões Ártica e Antártica. Por exemplo, em Svalbard, Noruega, a profundidade até a camada de gelo permanente do subsolo aumentou de 2,5 metros em 1973 para 4,5 metros em 2009, com o resultado de que o solo está mais macio e a pista de pouso e decolagem está começando a ceder. Temperaturas mais altas significarão uma diminuição na elevação das aeronaves, exigindo pistas mais longas em alguns aeroportos, mudanças no tipo de aeronave ou na *payload* máxima e, possivelmente, mudanças na configuração do espaço aéreo com consequências em termos de impactos de ruídos nas comunidades próximas.

De modo similar, as mudanças na precipitação afetarão as operações aeroportuárias e as exigências de projeto arquitetônico. Por exemplo:

- A maior quantidade de precipitação e chuvas extremas ameaçarão a integridade de parte da infraestrutura aeroportuária, causando erosão e subsidência e exigindo mais investimentos em escoamento de águas pluviais e proteção de cursos de água subterrâneos e de superfície.
- Mudanças nos padrões ou níveis de precipitação e secas prolongadas ameaçam causar falta de água nos aeroportos que, como indicado anteriormente, poderiam afetar a capacidade e os níveis de qualidade dos serviços prestados.
- Diversos aeroportos já estão relatando chuvas extremas causando a inundação de pátios de aeronaves e edifícios de terminais, levando a atrasos, desvios de rota e interrupções das operações.
- Em áreas secas, os aeroportos enfrentarão incidências cada vez mais frequentes de tempestades de areia, o que, mais uma vez, gera riscos de interrupções nas operações.

Finalmente, a maior quantidade de tempestades tanto nos aeroportos quanto na fase de cruzeiro dos voos também gerarão mais atrasos, desvios de rota e congestionamentos, exigindo melhores previsões do tempo e mais flexibilidade nos sistemas de agendamento.

Biodiversidade

Antigamente, os aeroportos costumavam ser construídos em áreas abertas do interior, próximo a grandes conurbações urbanas e, dessa forma, muitos são cercados por hábitats com rica biodiversidade. Dentro dos limites do aeroporto, as considerações operacionais e de segurança criam um ambiente que é hostil à vida selvagem ou a monoculturas (p. ex.: pradarias). No contexto do desenvolvimento sustentável, os aeroportos não somente têm que gerenciar suas propriedades existentes para promover a biodiversidade e proteger os hábitats, mas sua capacidade de desenvolver novas instalações de infraestrutura também podem ser severamente restringidas por locais sensíveis ou, de fato, espécies que vivem no campo ao redor e que são protegidas por convenções e regulamentações internacionais e nacionais.

O desenvolvimento sustentável exigiria que os aeroportos compensassem seus impactos ecológicos adversos por meio de programas de gestão paisagística e de hábitats, de mitigação e de compensação (p. ex.: MAG 2007b). O desafio de proteger a biodiversidade permitindo, ao mesmo tempo, o crescimento do aeroporto, é exacerbado, no entanto, pela questão do perigo apresentado por pássaros às aeronaves (ver International Bird Strike Committee at www.int-birdstrike.org), embora haja alguns exemplos notáveis em que foi alcançado um equilíbrio bem-sucedido (Anderson 2004).

Sistemas de gestão ambiental

Os aeroportos têm que abordar seus impactos ambientais estrategicamente para maximizar seu potencial de crescimento de longo prazo e, assim, seu valor como ativos comerciais. Abordagens eficientes e apropriadas podem exigir investimentos financeiros significativos em novas infraestruturas, tecnologias e práticas operacionais. Portanto, uma abordagem minuciosa e sistemática (um sistema de gestão ambiental [EMS, *environmental management system*]; ver Sheldon e Yoxon [2006]) é necessária para garantir as respostas mais eficientes em termos de custos. Um EMS permite que um aeroporto preveja e responda a seus impactos ambientais, permitindo que ele compense seu crescimento, evite restrições ambientais de sua capacidade, limite as responsabilidades ambientais, explore vantagens comerciais e maximize os possíveis benefícios financeiros. A International Standards Organization (ISO) define um EMS como uma ferramenta que permite que uma organização:

- Identifique e controle o impacto ambiental de suas atividades, produtos ou serviços
- Melhore seu desempenho ambiental continuamente

- Implemente uma abordagem sistemática para estabelecer objetivos e metas ambientais, para alcançá-los e para demonstrar que eles foram alcançados[5]

Foi descoberto que uma abordagem proativa e preventiva da gestão ambiental é mais eficiente e menos custosa:

- Se um aeroporto infringe normas de emissão de água, há um risco de multas, o custo de medidas corretivas imediatas, a responsabilidade por custos de limpeza ambiental e o impacto comercial negativo resultante de danos à reputação corporativa – todos problemas que podem ser evitados
- Se um aeroporto deixa de planejar o crescimento do tráfego rodoviário reservando terras ou desenvolvendo instalações de trânsito em massa para os passageiros, ele pode, no futuro, ter suas operações restringidas pela legislação local relativa à qualidade do ar

Os principais passos no desenvolvimento de um EMS são genéricos e descritos detalhadamente por Sheldon e Yoxon (2006). A abordagem geral, no entanto, é resumida pelo ciclo de Deming (Figura 13.2), que começa com uma análise sistemática de todos os impactos ambientais e, então, estabelece um sistema cíclico de planejamento, implementação, análise de desempenho, tomada de ações corretivas e revisão criado para desenvolver e compensar o crescimento.

Como demonstrado anteriormente, os impactos ambientais do aeroporto são variados e geralmente surgem em decorrência das atividades de parceiros de serviço (p. ex.: operações de empresas aéreas geram impactos causados por ruídos, empresas de manutenção de aeronaves podem apresentar o maior risco de poluição de água). A operadora aeroportuária, no entanto, desempenha um papel crucial no desenvolvimento das respostas mais apropriadas dadas por meio de um EMS integrado em todo o local para todos os principais impactos ambientais. A lógica por trás disso é que a operadora aeroportuária

- Em alguns países possui responsabilidade jurídica como senhorio pelas atividades de seus parceiros de serviços no local, como, por exemplo, o derramamento de combustível de uma aeronave
- Está na melhor posição possível para oferecer um papel de coordenação abrangente
- É responsável pelo projeto da infraestrutura que determina as práticas operacionais
- É quem melhor pode distribuir benefícios financeiros e ambientais, por exemplo, por meio de uma gestão de resíduos e custos energéticos reduzidos
- Tem interesse em garantir o desenvolvimento sustentável do local e pode precisar tomar decisões estratégicas que exijam compromissos, por exemplo, entre impactos ambientais ou entre as prioridades de diferentes parceiros de serviços

---

[5] Para uma descrição da natureza da abordagem ISO do EMS, ver www.iso.org/iso/iso_14000_essentials.

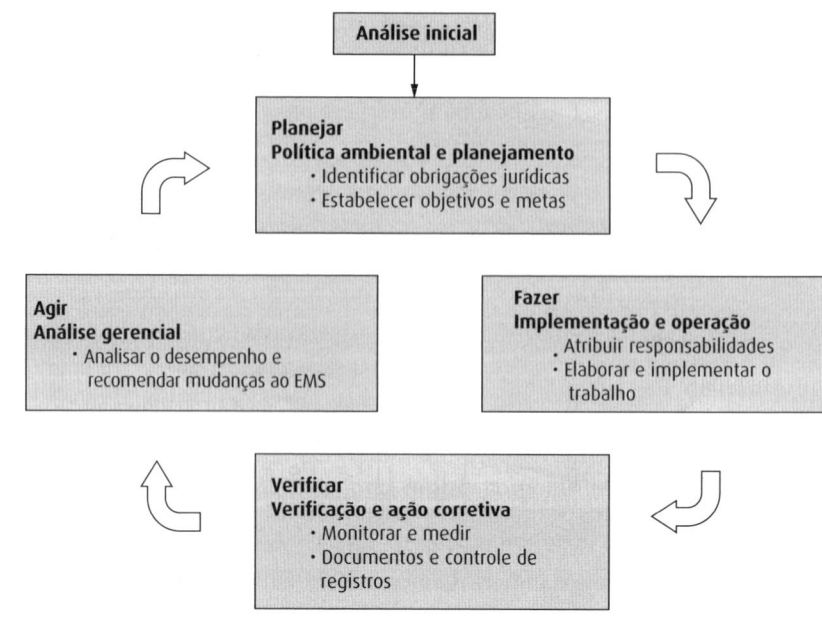

FIGURA 13.2 Os princípios de um EMS – o ciclo de Deming. (Adaptado de Straker, 1995)

- É considerada pelo público geral como "responsável" por todos os impactos associados à sua operação

Uma estratégia de gestão bem-sucedida, portanto, exige que as atividades de todas as partes internas interessadas do aeroporto sejam coordenadas. Dezenas, ou mesmo centenas de diferentes organizações podem, no entanto, estar envolvidas na operação de um único aeroporto, variando de pequenos operadores locais a grandes empresas internacionais com apenas um agente de assistência em terra no local, e isso cria os desafios adicionais de gestão.

A natureza integrada das condições operacionais do aeroporto torna vital que todos os parceiros de serviço estejam envolvidos na implementação do EMS para que os procedimentos sejam abrangentes e seguros. Realizar um processo tão complexo envolvendo tantas organizações exige

- Que as partes interessadas se integrem ao processo
- O estabelecimento de um forum ambiental que envolva todo o aeroporto
- A introdução de sistemas de gestão ambiental colaborativa (CEM, *collaborative environmental management*) e tomada de decisões colaborativas (CDM, *collaborative decision-making*) (descritos detalhadamente pela European Organization for the Safety of Air Navigation em www.eurocontrol.int)

Atualmente há dois padrões de certificação EMS reconhecidos, o ISO 14001 (www.iso.org), que é aplicável a qualquer setor ou atividade de negócios e reconhecido em todo o mundo e pode se aplicar a toda uma organização ou a um local individual, e o Esquema de Ecogestão e auditoria da UE (EMAS, *Eco-Management and Audit Scheme*; www.iema.net/ems/emas). Os aeroportos que não desejarem se candidatar à acreditação formal podem consultar a enorme quantidade de literatura sobre como estabelecer um EMS (Sheldon e Yoxon 2006).

Conclusão

A relação entre o crescimento do transporte aéreo e o desenvolvimento econômico e social está se tornando cada vez mais importante em decorrência do surgimento de uma economia/sociedade global e do crescimento do turismo internacional. Previsões indicam um forte e sustentado crescimento na demanda ao longo das próximas duas ou três décadas, sugerindo que o desenvolvimento da região de muitas cidades ou mesmo de países estaria ligado ao desenvolvimento de seus aeroportos.

O desenvolvimento sustentável exige que esse crescimento seja compensado com a melhoria do desempenho ambiental, e isso por si só fará uma pressão ainda maior sobre as operadoras aeroportuárias. Mas o desafio será ainda mais significativo, porque está claro que, no futuro, as pressões ambientais aumentarão sobre a indústria da aviação. Essas pressões estarão ligadas a mudanças climáticas, avanços científicos, novas regulamentações, aumento de custos e mudanças no público e nas atitudes políticas. Gerar melhorias contínuas no desempenho ambiental e responder ao surgimento de pressões políticas e regulamentações terá implicações para todos os parceiros de serviços do aeroporto, exigindo uma abordagem colaborativa.

As pressões ambientais são hoje mais evidentes em aeroportos maiores, em regiões do mundo onde a aviação é mais madura, onde pressões e regulamentações ambientais são mais onerosas e onde as expectativas da qualidade de vida são mais altas. Mas prevê-se que o futuro crescimento será maior nas economias emergentes e, especialmente, nos países do BRIC (Brasil, Rússia, Índia e China) (Airbus 2010; Boeing 2010), levando a um desenvolvimento maciço de infraestrutura. Entre 2011 e 2015, a China planeja expandir 91 aeroportos, construir 56 novos aeroportos e transferir 16 deles para novos locais (The Economist 2011). Nesse contexto, é crucial que as operações aeroportuárias em todas as partes do mundo (mas particularmente nas regiões de maior crescimento) tenham uma boa compreensão dos princípios do desenvolvimento sustentável de aeroportos com gestão ambiental em um nível estratégico e operacional. Além disso, os aeroportos precisam desenvolver respostas eficientes em termos de custos junto aos seus parceiros de serviços para sustentar o crescimento continuado.

Referências

Airbus. 2010. *Global Market Forecast 2011–2030*. Blagnac Cedex: Airbus (www.airbus.*com).*

Airports Council International (ACI) Europe. 2004. *York Aviation Study—The Social and Economic Impact of Airports in Europe*. Brussels: ACI (www.aci-europe.aero).

Airports Council International (ACI). 2009. *Guidance Manual: Airport Greenhouse Gas Emissions Management.* Montreal: ACI (www.aci.aero).

Airports Council International (ACI) Europe. 2010. *Effects of Aircraft Emissions on* Air Quality in the Vicinity of European Airports. Brussels: ACI.

Airports Council International (ACI) North America. 2010. *Going Greener: Minimizing Airport Environmental Impacts*. Washington, DC: ACI (www.aci-na.org).

Air Transport Action Group (ATAG). 2008. *The Economic and Social Benefits of Air Transport*. Geneva: ATAG (www.atag.aero).

Anderson, P. 2004. "Conservation Takes Off at Airports." *Land Conservation Management* 2(4): 8–11.

Ashford, N. J., S. Mumayiz e P. H. Wright. 2011. *Airport Engineering: Planning*, Design, and Engineering of 21st Century Airports, 4th ed. Hoboken, NJ: Wiley.

Bennett, M. e D. Raper. 2010. "Impact of Airports on Local Air Quality." In R. Blockley e W. Shyy (orgs.), Encyclopedia of Aerospace Engineering. Hoboken, NJ: Wiley, pp. 3661–3670.

Boeing. 2010. *Long Term Market, Current Market Outlook 2011–2030*. Seattle: The *Boeing Company*. Available at: www.boeing.com.

Committee on Climate Change (CCC). 2009. *Aviation Report*. London: CCC (www.theccc.org.uk).

Department for Environment, Food and Rural Affairs (DEFRA). 2009. *Adapting to Climate Change: Helping Key Sectors to Adapt to Climate Change: Statutory Guidance to Reporting Authorities 2009*. London: DEFRA (www.defra.gov.uk).

Department for Transport (DfT). 2006. *Project for the Sustainable Development of Heathrow: Report of the Air Quality Technical Panels*. London: DfT, HMSO.

Department for Transport (DfT). 2007. *Attitudes to Noise from Aviation Sources in England (ANASE). London: DfT (www.dft.gov.uk)*.

Department of Energy and Climate Change (DECC). 2008. *Climate Change Act 2008*. London: HMSO (www.legislation.gov.uk).

Ekins, P. e S. Simon. 1998. "Determining the Sustainability Gap: National Accounting for Environmental Sustainability." In P. Vaze (ed.), *UK Environmental Accounts 1998*. London: HMSO, pp. 147–167.

Eurocontrol. 2003. *The Concept of Airport Environmental Capacity: A Study for Eurocontrol. Brussels: Eurocontrol (www.eurocontrol.int)*.

Eurocontrol. 2009. *Attitudes to Aircraft Noise Around Airports (5A)*. Paris: Eurocontrol *(www.eurocontrol.int)*.

Eurocontrol. 2010. *"Challenges of Growth" Environmental Update Study: Climate Adaptation Case Studies. Brussels: Eurocontrol (www.eurocontrol.int)*.

Eurocontrol. 2011. *"Challenges of Growth" Environmental Update Study: Climate Adaptation Case Studies. Eurocontrol Commentary. Brussels: Eurocontrol (www.eurocontrol.int)*.

Federal Aviation Administration (FAA). 2007. *Air Quality Procedures for Civilian Airports and Air Force Bases*. Washington, DC: FAA (www.faa.gov).

Francis, G., I. Humphreys e J. Fry. 2002. "The Benchmarking of Airport Performance." Journal of Air Transport Management 8: 239–247.

Hume, K. I., D. Terranova e C. N. Thomas. 2001. "Complaints and Annoyance Caused by Airport Operations: Temporal Patterns and Individual Bias." *Noise and Health* 4(15): 45–55.

Hume, K. I., H. Morley e C. S. Thomas. 2003. *Review of Complaints and Social* Surveys at Manchester Airport: Attitudes to Aircraft Annoyance Around Airports (EEC/SEE/2003/004). Brussels: Eurocontrol (www.eurocontrol.int).

Intergovernmental Panel on Climate Change (IPCC). 2007. "Working Group I: The Physical Science Basis." In *Fourth Assessment Report: Climate Change 2007*. Geneva: IPCC.

International Civil Aviation Organization (ICAO). 2002. *The Economic Contribution of Civil Aviation*. Montreal: ICAO (www.icao.org).

International Civil Aviation Organization (ICAO). 2008. *Recommended Method for* Computing Noise Contours Around Airports (Document No. 9911). Montreal: ICAO (www.icao.org).

International Civil Aviation Organization (ICAO). 2007. *Guidance on Aircraft Emission Charges Related to Local Air Quality* (Document No. 9884). Montreal: IACO (www.icao.org).

International Civil Aviation Organization (ICAO). 2010. Resolution A37-19: *Consolidated Statement of Continuing of ICAO Policies and Practices Related to Environmental Protection: Climate Change*. Montreal. IACO.

International Civil Aviation Organization (ICAO). 2011a. *Airport Air Quality Manual* (Document No. 9889). Montreal: IACO.

International Civil Aviation Organization (ICAO). 2011b. *Guidance Material for the Development of States' Action Plans: Towards the Achievement of ICAO's Global Climate Change Goals*. Montreal: IACO.

Lee, D. S., G. Pitari, V. Grewe, K. Gierens, J. E. Penner, A. Petzold, M. J. Prather, U. Schumann, A. Bais, T. Berntsen, D. Iachetti, L. L. Lim e R. Sausen. 2009a. "Transport Impacts on Atmosphere and Climate: Aviation." *Atmospheric Environment* 44(37): 4678–4734.

Lee, D. S., D. W. Fahey, P. M. Foster, P. J. Newton, R. C. M. Witt, L.L. Lim, B. Owen e R. Sausen. 2009b. "Aviation and Global Climate Change in the 21st Century." Atmospheric Environment 43: 3520–3537.

Manchester Airports Group (MAG). 2007a. *Community Plan: Part of the Manchester Airport Master Plan to 2030*. Manchester: MAG (www.manairport.co.uk).

Manchester Airports Group (MAG). 2007b. *Manchester Airport Environment Plan:* Part of the Manchester Airport Master Plan to 2030. Manchester: MAG (www.manairport.co.uk)

Manchester Airports Group (MAG). 2011. *Sustainability Report 2010/11*. Manchester: MAG (www.manairport.co.uk).

Natrass, B. e M. Altomare. 1999. *The Natural Step for Business: Wealth, Ecology and the Evolutionary Corporaton*. Gabriola Island, Canada: New Society Publishers. National Air Traffic Services (NATS). 2011. Climate Change Adaptation Report, July 2011. London: NATS.

Oxford Economic Forecasting (OEF). 2006. *The Economic Contribution of the Aviation Industry in the UK*. Oxford, UK: OEF.

Revitt, D. M., R. B. E. Shutes, N. R. Llewellyn e P. Worrall. 1997. "Experimental Reedbed Systems for the Treatment of Airport Runoff." *Water Science and Technology* 36(8): 385-390.

San Francisco International Airport (SFO). 2010. *Climate Change Action Plan 2010*. San Francisco: SFO.

Sheldon, C. e M. Yoxon. 2006. *Environmental Management Systems: A Step-by-Step Guide to Implementation*, 6th ed. London: Earthscan.

Stern, N. 2007. *The Economics of Climate Change: The Stern Review.* Cambridge, UK: Cambridge University Press.

Straker, D. 1995. *A Toolbook for Quality Improvement and Problem Solving.* London: Prentice-Hall.

Sutcliffe, M., P. D. Hooper e C. S. Thomas. 2005. "Exploring the Potential for the Commercial Application of Ecological Footprinting Analysis: An Airport Case Study." *Proceedings of the Business Strategy and the Environment Conference*, Leeds University, September 5 and 6 (online); available at: www.crrconference.org/ downloads/sutcliffe.pdf.

Thomas, C. 2005. "Environmental Issues and Their Impact upon the Market Value of Airports." *Airport Investor Monthly* 11 (www.centreforaviation.com).

Thomas, C. S., K. I. Hume e P. D. Hooper. 2004. "Aircraft Noise, Airport Growth and Regional Development." In *Proceedings of the Royal Aeronautical Society/ American Institute of Aviation Acoustics Conference,* Manchester, May 10–12.

Thomas, C. S., J. A. Maughan, P. D. Hooper e K. I. Hume. 2010. "Aircraft Noise and Community Impacts." In R. Blockley e W. Shyy (orgs.), *Encyclopedia of Aerospace Engineering*. Chichester, UK: Wiley, pp. 3599–3606.

Transportation Research Board (TRB). 2008. *Ground Access to Major Airports by Public Transportation* (ACRP Report 4). Washington, DC: TRB (www.trb.org).

United Nations Framework Convention on Climate Change (UNFCCC). 2011. *Report of the Conference of the Parties on Its Sixteenth Session, Held in Cancun from 29 November to 10 December 2010*, Part Two: "Action Taken by the Conference of the Parties at Its Sixteenth Session: Decisions Adopted by the Conference of the Parties." Bonn, Germany: UNFCCC, p. 3.

Upham, P. 2001. "A Comparison of Sustainability Theory with UK and European Airports Policy and Practice." *Journal of Environmental Management* 63(3): 237–248.

Upham, P., C. Thomas, D. Gillingwater e D. Raper. 2003. "Environmental Capacity and Airport Operations: Current Issues and Future Prospects." *Journal of Air Transport Management* 9: 145–151.

Von Weizsäcker, E. U., A. B. Lovins e L. H. Lovins. 1998. *Factor Four: Doubling Wealth, Halving Resource Use.* London: Earthscan Publications.

Wigstrand, I. 2010. *The ATES Project: A Sustainable Solution for Stockholm-Arlanda Airport.* Available at: http://intraweb.stockton.edu/eyos/energy_studies/ content/docs/effstock09/Session_6_3_ATES_Applications/55.pdf.

World Business Council for Sustainable Development (WBCSD) and World Resources Institute (WRI). 2004. *The Greenhouse Gas Protocol: A Corporate Accounting and Reporting Standard*, Revised Edition. Geneva, WBCSD and Washington D.C., WRI.

World Commission on Environment and Development WCED. 1987. *Our Common Future.* Oxford, UK: Oxford University Press.

World Health Organization (WHO). 2011. *Burden of Disease from Environmental Noise: Quantification of Healthy Life-Years Lost in Europe.* Geneva: WHO.

Índice

Nota: Os números de páginas referentes a figuras ou tabelas estão em *itálico*.

11 de setembro de 2001, 190, 194–195, 220–221, 311

A

ACAP. *Ver* Características de Aeronaves para o Planejamento de Aeroportos (*Aircraft Characteristics for Airport Planning*)
Acesso
  congestionamento, 257
  controle dentro e em todas as instalações do aeroporto, 208–211
  portões, 212–214
  segurança com portão para funcionários, 211–212
  veicular, 211–213
Acesso ao aeroporto:
  atributos selecionados na escolha do modo de acesso pelos passageiros por ordem de importância, 284–285
  baias de ônibus no LHR, 280–282
  como parte do sistema aeroportuário, 257–259
  comprimento de calçada de acesso por milhão de passageiros por ano, 272
  conclusões, 284–286
  de automóvel ou táxi por aeroportos selecionados, 263
  demanda por estacionamento relacionada a passageiros de origem – anualmente e em horário de pico, 271
  divisão modal para ônibus, 285–286
  duração do voo e permanência dos passageiros no terminal, 267–268
  efeito de uma conexão de trânsito rápido na divisão de modos de acesso no LHR, 278–279
  estacionamento remoto de ônibus de aeroporto de *resort* caribenho, 281–282
  fatores que influenciam a escolha do modo de acesso, 283–285
  horário de check-in, 269
  horários de atividade na calçada de acesso, 274
  interação com a operação do terminal de passageiros, 264–270
  localização da estação de trem subterrâneo (trânsito rápido) em relação aos terminais no LHR, 277–278
  modos, 270–283
  padrões de tráfego rodoviário e de passageiros aéreos, 264
  passageiros com origem ou destino no distrito empresarial central, 262
  proporção de passageiros, funcionários, visitantes, acompanhantes, 261
  recomendações de provisão de estacionamento, 272
  restrições de capacidade para, 258
  tempo de permanência dos passageiros no terminal e influência no, 266
  tempo de permanência dos passageiros no terminal para jornadas de acesso de longas e curtas distâncias, 266
  terminais na cidade e terminais fora do aeroporto, 282–284
  tipo de voo e permanência dos passageiros no terminal, 267–268
  usuários e escolha modal, 260–264
  voos perdidos e influência no tempo de permanência dos passageiros nos terminais, 269
ACI. *Ver* Conselho Internacional de Aeroportos (Airports Council International)
Acidentes:
  causas de, 329
  definição, 325
  modelo de causas de, *326*
  relatórios, 325
  segurança e, 78–79
Adjacências, componentes espaciais e, 180–183
Administração operacional:
  configuração esquemática de um aeroporto, *288*
  considerações organizacionais, 294–298
  contexto estratégico, 287–292
  das operações aeroportuárias e abordagem tática, 293–295
  determinantes da eficiência de serviços, 292
  e gestão do desempenho operacional, 296–310
  estrutura organizacional de gestão aeroportuária baseada em SBUs, 295–296
  estrutura organizacional tradicional dos aeroportos, 294–295

fatores essenciais ao sucesso para um alto desempenho e, 309–310
mapa de experiência do cliente, 295–297
plano de estratégia empresarial do aeroporto, 290, 291
plano de prestação de serviços, 298–299
Aer Rianta, 158–159
Aeródromos:
  anexo 14 da ICAO, 313–314
  níveis e avaliações de segurança, 317–319
  nível aceitável de segurança, 318–321
  SMSs, 315–321
Aeronave de longo alcance (ER, *extended-range aircraft*), 5–7
Aeroporto Amsterdã Schiphol, 14–15, *21*, *50–51*, 129, 149, 157
Aeroporto Chicago O'Hare, 2–3, 13, *42–43*, 129, 149, 259
Aeroporto de Abu Dhabi, 16–17, 390–391
Aeroporto de Atenas Spata, 17–18, *50–51*, 391
Aeroporto de Auckland, 369–371, *370–372*
Aeroporto de Bridgetown, *50–51*
Aeroporto de Bruxelas, *50–51*, 261
Aeroporto de Cardiff, 17–18
Aeroporto de Copenhage, 6–7
Aeroporto de Dublin, 372–374, *373–374*
Aeroporto de Dusseldorf, *50–51*
Aeroporto de Faro, *50–51*
Aeroporto de Frankfurt, 13, *50–51*, 129, 155, 157, 261
  estrutura administrativa e de funcionários do, 20
  Lufthansa no, 58
Aeroporto de Gatwick, 6–7, 48–49
Aeroporto de Glasgow, 212–214
Aeroporto de LaGuardia, 271
Aeroporto de Luton, Reino Unido, 17–18
Aeroporto de Madrid Barajas, *13–14*, 14–15, *50–51*
Aeroporto de Miami, *50–51*, 184–185
Aeroporto de Montego Bay, *50–51*
Aeroporto de Moscou Domodedovo, 212–214
Aeroporto de Munique, 48–49, *92*, 377–379
Aeroporto de Newcastle, 6–7, 16–17
Aeroporto de Orlando, *38–39*, *50–51*, 157
Aeroporto de Punta Cana, República Dominicana, 16–17
Aeroporto de Sacramento, 16–17, *22*
Aeroporto de Shannon, 14–15
Aeroporto de Zagreb, 377–379
Aeroporto de Zurique, 44–46, 261, 385–386
Aeroporto Internacional de Atlanta Hartsfield-Jackson, 129, *150*, *184–185*

Aeroporto Internacional de Beijing, 369–372, *371–372*, *372–374*
Aeroporto Internacional de Fort Lauderdale-Hollywood, 372–375, *374–375*
Aeroporto Internacional de Kuala Lumpur, 264, 374–375, *375–376*
Aeroporto Internacional de Los Angeles. *Ver* LAX
Aeroporto Internacional de Manchester, 6–7, 16–17, *50–51*, 129, 386–388
Aeroporto Internacional de São Francisco, 262, 398–399
  estrutura organizacional do, 23
  padrões de tráfego rodoviário e de passageiros aéreos na área da Baía de São Francisco, 264
Aeroporto Internacional de São Paulo Guarulhos (GRU), *40*, 238–239
Aeroporto Internacional de Tampa, *11*, 184–185, 267–268
Aeroporto Internacional de Toronto, 173
Aeroporto Internacional de Xangai, *12*, 264
Aeroporto JFK, 43–46, 58
Aeroporto Knock, Irlanda, 16–17
Aeroporto Nacional de Washington, D.C., 4–5, 57
Aeroportos. *Ver também aeroportos específicos*
  atividades não aeronáuticas nos, 15–17
  capacidade de gerar receitas dos, 14–17
  características de desempenho das aeronaves influenciadas pelos, 60–88
  como um sistema, 1–9
  configuração esquemática dos, 288
  de escala, 46–47
  diferenças de pico nos, 37–38
  estrutura organizacional dos, 294–295
  função dos, 7–10
  horários – ponto de vista dos, 57–58
  plano de estratégia empresarial, 290, 291
  programas de segurança para típicos, 212–221
Aeroportos africanos, 44–46
Aeroportos de aviação geral no Reino Unido, 5–7, *6–7*
Aeroportos de grande porte:
  desregulamentação dos, 3–4
  em Washington, D.C., 4–5
  número de funcionários em, 2–3
  organização de, 7–10
  organizações influenciadas pelos, 2–3
  privatização dos, 3–7, 23–26
Aeroportos de Paris, 37
Aeroportos e Navegação Aérea (ANA) de Portugal, 24–25
Aeroportos internacionais de entrada, no Reino Unido, 5–7, *6–7*
Aeroportos regionais no Reino Unido, 5–7, *6–7*

Agência Federal de Aviação (FAA, Federal Aviation Administration), 35–36
  bancos e, 59
  e disponibilidade de aeronaves, 46–48
  e *slots* de pista, 44–46
  e TPHP, 35–36
  hubs e, 58
Água:
  fontes de poluição, 396
  poluição de águas subterrâneas, 395–397
  uso de, 391–393
AIP. *Ver Publicações de Informações Aeronáuticas* (AIP, *Aeronautical Information Publications*)
AIPs. *Ver Publicações de Informações Aéreas* (AIP, *Air Information Publications*)
Air Canada, 173
Air India, 190, 207–208
Air waybill (conhecimento de embarque aéreo), 229–232, 230–233
Airbus:
  A380, 5–7, 84–85, 87–88, 94
  Airbus A380, 5–7, 84–85, 87–88, 94
  B747-8F, 239–244
  balanceamento, 166
  balizamento por sinaleiro de solo, 96
  Boeing, 5–7, 46–48, 62–67, 77–78
  carregando com composição de voo, 124–126
  carregando ULDs no, 127
  dados, 68
  disponibilidade de, com agenda de empresas aéreas, 46–48
  disposição dos contêineres em aeronaves de corpo largo e estreito, 234–235
  ER, 5–7
  influências do aeroporto em, 60–71
  peso do, 49–50, 166
  posição de estacionamento isolada, 212–214
  SBR, volume anual de hora-pico e de dia-pico, 32–34
  tecnologia com aeronave ER bimotor, 5–7
  típico diagrama de *payload*-alcance, 64–65
  trator de reboque, 96, 97
AKE, ULDs, *125*
AKH, ULDs, *125*
Alcance visual da pista de pouso (RVRs, *runway visual ranges*):
  pistas de aproximação de precisão com DHS e, 81–82
Alemanha, 16–17, 37
Alianças entre empresas aéreas, 13–15
Alturas de decisão (DHs, *decision heights*), 81–82
American Airlines, 14–15, 119
Analista de operações, AOCCs, 367–369
Anexo 13–14, 82–83, 313–314

Anexo 15–16
Anexo 16–17, 191–193, 214–215. *Ver também* Normas
Animais, 225
Anexo 14–15
AOCCs. *Ver* Centros de controle de operações aeroportuárias
AOCS. *Ver* Sistemas de controle de operações aeroportuárias
Aproximação:
  desempenho de aeronaves na aterrissagem e, 75–78
  DHs e RVRs para pistas de aproximação de precisão, 81–82
  operações aeroportuárias e aproximação tática, 293–295
Aquaplanagem, 85–86
Aquecimento/Resfriamento, 100–102
Área de estacionamento, 212–214
  acesso e recomendações de provisão de, 272
  demanda anual por estacionamento relacionada a passageiros de origem, 271
Área de recepção do aeroporto, 38–39
Área que exige identificação de segurança (SIDA, *security identification display area*), 208–211
Áreas de inspeção centralizadas, *199–201*
Áreas de inspeção descentralizadas, 199–201
Áreas de jurisdição, SMSs, *332–333*
Armazenamento, manuseio de bagagem e, 124, 133–135
Armazenamento de bagagem feito por guindastes, *134*
Ashford, N.J., 60–61, 289
Ásia. *Ver também países específicos na Ásia*
  mercado de cargas e globalização na, 224
  pistas de pouso e decolagem na, 44–46
Assistência em terra:
  aeronave balizada por sinaleiros de terra, 96
  área de *check in* designada para a empresa aérea, 91
  assistência a passageiros e, 89–94
  assistência na rampa e, 94–98
  caminhão de *catering* em posição de abastecimento, 103
  caminhão tanque abastecedor no pátio de aeronaves, 98
  carregador móvel de combustível, 99
  configuração da rampa, 102–105
  controle de eficiência, 110–111
  controle de partidas, 105–106
  CUTE, guichês de *check-in* de passageiros, 92
  diagrama de trajetória crítica, 105
  divisão das responsabilidades, 107–110

efeito de avarias e atrasos sobre o despacho, 106
escadas de passageiros da empresa aérea, 93
escopo da, 90
geral, 111–114
lista de verificação para monitorar a eficiência da, 112–114
ônibus de transporte de passageiros no pátio de aeronaves, 95
ponte telescópica elevadora de passageiros, 93
sala de embarque móvel para transporte pelo pátio de aeronaves, 95
serviços de manutenção de aeronaves na rampa e, 98–102
suprimento de energia elétrica a partir de um cabo no pátio de aeronaves, 100
trator de reboque de aeronaves, 96, 97
três pontes telescópicas atendendo um A380, 94
unidade fixa de resfriamento de solo conectada a uma ponte telescópica, 101
veículo de degelo/lavagem, 100, 101
veículo móvel de arranque pneumático de motores, 97
Associação Internacional de Transporte Aéreo (IATA, International Air Transport Association), 13, 44–46, 56–57, 117
AT&T, Centro de Operações da Rede Global, 344, 345, 346
ATC. *Ver* Controle do tráfego aéreo
Aterrissagem:
  como uma função operacional relacionada à empresa aérea, 168–169
  desempenho da aeronave na aproximação e, 75–78
  desempenho da aeronave na aterrissagem automática, 80–85
Atividades não aeronáuticas, 15–17
Auto-atendimento:
  despacho de bagagem (*bag drop*), 122
  guichês de manuseio de bagagem, 120
Automóveis, *263*, 270–273
Autoridade aeroportuária do Brasil, 16–17
Autoridades aeroportuárias:
  BAA, 5–9, 13–14, 32–33, 307–309
  Brasil, 16–17
  Dublin, 16–17
  INFRAERO, 16–17, 238–239
  Irlanda, 16–17
  Metropolitan Washington, 4–5
  PANYNJ, 16–17, 23–25
Avaliação Multiagências de Riscos e Ameaças (MATRA, *Multi-Agency Threat and Risk Assessment*), 196–197
Aviation and Transportation Security Act of 2001, 194–195

Aviso aos Aviadores (NOTAMS, *Notices to Airmen*), 70–71, *169*, *172*, *324–325*, *357*

B

B747-8F, *payload* máxima, 239–244
BAA, 13–14
  histórico e resumo de questões regulatórias, 307–309
Bagagem de mão:
  inspeção centralizada e descentralizada, 198–202
  inspeção e revista, 197–208
  máquinas de raio X, 206–207
  ponto de inspeção de segurança, 199–208
Bahamas, 48–49
Balanceamento:
  de aeronaves, 166
  e compensação, 169
Balizamento, 95–96
Bancos, 59
Benchmarking, 308–310
Biodiversidade, 399–400
Birmingham, 6–7, 149
Bisignani, Giovanni, 117
Boeing, 5–7, 222
  dados de massa para a variante de maior peso bruto, 62–63
  MSG-3, 46–48
  777-300ER com diagrama de *payload*-alcance, 63–64
  777-300ER e tabela de comprimento da pista de decolagem, 65–67
  777-800 e desempenho de distância de pouso, 77–78
Bolsa de Valores de Londres (*London Stock Exchange*), 6–7, 307–308
Bombas, 190, *202–204*, 212–214
Boston Logan, 261
Brasil, 234–237
Briefing, tripulação de voo, 169–172
Bristol, 6–7
British Airports Authority, 5–7
  histórico e resumo de questões regulatórias, 307–308
  SBR e, 32–33
  sistema *laissez-faire* e, 6–9
British Airways, 14–15, 58, 173
Busiest timetable hour (BTH), 35–36
Busy-hour rate (BHR), 35–36, *35–36*

C

CAA. *Ver* U.K. Civil Aviation Authority
Cairo, 44–46

Calçada de acesso, *272, 274*
Caminhão tanque abastecedor no pátio de aeronaves, *98*
Caminhões:
  catering, 103
Capacidade de receitas dos aeroportos, 14–17
Capacidade declarada, 44–47
Características de Aeronaves para o Planejamento de Aeroportos (ACAP, *Aircraft Characteristics for Airport Planning*), 64–65
Características de performance de aeronaves:
  aeronaves e, 60–71
  Airbus A380, 87–88
  aproximação e aterrissagem, 75–78
  aterrissagem automática, 80–85
  Boeing 777-300ER
  Boeing 777-800 desempenho da distância de pouso, 77–78
  considerações de segurança, 77–81
  dados de aeronaves, 68
  dados de massa do maior peso bruto de um Boeing, 62–63
  DHs e RVRs para pistas de aproximação de precisão, 81–82
  diagrama de *payload*-alcance, 63–64
  distâncias declaradas da pista de pouso e decolagem, 70–71
  exigência de gradiente bruto de subida, 72–74
  fase dos dados de voo, 78–79
  influências do aeroporto nas, 60–88
  operações em intempéries climáticas, 84–87
  partida, 70–76
  segmentos de trajetória de decolagem, 72–74
  superfícies de limitação de obstáculos, 83–84
  tabela de comprimento da pista de decolagem para um Boeing 777-300ER, 65–67
  típico diagrama de *payload*-alcance, 64–65
  tradeoff entre restrições operacionais e desempenho causados pelas regulamentações, 80–81
Carga, inspeção e revista, 208–210
Cargas, combustível, 61–62
Cargas aéreas:
  interior, 237–239
  participantes e relações com, 227–228
  taxas de crescimento das, 31
Caribe, *48, 49, 281, 282*
Carregador móvel de combustível, *99*
Carregamento:
  como uma função operacional relacionada à empresa aérea, 169
  composição de voo e aeronave, 124–126
  instruções de, 171
Carrossel de esteira plana, *138*

Categorias
  definições dos aeroportos dos EUA, 4–5
  do sistema nacional de aeroportos da Grã-Bretanha, 5–7
Catering, 102, *103*
CBD. *Ver* Distrito comercial central
CDG. *Ver* Paris Charles de Gaulle (CDG)
Centro de Comando SITA, *345, 346*
Centro de gravidade (CG), 61–62
Centros de controle das operações aeroportuárias (AOCCs, *airport operations control centers*):
  Aeroporto de Auckland, 370–372
  Aeroporto de Dublin, 372–374
  Aeroporto de Munique, 377–379
  Aeroporto de Zagreb, 377–379
  Aeroporto Internacional de Beijing, 371–372
  Aeroporto Internacional de Fort Lauderdale-Hollywood, 372–375
  Aeroporto Internacional de Kuala Lumpur, 374–376
  Centro de comando do SITA (*SITA Command Center*), 345, 346
  Centro de operações da AT&T, 344–346
  conceito de, 342–351
  configuração física, 361–362
  configuração típica, 362
  considerações de projeto e equipamentos, 361–365
  das origens ao presente, 344–348
  diagrama de comunicação: remoção da neve, 358
  dinâmica dos AOCS, 350–353
  ergonomia, 363–365
  exigências regulatorias para, 349–351
  filosofia de gestão, 347–348
  função de coordenação, 354–355
  função de monitoramento do desempenho, 358–361
  importância estratégica, 347–350
  LAX, 374–377
  liderança, 368–379
  melhores práticas para implementação, 378–380
  posição/estrutura organizacional, 366–367
  recursos organizacionais e humanos, 364–369
  sistema de gestão de incidentes, 359–360
  sistemas e equipamentos, 362–364
  usuários dos AOCS, 353–354
Changi Singapura, 58
Charlotte, NC, 59
Check-in:
  área designada à empresa aérea para, 91
  configurações dos guichês de, 130

de passageiros CUTE do aeroporto de Munique, 92
despacho de bagagem (*bag drop*) e, 129–130
horários de *check-in* para passageiros antes da partida, 269
mostrando área arrendada para uma empresa aérea, 162–163
na calçada do terminal, 119
opções flexíveis de, para o manuseio de bagagem, 120
procedimentos de, 265–268

Chegadas:
área do balcão de imigração, 174
coleta de bagagem nas, 126–128
desempenho de entrega de bagagem nas, 144–146
quadro de, 181

China, 224

Clima
controle das operações de remoção da neve, 357–358
desempenho da aeronave em intempéries climáticas, 84–16
mudanças climáticas, 396–400

Code of Federal Regulations (CFR), *194–196*

Coleta de bagagem:
carrossel de esteira inclinada, 139
carrossel de esteira plana, 138
na chegada, 126–128
na chegada de bagagem, 138–139

Combustível, 99
aumentos nos preços do petróleo e, 30–31, 222–223
caminhão tanque, pátio de aeronaves, 98
carregador móvel de combustível, 99
carregamentos de, 61–62
decolagem e viagem, 168
peso de zero combustível, 166
reservas, 74–75

Comercialização, horários das empresas aéreas, 47–49

Comercialização da indústria aeroportuária, 304–307

Compensação e balanceamento, 169

Competência dos funcionários, SMSs, 334–336

Componentes de espaço, adjacências e, 180–183

Composição:
carregamento da aeronave e composição de voo, 124–126
lateral, 135
manuseio de bagagem e composição de voo, 135–137
processo de composição por lotes e de composição comprimida, 137

Comunicações:
diagrama de comunicações, remoção da neve 358
SMSs, 334, 340–341

Comunidade:
operações de tráfego aéreo e impacto na, 383–384

Concessões:
modo operacional de, 160–161
resumo de, 16–18

Conexão de cauda a cauda (*tail-to-tail*), 128

Conexão *interline* (*interlining*), 233–234

Conexões:
de chegada e interterminais, 128
índices de, e manuseio de bagagem, 140

Confiabilidade:
da jornada de acesso, 265–267
dos horários das empresas aéreas, 43–44

Congestionamento, acesso, 257

Conselho Aeronáutico (Civil Civil Aeronautics Board), 5–7

Conselho Empresarial Mundial para o Desenvolvimento Sustentável (WBCSD, *World Business Council for Sustainable Development*), 387–388

Conselho Internacional de Aeroportos (ACI, Airports Council International), 26–29
Conhecimento de embarque aéreo (*air waybill*), 229–233

Contexto:
da administração operacional e estratégica, 287–292
do manuseio de bagagem, 116–118
regulatório dos SMSs, 321–322

Controlador, AOCCs, 367–368

Controle das operações de remoção da neve, 357–358

Controle de ruídos
assistência em terra e eficiência, 110–111
assistência em terra e partida, 105–106
de operações de remoção da neve, 357–358
dentro e entre instalações do aeroporto, 208–211
programa de operações, 302–304
segurança e perímetro do aeroporto, 211–214

Controle de voo, 173

Controle do perímetro:
cercamento, 211–213
de áreas operacionais, 211–214
portões de acesso, 212–214

Controle do tráfego aéreo (ATC, *air traffic control*), 39–43
comunidade afetada pelas operações de, 383–384

Convenções sobre segurança, 191–192
Coordenação:
    função de coordenação das operações aeroportuárias, 353–358
Coreia, 183–184, 224, 264
Coreia do Sul, 224
Corporate Accounting and Reporting Standards (WBCSD e WRI), 387–388
Corrida de decolagem disponível (TORA, *takeoff run available*), 69–72, 74–75
Corrida de decolagem requerida (TORR, *takeoff run required*), 67–69, 71–72
Custo:
    LCC, 37–38
    mercado de cargas, 222–223
CUTE. *Ver* Equipamentos de terminal de uso comum

D

Dallas–Fort Worth (DFW), 13, 58, 129, 149, *150*
Decolagem:
    combustível, 168
    como uma função operacional relacionada às empresas aéreas, 166
    comprimento da pista para um Boeing 777-300ER, 65–67
    MTOW, 61–64, 72–74, 166
    slots de aterrissagem e, 44–46
Degelo (*deicing*), lavagem e, 100, *101*
Delta, 119
Deming, ciclo de, 400–401, *401–402*
Departamento de Segurança em Transportes (TSA, Transportation Security Administration), 194–195, 199–202
    funcionários, 124
    ponto de inspeção, 203
Departamento de segurança nacional dos EUA (DHS, Department of Homeland Security), 194–195
Departamentos de linha, 17–18, *19*
Departamentos *staff*, 17–18, *19*
Desafios:
    das operadoras aeroportuárias, 30–31
    do desenvolvimento sustentável, 382–383
Desempenho operacional:
    avaliação externa do, 304–310
    avaliação interna, 303–305
    benchmarking da indústria e, 308–310
    comercialização da indústria aeroportuária e, 304–307
    controle do, 302–304
    e administração operacional, 287–310
    execução do, 300–303
    gestão do, 296–310

panorama econômico regulatório dos aeroportos e, 307–309
planejamento do, 296–301
Desenvolvimento sustentável:
    biodiversidade, 399–400
    consequências e grau de certeza das mudanças climáticas, 397–398
    desafios, 382–383
    e a capacidade ambiental dos aeroportos, 381–406
    energia, 390–391
    fontes poluidoras das águas, 396
    gestão de carbono do aeroporto, 385–390
    gestão de resíduos sólidos, 102, 393–395
    hierarquia da gestão de resíduos, 394
    impactos causados por ruídos, 382–385
    mudanças climáticas, 396–400
    operações de tráfego aéreo e impacto sobre comunidades, 383–384
    poluição de águas subterrâneas e de superfície, 395–397
    princípios de um EMS e ciclo de Deming, 401–402
    problemas, 382–400
    qualidade do ar local, 384–406
    sistemas de gestão ambiental e, 399–403
    uso de água, 391–393
Despacho:
    de voos, 163–165
    efeitos de avarias e atrasos sobre o despacho no pátio de aeronaves, 106
Despacho de bagagem (*bag drop*):
    auto-atendimento, 122
    check-in e, 129–130
    com auxílio de funcionários, 121
    e processos de manuseio de bagagem, 119–123
Desregulamentação:
    de aeroportos de grande porte, no Reino Unido, 6–9
    nos EUA, 5–7, 16–17
Detector de metais portátil (HHMD, *handheld metal detector*), 202–204
Detector de traços de explosivos (ETD, *explosive trace detector*), 202–204
Determinantes do projeto de sistemas, manuseio de bagagem e, 139–141
Dinâmica do AOCS, 350–353
Direitos exclusivos, 159–162
Dispositivos unitários de carga (ULDs, *Unit load devices*), 117, 124, 222–223
    AKE e AKH, 125
    carregamento na aeronave, 127
    compatibilidade, 236
    e operações de carga, 233–237

Distância de decolagem requerida (TODR, *takeoff distance required*), 67–72
Distância de pouso disponível (LDA, *landing distance availableLondres Heathrow*), 69–70, 79–80
Distância de pouso requerida (LDR, *landing distance required*), 67–70, 79–80
Distância disponível para aceleração e parada (ASDA, *accelerate-stop distance available*), 69–72, 74–75
Distância disponível para decolagem (TODA, *takeoff distance available*), 69–72, 74–75
Distância requerida para aceleração e parada (ASDR, *Accelerate-stop distance required*), 67–70
Distâncias de caminhada para passageiros, 13
Distrito comercial central (CBD, *central business district*), 262
Dubai, 144, 158–159, 231–233
Dublin Airport Authority, 16–17
Durante o voo, função operacional, 166–167
Duty-free, lojas, *157–158*, 187–188

E

Eckerson, W. Wayne, 302–303
Edifícios do aeroporto, controle do acesso a, 208–211
EDS. *Ver* Sistemas de detecção de explosivos
Electronic Aviation Publication (EAP), 60–61
Emergências:
  políticas da IATA e, 56
  serviços de, 39–43
Emprego:
  aeroportos europeus e tipos de, 28
  WLUs e alta densidade, 26–29
Empresa aérea de baixo custo (LCC, *Low-cost carrier*), 37–38
Empresa privada com interesses aeroportuários multinacionais, 27
Empresas aéreas. *Ver também empresas aéreas específicas*
  alianças, 13–15
  área designada de *check-in*, 91
  como ator do sistema, 1–3
  escadas de passageiros, 93
  horários das, 50–55
EMS. *Ver* Sistema de gestão ambiental
Energia, 390–391
Equipamentos, manuseio de bagagem:
  armazenamento de bagagem, 124, 133–135
  check-in e despacho de bagagem (*bag drop*), 129–130
  classificação de bagagem, 131–132
  coleta de bagagem, 138–139
  composição de voo, 135–137
  configurações de sistema, 129
  inspeção de bagagem despachada, 133
Equipamentos de terminal de uso comum (CUTE, *common use terminal equipment*), 92, 163–164
Ergonomia, AOCCs, *363–365*
Escadas, passageiros, *93*
Escolha modal:
  fatores que influenciam a, 283–285
  usuários de acesso e, 260–264
Espanha, 16–17
Estados Unidos (U.S.), 5–7
  desregulamentação nos, 5–7, 16–17
  envolvimento federal na segurança da aviação, 194–195
  estrutura do programa de segurança aeroportuária nos, 194–197
  número de aeroportos nos, 3–4
  planejamento de segurança aeroportuária fora dos, 196–198
  terminais *hub* nos, 59
Esteira de triagem de bandejas basculantes, 131
Esteiras de pedestres, 183–184
Estilos operacionais, 47–48
Estratégias:
  AOCCs e importância das, 347–350
  de administração operacional, 287–292
  plano de estratégia empresarial para aeroportos, 290, 291
  SBUs, 295–296
  SMSs, Manual, 321–323
Estrutura do quadro de funcionários:
  do Aeroporto de Frankfurt, 20
  do Amsterdã Schiphol, 21
  tráfego anual de passageiros em relação à, 27
Estruturas de tarifas aeronáuticas, *50–51*
Estruturas operacionais, gestão e, 16–29
Europa:
  pistas de pouso e decolagem na, 44–46
  tipos de empregos nos aeroportos, 28
European Aviation Safety Agency (EASA), 46–48
European Commission (EC), 107, 110, 140–141, 155,
Exigências:
  AOCCs e exigências regulatórias, 349–351
  das operações dos terminais de passageiros e o governo, 173–174
  de segurança, 49–50
  relativas ao estacionamento no pátio de aeronaves, 49–50

F

FAA. *Ver* Agência Federal de Aviação
Facilitação de operações de carga, 247–250

Falha nos motores, 79–80, 84–85
Fatores de carga:
   e horários das empresas aéreas, 43–44
   passageiros, 49–50
Fatores de utilização:
   e horários das empresas aéreas, 43–44
   frota, 54–56
FCOM. *Ver* Manual de operações de tripulação de voo
FedEx, 252–253
Ferrovias:
   como modo de acesso, 276–280
   sistemas dedicados, 280–283
   trânsito rápido em LHR, 277–279
Filadélfia, 59
Filosofias:
   AOCCs e gestão, 347–348
   de gestão de terminais, 155
Flórida, 48–49
Formulário de carga e compensação, *170*
Fornecimento de energia, 99
Frete, *247–248*
   busca e inspeção, 208–210
   carregador de contêineres, 245–246
   diferença entre carga e, 222
   máquina de raio X, 210–211
   operações incluindo exclusivamente frete, 233–234
Função de coordenação das operações aeroportuárias:
   aplicações, 356–358
   controle das operações de remoção da neve, 357–358
   finalidade, 353–355
   prevendo problemas de processamento de passageiros, 356–357
Função de monitoramento do desempenho do aeroporto:
   aplicação, 359–361
   finalidade, 358–360
Funcionários:
   auxílio de, 121, 140–142, 181, 211–212, 366–369
   departamentos de staff, 17–19
   estrutura do quadro de, 20, 21, 27
   número de, em aeroportos de grande porte, 2–3
   pessoal, 334–336
   tripulação de voo, 46–47, 64–65, 169–172
   TSA, 124
Funções da autoridade aeroportuária não relacionadas aos passageiros, 174–175
Funções operacionais relacionadas a empresas aéreas:
   aterrissagem, 168–169
   balanceamento/compensação, 169
   briefing da tripulação do voo, 169–172
   carregamento, 169
   controle de voo (*flight watch*), 173
   decolagem, 166
   despacho de voo, 163–165
   durante o voo, 166–167
   peso e balanceamento de aeronaves, 166
   planejamento de voo, 164–166
Fundo Fiduciário para Aeroportos e para a Navegação Aérea (*Airport and Airways Trust Fund*), 5–7

G

Gelo. *Ver* Degelo (*deicing*), lavagem e
Gerente do aeroporto em serviço, AOCCs, 367–368
Gerentes, AOCCs, 367–368
Gestão. *Ver também* Sistemas de gestão de segurança
   de carbono do aeroporto, 385–390
   de resíduos sólidos, 102, 393–395
   do desempenho operacional, 296–310
   do terminal, 154, 155
   estrutura do quadro de funcionários e funções de linha, 17–19
   estruturas operacionais e, 16–29
   filosofia dos AOCCs, 347–348
   filosofias de gestão de terminal, 155
   medidas de desempenho e manuseio de bagagem, 142–146
   sistemas ambientais, 399–403
   sistemas de gestão de incidentes do AOCC, 359–360
Gestão de riscos, 321–323
   aplicação da, 329
   definição, 326–328
   e mitigação de riscos, 328–329
   identificação de perigos, 327–329
   MATRA, 196–197
Globalização, 224
GMT. *Ver* Hora Média de Greenwich
Governo:
   e a desregulamentação dos aeroportos, 16–18
   exigências do, na operação de terminais de passageiros, 173–174
   segurança da aviação nos EUA, 194–195
GPS. *Ver* Sistema de Posicionamento Global
Gráfico de adjacência funcional, *182–183*
Gráfico de Gantt, 240–244, *241–242*
GRU. *Ver* Aeroporto Internacional de São Paulo Guarulhos (GRU)
Grupo de agentes de segurança (SEG, *security executive group*), 196–197

Grupo Ferrovial, 6–7
Guichês, manuseio de bagagem, *120*
Guichês de serviço completo, 122

H

HACTL. *Ver* Terminal de Cargas Aéreas de Hong Kong
HHMD. *Ver* Detector de metais portátil (*handheld metal detector*)
Histórico, manuseio de bagagem, 116–118
HMV. *Ver* Visita de manutenção pesada
Holanda, 14–17
Hong Kong, 119
Hora do cronograma, 35–36
Hora Média de Greenwich (GMT, *Greenwich Mean Time*), 173
Horários, empresas aéreas:
    comercialização e, 47–49
    confiabilidade relativa aos, 43–44
    conveniência dos voos de curta duração e, 46–47
    dentro das empresas aéreas, 50–55
    disponibilidade de aeronaves e, 46–48
    disponibilidade geral da tripulação e, 46–47
    fatores de utilização e fatores de carga, 43–44
    hubs, 58–59
    intervalos nos horários de voos de longa duração, 43–46
    organização de, 53
    períodos de pico do aeroporto, 30–59
    políticas de preços de tarifas de pouso e, 48–51
    políticas do IATA sobre, 56–57
    políticas relativas a fatores e restrições, 42–51
    ponto de vista do aeroporto, 57–58
    restrições da tripulação para voos de longa duração, 46–47
    restrições do terminal e, 44–47
    slots das pistas do aeroporto e, 44–46
    tarifas aeroportuárias internacionais, 52
    tarifas de manobra por tipo, 53
    utilização da frota e, 54–56
    variação de tarifas, 51–54
    variações inverno-verão e, 48–49
Hubs:
    com horários das empresas aéreas, 58–59
    considerações quanto a, 187–188
    desenho esquemático do terminal, 254

I

IATA. *Ver* Associação Internacional de Transporte Aéreo
Iberia, 14–15
IBM, 343–344
ICAO. *Ver* Organização da Aviação Civil Internacional
ICARUS, sistema, 248–249
Identificação:
    de perigos, 327–329
    SIDA, 208–211
    veicular, 211–212
Imigração, 173, *174*
Impactos causados por ruídos, 382–385
Impostos. *Ver* Tarifas
Índia, 224
Indicadores-chave de desempenho (KPIs, *key performance indicators*), 291, 298–300, 302–305
Índices:
    bagagem extraviada, 143
    BHR, 35–36
    de carga, 228–232
    do aumento no número de passageiros em todo o mundo, 30–31
    SBR, 32–36
Indústria aeroportuária:
    benchmarking, 308–310
    com panorama econômico regulatório, 307–309
    comercialização e impacto sobre a, 304–307
Informações:
    aeronáuticas, 15–17, 60–61, 69–70
    guichês providos de funcionários para, 181
    placas nos terminais, 178
    sistemas de informações aos passageiros, 175–180
    SMSs, 325–327
    VDUs, *179*
INFRAERO, autoridade aeroportuária, 16–17, 238–239
Inspeção:
    centralizada e descentralizada, 198–202
    de bagagem despachada, 123–124, 132, 133
    e revista de bagagem, 207–210
    e revista de passageiros e bagagem de mão, 197–208
    equipamentos para, bagagem despachada, 133
    protocolo de inspeção multinível, 123
    SSCP, 203
Instalações:
    CIP, 162–163
    estacionamento, 13
    saguões VIP, 176
Instituto de Recursos Mundiais (WRI, World Resources Institute), 387–388
Intervalos na agenda de voos de longa duração, 43–46
Iran Air, 190
Irlanda, 14–17

J

Japão, 224
JAR. *Ver* Joint Aviation Regulations
Joint Aviation Regulations (JAR), 67–70, 84–85
Jornadas:
  combustível, 168
  confiabilidade do acesso, 265–267
Just-in-time, logística, 224

K

Kanki, B. G., 334
Kansas City, 13, 149
Kioto, Protocolo de, 385–386
KLM, *162–163*
Kowloon, 119
KPIs. *Ver* Indicadores-chave de desempenho

L

Laissez-faire, sistema, 6–9. *Ver também*
  Desregulamentação
Lavagem, degelo e, 100, *101*
LAX, 2–3, 273
  AOCC, 374–376
  United Airlines no, 58
LCC. *Ver* Empresa aérea de baixo custo (*low-cost carrier*)
Lei de Aperfeiçoamento da Segurança na Aviação de 1990 (*Aviation Security Improvement Act of 1990*), 193–194
Lei de Segurança Aeroportuária no Exterior (*Foreign Airport Security Act*), 193–194
Lei Internacional de Segurança e Desenvolvimento de 1985 (*International Security and Development Act*), 193–194
LHR. *Ver* Londres Heathrow (LHR)
Lima, Peru, 17–18
Limusine como modo de acesso, 275–276
Localização geográfica:
  relação entre disponibilidade de aeronaves e, 47–48
  relação entre picos e, 38–39
Logística *just-in-time* no mercado de cargas, 224
Londres Gatwick, 50–51 , 262
Londres Heathrow (LHR), 2–3, 6–7, 13–14, 17–18, 43–46, 129, 157
  baias de ônibus no, 280–282
  British Airways no, 58, 173
  efeito da criação de um sistema de trânsito rápido sobre a divisão de modos de acesso a, 278–279
  intervalos de agenda para voos no sentido leste e oeste em direção a, 45
  limites dos serviços de transportes aéreos em, 57
  localização da estação de trânsito rápido em relação aos terminais em, 277–278
  tráfego e tarifas de pico em, 48–49
  variações mensais no volume de tráfego de passageiros em, 38–39
  variações nos fluxos de passageiros na semana-pico, 40
  variações nos volumes de tráfego por hora, 40
LOS. *Ver* Nível de serviço
Los Angeles Van Nuys, 4–5
Los Angeles World Airports (LAWA), *22*
Louisville, KY, 252–253
Lufthansa, 58, 82–83, 249–250, *251*

M

Maintenance Steering Group 3 (MSG-3), 46–48
Malásia, 224
Manuais:
  FCOM, 64–65
  SMSs, 320–329
Manual de operações de tripulação de voo (FCOM, *flight crew operations manual*), 64–65
Manual do sistema de gestão de segurança (SMSs, *safety management systems*):
  aplicação da gestão de riscos, 329
  definição de gestão de riscos, 326–328
  garantia de segurança, 321–323
  gestão de riscos, 321–323
  identificação de perigos, 327–329
  informação e documentação de segurança, 325–327
  metas e indicadores, 325–326
  mitigação de riscos, 328–329
  organização da segurança, 323–325
  panorama, 320–322
  planejamento de segurança, 324–325
  política, organização, estratégia e planejamento, 321–323
  política de segurança, 323–324
  promoção da segurança, 321–323
Manuseio de bagagem:
  armazenamento de bagagem, 124, 133–135
  armazenamento de bagagem feito por guindaste, 134
  auto-atendimento, despacho de bagagem, 122
  check-in e despacho de bagagem, 129–130
  classificação de bagagem, 131–132
  coleta de bagagem com esteira inclinada, 139
  composição de voo, 135–137
  composição lateral, 135
  configurações de sistemas, 129

configurações dos guichês de *check-in*, 130
contexto, histórico e tendências, 116–118
despacho de bagagem com auxílio de funcionários, 121
e reclamações dos clientes, 117
equipamentos, sistemas e tecnologias, 129–139
equipamentos de inspeção de bagagem despachada, 133
esquema do sistema de fluxo, 148
esteira de triagem de bandejas basculantes, 131
esteira plana, 138
guichês de auto-atendimento, 120
índices de conexão, 140
inspeção de bagagem despachada, 123–124, 132, 133
máquinas de raio X, 206–207, 209–211
medidas de gestão e desempenho, 142–146
método do cartão de bingo, 126
opções flexíveis de *check-in*, 120
organização, 140–142
perfis de aparecimento, 139, 140
processo de composição por lotes e de composição comprimida, 137
protocolo de inspeção multinível, 123
rebocador e trem *dolly*, 137
sistema de contenedores de bagagem, 132
sistema designado para, 163–164
ULDs AKE e AKH, 125
ULDs carregados na aeronave, 127
Manutenção da aeronave na rampa:
  abastecimento, 98–99
  assistência em terra e, 98–102
  catering, 102
  degelo (*deicing*) e lavagem, 100, 101
  fornecimento de energia, 99
  manutenção de bordo, 102
  outros serviços de manutenção, 102
  para reparos de falhas, 98
  resfriamento/aquecimento, 100–102
  rodas e pneus, 99
Manutenção de falhas, 98
Manutenção elétrica, 100
Mapas, experiência do cliente, 295–297
MATRA. *Ver* Avaliação Multiagências de Riscos e Ameaças
McDonnell, Douglas, 222
Medidas biométricas, 211–212
Medidas de desempenho:
  devolução de bagagem na chegada, 144–146
  gestão e, 142–146
  sistema de bagagem, 144
Meio ambiente:
  desenvolvimento sustentável e, 381–406

LEED, 391
  sistemas de gestão e, 399–403
Memphis, TN, 252–253
Mercado de cargas:
  afrouxamento das regulamentações, 224
  aumentar a riqueza do consumidor, 224
  avanços tecnológicos, 222–223
  conhecimento de embarque aéreo (*air waybill*), 229–233
  custos, 222–223
  globalização do comércio e o desenvolvimento asiático, 224
  logística *just-in-time*, 224
  miniaturização, 222–223
  padrões de fluxo, 226–228
  PIB, 222–223
  relações entre agentes e cargas aéreas, 227–228
  tipos de cargas, 225
  variações no, 225–227
Método do cartão de bingo e manuseio de bagagem, 126
Metropolitan Washington Airports Authority, 4–5
Miniaturização e o mercado de cargas, 222–223
Modelos, *326–327*
Modos. *Ver também* Modos de acesso
  concessões e modos operacionais, 160–161
  mudança de, 6–9, 147
Modos de acesso:
  automóvel, 270–273
  fatores que influenciam a escolha de, 283–285
  limusine, 275–276
  ônibus, 95, 279–282
  sistemas ferroviários dedicados, 280–283
  táxi, 273–275
  trem, 276–280
Mombasa, 212–214
Movimentação:
  operações de carga e aceleração da, 227–232
  políticas da IATA e período efetivo de, 56
  tipos de e mudanças, 6–9, 147
MSG-3. *Ver Maintenance Steering Group 3*
MTOW. *Ver* Peso máximo de decolagem
Mudanças climáticas:
  com desenvolvimento sustentável, 396–400
  consequências e grau de certeza das, 397–398
Mumayiz, S., 60–61

N

Não usuário, *2–3*
Nápoles (NAP), *38–39*
National Aeronautics and Space Administration (NASA), 83–84
Níveis de ruídos, 49–50

Nível de serviço (LOS, *level of service*), 1–2, 39–43, 58
Normas:
    anexo 16–17, 191–193, 214–215
    Corporate Accounting and Reporting, 387–388
    SARPs, 13
    SMSs, 324–326
normas de segurança, 324–326
Normas e práticas recomendadas (SARPs, *Standards and Recommended Practices*), 313
Novo Aeroporto Internacional de Seul (NSIA, *New Seoul International Airport*), 183–184, 264
NPIAS. *Ver* Plano Nacional de Sistemas Aeroportuários Integrados dos EUA

O

Olimpíadas, 370–372
Ônibus, 183–184
    aeroporto de *resort* caribenho e estacionamento remoto para, 281–282
    air, 87–88, 94
    airbus, 87–88, *94*
    baias de ônibus no LHR, 280–282
    como modo de acesso, 279–282
    divisão modal por, 285–286
    para transporte de passageiros pelo pátio de aeronaves, 95
Operações aeroportuárias, 309–310
Operações de carga:
    assistência em terra dentro do terminal, 234–240
    baixa mecanização/alto emprego de mão de obra, 234–237
    carregador de contêineres de frete com, 245–246
    configuração da manutenção de uma aeronave, 243
    disposição de contêineres em aeronaves de corpo largo e estreito, 234–235
    esquema de terminal *spoke* e terminal *hub* de uma transportadora integrada, 254
    etapas principais da exportação e importação de frete, 247–248
    exemplos de projetos de um terminal de cargas moderno e, 249–253
    facilitação, 247–250
    fluxo pelo terminal, 229–234
    gráfico de Gantt do tempo de permanência no solo de voos grandes exclusivamente de frete, 240–244
    interior do terminal de frete aéreo, 237–239
    Lufthansa, esquema do terminal da, 251
    mecanização aberta, 237–239
    mecanização fixa, 237–240
    movimentação acelerada, 227–232
    no pátio de aeronaves, 239–247
    por empresas aéreas integradas, 252–256
    terminal do HACTL, 231–233, 250–253
    ULD, compatibilidade, 236
    ULDs, 233–237
Operações de curta distância, *54–55*
Operações de curta duração, *54–55*
Operações deficitárias, 1
Operações dos terminais de passageiros:
    auxílios à circulação, 182–187
    banco de VDUs de informações sobre os voos, 179
    check-in mostrando área arrendada para uma empresa aérea, 162–163
    chegada, área do balcão de imigração, 174
    componentes de espaço e adjacências, 180–183
    confiabilidade da jornada de acesso, 265–267
    considerações relacionadas a *hubbing*, 187–188
    desenho esquemático do sistema de fluxo de bagagem, 148
    distribuição de espaço no terminal, 182
    duração e tipo de voo e durações de permanência, 267–268
    durações de permanência para jornadas de acesso longas e curtas, 266
    em Atlanta Hartsfield, 150
    em Dallas–Fort Worth, 150
    estação de transporte automático de pessoas, 185–187
    estrutura de gestão do terminal, 154
    exigências governamentais, 173–174
    filosofias de gestão de terminais, 155
    formulário de *briefing* da tripulação do voo, 172
    formulário de carga e compensação, 170
    funções, 147–153
    funções da autoridade aeroportuária não relacionada a passageiros, 174–175
    funções do terminal, 153–155
    funções operacionais relacionadas às empresas aéreas, 163–173
    gráfico de adjacência funcional, 182–183
    guichê de informações provido de funcionários, 181
    instalações dos saguões *VIP*, 176
    instruções de carregamento, 171
    lojas *duty-free*, 157–158
    modo operacional de concessões, 160–161
    placas de informação no terminal, 178
    placas de trânsito, 177, 180
    plano de voo internacional, 167
    procedimentos de *check-in*, 265–268
    processamento centralizado, 151–152

processamento de *VIPs*, 175
quadro de chegadas, 181
sala de controle da unidade de transporte automático de pessoas, 186–187
serviços diretos aos passageiros, 156–162
serviços prestados aos passageiros relacionados às empresas aéreas, 159–164
sistema designado de devolução de bagagem, 163–164
sistemas de informação aos passageiros, 175–180
tempo de acesso, 265–267
tunel de pedestres, 184–185
voos perdidos e consequências, 267–270
Operações incluindo exclusivamente frete, 233–234
Operadores aeroportuários:
  como agente do sistema, 1–3
  desafios enfrentados pelos, 30–31
Organização:
  de aeroportos de grande porte, 7–10
  de uma empresa privada com interesses aeroportuários multinacionais, 27
  do Aeroporto de Sacramento, 22
  do Aeroporto de São Francisco, 23
  do LAWA, 22
  do manual dos SMSs e, 321–325
  do PANYNJ, 23–25
  do planejamento multimodal de três aeroportos, 24
  do sistema português de aviação civil, 24–26
  dos horários em uma empresa aérea típica, 53
  e administração operacional, 294–298
  e estrutura de aeroportos tradicionais, 294–295
  manuseio de bagagem, 140–142
Organização da Aviação Civil Internacional (ICAO, International Civil Aviation Organization), 178, 349–350
  anexo 14 – Aeródromos, 313–314
  comercialização e, 306–307
  estrutura de regulamentações internacionais, 191–192
  posição sobre os programas de segurança dos Estados-membros, 314
  SARPs, 313
Organizações. *Ver também organizações específicas* que influenciam as operações de aeroportos de grande porte, 2–3
Oriente Médio, 222–223

P

Padrões de tráfego, *264*. *Ver também* Tráfego de passageiros

Palmer, M. T., 334
Pan Am, 190, 207–208
Panorama econômico regulatório, 307–309
PANYNJ. *Ver* Port Authority of New York and New Jersey
Paris Charles de Gaulle (CDG), 13, 149, 264
Partida, 44–46
  controle da, 105–106
  desempenho da aeronave e, 70–76
  horário de *check-in* para os passageiros antes da, 269
Passageiros:
  assistência a passageiros e assistência em terra, 89–94
  capacidade de passageiros anual, 27
  carga de, 49–50
  com origem ou destino no distrito empresarial central (CBD), 262
  demanda por estacionamento de passageiros de origem, anual e em horas-pico, 271
  distância de caminhada para, 13
  e funcionários, visitantes e acompanhantes, 261
  e inspeção centralizada e descentralizada, 198–202
  escadas de, 93
  fluxo de passageiros no Chicago O'Hare, 42–43
  guichês de *check-in* CUTE para, 92
  horário de *check-in* de passageiros antes da partida, 269
  malas por, 139–140
  mapa de experiência do cliente dos, 295–297
  ponte telescópica para, 93–94, 101
  ponto de inspeção de segurança e, 199–208
  reclamações de passageiros quanto ao manuseio de bagagem, 117
  revista e inspeção, 199–208
  sala de embarque móvel para, 95
  sistemas de informação, 175–180
  taxa de crescimento mundial do número de passageiros aéreos, 30–31
  TPHP, 35–36
Pátios de aeronaves:
  caminhão tanque abastecedor no pátio de aeronaves, 98
  cargas, 239–247
  efeitos de avarias e atrasos sobre o despacho, 106
  necessidade de estacionamento, 49–50
  sala de embarque móvel para transporte pelo pátio de aeronaves, 95
  sistema de hidrante, 99
  suprimento de energia elétrica a partir de um cabo, 100

transporte de passageiros via ônibus, 95
veículo móvel de arranque pneumático de motores no pátio de aeronaves, 97
Peak-profile-hour (PPH), 35–37
Perfis de aparecimento, manuseio de bagagem, 139, *140*
Perigos, identificação de, 327–329
Período de movimentação efetivo, 56
Peso:
   da aeronave, 49–50, 166
   máximo de decolagem, 61–64, 72–74, 166
   operacional seco, 166, 168
   zero combustível, 166
Pessoas comercialmente importantes (CIP, *commercially important persons*), instalações para, 162–163
Pessoas que vão ao aeroporto receber alguém, 179
Phoenix Deer Valley, 4–5
PIB. *Ver* Produto interno bruto
Picos, aeroporto:
   BHR e, 35–36
   BTH e, 35–36
   diferenças de picos nos aeroportos, 37–38
   e movimento de SBR, anual, de hora-pico e de dia-pico, 32–34
   horários das empresas aéreas e, 30–59
   métodos para descrever, 32–43
   natureza dos, 37–43
   outros métodos de descrição, 37
   PPH e, 35–37
   problemas relacionados aos, 30–32
   SBR e, 32–36
   TPHP e, 35–36
   variações de volume e implicações para os, 39–43
Pictogramas, *177*
Pistas:
   aquaplanagem nas, 85–86
   assistência, 39–43
   Boeing 777-300ER, tabela de comprimento de pista de decolagem do, 65–67
   DHs e RVRs para aproximação de precisão, 81–82
   distâncias declaradas, 70–71
   durante intempéries climáticas, 84–86
   slots com horários das empresas aéreas, 44–46
   slots de pouso e decolagem nas, 44–46
Pistas de taxiamento, 39–43
Pittsburgh, 59
Planejamento:
   de voo, 164–166
   do desempenho operacional, 296–301
   e Manual dos SMSs, 321–325

e operação multimodal responsável por três aeroportos, 24
fora dos EUA, e segurança aeroportuária, 196–198
segurança aeroportuária e estrutura do, 192–194
Plano de voo internacional, *167*
Plano empresarial para aeroportos, 290, 291
Plano Nacional de Sistemas Aeroportuários Integrados dos EUA (NPIAS, *National Plan of Integrated Airport Systems*), 4–5
Pneus, 99
Políticas:
   de céus abertos, 224
   de preço de tarifas de pouso, 48–51
   e agendamento de horários, 42–51
   IATA, 56–57
   no Manual dos SMSs, 321–324
Poluição de superfície e de águas subterrâneas, 395–397
Ponte:
   telescópica com unidade fixa de resfriamento de solo conectada, 101
   telescópica para embarque e desembarque de passageiros, 93
Ponto de inspeção de segurança (SSCP, *security screening checkpoint*), configuração, *203*
Pontos de inspeção, TSA, *203*. *Ver também* Segurança aeroportuária
Port Authority of New York and New Jersey (PANYNJ), 16–17, 23, 23–25, 175
Portal detector de metais intensificado (WTMD, *walk-through metal detector*), 202–204
Portal detector de traços de explosivos (ETP, *explosive trace portal*), 202–204
Portões, acesso, 212–214
PPH. *Ver Peak-profile-hour*
Precedência histórica, políticas da IATA e, 56
Preços, políticas de tarifas de pouso, 48–51
Preços do petróleo, 30–31, 222–223
Prêmio de Liderança em Projetos Energéticos e Ambientais (LEED, *Leadership in Energy and Environmental Design*), 391
Privatização, 16–18
   de aeroportos de grande porte, 3–7, 23–26
   dez lições essenciais para o sucesso de aeroportos, 305–306
   no Reino Unido, 5–7
Problemas:
   com picos dos aeroportos, 30–32
   processamento de passageiros, 356–357
Procedimentos:
   de *check-in*, 265–268

Processos de manuseio de bagagem:
  alimentação de bagagem de conexão, 128
  armazenamento de bagagem, 124, 133–135
  coleta de bagagem na chegada, 126–128
  composição de voo e carregamento da aeronave, 124–126
  conexões interterminais, 128
  despacho de bagagem (*bag drop*), 119–123
  inspeção de bagagem despachada,123–124, 132, 133
  panorama, 118–119
Produto interno bruto (PIB), 222–223
Produtos agrícolas, 173
Projeto:
  de AOCCs, 361–365
  de terminais, 249–253
  manuseio de bagagem e determinantes do projeto de sistemas, 139–141
Provisão de estacionamento, pátio de aeronaves, 49–50
Publicação Eletrônica sobre Aviação (EAP, *Electronic Aeronautical Publication*), 69–70
Publicações de Informações Aéreas (*Air Information Publications*, AIPs), 60–61
Publicações de Informações Aeronáuticas (AIP, *Aeronautical Information Publications*), 69–70

Q

Qantas, 14–15, 43–44, 121
Quadro de funcionários. *Ver também* Funcionários
  AOCCs, 366–369
  e despacho de bagagem, 121
  manuseio de bagagem e, 140–142
  nos guichês de informação, 181
  segurança e portão de acesso para, 211–212
Qualidade:
  do ar local, 384–406
  dos serviços, 159–162

R

Raio X, máquinas para inspeção de bagagem, 123, *206–207, 209–211*
Rampas, 39–43
  assistência em terra e, 94–98
  configuração das, 102–105
Reason, James, 325–326, *326–327*, 331
Rebocador e trem de *dolly*, 137. *Ver também* Ferrovias
Recursos humanos, AOCCs:
  analista de operações, 367–369
  controlador, 367–368
  estrutura da gerência e relações hierárquicas, 364–367
  gerente do aeroporto em serviço, 367–368
  gerente sênior em serviço, 367–368
  seleção de funionários e competências essenciais, 366–369
Regulamentações. *Ver também* Desregulamentação
  CFR (Code of Federal Regulations), 194–196
  estrutura de regulamentações internacionais da ICAO, 191–192
  JAR, 67–70
  mercado de cargas e afrouxamento das, 224
  tradeoff entre restrições operacionais e desempenho causado pelas, 80–81
Reino Unido (U.K.):
  CAA, 44–46, 79–80
  planejamento de segurança aeroportuária no, 197–198
  privatização no, 5–7
  sistema *laissez-faire* no, 6–9
  sistema nacional de aeroportos, 5–9
Relação entre o acesso:
  e a confiabilidade da jornada de acesso, 265–267
  e a operação do terminal de passageiros, 264–270
  e o tempo de acesso, 265–267
  e os procedimentos de *check-in*, 265–268
  e perder voos e suas consequências, 267–270
Relatórios
  mensais de reclamações e de pontualidade, 110
Remessas de superfície, 232–234
República Dominicana, 16–17
Resfriamento/aquecimento, 100–102
Resíduos sólidos, 102, 393–395
Resorts de *ski*, 48–49
Restrições:
  acesso e capacidade do aeroporto, 258
  de voos de longa duração, 46–47
  do terminal, 44–47
  fatores que afetam os horários das empresas aéreas e, 42–51
Riqueza, aumento da riqueza do consumidor, 224
Rodas, 99
Rodovias:
  placas, 177, 180
RVRs. *Ver* Alcance visual da pista de pouso

S

Sabotagem, 191
Sala de embarque:
  instalações VIP, 176
  móvel, 95
Salzburg, Áustria, 79–80

Santiago (SCL), *38–39*
SARPs. *Ver* Normas e práticas recomendadas
Satélites:
    GPS, 71–72
SBR. *Ver Standard busy rate*
SBUs, 295–296
SBUs. *Ver* Unidades Estratégias Empresariais
Scanners de corpo inteiro, *205–206*
Segmentos de trajetória de decolagem, 72–74, *73–74*
Segurança (*safety*):
    considerações relativas à performance das aeronaves, 77–81
    cultura positiva de, 331–334
Segurança (*security*):
    convenções de, 191–192
    estrutura de planejamento de, 192–194
    exigências de, 49–50
    legislação, 193–195
    ponto de inspeção, 199–208
    programa de segurança para aeroportos típicos, 212–221
Segurança aeroportuária:
    acesso de veículos e identificação veicular, 211–212
    áreas estéreis e públicas, 200–202
    barreiras a veículos para acesso controlado, 212–213
    ciclo de planejamento, 193–194
    controle de acesso dentro de um mesmo edifício e entre edifícios do aeroporto, 208–211
    controle do perímetro de áreas operacionais, 211–214
    detector de traços de explosivos, 202–204
    elementos de um ponto de inspeção padrão TSA, 203
    envolvimento federal dos EUA na aviação e, 194–195
    estrutura de planejamento para, 192–194
    estrutura do ICAO de regulamentações internacionais, 191–192
    estrutura dos EUA para a, 194–197
    explicação da, 190–191
    inspeção e revista de bagagem, 207–210
    inspeção e revista de frete e cargas, 208–210
    máquina de raio X de bagagem de mão, 206–207
    máquina de raios X de frete, 210–211
    normas do Anexo 17, 191–193, 214–215
    passageiros e bagagem de mão, 197–208
    planejamento fora dos EUA, 196–198
    planejamento no Reino Unido, 197–198
    portão de acesso para funcionários, 211–212
    posição de estacionamento e área de estacionamento isolada para aeronaves, 212–214
    programa de, 193–195
    programa de segurança para aeroporto típico, 212–221
    representação geral das áreas de segurança de um aeroporto, 196
    scanner de corpo inteiro, 205–206
    sistema interno de inspeção com raio X de bagagem despachada, 209–210
    SSCP, configuração, 203
    vantagens e desvantagens de áreas de inspeção centralizadas ou descentralizadas, 199–201
    WTMD, 202–204
Sequestro de aeronaves, 190, 191, 220–221
Serviços:
    aos passageiros relativos a empresas aéreas, 159–164
    de emergência, 39–43
    determinantes da eficiência de, 292
    diretos aos passageiros, 156–162
    LOS (nível de serviço), 1–2, 39–43, 58
    no terminal, 39–43
    nos transportes aéreos, 57
    plano de prestação de, 298–299
    qualidade dos, 159–162
Serviços de manutenção:
    de aeronaves na rampa, 98–102
    de bordo, 102
    de operações de carga e aeronaves, 243
    para reparos de falhas, 98
Sheldon, C., 400–401
SIDA. *Ver* Área que exige identificação de segurança
Sinaleiro de solo, *96*
Sinalização:
    direcional, 156
    para rodovias, 177, 180
    placas informativas nos terminais, 178
Singapura Changi, 13, 157
Sistema baseado em contenedores, *132*
Sistema de aeroportos dos Estados Unidos
    acesso ao aeroporto como parte dos, 257–259
    no Reino Unido, 5–9
    NPIAS, 4–5
Sistema de aeroportos dos Estados Unidos:
    com capacidade de gerar receitas, 16–17
    explicação do, 3–7
Sistema de gestão ambiental (EMS, *environmental management system*), *401–402*
Sistema de Posicionamento Global (GPS, *Global Positioning System*), 71–72

Sistema hidrante, pátio de aeronaves, *99*
Sistema hierárquico de relações entre aeroportos, 1–2
Sistema interno de inspeção com raios X de bagagem despachada, 209–210
Sistema nacional de aeroportos da Grã-Bretanha, 5–7
Sistema operacional, o aeroporto como um:
    como sistema hierárquico, 1–2
    complexidade do, 14–17
    explicação do, 1–3
    fução do aeroporto, 7–10
    gestão e estruturas operacionais, 16–29
    sistema hierárquico de relações e, 1–2
    sistemas de terminais de passageiros centralizados e descentralizados, 9–15, 149
    sistemas nacionais de aeroportos, 3–9
Sistema português de aviação civil, 24–26
Sistemas de controle de operações aeroportuárias (AOCS, *airport operations control systems*):
    dinâmica dos, 350–353
    usuários dos, 353–354
Sistemas de detecção de explosivos (EDS, *Explosive-detection systems*), 123
Sistemas de gestão de segurança (SMSs, *Safety Management Systems*):
    aeródromos e, 315–321
    Anexo 14 da ICAO - Aeródromos, 313–314
    áreas de jurisdição, 332–333
    complexidade, 330–336
    comunicação, 334
    contexto regulatório, 321–322
    estrutura dos, 311–314
    estrutura regulatória, 312
    fatores essenciais para o sucesso da implementação de, 339–341
    implementação, 330–340
    integração, 339–341
    modelo de, 316–317
    modelo de Reason da causa de acidentes, 326–327
    orientação e recursos, 335–340
    problemas, 330
    promoção e cultura de segurança, 331–334
    sumário típico, 335–340
    tecnologia de comunicação, 340–341
    treinamento e competência do pessoal, 334–336
Sistemas do terminal de passageiros:
    centralizados e descentralizados, 9–15, 149
    função dos, 6–9, 147–153
Sistemas ferroviários dedicados como modo de acesso, 280–283
Sistemas nacionais de aeroportos:
    EUA, 3–7, 16–17
    Reino Unido, 5–9

SITA, centro de, *345*, 346
Sky Team, aliança de empresas aéreas, 14–15
Standard busy rate (SBR):
    e volume de passageiros na hora-pico e anual, 41
    localização da, 35–36
    relação entre movimento anual, de dia-pico e de hora-pico, 32–34
    volume de tráfego de passageiros por hora, 32
Star Alliance, 14–15
Stern Review, 396–397

T

Tabelas:
    de adjacência funcional, 182–183
    de comprimento de pista de decolagem do Boeing 777-300ER, 65–67
    de comunicação de remoção da neve, 358
    Gantt, 240–244
Taiwan, 224
Tankering, 61–62
Tanques de retenção sanitária, 102
Tarifas:
    de manuseio, 49–50
    hora-pico, 48–50
    lojas *duty-free*, 157–158, 187–188
Taxas:
    estrutura de tarifas aeronáuticas, 50–51
    política de preços de tarifas de pouso, 48–51
    taxas de manuseio, 49–50
    variação de, 51–54
Táxi, *263*, 273–275
Tecnologias:
    aeronaves ER bimotor, 5–7
    de manuseio de bagagem, 129–139
    mercado de cargas e melhorias com o avanço das, 222–223
    SMSs e comunicação, 340–341
Tendências:
    manuseio de bagagem, 116–118
Terminais:
    baixa mecanização/alto emprego de mão de obra, 234–237
    distribuição do espaço, 182
    distribuição do tráfego entre, 13–15
    equipamentos, 92
    gestão, *154*, 155
    HACTL, 231–233, 250–253
    hubs, 58–59, 187–188, 254
    mecanização aberta, 237–239
    mecanização fixa, 237–239
    na cidade e fora do aeroporto, 282–284
    operações de carga e manuseio dentro dos, 234–240

operações de cargas e fluxo pelos, 229–234
operações para os passageiros, 147–189
placas informativas nos, 178
projeto de, 249–253
restrições nas políticas de horários da empresa aérea, 44–47
serviços, 39–43
spoke, 254
transferências entre diferentes, 128
trânsito rápido LHR e, 277–278
Terminais de passageiros, sistemas centralizados, 9–15, 149
Terminal de Cargas Aéreas de Hong Kong (HACTL, *Hong Kong Air Cargo Terminal*), 231–233, 250–252, 252–253
Terroristas, 190, 194–197, 311
The Wings Club, 117
Time. Ver também Acesso ao aeroporto
  GMT, 173
  operações do terminal de passageiros e tempo de acesso, 265–267
  processamento do manuseio de bagagem, 140–141
  variações e níveis de demanda ao longo do, 30
TODA. *Ver* Distância disponível para decolagem
TODR. *Ver* Distância de decolagem requerida
TORA. *Ver* Corrida de decolagem disponível
TORR. *Ver* Corrida de decolagem requerida
TPHP. *Ver* Tráfego de passageiros em hora-pico típica
Tráfego de passageiros:
  SBR, hora-pico e anual, 41
  variações em uma semana de pico, 40
  variações mensais no, 38–39
  variações nos volumes horários, 40
  volumes horários, 32
Transport Canada, 46–48
Transportadoras integradas, 252–256
Trator, reboque de aeronaves, 96, 97
Treinamento, SMSs, 334–336
Tripulação, disponibilidade e horários das empresas aéreas, 46–47
Tripulação de voo. Ver também Funcionários
  briefings para a, 169–172
  horários das empresas aéreas e disponibilidade da, 46–47
TSA. *Ver* Departamento de Segurança em Transportes
Túnel de pedestres, *184–185*

U

U.K. Civil Aviation Authority, 79–80
  e *slots* de pista de pouso e decolagem, 44–46

União Europeia (UE), 26–29, 107, 155
Unidade de carga de trabalho (WLUs, *Workload units*), 26–29
Unidades de Exibição Visual (VDUs, *Visual Display Units*), 178, *179*
Unidades de transporte automático de pessoas (*people movers*), 183–187
Unidades Estratégicas Empresariais (SBUs, *Strategic Business Units*), 295–296
United Airlines, 173, 344
  briefing da tripulação de voo, 172
  no LAX, 58
UPS, 252–253
Usuários:
  AOCS, 353–354
  como agente do sistema, 1–3
  escolha modal e acesso, 260–264
Utilização da frota:
  horários das empresas aéreas e, 54–56
  para operações de curta e média distância, 54–55

V

Variações:
  horários e variações inverno-verão, 48–49
  nos níveis de demanda e tempo, 30
  nos picos e volumes nos aeroportos, 39–43
VDUs. *Ver* Unidades de Exibição Visual
Veículo móvel de arranque pneumático de motores no pátio de aeronaves, *97*
Veículos de serviço:
  caminhão tanque abastecedor no pátio de aeronaves, 98
  sala de embarque móvel, 95
  trator de reboque de aeronaves, 96, 97
  veículo móvel de arranque pneumático de motores no pátio de aeronaves, 97
Very Important Persons (*VIPs*), Pessoas Muito Importantes, 175, *176*
Viagens comuns, 149
Virgin Atlantic, *91*
Visita de manutenção pesada (HMV, *heavy maintenance visit*), 47–48
Visitantes, 260, *261*
Volumes:
  picos e variações de volume do aeroporto, 39–43
  SBR e número de passageiros nas horas-pico e anual, 41
  SBR e tráfego de passageiros por hora, 32
  variações no tráfego por hora, 40
Voos de curta duração, 37–38
Voos de curta duração, conveniência, 46–47

Voos de longa duração, 37–38
Voos de longa duração, restrições da tripulação, 46–47
Voos fretados, 37–38
Voos perdidos, 267–270
Voos perdidos, consequências, 267–270

W
WBCSD. *Ver* Conselho Empresarial Mundial para o Desenvolvimento Sustentável
Wiley, John R., 24
World Trade Center, 194–195
Worldwide Scheduling Guidelines (IATA), 56
WRI. *Ver* Instituto de Recursos Mundiais
Wright, P. H., 60–61
WTMD. *Ver* Portal detector de metais intensificado

Y
Yoxon, M., 400–401

Z
Zero combustível, peso, 166